Hans Peter Thurn

KULTURBEGRÜNDER UND WELTZERSTÖRER

Hans Peter Thurn

KULTURBEGRÜNDER UND WELTZERSTÖRER

Der Mensch im Zwiespalt seiner Möglichkeiten

J. B. Metzlersche Verlagsbuchhandlung
Stuttgart

CIP-Titelaufnahme der Deutschen Bibliothek

Thurn, Hans Peter:
Kulturbegründer und Weltzerstörer :
der Mensch im Zwiespalt seiner Möglichkeiten
/ Hans Peter Thurn
– Stuttgart : Metzler, 1990
ISBN 3-476-00687-5

Satz und Druck: Laupp & Göbel GmbH, Nehren/Tübingen
Printed in Germany

INHALT

5. VON DER NATURSKEPSIS ZUM ZIVILISATIONSZWEIFEL

6. ZWISCHEN STRATEGIE UND ANALYSE: KARL MARX

7. DER ZERSTÖRER ALS HEBAMME

8. DIE SELBSTZERSTÖRUNG DEUTSCHLANDS IM 20. JAHRHUNDERT

9. ABBAU VON KULTUR: DEKULTURATION

10. POLITIK UND KULTURABBAU

11. DESTRUKTIVITÄT IM KULTURELLEN PROZESS

12. VON DER ENTZAUBERUNG ZUR SCHEINVERWANDLUNG

13. DESTRUKTIVITÄT UND SOZIALES LEBEN

14. ZERSTÖRUNG ZWISCHEN AKZEPTANZ UND ABWEHR

15. AUSBLICK: WAS ZU TUN IST

Faust Du kannst im Großen nichts vernichten
Und fängst es nun im Kleinen an.

Mephisto Und freilich ist nicht viel damit getan.

(J. W. Goethe, Faust I, V. 1360 ff.)

VORWORT

Der Mensch als Zerstörer: Dieser Sachverhalt bedarf, so scheint es, kaum noch ausführlicher Belege. Jedermann kennt die Debatten über große und kleine Bedrohungen, über Alltagsdebakel und Kriegsgefahr, über Naturkatastrophen und Zivilisationsverderbnis. Unübersehbar sind die zahlreichen Zeugnisse menschlichen Unmuts im privaten und im öffentlichen Leben. Wie einst Hiob muß selbst der redlichste Zeitgenosse ruinöses Geschick ertragen, die Untaten und Fehlleistungen anderer erdulden, mit dem eigenen Vernichtungsdrang zurechtkommen. Weniger noch als jener kann sich allerdings der Heutige der Frage entziehen, welche Bewandtnis es mit alldem hat, warum Menschen mutwillig oder unabsichtlich eigene und fremde Habe beschädigen, weshalb sie Städte und Völker zugrunderichten, wie sie im Untergang Lust und Leid verteilen.

Denn anders als weiland Mephisto im Disput mit Faust mißmutig mäkelte, ist es der Menschheit inzwischen gelungen, auf ihrem Weg vom Kulturbegründer zum Weltvernichter ein Stück voranzukommen. Sie braucht sich nicht mehr mit dem Kleinen zu begnügen, kann auch im Großen hinreichend verheeren. Mehr als in früheren Epochen stehen die Menschen heute vor der Frage, ob die von Faust beschworene »heilsam-schaffende Gewalt« der unfüglich zerstörerischen Energie die Waage zu halten vermag.

Diesem Problem spürt das vorliegende Buch nach, indem es die menschliche Kulturgeschichte als Zerstörungsprozeß beschreibt, der an vielen Stellen Opfer forderte: in der Natur, in den zivilisatorischen Errungenschaften aller Zeiten, unter den Menschen selbst. Besonderes Augenmerk erhält dabei die Art und Weise, in der Zerstörungsprobleme zu sinnhaftem Ausdruck gelangen, sich in Bildern und Dichtungen, in Alltagsparolen und Weltanschauungen bekunden. Denn zumal Metaphern und Gleichnisse, Kunstwerke und Mythen sind die fortdauernden Kronzeugen einer widerspruchsvollen Mentalitätengeschichte, die es auch in ihren destruktiven Aspekten genauer zu erforschen gilt. Sie sprechen begrifflos, doch anschaulich vom unermüdlichen Ringen einer Menschenwelt, die den Zwiespalt zwischen Aufbau und Zerstörung nicht beseitigen, sondern lediglich durch beharrliches Versöhnungsstreben überbrücken kann.

Darüberhinaus kommen indes die Schwierigkeiten des praktischen Umgangs mit destruktiven Veranlagungen und Ereignissen zur Sprache. Denn wenn gemäß einem Titel des Romanciers Herbert Rosendorfer der Mensch ein »Ruinenbaumeister« ist, so wird er nicht umhinkönnen, bei der Einrichtung seiner Lebenswelt beide Handlungsmöglichkeiten, die des Aufbaus und die des Abbaus, zu vollziehen und aufeinander abzustimmen. Wie Menschen dies tun, wie sie zumal mit den vielerlei Tilgungen, Schwundstufen und Übergangsformen zurechtkommen, die sie für- und gegeneinander zutagefördern: auch dies soll nachfolgend erörtert werden.

Der rapide Wandel in Mittel- und Osteuropa offenbart einmal mehr, wie lebendig die Ruinen von gestern bis heute geblieben sind oder wieder werden können. Wenn Ideologien und Weltbilder zerfallen, wenn Wirtschaftssysteme und Herrschaftsapparate zusammenbrechen, wenn Lebenstechniken und Verständigungsformen ihre Tauglichkeit verlieren, wenn beinahe alles fragwürdig wird, so eskalieren nicht nur die vordergründigen Konflikte des Alltags. Sondern es erlangen desgleichen die tieferen Wertfragen von Kultur und Daseinsgestaltung eine verschärfte Aktualität. In deren Auslotung wird die Schau auf die gestern und heute mitwirkenden Zerstörungsenergien nicht zu kurz kommen dürfen. Denn erst eine solche Klärung wird zeigen, ob Hoffnung für morgen berechtigt ist, wieviel Zuversicht ausgehen kann von staunenden Ausrufen gleich jenem, den der Kunsthistoriker Bernard Berenson als Fazit eines langen Forscherlebens am Ende des Zweiten Weltkriegs in seine Erinnerungen eintrug: »Man is a destroyer, but what a creator!«

Bei der Beschäftigung mit diesem Thema erfuhr der Verfasser mancherlei Zuspruch. Ohne die Ermutigungen durch René König (Köln) wäre die Niederschrift des Textes häufiger als ohnehin ins Stocken geraten, hätte die Überfülle des historischen Stoffes den Autor noch öfter verzagen lassen. Wertvolle Anregungen und Hinweise lieferten überdies Ernst Althoff (Düsseldorf), Johannes Bilstein (Köln), Frank Hirtz (Davis/California) und Günter Leman (London). Ihnen allen, Freunden und Kollegen, sei an dieser Stelle gedankt.

Einzig der Autor selbst hat freilich für die Unvollkommenheiten einzustehen, die dem vorliegenden Text wie jedem Menschenwerk anhaften. Doch hofft er, daß seinen Lesern Goethes Unterscheidung zwischen »zerstörender« und »produktiver« Kritik vertraut sei.

Düsseldorf, im November 1989 H. P. Thurn

1.

DER MENSCH IM ZWIESPALT: AUFBAU UND ZERSTÖRUNG

Kultur zwischen Mangel und Möglichkeit

Die Frage, was Kultur sei oder sein solle, welches ihre Ursprungsbedingungen, Erscheinungsweisen, Verlaufsformen und Ziele seien, auch: wem sie zu welchem Zwecke diene oder nutze und wem nicht – derlei Überlegungen, und manch weitere, haben seit jeher Geister und Gemüter bewegt. Viele Antworten wurden gesucht und erteilt, zahlreiche Anläufe wurden unternommen, auch divergierende Einschätzungen miteinander zu verbinden, um bei aller Verschiedenheit von Erscheinungen und Ausdrucksformen zu einer ganzheitlichen Betrachtung vorzudringen [1]. In Erweiterung dieser Perspektiven konzentrieren sich die folgenden Analysen darauf, einen vernachlässigten Grundzug menschlichen Lebens näher in den Blick zu nehmen und seine, häufig widersprüchlichen, Verquickungen mit anderen fundamentalen Vorgängen des Daseins zu erkunden. Sie spüren vor allem jenem Dilemma nach, in dem wie alle Lebewesen auch der Mensch unausweichlich steckt, mit dem er jedoch auf besondere Weise umgeht: als *homo creator* und als *homo destructor*.

Einigkeit besteht unter sämtlichen Kulturanalytikern darüber, daß »Kultur« von Menschen hervorgebracht wurde und wird; auch daß sie, direkt oder indirekt, auf Menschen bezogen ist, mithin von sowohl anthropogener als auch anthropozentrischer Eigenart. In ihren Ideationen und Materialisationen ist sie dem Menschen handlungseigen, ist Beimengung, mitbewegende Kraft, Ausdruck sowie Ergebnis menschlichen Denkens, Fühlens und Handelns. Menschheitsgeschichtlich bestimmt sich ihr vielleicht zentralstes Merkmal aus ihrem agonalen Natur-Bezug: Was der *homo sapiens* als »Kultur« sein eigen nennt, hat er im Gang durch Jahrtausende jener Urnatur abgetrotzt, deren Gesetze in ihm selbst ebenso wirken wie außerhalb seiner, in Pflanzen und Tieren, in Wasser, Luft und Erdreich. Doch erschöpft sich seine Kultur, anders als die nichtmenschliche Lebenswelt, eben nicht in einem (wie auch immer fortwirkenden) naturalen Charakter, sondern sie erlangt ihre Besonderheit gerade dadurch, daß sie diesen wenigstens teilweise verläßt, überwindet, sich gegen ihn stemmt, die Natur zu neuen, nicht-natürlichen Gestalten fortentwickelt. Der dies betreibende Mensch gerät somit auf mannigfache Weise in Spannung zur Natur. Auf Überschreitung der tierischen Natur-Determination angelegt, erringt er mit seiner Freisetzung zugleich einen biologischen Nachteil; seine unzureichenden Innen- und Außen-Halte machen ihn zum Defektwesen. Diese Gebrechlichkeit muß er durch eigene Leistungen auszugleichen trachten; als natur-abtrünniges Mängelwesen ist er kulturschöpferisch stets auf Kompensationen aus. Dadurch bleibt sein Tun, allem Streben nach Überwindung zum Trotz, im Kern auf Natur bezogen; deren Umwandlung in Kultur betreibt der Mensch durch Modifikationen. Zugleich aber kann er nicht umhin, kraft seiner schöpferischen Intelligenz zusätzliche, naturüberschreitende und insofern künstliche Lebensdimensionen zu ersinnen und zu erschaffen; aufgrund seiner ideellen und materiellen Kulturpotenz ist der Mensch ab ovo Möglichkeitswesen, *homo creator.*

Vor allem diese letztere Veranlagung, seine kulturschöpferische Begabung, hat auf den Menschen im Gang durch die Geschichte eine außerordentliche Anziehungskraft, ja einen suggestiven Sog ausgeübt. Allen Einsichten in fortbestehende Naturbindungen, in den Zwang zum Mängelausgleich sowie in seine körperliche, seelische und geistige Unvollkommenheit zum Trotz galt er sich und seinesgleichen immer wieder als der Schrankenüberwinder, der Welteroberer, der Alleskönner. Kultur, so suggerierten nicht selten Theorie und Praxis, machten Ideen und Bilder, Worte und Taten glauben, gedeihe im Zuge ihrer quantitativen Fortentwicklung auch qualitativ immer mehr und besser zu einer, ja zu der entscheidenden Sphäre menschlichen Wohllebens. Je umfänglicher alles Vorstellbare auch technisch machbar schien, je weitgehender sich das Menschenmögliche entgrenzte, desto stärker wurde Kultur vom Sehnsuchtsmotiv einer hybriden Omnipotenz beherrscht. Die mit diesem Glauben an die herkulischen Kräfte des Menschen verbundenen Vervollkommnungshoffnungen richteten sich jedoch nicht nur auf die einzelnen, sondern ebenso auf die vielen, auf Gemeinschaften, Völker, ja auf die Menschheit insgesamt. Erst in einer möglichst umfassenden Imprägnierung des sozialen Lebens, des Mit- und Füreinander von Menschen, würde die Kultur ihre Segensmacht unwiderruflich unter Beweis stellen. Durch sie, so verkündet Johann Christoph Adelung in seinem 1782 anonym erscheinenden »Versuch einer Geschichte der Cultur des menschlichen Geschlechts« namens seiner Zeitgenossen, treten die Menschen »aus dem mehr sinnlichen und tierischen Zustand in enger verschlungene Verbindungen des gesellschaftlichen Lebens« [2]. Die an kulturelles Geschehen geknüpfte melioristische Sehnsucht erstreckte sich nicht mehr nur auf individuellen, sondern ebenso auf sozialen Fortschritt. Das Versprechen, das Kultur seit alters her zu geben schien, enthielt die Aussicht nicht bloß auf persönliches Wohlergehen, sondern auch auf das größtmögliche Glück einer größtmöglichen Zahl. Indem er kulturell tätig wurde, konnte der Mensch auf mehrfache Weise verbessernd wirken: gegenüber der Natur, auf sich selbst und seinesgleichen, sowie im Hinblick auf die jeweils schon vorhandenen Kulturbestände. Dieser Mehrdimensionalität entsprechend, so resümiert der Sprach- und Geschichtsforscher Adelung die Auffassung seiner Epoche, führt »Kultur« zur »Veredlung oder Verfeinerung der gesamten Geistes- und Leibeskräfte eines Menschen oder eines Volkes, so daß dieses Wort sowohl die Aufklärung, die

Veredelung des Verstandes durch Befreyung von Vorurtheilen, als auch die Politur, die Veredlung und Verfeinerung der Sitten, unter sich begreift« [3].

Kultur in diesem umfassenden Sinne als Totalitätsphänomen und als totalisierende Leistung betrachtet, als anthropomorphe Naturkorrektur, als humanisierende Weltverbesserung, als melioristisches Individualkonzept und als Mittel zur sozialen Bändigung: kein Preis schien zu hoch, keine Kosten zu aufwendig für den Nutzen solch reichen Ertrags! Drohende Blindheit gegenüber fortbestehenden Naturbindungen, das Stoßen an Grenzen der Kreativität und des Wachstums, Zweifel an allein und gemeinschaftlich eingeschlagenen Wegen: durften sie ins Gewicht fallen angesichts der doch so positiv erscheinenden Bilanzen von Kultur und sozialem Fortschritt? Könnte die an die kulturschöpferische Begabung des Menschen gerichtete Heilserwartung übertrieben, ganz oder teilweise irrig sein? Die Sehnsuchtsformel »Kultur«: ein Mißverständnis? Auch und zumal in der Theorie, die doch jahrhundertelang nicht müde wurde, zumal die konstruktiven und produktiven Leistungen von einzelnen, Gruppen und Völkern, selbst der Menschheit als ganzer hervorzuheben [4]?

In der Tat: Skepsis scheint angebracht gegenüber derlei Visionen und Denkmodellen, größere Vorsicht als jene sporadische, die sich in der langen Geschichte europäischen Kulturbewußtseins hier und dort regte. Denn Kultur als von Menschen für Menschen erstellte, in ihrem sozialen Charakter betrachtet: ist sie wirklich, wie Realität und Theorien öfters zu suggerieren scheinen, vorwiegend mit-menschlich ausgerichtet, auf individuelle Produktivität und soziale Harmonie bedacht, Appell und Angebot an alle, für alle [5]? Oder trägt sie nicht ebenso häufig und intensiv kontraproduktive und gegen-menschliche Züge, ist gegen etwas bzw. gegen jemanden gerichtet? Enthält und entwickelt also Kultur, kulturelle Realität nicht gleichermaßen lebensermöglichende und lebensbehindernde, Menschen verbindende und trennende Kräfte? Muß, wenn dies zutrifft, nicht Kultur als eine konstitutive Dimension menschlich-sozialer Realität verstanden werden, zu deren Motilität konstruktive *und* destruktive Energien beitragen? Akzeptiert man diese Annahme, so ist es angebracht, der Dialektik von Aufbau und Zerstörung, welche »Kultur« im Ganzen und in ihren Teilen bewegt, genauer nachzuspüren, auch der Frage nachzugehen, wo und wie jene elementaren Energien der Kulturbewegung, die konstruktive und die destruktive, analytisch erfaßt, dargestellt und versinnbildlicht wurden.

In der europäischen Kulturbetrachtung dominieren seit jeher Konstruktionstheorien. Sie haben dazu geführt, daß von der Antike an »Kultur« an ihren positiven, lebensdienlichen Leistungen gemessen und nach ihnen bewertet wurde. In vereinfachender, handlungstheoretischer Typifizierung gesprochen, heißt dies: »Gestalten«, »Erhalten« und, wo Umbau-Prozesse mitreflektiert wurden, »Erneuern« galten als die Grundformen kulturellen Handelns. Kultur mußte hervorgebracht und mehr oder weniger gezielt aufgebaut werden; das Geleistete mußte bewahrt werden und bedurfte insofern einer einigermaßen kontinuierlichen Pflege, bis hin zu mehr oder weniger ausformulierten Kodizes der kollektiven Selbst- und Fremdverpflichtung auf kulturelle Errungenschaften; diese erforderten aber auch, innerhalb zuträglicher Grenzen, gewisse Umwandlungen, sie mußten den sich wandelnden Zeitläufen entsprechend fortentwickelt werden, konnten diesen auch selbst erneuernde Anstöße geben. Die kulturelle Gesamtbewegung vollzog sich als ein komplexes Zusammenwirken von Kreation, Tradition und Innovation, innerhalb dessen sich Störungen, Prozesse der Dekomposition zwar ereigneten, doch nicht annähernd so intensiv thematisiert wurden wie die »konstruktiven« Ereignisformen [6]. Im Rahmen kultureller Handlungstypik standen Abbau, Zersetzung, Vernichtung, kurz: destruktives Tun und Geschehen eher am Rande als zentral; ihre Erörterung wurde jahrhundertelang durch Angst, Abwehr, moralisierendes Warnen bestimmt, die freilich tiefe Einsichten, wie sie schon bei antiken Denkern anzutreffen sind, keineswegs verhinderten.

Zwei Merkmale vor allem wiesen zumal der frühen Kulturdeutung den Weg: ihre *Unbegrifflichkeit* und eine trotz aller technischen Distanznahme anhaltende Natur-Orientierung. Weniger in geschriebenen, in sprachlich und textlich ausgeführten Sequenzen oder argumentativ gesicherten Begriffen äußerte sich durch Jahrhunderte hindurch das kulturelle Selbstbewußtsein von Menschen als vielmehr in Vorstellungsbildern, die ihrerseits oft, aber nicht unbedingt und keineswegs immer in zeichnerische, malerische oder plastische Vergegenwärtigungen mündeten, vielmehr häufig auch bloß in der Sache selbst, in kulturellen Gegenständen, Werkzeugen und Verfahren fortlebten. Auch Mythen, Märchen, schließlich literarische Kunstformen aller Art tragen zu dieser Tradition einer unbegrifflichen, doch gerade darum höchst bildhaften und vorstellungsplastischen Semantik bei. Dementsprechend konnten und können selbst ganz oder teilweise illiterate Kulturen höchst komplexe Gebilde chiffrierter Selbstdeutung sowie Selbstvergewisserung entwickeln, von Generation zu Generation weiterreichen und dabei wechselnden Lebensumständen anpassen. In solch metabegrifflichen, doch nicht unbedingt sprachlosen Äußerungen teilt sich auf vielfältige Weise auch jener andere Grundzug kultureller Selbstreflexion mit, der bis in die Gegenwart hinein spürbar ist und der jüngst eher beunruhigende Aktualität erlangte: ihr Natur-Bezug.

Metaphern am Band der Natur

Wie operational, so lebt die Kultur der Menschen auch sinnhaft, in ihren bildlichen und sprachlichen Vergegenwärtigungen, aus elementaren Formen der Naturaneignung heraus. So wie praktische Kultur sich historisch in der fortschreitenden Auskundschaftung und Aneignung von Natursphären durch den Menschen entwickelte, so nahmen und nehmen auch ihre zentralen Metaphern auf diese Naturbereiche deutend Rücksicht. Jene vier Grundelemente, die von frühester Vorstellung an die Natur in Bewegung hielten, steckten auch das Areal ab, in dem sich der Mensch kulturell intervenierend und interpretierend ausbreitete. Erde, Wasser, Feuer und Luft: Die Auseinandersetzung mit der äußeren Natur vollzog der Mensch aristotelischer Vorstellung zufolge zunächst vor allem als Kampf mit diesen ihren Elementen. Sie zu bezwingen, nährte die Hoffnung, sich weite Strecken der Natur gefügig machen, sie kulturell nach menschlichem Bedürfnis und Maß umgestalten zu können. »Kultur«: das bedeutete mithin zunächst insbesondere, diesen Naturelementen zu trotzen, ihre Eigendynamik einzudämmen, ihnen Welten menschlicher Konstruktion entgegenzustemmen. Doch nicht nur agonal, sondern auch mental, nicht nur technisch, sondern auch geistig und seelisch, sowohl in der Instrumentierung seines Handelns als auch in den Vorstellungsbildern seines Denkens und Fühlens leitete den Menschen solch auf Naturbeherrschung sinnender Konstruktionswille.

Die Erde machte er sich gefügig, indem er der Pflanzenwelt seine agrarischen Künste und der Tierwelt Hege und Zucht aufzwang. Als Gärtner und Hirte begnügte er sich nicht mehr mit der Ernte dessen, was der Naturhaushalt ihm anbot, sondern wurde nun selbst naturproduktiv. Aufgrund der so erworbenen bzw. erlangbaren Versorgungssicherheit arrivierten Gärtner und Hirte schon archaisch zu Leitgestalten menschlichen Kulturstrebens. Im Haus und auf dem Feld war das Feuer hilfreich; es erleichterte die Rodung von Wäldern, die Urbarmachung der Äcker; es verbesserte die Zubereitung von Speisen; verhalf zu schmiegsamer Metallverarbeitung und zum Fortschritt im Gerätebau. Die Künste des Schmiedes fanden überall Eingang: in die Küche, in das Viehgehege, auf das Feld, in den Hausbau. Auch er gewann als Mitbegründer und Gestalter von Kultur besonderen Rang. Dem Wasser näherte der Mensch, als Erdbewohner, der am liebsten festen Boden unter den Füßen hat, sich stets mit Scheu und Vorsicht; gleichwohl trieben ihn Neugier und Abenteuerlust immer wieder auf Flüsse, Seen und Meere. Daß das Wasser keine Balken hat, folglich ihm wenig Sicherheit gewährt, konnte ihn als Entdecker und Eroberer nicht abschrecken. Mit Floßen, Booten, Schiffen überwand er die Distanzen zu fremden Gestaden und auch seine Furcht. Schiffsbau und Schiffahrt errangen einen festen Platz im kulturellen Expansionsdrang: der Seemann besucht ferne Gegenden, überwindet dabei Gefahren und kündet von beidem; seiner Kühnheit gesellt sich die Umsicht des Schiffsbauers bei, die dies Unternehmen technisch möglich macht; seine Hervorbringung, das Schiff, soll Behausung und Siegesgefährt in einem sein, sicher wie ein Gebäude auf dem Land, wendig und tüchtig wie ein Fisch in den Fluten. Gemeinsam setzen Schiffsbauer und Seefahrer das Werk von Gärtnern und Hirten jenseits der Stammlande fort: sie erweitern die bekannte Erdzone, indem sie entlegene Gefilde erschließen und womöglich der Heimat anfügen; als »Kolonisten« erobern oder gründen sie Siedlungen, derart die Kopfzahl ihrer Reiche mehrend. Der Bedeutung solcher Tätigkeiten entsprechend nimmt sich die nautische Metaphorik im Kulturgeschehen aus: sie ist altüberliefert, weitverzweigt und tiefgründig. Das Schiff dient als Symbol der Lebensreise, für Politik und Staatsgeschichte, der Rettung aus Natur-Gefahren, wie sie bereits die Arche Noah bot. Die Schiffsreise ist Paradigma auch geistiger Abenteuer, intellektuellen Vorstoßens zu neuen Ufern, der Selbsterprobung und der Selbstfindung, wie sie etwa Johann Gottfried Herder, der Zwiespältigkeit, auch des Scheiterns derart risikoreicher Unternehmungen eingedenk, geschildert hat: »... was giebt ein Schiff, das zwischen Himmel und Meer schwebt, nicht für weite Sphäre zu denken! Alles giebt hier dem Gedanken Flügel und Bewegung und weiten Luftkreis! Das flatternde Segel, das immer wankende Schiff, der rauschende Wellenstrom, die fliegende Wolke, der weite unendliche Luftkreis! Auf der Erde ist man an einen todten Punkt angeheftet und in den engen Kreis einer Situation eingeschlossen.« [7] Freilich: die »Schiffskunst«, die hier vonnöten ist, um die verlorene Erdsicherheit auszugleichen und alle Gefährdungen schadlos zu überstehen, ist nicht nur vom reisenden einzelnen gefordert oder von jenen, die mit ihm und um ihn sind, sondern mehr noch von dem, der sie leitet und lenkt. Steuermann, Lotse und Kapitän tragen die Verantwortung für Schiff, Mannschaft und Passagiere. Wo, wie seit alters, die Schiffahrt sich zur Metapher politischer Kultur verwandelt, führen königliche Kapitäne wie Aeneas, angesehene Lotsen wie Bismarck, große Steuermänner wie Mao Tse Tung die ihnen anvertrauten Staatsschiffe durch gefährliche Driften. Dabei benötigen sie neben eigener Könnerschaft günstige Winde, freundliche Lüfte, ein wohltuendes Klima, angenehme Atmosphäre. Wie solche symbolischen und die tatsächlichen Seeleute, so hofft auch der Landwirt auf förderliche Luftströme und gutes Wetter, meiden der Schmied und seine Gesellen funkentreibenden Durchzug. Die Luft ist, obzwar kaum greifbar und nicht durch Kontrolle oder Korrektur beherrschbar wie Erde, Wasserläufe und Feuer, dennoch als Element allgegenwärtig und entsprechend metapherngesättigt. Anders als Speise und Trank, die Abkömmlinge von Wasser und Erde, verleibt der Mensch sich die Luft nicht sporadisch ein, sondern unentwegt; in unablässigem Ein- und Ausatmen lebt er mit ihr, in ihr und durch sie. Vermag er dies nicht mehr, so tritt sein Tod ein. Mit dem letzten Ausatmen, so glaubte man in der Antike, verläßt des Menschen Innerstes und Eigenstes, seine Seele, den Körper; wie ein Schmetterling entschwebt Psyche dem Mund des Verstorbenen, hinein in freiere Sphären. Dieser hohen Wertschätzung der Luft für das Innenleben des Menschen korrespondiert körper-äußerlich jene reichhaltige Wettersymbolik, die sich zu allen Zeiten und bei allen Völkern findet, und die nicht nur eine physische Abhängigkeit paraphrasiert, sondern gleichermaßen auf seelische Befindlichkeiten und Schwankungen sowie auf kulturelle Zustände von einzelnen, Gruppen und Völkern verweist [8]. Darüberhinaus ist die Luft aeronautisches Hoffnungsziel. Auf sie richten sich Freiheitsvisionen, Sehnsuchtsmotive, Menschheitsträume: durch die Lüfte zu schweben, fliegen zu können wie ein Vogel, an keine Begrenzung durch Kontinente und Meere gebunden! Sollte dies nicht möglich werden durch die schöpferische Bündelung der Erfahrungen, die im Umgang mit Erde, Feuer und Wasser gewonnen wurden, durch die Vereinigung von Hausbau, Schmiedefertigkeit und Schiffskunst? Der Wunsch nach technischer Verwirklichung dieser Idee war einer der Motoren kultureller Entwicklung von Dädalus über Leonardo da Vinci bis hin zu Otto Lilienthal und Charles Lindbergh; nicht minder als um die anderen kulturellen Elementartätigkeiten ranken sich um den menschlichen Flug und die Luftfahrt Mythen, Legenden und Metaphern des Sieges wie des Scheiterns.

All diese Arten, mit den Elementen der Natur kulturell umzugehen, beschäftig-

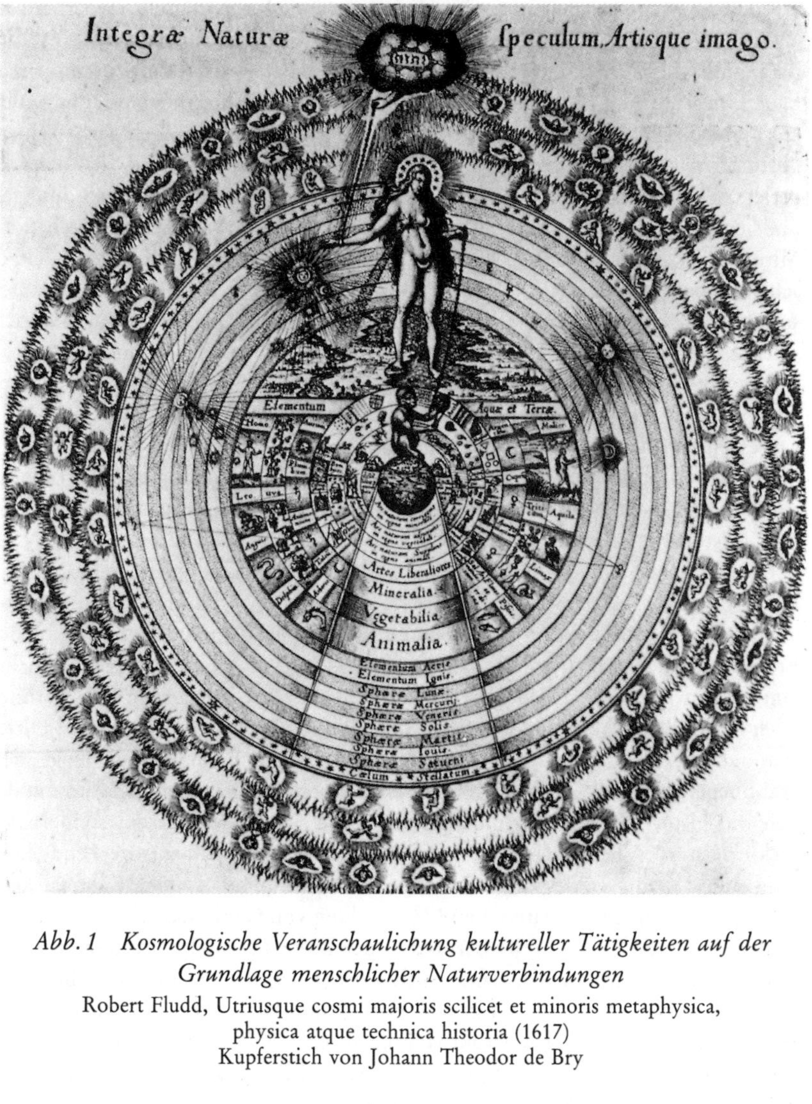

Abb. 1 Kosmologische Veranschaulichung kultureller Tätigkeiten auf der Grundlage menschlicher Naturverbindungen

Robert Fludd, Utriusque cosmi majoris scilicet et minoris metaphysica, physica atque technica historia (1617)

Kupferstich von Johann Theodor de Bry

ten den Menschen nicht nur praktisch, sondern auch theoretisch, forderten sein analytisches und synthetisches Denkvermögen gleichermaßen heraus. Er, der daranging, die Wirklichkeit zu zerlegen und technisch erweiternd zusammenzubauen, mochte sich nicht mit praktischen Erfolgen begnügen; sondern er wollte auch gedanklich, in umfassenden Vorstellungsbildern, eine Welt nach seinem gusto errichten. In einer Vielzahl von Kosmologien strebte er danach, die zerlegten Naturelemente wieder zusammenzufügen, ihre Beziehungsordnungen und energetischen Vernetzungen zu veranschaulichen sowie sich selbst als Mittelpunkt, Endzweck und Krönung des natürlichen und kulturellen Weltgeschehens zu begreifen (vgl. Abb. 1). Der metaphorische Bau von Kosmologien sollte helfen, die praktische Zergliederung theoretisch zu überwinden und mittels siderischer Projektionen sinnhaft zu verorten. Doch gelang es kaum je, durch solche Simulation von Wechselwirkungen die menschliche »Ursünde«, die anthropogene Destruktion natürlicher Lebenszusammenhänge, in Wort und Bild vergessen zu machen. Im Gegenteil entstand mit den Eigenheiten, ja Unvereinbarkeiten der diversen Kosmologien eine zusätzliche, bis ins 20. Jahrhundert hinein sprudelnde Quelle soziomorpher Destruktivität: die Bekämpfung und gegenseitige Zerstörung von Weltbildern.

Der zeitlichen Folge nach ist die Eroberung der Luft die letzte, daher jüngste Kulturtat des Menschen in der schöpferischen Auseinandersetzung mit den ihn und die Welt bestimmenden Naturelementen. Ihr gingen voraus die Bestellung des Erdreichs, die Handhabung des Feuers, die Erschließung der Gewässer. Gemeinsam und in ihren Wechselbezügen markieren diese Verrichtungen den Kernbereich kulturellen Tuns und kultureller Sinngebung. Doch sind Gärtner und Hirte, Schmied und Handwerker, Schiffsbauer und Seefahrer, Erfinder von Fluggeräten und Flieger nicht nur Urgestalten im Grenzbereich von Natur und Kultur, um die sich die historisch grundlegenden Mythen und Sinnbilder ranken, sondern sie verkörpern vor allem auch kulturelle Tätigkeiten, sind dementsprechend Ausgangspunkte von Bewegungsmetaphern. Pflanzen und Ernten, Zähmen und Züchten, Nutzung von Material und Herstellung von Gerät, das Überwinden von Entfernungen zu Land, zu Wasser und in der Luft: dies sind kulturträchtige Ur-Bewegungen des Menschen, daher auch ältester Quellgrund für Metaphern der Kulturprozesse. Doch nicht nur die Fortschrittshoffnungen auf eine nimmer ermüdende menschliche Konstruktivität bewegen sich in diesen Bahnen, sondern ebenso Befürchtungen und Ängste, in Wort und Bild gebannte Erfahrungen, daß es von Zeit zu Zeit Einbußen und Rückschläge, Nöte und aufgezwungenen Verzicht gibt. Kaum ein ärgeres Leid konnten jahrhundertelang Menschen sich ausmalen, als daß sie von elementarsten Naturgewalten überfallen würden, denen gegenüber ihre Kontrolle versagte und durch die ihr Werk zunichte gemacht würde. Was konnte schrecklicher sein als ein Beben der Erde, das sekundenschnell ganze Städte in Schutt und Asche warf? Was ärger als ein Brand von Wald, Feld und Scheuer, der Saat und Frucht verglühen ließ, das Vieh erstickte, Menschen aus Haus und Heimat vertrieb? Was fürchterlicher als stürmische Fluten, vor denen, in denen es kein Entrinnen gab? Was tödlicher als ein Fall aus der Höhe? Erdbeben, Feuersbrunst, Schiffbruch, Absturz: sie sind nicht nur Ereignisse, bei denen die Elemente sich menschengefährdend regen, Zerstörung und Leid bescherend. Sondern sie sind auch Anlaß zu mannigfachen Metaphrasen, in denen die Gefährdung gebannt, ein deutender Zugang eröffnet werden soll zu jener Destruktivität, mit der die Natur immer wieder überraschend aufwartet [9]. So kann dem Menschen der Boden unter den Füßen schwanken selbst dort, wo äußerlich alles ruhig bleibt; Brände sollen gelöscht oder im Keime erstickt werden, obwohl keine Flamme zu sehen ist; ein Schiffbruch mag nicht nur auf dem Meer, sondern auch im Beruf oder in der Liebe drohen; ein Mädchen findet sich dank Unachtsamkeit und erotischer Normverstöße als »gefallenes« wieder. Die Erfahrung der Naturgewalten wird bei alldem auf Kultur und Menschenwelt übertragen. Wie äußerlich so bewegt sie die Menschen auch innerlich und zwischenmenschlich. Sie schwanken, es brennt in ihnen, sie drohen zu versinken, ringen um ihr Gleichgewicht. Die Unberechenbarkeit der Elemente versetzt den Menschen somit auf zweierlei Weise, extern und intern, in Unruhe, nötigt seiner Kultur naturbeschwörende Metaphern auf, verklammert ihn, jenseits seiner kulturellen Leistungen, auch im Zerstörungserleben mit der Natur. Die Sprach- und Sinnbilder sowohl der Konstruktivität als auch der Destruktivität rufen ihm in Erinnerung, wie nah er jener Natur noch ist, von der er doch so lange schon fortzielt, wie begrenzt, vorläufig und unselbständig seine Kultur trotz all dieses Strebens blieb, wie schwach und labil er selbst weiterhin ist.

2.

DAS GLEICHNIS VOM GÄRTNER UND HIRTEN

Landbau als Erfahrungsmodell menschlicher Lebensgestaltung

Unter den Urgestalten der Kulturschöpfung haben mehr als andere Gärtner und Hirte die menschliche Phantasie angeregt. Um sie ranken sich die ausgiebigsten, auch in entlegene Zonen des Erfindens und Empfindens, des Denkens und Deutens hineinstrahlenden Metaphern. Zumal die Vorstellung vom umsichtigen Gärtner, vom bedachtsamen Landwirt, vom guten Hirten durchwebt die europäische Kulturtheorie jahrhundertelang, bis in das Verständnis neuzeitlicher Denker hinein. In Religion, Erziehung und Politik, in der Theorie der Geschichte, des Staates, der Gesellschaft: überall finden sich Spuren jenes zentralen Gleichnisses, das von den archaischen Tätigkeiten der Feldbestellung und des Tierhütens seinen Ausgang nimmt. Das Gleichnis vom Gärtner und Hirten hat sich durch viele historische Stufen und semantische Verwandlungen hindurch als jene Chiffre erwiesen und behauptet, in der sich die melioristischen Absichten und Hoffnungen der Menschen oft verschlüsselt und rätselvoll, doch stets eindrücklich und nachhaltig aussprechen. Seine Empfindungs- und Denkappelle enthalten, überliefern und evozieren die wichtigsten Handlungsarten menschlicher Kulturschöpfung: Konstruktion und Produktion von Welt. Dieser praktischen Bedeutung entspricht der theoretische Rang des Gleichnisses als Vorstellungsbild und Denkmodell: in Europa entwickelte es sich zum Paradigma für Kultur schlechthin.

Die Gründe für diese Präferenz liegen zum einen in der angesprochenen Praxis selbst: als Gärtner und Hirte ist der Mensch vor allem *homo creator*. Positiv handelnd auf Natur gerichtet, kann er hier jene anderen Aspekte seiner biologischen Freisetzung, die unfreiwilligen Defekte, die Nötigung zu Kompensationen und den Zwang zu modifizierender Bescheidung, beiseite schieben. Diese Orientierung hilft ihm, seine qua natura aufgedrungene Unsicherheit zu überspielen durch die Simulation selbst errungener Sicherheiten, durch das mentale Ummünzen technischer Erfolge im Kampf mit der Außen-Natur in innerlich stabilisierende Überzeugungen von der eigenen Macht und Herrlichkeit. Einen Keimling in den Boden gesteckt zu haben, sein Umfeld gejätet und begossen zu haben, schließlich die erhoffte Pflanze spriessen, wachsen und Früchte tragen zu sehen: diese Erfahrung mag manchen zu übertriebenem Glauben, auch zu spekulativen Erwartungen an sein persönliches Schöpfertum verleitet haben. Mit diesen praktischen Einschätzungsproblemen hängen zum anderen die bewußtseinsmäßigen Gründe für die Bevorzugung des Gärtner- und Hirtengleichnisses im Konzert der kulturellen Urmetaphern zusammen. Aus der Naturbindung teilweise entlassen, ist der Mensch in diesen, seinen offenen Partien auf sich selbst angewiesen und zum Erfolg durch sich selbst verurteilt. Er kann nur überleben, indem er sich und der Natur beweist, was er vermag und daß er die entstandene Lücke zu überwinden weiß: durch Kultur. Woran sonst sollte er sich bei diesem Unternehmen orientieren als an der Geschicklichkeit der eigenen Hände und an der Erfindungskraft seines Verstandes? Wie sonst sollte er verbleibende und neu entstehende Unsicherheiten, Unwägbarkeiten überspielen, wenn nicht durch Projektion positiver Erfahrungen in die ungewisse Zukunft? Durch die Imagination von Wunschbildern, welche die sättigende, gar reiche Ernte vergangener Tage für kommende Jahre zu erhoffen helfen? Und die, wenn die Frucht ausblieb oder karg ausfiel, an die Chance zur Besserung erinnern, auch zu verstärktem, lernendem Einsatz von Geist und Körper aufrufen?

Solche Versprechen, Erinnerungshilfen, Mahnungen schafft der Mensch sich und seinesgleichen, indem er die Zukunft mit der semantischen Hypothek der Vergangenheit belehnt. Dem dienen Metaphern, Chiffren, Mythen und Gleichnisse, Denkmuster, Vorstellungsbilder und mancherlei weitere Bedeutungsvermittler. In ihnen allen wird Unerledigtes und zu Bewerkstelligendes gleichermaßen versinnbildlicht, wird die Welt als Erfahrung und Auftrag vor Augen geführt. Als Landbewohner, der er seiner erdgeschichtlichen Herkunft nach ist, liegt jedoch dem Menschen nichts näher, als jenen Erfahrungen und jenem Auftrag zuvörderst Anschaulichkeit zu verleihen, die ihm die Erd-Natur vorrangig bescherte. Mit dem Problem eigentätiger Vorsorge konfrontiert, wandelte er sich nach Phasen eines eher unsteten Jäger- und Sammler-Daseins zum seßhafteren Gärtner und Hirten. Weide und Acker wurden ihm Erfahrung und Auftrag. Erst mit diesem Schritt nahm er seine Vorsorge wirklich selbst in die Hand, stellte er die Weiche der Versorgungssicherung um von der Naturernte zur Naturbewirtschaftung. Bei alldem widmet er sich alimentären Zielen: Gartenbestellung, Feldbau und Viehzucht dienen vor allem der Verbesserung menschlicher Ernährung, tragen mithin dazu bei, das zentrale Problem menschlicher Lebensfristung soweit als möglich erträglich zu lösen. Aus der operativen Verknüpfung all dieser Aspekte bezogen Fruchtbau und Tierhege seit alters ihren Rang und ihre Wertschätzung im Kulturgefüge, konnten sie Modell für Kultur schlechthin werden. Das Gleichnis vom Gärtner und Hirten ist dementsprechend Produktionsmetapher, alimentäre Chiffre und Sekuritätsbild in einem; in ihm bezeugt sich die erdgeistige Herkunft menschlicher Kultur.

Der Grundstein für dieses rurale Bild vom homo creator wird in der griechischen und römischen Antike gelegt [1]. Ein anschwellender Strom von

Georgica, von lehrhaften Texten über den Wert und Reiz ländlichen Lebens und Arbeitens, hatte vor allem Feldbestellung und Weinbau, Viehzucht und Bienenhaltung als Kernbereiche der *agricultura* ausgewiesen. Doch erschöpften sich diese Schriften nicht in der anschaulichen und anmutigen Erörterung rein gärtnerischer oder bloß dressurmäßiger Probleme. Vielmehr gedieh ihr Lehrcharakter und ihre künstlerische Anziehungskraft in jenem Maße, in dem sich ihr Horizont erweiterte, die agricultura zum Modell allgemeiner Lebensführung um- und ausgedeutet wurde. Denn der Pflege und Hege bedurfte ja nicht nur die außermenschliche Natur; der fortentwickelnde Zugriff richtete sich nicht nur auf Pflanze, Strauch und Baum, auf Kleintier und Großvieh; sondern auch der Mensch selbst, in seiner Eigennatur, erheischte Anteil am kulturellen Fortkommen. Wie die Natur seiner Umwelt, so wurde auch er selbst sich Objekt lernender Übung, der Bildung von Hand, Verstand und Gemüt. Ließ sich bei diesem Unterfangen nicht manches, für das menschliche Leben Eindrucksvolle ableiten aus dem Kreislauf von Saat und Frucht, aus dem Ranken der Rebe, der Ordnung der Herde, der Gliederung im Bienenvolk? Erschien es nicht sinnvoll, die Erfahrungen des Landbaus auch menschlich-selbstbezüglicher Lebensgestaltung zu unterlegen, sie zum Leitfaden einer philosophisch aufgewerteten Seelenpflege zu machen, bei der mithin Natur nicht negiert, sondern gewissermaßen kulturell aufgehoben und verbessernder Korrektur zugeführt wurde? Denn, so gab der Römer Cicero in seinen tusculanischen Lehrgesprächen zu bedenken, »wie ein Acker, auch wenn er fruchtbar ist, ohne Pflege keine Frucht tragen kann, so auch die Seele nicht ohne Belehrung. Jedes ist ohne das andere wirkungslos. Pflege der Seele ist aber die Philosophie: sie zieht die Laster mit der Wurzel aus, bereitet die Seelen dazu, die Saat zu empfangen, übergibt sie ihnen und saët – um so zu reden –, was dann, wenn es ausgewachsen ist, die reichste Frucht bringt.« [2] Philosophische Pflege des Geistes und der Seele nach dem Erfahrungsmuster agrarischer Naturkultivierung: diese Concetto lebt fort, wird reich variiert und weitet sich aus, über Plutarchs und des Erasmus »Seelenbildung«, über die Förderung des Geistes und der Erfindungskraft bei Thomas Morus und Thomas Hobbes bis zur Wissenserweiterung Francis Bacons und ihrer aller Nachfolger in sämtlichen Sprachen Europas [3].

Auf seinem Weg durch die Epochen und Länder behauptet sich dieses Kulturverständnis als Topos ontogenetischer und phylogenetischer Melioration, historischen Fortschritts, menschlichen Glückserwerbs. Von der Frühphase der antiken Philosophie an bis hin zu den soziologischen Deutungsversuchen etwa Georg Simmels schwingen in ihm Sehnsuchtsmotive und Glückserwartungen mit, die das Wort »Kultur« in einen nicht selten überfrachteten Heilsbegriff verwandeln und zugleich das ihm zugrundeliegende Gärtner-Hirten-Gleichnis auf den Horizont des irdisch Machbaren verweisen, auf ein mittels vermehrter Kulturanstrengungen in Bälde erringbares Diesseits-Paradies. Doch konnte dies gelingen? Vermochte der Mensch als Gärtner der Welt, seiner selbst und von seinesgleichen so viel und nur Gutes, nur Konstruktives? Hatten nicht schon Cicero und andere auch auf innere Gefährdungen und Mißliches verwiesen? Es müsse darauf geachtet werden, so mahnte der Römer, daß wie der Pflanzer Unkraut und nutzlose Triebe so der philosophische Zuchtmeister seinem Zögling »die Laster mit der Wurzel« ausrupfe. Ein Jahrhundert später beleuchtete der Philosoph und politische Ratgeber Lucius Annaeus Seneca diese Seite der Gartenkunst länger und genauer; wünschenswert seien, so meinte er, für jede Art der Pflege »verständige Gärtner, die nicht nur gut gewachsene Hochstämme aufziehen, sondern auch die aus irgendeinem Grund verkrümmten Stämme an Pfähle binden, die ihnen Halt geben. Die einen beschneiden sie, damit die Seitenäste nicht den schlanken Wuchs hemmen, andere, die in schlechter Lage zurückgeblieben sind, düngen sie kräftig, wieder andere, die im Schatten der Nachbarn verkümmern, schneiden sie frei. So wird der Weise darauf achten, wie jedes einzelnen Eigenart zu behandeln sei, wie Krummes zurechtgebogen werden könne...« [4] Das Tun des Gärtners erschöpft sich demnach nicht in Säen, Begießen und Ernten; er ist nicht *homo creator* allein. Sondern er soll auch festbinden, zurechtbiegen, abtrennen und freischneiden; er soll beides zugleich sein, Naturschöpfer und Naturverbesserer. Mit der Hervorhebung und Ausdifferenzierung dieses Bereichs gärtnerischer Tätigkeit vollzieht sich ein Schwerpunktwechsel in der Argumentation. Mehr und Mehr werden auch die dunklen Räume des Bios illuminiert. Die Natur wird in dieser ihrer Hinsicht als mit Mängeln behaftet, unvollkommen und verbesserungsbedürftig eingeschätzt. Ihre Komplikationen kann der Mensch nicht hinnehmen, weil er sie als produktiv, sich vermehrend, ihm lebensgefährlich ansieht. Folglich muß er ihnen zu Leibe rücken, sie mit Sichel und Jätekralle dort angreifen, wo sie qua natura zutagetreten. Nicht nur erscheint der Mensch hier als derjenige, der aufgrund seines Glaubens an seine Vervollkommnungsfähigkeit der Natur Unvollkommenheiten und Verwicklungen, gar biotische Widersprüche anlastet, sondern diese wird zudem für ihre antagonistischen Hervorbringungen verantwortlich gemacht und mit Berichtigungsansprüchen konfrontiert. Die analogische Sicht von Natur auf Kultur wird von einem perfektionsheischenden kulturellen Rückblick auf Natur durchkreuzt. Diesem erscheint »Kultur« nicht mehr nur als Produktionsprozeß *mit* der Natur, sondern auch *gegen* sie.

Konnten mithin schon Cicero, Seneca und andere dem Gärtner-Gleichnis neben dessen Produktionsmetaphorik Bilder der Zerstörung einverleiben, so war es ihnen gleichwohl noch möglich, diese Destruktivität als naturgewollt, naturnotwendig, daher unumgänglich auszuweisen. Auch enthebt sie die moralisierende Lehrhaftigkeit ihrer Darlegungen von dem Verdacht, mutwilliger Zerstörung das Wort zu reden. Dennoch entgingen sie nicht ganz der Aporie, durch die Deskription naturaler Defekte und ihrer aggressiven Behebungsmöglichkeiten unfreiwillig zur Legitimation zerstörenden Eingreifens beizutragen. Wenn nämlich Destruktivität ebenso wie Konstruktivität ein Meliorationsprinzip der Kultivierung war, rechtfertigte sie sich dann nicht aus dieser Wertigkeit und Absicht heraus? Schon Aesop hatte ja in einer seiner Lehrerzählungen einem neugierigen Gärtner bedeutet, es sei zwar »die Natur die Mutter der Pflanzen, die von selbst wachsen, aber die Stiefmutter derer, die von dir gesetzt werden. Deshalb hegt und pflegt sie die eigenen besser als die von dir betreuten. Denn diese sind Stiefkinder für sie.« [5] Gegen eine solche Stiefmutter ließ sich füglich opponieren und destruieren, zumal wenn dadurch Schlimmeres verhindert wurde. Das mochte

Abb. 2 Parallel-Darstellung von gärtnerischer und strafender Beseitigung
Jacobus a Bruck, Emblemata moralia et bellica (1615)

noch angehen, solange es sich auf Pflanzen und Sachen beschränkte. Doch blieben Tier und Mensch nicht ausgespart. Bereits Aesop hatte ja von stiefmütterlicher Mißgunst nicht nur der Natur gegenüber ihr fremden Kulturpflanzen, sondern auch innerhalb der Menschenfamilie gesprochen; vergessen hatte er dabei allerdings die Empfindungen und Reaktionsbildungen der hintangestellten Zöglinge, ihre womöglich entstehenden Rache- und Revanchegelüste, ihren Hang, weiterzugeben, was sie selbst erlitten hatten.

Der Kulturmensch als Stiefkind der Natur: mußte er sich nicht berechtigt fühlen, Gleiches mit Gleichem zu vergelten? Die Natur, wo sie sich ihm verdorrend verweigerte, ihm dornig entgegenschoß, ihn parasitär zu überwuchern drohte, auch seinerseits zurückzuweisen, einzuebnen, auszumerzen? Die Geschichte des Gärtner-Gleichnisses belegt mannigfach das Bestehen und die Ausweitung dieses Bedürfnisses. Nicht nur was er konstruktiv, sondern auch was er destruktiv im Umgang mit der Natur lernte, wandte der Mensch kulturell und sozial an. Arretieren, Korrigieren, Dezimieren: jene von Seneca beschriebenen Fertigkeiten dienten der Bannung von Schwächen, Mängeln und Übeln wie in der Pflanzstatt und auf der Weide so auch in der Menschenwelt. Ein Emblem des frühen 17. Jahrhunderts führt diese Parallelität von operativer Übertragung und semantischer Ausdehnung vor Augen (Abb. 2). Da das Faulige, Morsche darauf aus ist, sich auf Kosten gesunder Triebe auszubreiten, muß es rechtzeitig beseitigt werden. Im Vordergrund der Darstellung erklimmt der Gärtner eine Leiter, um mit der Sichel den verdorrenden Ast zu entfernen. Im Hintergrund schwingt ein

Mann ein Schwert, um einen Menschen zu enthaupten; das Podest wird umringt von Zuschauern, denen die Bestrafung zu Abschreckung und Lehre gereichen soll. Die analogische Inszenierung unterstellt der Hinrichtung naturelle Berechtigung, der Henker erscheint lediglich als ein auf die Beseitigungsformen des gesamtorganischen Geschehens spezialisierter Gärtner, das Instrument in seiner Hand als die zum Schwert der Gerechtigkeit umgeglühte Sichel [6]. Dieser naturrechtlichen Vorstellung zufolge kann, ja muß mit Menschen nicht anders umgegangen werden als mit Schädlingen in Flora und Fauna. Beide Prinzipien, Konstruktivität und Destruktivität, sind organisch, naturgewollt und verwandeln sich biomorph zu Maximen auch anthropogen kulturellen Handelns, die überall, in sämtlichen Lebensbereichen Anwendung finden können. Dem Ganzen dienend, halten sie sich gegenseitig in der Waage: Kultur als die Fortsetzung der Natur mit menschlich-komplexeren Mitteln ist zugleich destruktiver Aufbau und konstruktive Zerstörung.

Dieser Semantik, ihrer Dialektik, Paradoxie und Aporien, hat sich in langer abendländischer Tradition auch das Christentum bedient. Jesus von Nazareth, seine Apostel, Jünger und weiteren Abgesandten, später Priester, Bischöfe und Päpste: sie alle treten als Gärtner, Fischer, Hirten und dergleichen mehr in Erscheinung [7]. Selbst die Beziehung zwischen Mensch und Gott wird mit den Mitteln dieses Gleichnisses umschrieben. Denn auch Gott, so predigte beispielsweise Aurelius Augustinus, »pflegt uns wie der Ackersmann den Acker. Worin Er uns also pflegt, macht Er uns besser, weil auch der Ackersmann den Acker pflegend besser macht: und als Frucht eben sucht Er in uns, daß wir Seiner pflegen. Die Pflege seiner Kultur ist in uns, da Er nicht aufhört, durch sein Wort die schlechten Keime aus unsern Herzen auszureißen, unser Herz zu öffnen wie mit dem Pflug der Rede, die Samenkörner der Gebote zu pflanzen, die Frucht der Frömmigkeit abzuwarten.« [8] Der Mensch indes ist hier nicht mehr Stiefkind der Natur; vielmehr kann er durch Gehorsam und Fügsamkeit Lieblingskind Gottes werden. Indem er das gute Werk Gottes erwidert und fortführt, macht er sich zu dessen willigem Werkzeug, wird er Acker, Pflug und Feldbesteller in einem. Durch Vorbild und Verkündigung wendet sich der Gläubige an seine Mitmenschen, deren gute Anlagen und Werke fördernd, ihre schlechten Taten und Gesinnungen bekämpfend. Diese auf den ganzen Menschen zielende religiöse Erziehung nach dem Modell gärtnerischer Tätigkeit findet ihre Grenzen dort, wo Gott selbst sie durch die von ihm geschaffene Natur setzt. Indem es diese Limitierung menschlichen Vermögens durch Gottes Willen vor Augen führt, warnt das Gärtner-Gleichnis vor kulturschöpferischer Hybris und irdischer Selbstüberschätzung. Der Gärtner, wie ihn etwa Christoff Weigel in seinem Ständebuch von 1698 ins Bild setzt und wie ihn Abraham a Santa Clara erläutert, verkörpert die Analogie von pflanzender und erziehender Tätigkeit (vgl. Abb. 3). Er richtet den Baum auf und leitet den Knaben an, der ihm dabei hilft. In diesem Sinne ist er zweifache Produktionsmetapher [9]. Darüberhinaus aber sind die verdorrenden Zweige des Baumes, um den er sich bemüht, Hinweis auf die Ohnmacht des Menschen, Mahnmal der Vergänglichkeit allen Lebens und Strebens.

Abb. 3 Symbolische Darstellung des Gärtners und seiner Tätigkeit
Christoff Weigel, Abbildung der Gemein-Nützlichen Haupt-Stände, Regensburg 1698

Vom Hirten zum Ingenieur: die Metaphorik der Eroberung

Stärker noch als im Gärtner-Gleichnis drücken sich die in der Pflanze-Mensch-Übertragung anvisierten Domestikationsprobleme der Kultur in der Hirten-Metapher aus. Platos »Bienenvater«, Senecas Pferdezähmer, die Ziegenhüter, Schäfer und Rinderhirten Vergils und vieler anderer bukolischer Dichter: sie alle führen ja keineswegs ein nur idyllisches Leben; ihr Arkadien ist weder sorgenfrei noch bloß heiter, vielmehr eher poetisches Sehnsuchtsland als irdische Realität. Die Tierbezwinger aller Art haben mancherlei Mühe und Not mit den ihnen Anvertrauten, selbst wenn sie sich animalischer Helfer, wie etwa des Hundes, zu bedienen wissen. Auch sind sie vor inneren Anfechtungen und äußeren Bedrohungen keineswegs gefeit. Doch wachsen die Schwierigkeiten dieses Geschäfts ins schier Unermeßliche, sobald der Hirte nicht mehr nur Tiere, sondern auch seinesgleichen zu umsorgen hat. Schließlich, weiß Seneca zu berichten, ist kein Lebewesen »eigensinniger als der Mensch, keins muß behutsamer, keins schonender behandelt werden.« [10] Keines ist schwerer zu bändigen, keines' Anpassungsfähigkeiten sind größer, aber auch keines' Widerwille, keines' Unmutsreaktion ist gefährlicher. Als Erzieher und Lehrer, als Geber und Hüter des Gesetzes, als Arzt und Heilkundiger, als Priester und Seelenbetreuer wird dieser Hirte des menschlichen Volkes in der Bibel sowie andernorts mannigfach geschildert [11]. Sein Tun ist von besonderer Art, sein Ansehen hervorgehoben vor anderen. Tierhüter und Menschenhirten sind operativ und semasiologisch aufeinander bezogen. Sowenig der eine, so viel gilt der andere. Nicht zufällig wurde in archaischen Zeiten das Bewachen der Herde als prinzliche Tätigkeit angesehen, als erfahrungsträchtige Vorstufe zum Königtum über Menschen; die Weide vor den Toren der Stadt wird als schicksalbestimmender Gefahrenquell und Lernort manches Königssohnes geschildert. Dem Leben der Herde Abträgliches und Förderliches kann hier studiert, geübt werden; Reaktionen auf Eingriffe und Lenkversuche, Parteiungen, Zwist und Kampfverhalten können beobachtend mitvollzogen werden. Dem Individual-Bezug des Gärtners hat der Plural-Bezug des Hirten zudem die größere Nähe zur *Sozialität* der Menschen voraus, die dem homo pastor verschiedenster Zweige, dem Lehrer, dem Priester, dem Herrscher angelegen sein muß. Aufgrund dieser zahlenmäßigen und verhaltensförmigen Analogie von tierischer und menschlicher Herde auch entwickelte sich die Beobachtung der Tierwelt fort zur Beschreibung von Humankollektiven mittels animalistischer Gesellschaftsmetaphern. Bienenstock und Ameisenhügel, Wolfsrudel und Schafherde, selbst Fischteich und Schweinestall dienten als Anreiz zur bilderreichen, heiteren ebenso wie ernsten, Ausmalung menschlich-hybrider Torheiten bzw. tierisch-bescheidener Weisheit [12].

Beide Stränge der Naturbändigung, die Meliorationsbemühung des Gärtners und Bauern einerseits sowie die Domestikation durch den Hirten und Züchter andererseits, verknüpfen sich bedeutungsgeschichtlich im Topos des guten

Hausvaters. Im Idealfall war der *pater familias*, waren seine typologischen Vor- und Nachfahren »vernünftige Leute«, die »so handeln, daß der vorhandene Besitz in guter Verfassung ist und daß noch möglichst viel, aber auf schöne und gerechte Weise, dazukommt« [13]. Kenntnisreich in der Bestellung von Gärten und Äckern, kundig in Hausbau und Viehhaltung, bedachtsam in der Lenkung von Sklaven, Gesinde und Dienerschaft, von milder Strenge im Umgang mit Kindern und Frau, weiß der kluge und tüchtige Hausherr produktive und konstruktive, domestizierende und, wo nötig und sinnvoll, auch destruktive Handlungen auf das Ergiebigste zu vereinen. Sein Wirken ist Beispiel in Haus und Hof, aber auch für Gemeinde, Stadt und Republik, denn »man wird finden, daß, um Macht und Herrlichkeit zu begründen und zu erhöhen und das Gewonnene zu sichern und zu erhalten, in keinem Falle je das Glück mehr gewirkt hat als eine gute, heilig gehaltene Lebensordnung« [14]. Ihm dient Sophrosyne als Leitbild, eine in allem ordnende Verständigkeit, ein besonnenes Maßhalten und Ausgleichen, das Extreme meidet und Gegensätze mildert, sich jeglicher Art von Hybris enthält und entgegenstemmt [15]. Klugheit mündet dabei in Schönheit, das erfolgreiche Wirtschaften findet seine ästhetische Entsprechung in der moralischen Lebensform. Freilich: zur Erfüllung dieser edlen Ansprüche sind »Männer von hoher Einsicht« vonnöten, Menschen mit einem »königlichen Charakter« [16]. Doch fügt sich von Xenophon und Cicero über Leon Battista Alberti, Erasmus von Rotterdam und Lodovico Cornaro bis hin zu Samuel Smiles und anderen bürgerlichen Theoretikern eine Kette von Denkern [17], die nicht müde werden, im Topos des umsichtigen Hausherrn jenes Ideal einer universellen Harmonisierung in allen Verhältnissen, zwischen Mensch und Natur ebenso wie zwischen den Menschen selbst, zu beschwören, das analog immer wieder auch ins Bild gesetzt wurde (vgl. Abb. 4).

Dergleichen mochte weltfremd klingen im Angesicht von Kriegen, von brutalsten Natur- und Sozialkämpfen. Doch gerade die keineswegs abnehmende, stattdessen eskalierende industriekulturelle Entfesselung naturentbundener Destruktionsgewalten erforderte das Festhalten an den konstruktiven, lebensfördernden Maximen, von denen Gärtner und Hirten, kluge Hausherren und weise Zuchtmeister sinnbildlich künden. Denn durfte das Elend, das der Mensch in die Welt gebracht hatte, dazu verleiten, die im Gleichnis enthaltene Balance von *colere* und *amputare*, von Fördern und Ausmerzen, auch theoretisch so zu vereinseitigen, wie die Wahrnehmung unseliger Praxis es nahelegte, nämlich zuungunsten von Pflege und Hege, zum Nachteil der Liebe zu Mensch und Tier, der Zuneigung zu Feld, Wald und Flur? Enthielt nicht Kultur mit der Chance, mit dem Versprechen einer Befriedung zugleich den Auftrag, solche Pazifizierung wo immer möglich anzustreben und im Bewußtsein wach zu halten? Mußte Pflege nicht Pflicht, Hege nicht Haltung sein? Viele kritische Denker haben, aller Skepsis zum Trotz, an dieser Einstellung festgehalten und sie mehr oder weniger metaphorisch zum Ausdruck gebracht. Selbst Voltaires Candide beschließt die Schilderung einer desaströsen Welt, in der er wahrlich arg gebeutelt wurde, mit dem Hinweis: »... il faut cultiver notre jardin« [18]. Kurz zuvor schon hatte er dem Maître Pangloss, seinem ehemaligen Philosophielehrer, auf dessen Aufzäh-

Abb. 4 Mathieu Le Nain: »Le jardinier« (Der Gärtner), ca. 1655
Wallraf-Richartz-Museum, Köln

lung verderblicher Herrscherschicksale erwidert, er wisse gleichwohl, »daß wir unsern Garten bestellen müssen«, daß es also gelte, allen Widrigkeiten zum Trotz, oder gerade wegen dieser und gegen sie, an der Verbesserung der Welt zu arbeiten; denn, so hatte ihm ein Türke zu bedenken gegeben, allein solch gärtnerische Betätigung hilft letztlich, destruktive Impulse zu bezähmen und den Händeln der Welt zu entrinnen: »Die Arbeit hält uns drei große Übel fern: Langeweile, Laster und Dürftigkeit.« [19] So einsichtig, ja zuversichtlich konnte und mochte Candide's deutscher Bruder in litteris, des Johann Carl Wezel »Belphegor«, nicht sein. Für ihn ist und bleibt der »Garten« Erde ein Misthaufen, ein »Kothball« [20]. Belphegor kann vom Streiten nicht lassen; anders als Candide stürzt er sich am Ende unaufgeklärt wieder ins destruktive Getümmel.

Während derart das Gleichnis vom Gärtner und Hirten in unzähligen Variationen immer wieder neue Blüten treibt, sind jedoch auch schon andere, mit neuen Mitteln ausgestattete Täter in sein Terrain eingedrungen. Mehr und mehr war an die Stelle des Landbebauers der *homo faber* getreten, der Techniker. Der Ursprungsnatur und ihrer sekundären Mutation, der Kultur, hatte sich in immer größerem Umfang als »dritte Natur« die Maschinenwelt beigesellt. Ihr Schöpfer, der Ingenieur, erklimmt in raschen Schritten die historische Leiter von Prestige und beruflich gestaltender Praxis. Doch kommt auch seine Paraphrase nicht ohne traditionelle Vorstellungsbilder aus. Noch im 20. Jahrhundert finden sich Zeugen für sie. Antoine de Saint-Exupéry beispielsweise weckt archaische Reminiszenzen, als er die aeronautische »Eroberung der Nacht« beschreibt [21]. Im Wollen und Tun des Flugleiters Rivière finden sich zahlreiche Ur-Metaphern des kulturellen Kampfes mit den Natur-Elementen wieder. Er dient, so sagt sich Rivière auf dem nächtlichen Flugplatz von Buenos Aires, »nicht Menschen, sondern einer Sache. Ich muß die Menschen zurechtschmieden, daß auch sie ihr dienen.« [22] Die Eroberung der Luft, der Kampf mit den dunklen, gefährlichen Mächten der Nacht, die Handhabung des Fluggeräts: alldies verlangt vom Menschen Furchtlosigkeit, Ausdauer und eine Anpassungsbereitschaft, die bis zur Selbstverleugnung reicht. Wenn des Menschen Fähigkeiten dem nicht genügen, so muß er umgeschmiedet werden; die Esse des Flugtechnikers fördert nicht nur Apparate, sondern auch den Maschinenmenschen zutage. Rivière glaubt, er schwinge zu Recht den Hammer der Unnachsichtigkeit auf dem Amboß der Vorsehung. Dieses aufwendige Ziel zu erreichen, so sinniert er weiter, »ist vielleicht ganz einfach. So wie der ewige Kampf des Gärtners um seinen Rasen. Kraft seiner bloßen Hand treibt er den Urwald in die Erde zurück, die jeden Augenblick bereit wäre, ihn emporwuchern zu lassen.« [22] Der Techniker schreibt sich selbst magische Kräfte zu, betrachtet sich als perfektionierte Fortsetzung archaischer Weltbezwinger: Bebauer nicht mehr begrenzter Gefilde, Segler im Reich der Lüfte, Schmied auch an Leib und Seele, gestrenger Lenker von Mensch und Maschine. Als neuzeitlicher Gärtner und Hirte will er Ingenieur und Sozialkybernetiker in einem sein [23].

Die Metaphorik der Eroberung, die sich auf dieser Entwicklungsstufe des Gleichnisses stärker als auf anderen ausspricht, trägt unverkennbar Züge jener Hybris, vor der nicht nur die Dichter und Denker vieler Epochen, sondern auch die eher moralisierenden Ständebücher in Wort und Bild immer wieder gewarnt haben (vgl. Abb. 5). Des Menschen schöpferische Fertigkeiten, so wurde dort gemahnt, sein Vordringen mit Einsichten und Künsten aller Art dürften sich nicht zu blinder Himmelsstürmerei versteigen, zu Selbstüberschätzung und Entgrenzung im Denken, Fühlen und Handeln. Der Wunsch und Wille, die Welt nach eigenem Gutdünken umzugestalten, müsse stets der menschlichen Vergänglichkeit und Unzulänglichkeit eingedenk bleiben, der Tatsache auch, daß der Plan zu dieser Welt nicht vom Menschen stammt. Solche Verweise dienen auch hier wieder der semantischen Limitierung jener Mächte, die der Mensch wie sein konstruktives Vermögen von der Natur geerbt hat, mit denen er jedoch auf neue, erweiterte Weise umgeht: seiner destruktiven Energien. Beide Potenzen nicht in Extreme ausgleiten zu lassen, sondern zu balancieren in einer ihm und der Welt, in der er lebt, bekömmlichen Weise, ist ihm vom Schicksal aufgegeben. Von dieser Notwendigkeit kündet nuanciert und bilderreich das Gleichnis vom Gärtner und Hirten. Doch es würde seiner eigenen Botschaft nicht gerecht, spräche es nicht ebenso von den Gefahren, die dem Menschen wie allenthalben so auch von seinesgleichen drohen. In der Gestalt des Totengräbers findet indes auch dieser Umstand, findet die existentielle Polarität von Leben und Tod, erlangt die Künstlichkeit nicht nur kultureller Schöpfungen sondern auch menschlichen Sterbens bildliche Anschaulichkeit.

Abb. 5 Der Ingenieur als technischer Gärtner

Christoff Weigel, Abbildung der Gemein-Nützlichen Haupt-Stände, Regensburg 1698

3.

REALE UND METAPHORISCHE TOTENGRÄBER

Lebenspflege und Totendienst

Im Gleichnis vom guten Gärtner und vom umsichtigen Hirten sprechen sich die Verbesserungshoffnungen des europäischen Kulturbewußtseins aus. Vielfältige Meliorationsbilder und Domestikationschiffren veranschaulichen diese Sehnsuchtsmotivik, die in arkadischen Visionen und in idyllischen Lebensentwürfen von Zeit zu Zeit völlig bestimmend wurde. Dabei traten Mißhelligkeiten, ungute Entwicklungen und nachteilige Eigenschaften semantisch in den Hintergrund, denn sie waren dazu angetan, Sehnsuchtsbilder und Fortschrittshoffnungen zu stören. Doch war der Mensch überhaupt in der Lage, ein solches Ideal geistig und seelisch zu erfüllen, es gar in die Tat umzusetzen? An Bedenken gegen das Phantasma eines allzu idyllischen Gärtner-Daseins mangelte es nicht. Immanuel Kant faßte sie zusammen, als er an die Notwendigkeit erinnerte, auch die weniger guten, ja die schlechten Gärtner und Hirten nicht zu vergessen oder sie gar zu verdrängen, sondern ihnen bedeutungsgeschichtlich in Theorie und Praxis der Kultur gerecht zu werden. Nicht nur Einmütigkeit und gemeinsames Streben gelten dem Philosophen als kulturförderlich, sondern ebenso des Menschen Selbstsucht und Vereinzelungsdrang, sein Bedürfnis, »getrieben durch Ehrsucht, Herrschsucht oder Habsucht, sich einen Rang unter seinen Mitgenossen zu verschaffen, die er nicht wohl leiden, von denen er aber auch nicht lassen kann.« [1] Ohne das Ausleben dieser Anlagen, bei ihrer völligen Unterdrückung, »würden in einem arkadischen Schäferleben, bei vollkommener Eintracht, Genügsamkeit und Wechselliebe, alle Talente auf ewig in ihren Keimen verborgen bleiben: die Menschen, gutartig wie die Schafe, die sie weiden, würden ihrem Dasein kaum einen größeren Wert verschaffen, als dieses ihr Hausvieh hat; sie würden das Leere der Schöpfung in Ansehung ihres Zweckes, als vernünftige Natur, nicht ausfüllen.« [2] Dementsprechend kommt den Menschen, so meint Kant, die Aufgabe zu, auch die mannigfachen Formen ihrer »Zwietracht« ins Produktive umzusetzen, sie auf möglichst einsichtsvolle Weise zur Gestaltungsmacht einer Kultur werden zu lassen, deren Grundfigur diejenige der *concordia discors*, der einmütigen Zwietracht ist.

Wohin indes das ungezügelte Ausleben der diesem Muster zugehörigen Unverträglichkeiten führt, offenbart bereits an früher Stelle, im Buche Genesis, die Bibel. Kain, der Ackerbauer, erschlägt aus Neid seinen Bruder Abel, den Schafhirten. Nach dem Verbleib des Getöteten befragt, erwidert er ablehnend: »Bin ich der Hüter meines Bruders?« [3] Er beseitigt mithin nicht nur im Bruder den Mitmenschen, verweigert auch nicht nur gemeinsame Arbeit und friedliches Miteinander; sondern er negiert durch die freche Leugnung zugleich Abels Tätigkeit, das Hirtenamt. Der Lebenspfleger hat sich zum Todbringer gewandelt, sein Fruchtfeld zum Blutacker. Statt des Saatguts hat Kain, der Feldbesteller, mit dem Blut seines Bruders Unglückskeime in den Boden gesenkt. Von seinem Land verjagt, wird er rastlos und ruhelos bleiben, ohne Segen in seinen Geschäften. Die Stadt, die er gründet, liegt abseits der Glücksquellen menschlicher Kultur, fern von deren erdgeistiger Inspiration durch Feldbau und Viehhege, durch Melioration und Domestikation, im unsteten Lande Nod, »östlich von Eden« (vgl. Abb. 6).

Auch die Nachkommen dieses in doppelter Hinsicht, rural und pastoral, entwurzelten Städtegründers leben unter keinem guten Stern. Was immer sie tun, läuft Gefahr, der Natur zu widersprechen, ihre Gleichgewichtsgebote zu mißachten, kulturell zu übertreiben, sich sozial ins Gegenmenschliche zu verkehren. Wo aber mit der Naturbindung Maß und Bescheidenheit dahinschwinden, so künden zahlreiche archetypische Gleichnisse ähnlich jenem von Kain und Abel, wo die Sichel des Gärtners nicht durch den Willen zu lebensfördernder Pflege geführt und die Strenge des Hirten wie des Hausvaters nicht durch Behutsamkeit gemildert wird, dort hat die Obstruktion zu freie Hand und oft ein allzu leichtes Spiel. Schon früh regt sich bei manchem Theoretiker der Kultur Mißbehagen angesichts derartiger Freizügigkeiten, auch Skepsis gegen ein allzu ungehemmtes Wuchern idealisierender Hoffnungen. Seneca hatte zwar seine an Kaiser Nero gerichtete Schrift »Über die Milde« auch mit einem auf den Herrscher zielenden Gärtner-Gleichnis versehen [4]. Doch bricht er seine Ausführungen genau an jener Stelle ab, an der er auf die korrektiven und sezessiven Verrichtungen des Gärtners zu sprechen kommt. Das auf drei Teile veranschlagte Werk wird nicht vollendet: unheilige Praxis hatte den mahnenden Theoretiker eingeholt. Der Adressat seiner Abhandlung, ehedem vielversprechender und kulturbeflissener *homo creator*, hatte sich zum *homo destructor* gewandelt. Just zu jener Zeit, während der sein Erzieher und Ratgeber Seneca an der Schrift über die Milde feilte, ließ Nero seinen Stiefbruder Britannicus, der ihm zugleich Rivale um die Macht war, vergiften. Indes: der Philosoph und Pädagoge hatte schon geahnt, mit welchem Zögling er es da zu tun hatte. Inmitten der von der floralen Metaphorik des Gärtner-Gleichnisses inspirierten Schrift tauchen Warnungen auf, die sprachlich und inhaltlich dem Herrscher die befürchteten Verfehlungen abmahnen: er solle sich nicht mit »schädlichem Getier« wie Löwen, Bären, Schlangen und dergleichen auf eine Stufe stellen [5], solle sich nicht durch »bestialische Raserei« zum »Tier der Wälder« degradieren [6], überhaupt unwürdige Grausamkeit und exzessive Leidenschaften meiden, auch nicht sein Pferd »durch dauerndes Schlagen« einschüchtern, »scheu und widerspenstig« machen, sondern besser, wie ein milder Hirte,

Abb. 6 Albrecht Dürer, »Kain erschlägt Abel« (1511)

der »sich aufs Zähmen versteht«, es »besänftigend streicheln« [7]. Denn, so Senecas beinahe beiläufiger, doch unmißverständlicher Hinweis auf die für Herrscher und Untertanen, für Individuum und Gemeinschaft gleichermaßen unliebsamen Folgen solch animalischer Entgleisungen: »Dem Ruf eines Kaisers sind eine Menge Hinrichtungen nicht weniger abträglich als einem Arzt eine Vielzahl von Beerdigungen« [8]. Der den klugen Herrscher inspirierenden göttlichen Kraft, der »divina potentia«, wird im Schlußsatz des ersten Buches die »incendi ac ruinae potentia« kontrastiert, d.h. eine menschliche Kultur durch Brand und Umsturz zerstörende Gewaltsamkeit.

Seneca, der selbst in widersprüchliche Praxis verstrickte Theoretiker der Kultur, weiß also bereits um jene Ambivalenz, die dem Menschen innewohnt, die sich seinen Unternehmungen mitteilt und die durch seine Kulturfähigkeit nicht aufgelöst, vielmehr in eine qualitativ und quantitativ andersartige Vollzugsdimension gehoben wird: seine konstruktiv-destruktive Doppelveranlagung. Er teilt dieses Wissen mit, indem er neben das konstruktiv orientierte Gärtner-Hirten-Gleichnis ein Sprachfeld zur Kennzeichnung des Destruktiven rückt. Dieses Feld wird abgedeckt durch Metaphern von schlechten Hirten, von Tier-Menschen, Leichen-Produzenten: Wo Kultur nicht der Obhut von umsichtigen, verständigen Gärtnern untersteht, gerät sie leicht in die Hände von Bestattungsunternehmern. An die Stelle des Gärtners tritt dann der Totengräber. Der Gelehrte, dem nachspürend, sieht sich gehalten, der Philosophie, die ja die »Geburtshelferin« einer sich ständig bessernden Kultur sein soll, eine todesforschende Denklinie einzuverleiben [9].

Wie die konstruktiven und produktiven Leistungen menschlicher Kultur im Gärtner-Hirten-Gleichnis verdichtet sind und tradiert werden, so haben auch Zerstörungsbereitschaft und Zerstörungsangst, haben Betreiben, Duldung und Abwehr von Destruktivität zu Metaphern gefunden, in denen sie zugleich semantisch gebündelt und auf mannigfache Weise kommunikabel gehalten werden. Vor allem der Totengräber arriviert historisch zu jener Symbolgestalt, in deren Um- und Neudeutung, auch sprachlicher und bildlicher Erweiterung immer wieder menschliche Hinfälligkeit und Vernichtungspotenz thematisiert werden. Dabei werden keineswegs die positiven Dienste übersehen, die der reale Totengräber vornehmlich erbringt. Die Bestattung der Verstorbenen galt zu allen Zeiten als kultisch bedeutungsvoll, moralisch verpflichtend und zukunftswirksam; ihre Verweigerung gehörte zum Schlimmsten, was man Menschen post mortem antun konnte. Jene verwesenden und leichentilgenden Kräfte der Natur begannen dann ihr unschönes Werk, unter denen *necrophorus vespillo*, der aasbeseitigende Käfer, noch ehestens zum tierischen Totengräber taugte. Der menschliche Totengräber indes tat ein Werk, das mit kulturellen Mitteln noch im Lebensverlust Distanz zur Natur schuf. Er ritualisierte den Abschied, deckte Leib und Leid mit der Erddecke der Versöhnung zu, half beim reinigenden Abstandnehmen der Hinterbliebenen. Ursprünglich nahm an solchem Totendienst jedermann teil, soweit er mitmenschlich betroffen war, im Frieden wie in Kriegszeiten, Freund und Feind die letzte Ehre erweisend, ähnlich der Beschreibung des Propheten Ezechiel im Alten Testament [10]. Hatte man die Verschiedenen bestattet, so waren Wohnstatt und

Abb. 7 Kurier des Todes. Kalenderblatt aus einem Almanach für das Jahr 1672

Umgebung zu säubern, waren aufwendige Reinigungszeremonien an Körper, Geist und Seele zu vollziehen [11]. Derartige Riten bezweckten nicht nur physische Hygiene, sondern ebenso mentales Ablassen von jeglicher Konfliktbeziehung mit den Toten. Auch dort, wo der professionelle Totengräber nach und nach das Amt der Bestattung übernimmt, bleiben diese läuternden Aufgaben erhalten, vollzieht er symbolisch mit, was ursprünglich als jedes einzelnen Pflicht gedacht war (vgl. Abb. 7).

Gute und böswillige Totengräber

Doch gab und gibt es nicht nur solche, von Abraham a Santa Clara beschriebene, »wackere Todtengräber«, die redlich ihres Amtes walten, die mit den sterblichen Überresten auch »die Sünd und Mängel... des Nächsten... nach Möglichkeit verhüllen, verdecken, verbergen, vermäntelen, vertuschen, vergraben und nicht anderen offenbaren...,« die also insgesamt nach der Devise verfahren: »rede das Gute und verschweig das Böse, vergrab lieber die Mängel des Nächsten« [12].

Abb. 8 Pieter Bruegel d. Ä.: »Die niederländischen Sprichwörter« (1559) Ausschnitt: »Einer schüttet die Grube erst zu, nachdem das Kalb darin umgekommen ist.«

Sondern es treten auch »Totengräber« in Erscheinung, die das Beseitigen, Zerstören, Töten selbst betreiben, die nicht mehr nur für Ruhestätten der Verblichenen, sondern auch für neue Todesmöglichkeiten sorgen. Indem er diesen Bedeutungswandel vollzieht, sich vom anteilnehmenden Totenbestatter in einen eigentätigen Todesbringer verändert, steigt der Totengräber mehr und mehr zu einer zentralen Metapher menschlicher Destruktivität auf, wird er selbst in Wort und Bild zu einem »Kurier des Todes«. Elemente dieser Entwicklung sind bereits im Tun des »guten« Totengräbers angelegt. Sein Bewegungsbild führt von der Lebensluft in das Erdinnere der Grube, vom Hellen ins Dunkle, vom Tag in die Nacht, vom Dasein ins Abseits. Daß er zwar nicht, wie sein bukolischer Bruder, Hirte der Lebenden, vielmehr Hüter von Toten ist, aber dennoch jenem verwandt, erweist bereits die Wurzelgleichheit des griechischen Hirtenbegriffs (boukolos) mit einem der Worte für den Grabhügel (kolonos). Nicht weniger offen als in der Sprachwelt sind die Grenzen der Praxis: rasch kann aus einem achtlosen Hirten ein unfreiwilliger Totengräber seines Viehs werden, das in eine unbewachte Grube gefallen und in ihr umgekommen ist. In seine enzyklopädische Verbildlichung der »Niederländischen Sprichwörter« hat Pieter Bruegel d. Ä. eine solche Szene aufgenommen (vgl. Abb. 8); unter die Toren dieser »verkehrten

Welt« gehört auch jener, der »den Brunnen oder die Grube erst dann zuschüttet, wenn das Kalb darin umgekommen ist«, der also die Schadensgefahr erst beseitigt, nachdem das Mißgeschick ihn bzw. seine Anbefohlenen ereilt hat, und der nun mit dem verendeten Tier zugleich eine mögliche Quelle seiner über das bloß Alimentäre hinausreichenden Lebenssicherung zudeckt. Doch kann ein solches Grubenunglück auch den Menschen selbst ereilen, sei es daß er aus Unachtsamkeit in fremde Gräben stolpert, sei es gar daß er in ein Loch stürzt, das er selbst ausgehoben hat. Im letzteren Falle läuft der Betreffende Gefahr, sein eigener Totengräber zu werden. Die darauf anspielende Redewendung »Wer andern eine Grube gräbt, fällt selbst hinein« findet sich in mehreren Varianten bereits in biblischen Texten. Sie wird dort vor allem dann mit kritischer Vehemenz eingesetzt, wenn es um die Offenlegung der schädigenden Absichten und Folgen geht, die mit solchem Tun verbunden sind. Grubengräber und Fallensteller aller Art, so heißt es etwa in den Psalmen, schaden letztlich auch sich selbst; die Missetat, die sie gegen andere richten, fällt auf sie selbst zurück; der Frevler wird sein eigener Totengräber:

»Er hat Böses im Sinn;
er geht schwanger mit Unheil, und Tücke gebiert er.
Er gräbt ein Loch, er schaufelt es aus,
doch er stürzt in die Grube, die er selber gemacht hat.
Seine Untat kommt auf sein eigenes Haupt,
seine Gewalttat fällt auf seinen Scheitel zurück.« [13]

Ein solcher bösartiger Mensch, der schlußendlich an seinen eigenen Übeln zugrundegeht und der als Leitfigur des hybriden Totengräbers eine fragwürdige semantische Karriere durchläuft, ist der schon von Seneca zur Besserung ermahnte Kaiser Nero. Als ihm kein anderer Ausweg bleibt, so berichtet sein Biograph Sueton, ringt er sich zum Selbstmord durch und gibt zuvor noch »den Befehl, vor seinen Augen ein Grab zu graben, das seinem Körpermaß angepaßt war...« [14]. Wie ein Totenbestatter sorgt er sich um seine sterbliche Hülle, mahnt, »womöglich ein paar Stücke Marmor zusammenzubringen, dazu Wasser und Holz bereitzustellen, um seinem Leichnam sogleich die letzte Ehre zu erweisen.« Seine in diesen Handlungen sich lebensbeendend gegen ihn selbst wendende, zuvor jedoch stets gegen andere gerichtete Zerstörungslust hat den selbstverliebten und größenwahnsinnigen Kaiser zur sprichwörtlichen Urgestalt des malignen Totengräbers gemacht. Sein Name steht fortan für destruktives Treiben schlechthin. So schildert Abraham a Santa Clara die »Neronische That« jenes Joannes Maria Visconti, Herzog zu Mailand, der einen wahrhaft »tyrannischen Todtengräber abgeben« habe: man habe nämlich auf sein Geheiß einen Pfarrer, der einem armen Toten aus Geldgier die christliche Bestattung verweigert hatte, »ergriffen und in das tiefe Grab hineingeworfen, auf ihn nachmals den Todten, folgsam mit Erden starck bedeckt, und also lebendig begraben...« [15]. Des Predigers moralische Botschaft ist unmißverständlich: die Begräbnisverweigerung wird mit dem Erleiden dessen geahndet, was dem verstorbenen Mitmenschen versagt wurde;

doch zugleich enthüllt sich der doppelte Frevel als gegenmenschliche Zeugungsmetapher: Unrecht gebiert Unrecht. Was man dem anderen aus niedrigen Beweggründen an Gutem vorenthält oder gar an Schlechtem zufügt, wird sich letztlich, auf welchen Umwegen auch immer, gegen einen selbst kehren, zum eigenen Niedergang führen. Wo derlei das soziale und kulturelle Geschehen gänzlich bestimmt, ist einer des anderen Totengräber schon zu Lebzeiten. Man gerät dann leicht in gefährliche Situationen, so kommentiert einmal der Abgeordnete Baudot während des Robespierre'schen Terror-Regimes, »wie zur Zeit Neros« [16].

In solchen Zeiten herrscht auf den Friedhöfen regeres Treiben als in mancher Pflanzung, statt der Gärten der Lebenden gewinnen die Areale für die Toten an Umfang, denn »die Friedhöfe und nicht die Gefängnisse haben überfüllt zu sein«, meinte Robespierres Mord-Gehilfe Saint-Just. Die Menschenäcker dehnen sich, wie nicht erst Hitler mit seinem »Nero-Befehl« bezweckte, auf weite Fluren, ganze Städte und Länder aus, entsprechend der Drohung des tollwütigen Todesboten Carrier: »Lieber machen wir einen Friedhof aus Frankreich, als es nicht nach unserer Art und Weise zu regenerieren.« [17] Solche Betreiber der bürgerlichen Revolution von 1789 hatten sich rasch zu deren und ihrer Landsleute Beseitiger pervertiert. Ihr Betätigungsfeld wurde statt des gerechteren Gesellschaftsgartens das diktatoriale Todesgefilde; statt mit der Blume der Revolution hantierten sie mit Gewehr und Guillotine, stellten lieber Hinrichtungsbescheide und Totenscheine aus als Dekrete der Freiheit und Fürsorge. Sie und ihresgleichen zu allen Epochen verfahren nach dem nicht nur für den Pflanzer selbst, sondern auch für seine Früchte und deren Abnehmer unbekömmlichen Prinzip: »Wer schlecht sät, wird schlecht ernten.« Bei alldem gibt sich, entsprechend den Intensitätsstufen der jeweiligen ruinösen Praxis, hinter dem malignen Totengräber eine mehr oder weniger stark ins Negativ-Destruktive verdrehte Gärtner-Metapher zu erkennen. Anders herum und verkürzt ausgedrückt: in vielerlei Vorstellungsbildern tritt der Totengräber als ein ins Böse mutierter Gärtner auf. Er hat seinen semantischen Ursprung im Gärtner-Hirten-Gleichnis, doch steht er nicht für Melioration und Domestikation, sondern er wird zur Chiffre kultureller *Pejoration*, deckt in Wort und Bild gewissermaßen die Nacht- und Schattenseite sowohl des deutenden Bewußtseins als auch des praktischen Lebens ab. Als eine solche Analogie-Metapher ist auch Abraham a Santa Claras »wackerer« Totengräber angelegt, den zudem Christoff Weigel in seinem Ständebuch entsprechend ins Bild gesetzt hat (Abb. 9). Wie der Gärtner sich pflegerisch dem Baum und dem Lehrling zuwandte (vgl. Abb. 3, S. 16), so widmet sich hier der Totengräber der Aufbewahrung der Gebeine; was dort als Lebenszeugnis der Korb mit den Setzlingen und der Landmann im Hintergrund, ist hier die Knochenkarre als Botschafterin von Erstarrung und Tod. Nicht viel anders bringt William Shakespeare den Totengräber als Parallel-Topos zum Gärtner auf die Bühne und stellt ihn zugleich als einen kulturellen Archetypus neben anderen vor. In der Hamlet-Tragödie wird er biblisch (und das heißt im christlichen Weltbild: menschheitsgeschichtlich) verortet: seine Tätigkeit währt von »Adam« bis zum »Jüngsten Tage«. Zudem wird seine »Profession« in der Berufshierarchie aufge-

Abb. 9 Gärtner-analoge Darstellung des Totengräbers (vgl. Abb. 3)
Christoff Weigel, Abbildung der Gemein-Nützlichen Haupt-Stände, Regensburg 1698

wertet, denn er »baut fester als der Maurer, der Schiffsbaumeister oder der Zimmermann«; wie er auch soziale Beförderung beansprucht, indem er sich selbst unter die »Edelleute« rückt. Zu diesen aber gehört ranggleich und urzeitlich auch die Symbolfigur der Kultur-*Schöpfung*, denn: »Es gibt keine so alten Edelleute als Gärtner, Grabenmacher und Totengräber: sie pflanzen Adams Profession fort.« [18] Insgesamt bietet diese Szene nicht nur eine burleske Verlebendigung des *Vanitas*-Motivs, läßt sie nicht nur, der Tradition der Commedia dell'arte getreu, in närrischer Diktion ernste Wahrheiten zu Wort kommen; sondern sie mißt parabelhaft das menschlich sozial-kulturelle Dasein in seiner Grundspannung zwischen Anfang und Ende, zwischen Geburt und Tod, zwischen oben und unten, zwischen Aufbau und Zerstörung aus. Gärtner und Totengräber personifizieren *Melioration* und *Pejoration*; so wie sich bei jenem Konstruktion und Produktion, Aufbau und Hervorbringung von Lebensmöglichkeiten paaren, so bei diesem in der malignen Metaphorisierung Destruktion und Produktion, Abbau von Dasein und Schaffung neuer Todesmöglichkeiten. Erst in dieser komplexen Wechselbeziehung enthüllt sich das Gleichnis der Kultur als ganzes.

Ein Zeugungsbild menschlicher Niedertracht

Der Totengräber als Produktionssymbol der Vernichtungswelt: eine Quelle dieser Vorstellung mag der Mißbrauch gewesen sein, den schlecht beleumundete und aus zwielichtigen Verhältnissen stammende, gewissenlose bis kriminelle Bestatter mit ihrem Amte trieben. Denn »gewiß ist es doch«, meinte schon Abraham a Santa Clara, »daß etliche unter diesen nicht die beste seyn, forderist diejenige, so bey nächtlicher Weil das Grab widerum eröffnen, und die Kleider von den Cörpern, die Ring von den Fingeren rauben: Item hat man die Erfahrenheit, daß einer und der andere mit alten Lumpen von den Todten-Kleidern, mit etlichen dürren Todtenbeinern, mit halb verfaulten Trümmern von Todten-Truhen allerley Teuffels-Künsten treiben und practiciren...« [19] Geringe Entlohnung und soziale Randlage, die Berührungsangst, ja Verachtung einer Umwelt, die auf den Dienst zugleich doch angewiesen war, mochte in früheren Zeiten manchen Totengräber zum Ausgleich durch Übergriffe auf die Toten und ihre Habe verführen. In manchen Ländern ist auch heute noch der Totengräber ein wichtiger Mittelsmann für medizinische Leichenbenutzer, Schwarzhändler und andere Grenzgewerbe [20]. Da mag es naheliegen, den Verdienst durch eine künstlich-eigenmächtige Förderung von Tod und Vernichtung zu vermehren, die Freude am Beruf durch Erweiterung des Aktionsradius zu steigern. Daß sich Vergänglichkeitserfahrung und Beutebewußtsein nicht unbedingt ausschließen, vielmehr durchaus professionell und lustvoll kombinieren lassen, deutete bereits Ludwig Hölty in seinem »Todtengräberlied« an [21].

Überall dort, wo sich die ursprüngliche Gutartigkeit des Totengräbers zum Bösen verwandelt, wo der maligne Totengräber metaphorisch hervortritt, erlangen auch die Elemente destruktiver Produktivität größeres Gewicht. Dies ist verstärkt in Zeiten sich radikalisierenden sozialen Wandels der Fall. In ihnen erfährt die Metapher einen unverkennbaren Auftrieb, wird auch gezielt als agitatorisches Aktionsbild für destruktive Auseinandersetzungen verwendet. Sie dient dann nicht der Beschwörung und Bannung mißliebiger Zerstörung allein, sondern ebenso der Herbeirufung erwünschter Destruktivität. Als rhetorische Formel dient sie zur Legitimation und Schürung dekulturativer Impulse, getreu Maximilien Robespierres Maxime: »Die revolutionäre Regierung schuldet ihren Feinden nichts weiter als den Tod.« [22] Der Preis für derlei extreme Ansichten ist freilich häufig hoch; er besteht nicht nur in der argumentativen Entdifferenzierung, der rasch auch mancher Freund als Feind gilt; sondern er ist zudem als steigender Blutzoll zu entrichten. Dementsprechend betrifft diese nekromorphe Eskalation bald nicht mehr nur einzelne, kommen nicht bloß Einzeltäter in Betracht nach der Art, wie etwa Karl Marx seine politischen Antipoden Bismarck und Napoleon III. als »Totengräber der Revolution von 1848« anschwärzt [23]. Sondern der Individualbegriff erweitert sich im 19. Jahrhundert zur Kollektivbezeichnung. Marx und Engels titulieren im »Kommunistischen Manifest« von 1848 bereits ganze soziale Klassen derart; so beispielsweise die »Bourgeoisie«, die »vor allem ihren eignen Totengräber« produziert, bzw. das Proletariat, das als dieser Totengräber hervorgebracht wird und das der damit zugeschriebenen Destruktionsaufgabe dadurch gerecht werden muß, daß durch es »der ganze Überbau der Schichten, die die offizielle Gesellschaft bilden, in die Luft gesprengt wird« [24].

Fortan ist der pejorativ verbildlichte Totengräber ein fester Bestandteil der politischen Diskussion. Revolutionäre von mancherlei Herkunft und Schattierung wurden zu »Totengräbern der Demokratie« ernannt (oder ernannten sich selbst). Die Nationalsozialisten wurden bereits 1924, anläßlich des Münchener Prozesses gegen Hitler, Ludendorff und ihre Gefolgschaft, als »Totengräber Deutschlands« durchschaut, während Hitler seinerseits die »Schleicher« und »Kriecher« am Hofe Wilhelms II. als »Totengräber der Monarchie« apostrophierte [25]. Nationalsozialistische Terroristen benutzten den Begriff zur Diffamierung von Regimegegnern und Bannerträgern der Freiheit wie Carl von Ossietzky oder Kurt Tucholsky [26]. In Folterstätten, Lagern und Ruinen erzwangen sie den massenweisen Totendienst. Häftlinge hatten ihr eigenes Grab und das ihrer Leidensgenossen auszuheben. Oft war dies und die Leichenbeseitigung die vorletzte Stufe praktischer Depravierung vor dem eigenen Tod, der Erlösung bedeuten konnte. »Man sah«, berichtet Hans Erich Nossack über die Ruinen im zerstörten Hamburg, »Zuchthäusler in gestreiften Anzügen darin arbeiten. Sie sollten die Toten bergen. Man erzählte sich, daß die Leichen, oder wie man die Reste ehemaliger Menschen sonst nennen will, an Ort und Stelle verbrannt oder in den Kellern durch Flammenwerfer vernichtet wurden. Aber in Wirklichkeit war es schlimmer. Sie konnten vor Fliegen nicht in die Keller gelangen, sie glitschten auf dem Boden aus vor fingerlangen Maden, und die Flammen mußten ihnen einen Weg bahnen zu denen, die durch Flammen umgekommen waren.« [27] Doch

Abb. 10 John Heartfield, »Lubbes Grab«, Fotomontage 1934
Arturo Schwarz, Milano

wendet sich schlußendlich nicht nur die Macht der Zerstörung auch gegen deren Urheber, wird nicht nur Hitler ähnlich Nero zum ängstlich-besorgten Inszenator seines eigenen Hingangs »zwischen Schuttbergen, Mauerresten, Betonmischmaschinen und verstreutem Unrat« [28], sondern auch die Totengräber-Metapher holt die destruktiven Hauptakteure des NS-Regimes immer wieder entlarvend ein. Wie tief sie auch mit den Zeugen ihrer Missetaten die Wahrheit zu vergraben suchen, diese kommt doch immer wieder an den Tag (vgl. Abb. 10). Nicht zufällig steht in John Heartfields Fotomontage der großmäulige Hermann Göring schon inmitten des Grabes, das er und seine Helfershelfer anderen bereiten.

In all diesen Zeugnissen offenbart sich der pejorative Aufschwung und Wandel der Totengräber-Metapher. Als Sinnbild für menschliche Malignität ist die Gestalt des Totengräbers im 20. Jahrhundert mannigfach präsent. Nicht nur werden durch sie die mehr oder weniger offenkundigen politischen Niederträchtigkeiten und Brutalitäten beschworen. Sondern auch soziale Ängste des täglichen Lebens artikulieren sich in ihr, etwa wenn sie zur rituellen Abwehr ökonomischer Debakel verwendet wird (vgl. Abb. 11), oder in der volkstümlichen Redewendung, daß, wer sich zwecks Heirat zum Standesbeamten begebe, in Wahrheit zum »Totengräber« gehe [29]. So wie in dieser, auf den Hochzeiter und seinen Wegeleiter zielenden Verwendung Zeugung und Hinscheiden, Geburt und Tod gleichermaßen anklingen, so werden mit Vorliebe auch kulturschöpferische Tätigkeiten im engeren Sinne ambivalent vorgestellt. Bereits Jean Paul meinte in

Abb. 11 Protestdemonstration von Gewerkschaftsmitgliedern gegen den Verkauf der NH (Neue Heimat Wohnungsbaugesellschaft) durch DGB-Spitzenfunktionäre, 1986
Foto dpa

einem Rezensenten, der ja als öffentlicher Geburtshelfer eines Buches wirken konnte, auch dessen potentiellen »Totengräber« sehen zu müssen [30]. In der Folgezeit gerieten Schriftsteller, Künstler, Journalisten, überhaupt produktive und kritische Geister häufig in den Sog solchen Urteils. Ihnen wird unterstellt, sie machten zu ihrem eigenen Nutzen Beute auf Kosten anderer, betrieben mehr als das Wohl und Fortleben der Kultur deren Aushöhlung und Niedergang. In diesem Sinne werden beispielsweise Andy Warhol und Paul Morissey, zwei Protagonisten des American Underground, als eben dessen »kommerzielle Ausbeuter und wohl auch Totengräber« angeklagt [31]. Auch Soziologen bleiben nicht frei vom Ruch, das Todesgeschäft professionell zu betreiben, aus dem Siechtum von Mitmensch und Kultur eigenen Verdienst zu ziehen. Ernst Jünger hat in einer Erzählung einen stellungslosen Soziologen, der mit den Lebenden beruflich und privat nicht zurechtkommt, als Bestattungsunternehmer größten Ausmaßes zu finanziellem Erfolg und internationalem Ansehen gelangen lassen. Der diplomierte Soziologe Friedrich Baroh arriviert zum Direktor der Beerdigungsfirma »Pietas«. Statt des Gesellschaftsgartens der Lebenden hegt und erweitert er die Gefilde der Toten. Als sich Erfolg auf Erfolg einstellt, nimmt er unter dem Firmennamen »Terrestra« einen weltumspannenden Totendienst in Angriff; das Ziel des Geschäftstüchtigen ist »eine Nekropole im Weltstil«, die Umwandlung des Erdballs in eine gigantische Totenstadt, in der jedermann Platz findet [32]. Mit diesem Unterfangen rückt der soziologische Totengräber in die Nähe jenes »Verwaisers«, den Samuel Beckett über einer zu Tod und Vernichtung bestimmten Menschenwelt walten läßt [33]. In diesen Schilderungen legt die Absurdität des Geschehens den Kern der Gärtner-nahen Totengräber-Metapher abermals frei: ein mit menschcher Verantwortlichkeit imprägniertes Vanitas-Motiv. Im Umgang mit der kulturellen Grundspannung von *Melioration* und *Pejoration* tragen die Menschen selbst, einzeln und gemeinsam, die Verantwortung für das Ausschlagen des historischen Pegels in die eine oder die andere Richtung. Wie Schmiede ihres Glückes so sind sie in jenem Umfang, in dem sie künstliche Tode bewirken, auch Urheber ihres Unglücks. Indem einer des anderen Totengräber schon zu Lebzeiten wird, trägt er zur Unglücksvermehrung statt zur Leidvermeidung bei. Mit dieser zwischenmenschlichen Ausgestaltung und mit der kontinuierlichen Ausdehnung ihres Geltungsfeldes bezeugt die Totengräber-Metapher die geschichtliche Zunahme destruktiver Potenzen in Kultur und Gesellschaft. Schließlich bekundet sich in ihr die Universalität menschlichen Zerstörens, die Eskalation der Zerstörungsgefahren bis in das 20. Jahrhundert hinein. Mehr noch: die Karriere der Metapher offenbart die Zunahme eines multilateralen Zerstörungsdrucks, der Gelegenheiten zur Entladung sucht. Bei seinem massenweisen Ausbruch könnten jene schon biblisch beschworenen Zustände wieder eintreten, die auch massenhaften Totendienst erfordern; mit dem entscheidenden Unterschied jedoch, daß nunmehr selbst solcher Totendienst kaum noch zu leisten wäre. Die bösartigen Totengräber hätten dann über ihre wackeren Kollegen endgültig gesiegt.

4.

BEGRIFF UND BILDWELT DER ZERSTÖRUNG

Bilder aus Naturerfahrung

Der urzeitliche Mensch hat seine Sinne vorzugsweise im Umgang mit Natur geschult. Deren Erscheinungen und Ereignisse boten ihm reiche Gelegenheit zu Beobachtung und Erfahrungssammlung im Guten wie im Schlechten, zur Auseinandersetzung auch mit Gefahren und Bedrohungen. Er sah und erlebte, wie die Naturenergien sich unermüdlich in Verwandlungsgestalten äußerten, wie sie ein unablässiges Stirb und Werde in Gang hielten. Auch nahm er wahr, wie die Naturelemente Mächte der Zerstörung entfesselten, die auf verhängnisvolle Weise ihm selbst bedrohlich werden konnten. Im Kleinen erträglich, wenn Chancen zur Eindämmung oder zum Ausweichen lassend, konnten sie im Großen, gar im katastrophischen Ausmaß, Leib und Leben gefährden, Mensch, Tier und Pflanze vernichten, dem Dasein Kraft und Boden rauben. Wenn die Erde bebte, wenn Feuer die Wälder verzehrte, die Wiesen versengte, wenn Flüsse über ihre Ufer traten, Seen und Meere das Land überschwemmten, wenn Stürme über die Fluren fegten, Orkane Halm und Genick zu brechen drohten: wo gab es dann Halt, wo Anlaß zur Zuversicht, wo Aussicht auf Rettung?

Was konnte jener frühgeschichtliche Mensch tun, als auf baldige Beruhigung der Naturgewalten hoffen, auf die Gnade der zornigen Götter und Weltdämonen, auf Schonung durch die ihm überlegenen Mächte? Die Mythen des Weltuntergangs künden in vielen Sprachen, in fast allen Kulturen von derartigen Hoffnungen, von Versöhnungswünschen und Erlösungsträumen. Sie berichten von Zerstörungen, die überwiegend aus Naturereignissen bestehen, die indes die betroffenen Menschen mit extremen Leiden und mit dem Problem ihrer Hinnahmefähigkeit konfrontieren. Häufig steigert sich die Drohgebärde der Weltuntergangsschilderungen durch die Kombination von Vernichtungsprozessen, deren Zusammenwirken den Ausweg der Menschen verengt, kaum noch ein Entrinnen ermöglicht. Unwetter kündigen Erdbeben an, terrestrische Bewegungen bringen Wasserfluten und Feuersbrünste in Gang. Auf vielerlei Metaphernwegen verwandelt sich in diesen Berichten die Welt zum Schlund, der den Menschen mit all seinem Hab und Gut in die Tiefe reißt, ihn zu verschlingen droht: Mutter Erde, anstelle von Geburt den Tod bescherend. Wo sich der Rachen von Wölfen und Löwen, von Drachen und Meerungeheuern auftut, um der Menschenwelt das Ende zu bereiten, treten animalische Bewegungsbilder in den Dienst von Zerstörungsdrohungen, welche die betroffenen Menschen zumeist in passive Rollen drängen. Eher werden sie Opfer als Täter des Weltgerichts. Dementsprechend sind die Weltuntergangsvisionen symbolische Zeugnisse der Angst ebenso wie kompensatorische Entlastungsversuche gegenüber Destruktionsmächten, die der Mensch (noch) nicht »in den Griff« bekommen hatte. In ihren Vorstellungsbildern kontrastiert der Größe des Unheils die Kleinheit der Menschen, die hier ihre stoffliche Minderheit gegenüber Tieren, Pflanzen und Naturgewalten eher furchtsam als auftrumpfend abhandeln [1]. Nirgends in diesen Mythen führen Menschen den Weltuntergang von sich aus oder gar durch eigenen Beschluß herbei, sondern sie erleiden ihn ohne ihr Zutun, allenfalls als Folge ihrer Unbotmäßigkeit gegen die Götter oder gegen den Willen der Natur; das Weltende kommt über sie als göttliches Strafgericht oder als Rache der gekränkten Natur. Schuld und Unschuld wohnen dicht beieinander, ihre Erörterung verdeutlicht mehr als alles andere die schicksalhafte Verstrickung des Menschen in das kulturelle Netz, mit dem er seinen Abstand zur Natur zu überbrücken suchte.

Doch war das Untergangsschicksal, das in jenen Mythen beschworen wurde, unausweichlich? Gab es tatsächlich nur jene geringen Chancen der Rettung für die wenigen, die beispielsweise in Noahs Arche Platz fanden? Verhieß nicht dieses von Menschen gezimmerte Gefährt, das gar der Sintflut zu trotzen vermochte, Aussicht auf umfassenderes Entkommen, wenn nur das Werk umfänglicher und energischer in Angriff genommen wurde? Konnte doch die Arche auch als Symbol für die Widerstandskraft menschlicher Kultur gegen die Zerstörungsmacht der Natur gedeutet werden. Zudem war sie von Gott selbst bei dem Auserwählten und für die Erkorenen in Auftrag gegeben worden. Also durfte man sich berufen fühlen, die naturbewirkte Zerstörung nicht tatenlos hinzunehmen, nicht passiv im Verderben zu verharren. Der archaische Mensch, beunruhigt von allfällig drohenden Niedergängen, blieb neugierig auch im Zerstörungserleben der Natur, suchte Passivität und Leiden durch Aktion und Erfindung zu überwinden. Dementsprechend ist seine Kultur an vielerlei Ursprungsstellen durch die Erfahrung naturwüchsiger Schäden geprägt, ist sie ihrem Motiv nach auch der Versuch, die der Natur innewohnenden Zerstörungsenergien zu überlisten und sich ihnen gegenüber schöpferisch als überlegen zu erweisen.

Im Spannungsfeld von Zerstörungshinnahme und Zerstörungsabwehr, soweit der Mensch es naturerfahrend ausmißt, sind zahlreiche seiner kulturellen Verbildlichungen der Vernichtung angesiedelt. Sie zeugen anhaltend von seinen mentalen und operationalen Schwierigkeiten im Umgang mit destruktiven Problemen. Allen voran bedrängt ihn äußerlich und innerlich das Erlebnis der Vergänglichkeit, das Verrinnen der Zeit, das er im materiellen Wandel seiner Lebensräume ebenso beobachten kann, ja muß wie an den Veränderungen seines eigenen Körpers. Diese Naturerfahrung kulturell einsichtig und womöglich steuerbar zu machen, ist sein Ziel, das er allen Chronometern zum Trotz nur höchst unvollkommen und niemals endgültig erreicht. Im Gegenteil: Jede Uhr ist neben der instrumentellen Hilfe, die sie für die Zeiteinteilung bietet, neben ihrer Leistung als Stütze für individuelles und soziales Zeitverhalten, auch technisches Zeugnis des Ablaufs, Geräte-Metapher der Vergänglichkeit, eines unausweichlich nahenden Endes, von Todes-Latenzen. Wie der Zeiger der Uhr von Sekunde zu Sekunde fortschreitet, nagt der »Zahn der Zeit« an Dingen und Lebewesen. Mag auch der Mensch manchmal »die Zeit totschlagen« wollen, so ist es in Wahrheit doch umgekehrt so, daß sie über ihn siegt, indem sie ihn zum Tode führt. Auf die Uhr blickend, nimmt er wahr, wie seine persönliche Lebenszeit sich verkürzt; sein Auge an die Uhr heftend, von ihr aus auf »seine Zeit« schauend, sie mechanisch einteilend, zerstört er deren unbewußtes Dahinfließen ebenso wie die zeitliche

Abb. 12 Man Ray, »Gegenstand der Zerstörung« (1932)
Arturo Schwarz, Milano

Ungegliedertheit seines Lebensraumes. Der Gewinn an kulturtechnischer Verfügungsmacht geht mit einem Verlust an naturhafter Selbstverständlichkeit einher; Zeitmesser aller Art arrivieren, wie Man Ray es ins Bild gebracht hat, zum zwiegesichtigen Zerstörungsobjekt (vgl. Abb. 12), indem sie dem Menschen von seinem passiv-natürlichen Zerstörtwerden künden und ihm sein aktiv-kulturelles Zerstückeln bezeugen.

Die Bewegungslinien dieser beiden Vorgänge, der naturzeitlichen Zerstörungsduldung und der kulturtemporalen Zerstörungsleistung, treffen aufeinander im Erlebnis der Unwiederbringlichkeit. Die Zerstörungen der Zeit, ob naturgewollt oder selbstbewirkt, sind irreversibel; darum erscheinen sie den Menschen als besonders grausam und schwer akzeptierbar. Daher auch überwiegen in den temporalen Zerstörungsbildern Umschreibungen von Krankheit und Tod, von Verlust und Vergeblichkeit. Krankheiten konfrontieren den Menschen, seelisch wie körperlich, mit ruinösen Prozessen, deren Subjekt und Objekt er gleichermaßen ist. Die Frage, was ihm in solchen Hinfälligkeiten auferlegt ist und unzugänglich bleibt, wieviel auch er selbst zu ihnen beiträgt, kann und hat viele Antworten erfahren. Daß es sich dabei stets um psychophysische Transformationen handelt, um einen raumzeitlich sich ausdrückenden Wechsel von Aggregatzuständen, den der Mensch aufgrund seiner Unzulänglichkeit als Destruktion nicht nur vollzieht, sondern auch empfindet, hielt bereits Novalis fest: »Merkmal der Krankheit ist der Selbstzerstörungsinstinkt. So alles Unvollkommene – so selbst das Leben – oder besser der organische Stoff.« [2] Mit dieser Erfahrung kann der Mensch nur zurechtkommen, so betont Novalis, wenn er die »Aufhebung des Unterschieds zwischen Leben und Tod«, die ihm das Leiden beschert, nicht negiert, sondern verstehend und tätig in sich aufnimmt. Nur indem er ihm auf diesem Wege den Schrecken nimmt, kann ihm eine wenigstens annäherungsweise »Annihilation des Todes« gelingen. Krankheit und Gesundheit, psychophysischer Aufbau und Abbau sind Ufer ein und desselben Flusses, auf dem sich die Lebensreise mit wechselnden Kursen, Näherungen und Anlandungen vollzieht. Diese Grenzfahrt braucht Umsicht an allen Gestaden, Dauer und Duldung auch in Phasen der Gefährdung. Wer sich nicht Zeit für die Krankheit gönnt, dem kann sich leicht die Zeit für das Leben nach ihrer Bezwingung verkürzen. Damit sich der Zeitverlust in Zeitgewinn verwandelt, muß der Mensch mit seinen Krankheitskonflikten konstruktiv und produktiv umzugehen trachten [3]. Nichts anderes gilt für die Angst vor lebenszeitlichem Schönheitsverlust, für die Furcht vor dem Altern als innerlicher und äußerlicher Zerstörungsmacht. Dem ästhetischen Zugriff des Alters, wie ihn etwa Pompeo Girolamo Batoni allegorisch in Szene gesetzt hat (vgl. Abb. 13), ist sowenig zu entkommen wie der physiologischen Gebrechlichkeit. Chronos' Wirken läßt sich weder durch Krückstock noch durch Kosmetik beseitigen. Einzig die Fähigkeit, aus der körperlichen Not mental eine Tugend zu machen, der materiellen Destruktion wertkonstruktiv zu begegnen, verschafft Linderung im Schmerz leibseelischer Deszendenz, Milderung von Natur durch Kultur.

Wie in der eigenkörperlichen Erfahrung, so findet der Mensch ebenso im äußeren Naturerlebnis mannigfachen Anlaß zur Zerstörungsbegegnung und zu bildlicher Vernichtungsbannung. Unterscheidungen drängen sich ihm hier wie im Konstruktiven von den Naturelementen her auf. Kann doch die Erde ihn auch gewaltsam begraben, seine Siedlungen, sein Hab und Gut mit Geröll und Lawinen zuschütten. Die Luft kann ihm den Atem nehmen, er kann an ihr ersticken, Winde können ihm Haus und Garten zerrütten. Unruhige Gewässer können Heim und Hof unterspülen, Gerät, Vieh und Mensch fortschwemmen, Lebewesen ertrinken lassen. Feuer können schwelen, um sich greifen, außer Kontrolle geraten, versengen und lodern in einem Ausmaß, das Mensch, Tier und Pflanze nicht vertragen. Mehr noch: Die Naturelemente können sich destruktiv zusammentun, sich kombinatorisch steigern zu jenen Zerstörungsorgien, deren Plinius

Abb. 13 Pompeo Girolamo Batoni, »Die Zeit befiehlt dem Alter, die Schönheit zu zerstören« (1746)
National Gallery, London

Secundus der Jüngere eine brieflich dem Geschichtsschreiber Tacitus schildert. Sein Onkel Plinius Secundus der Ältere, Politiker und Enzyklopädist, war im Jahre 79 n. Chr. beim Ausbruch des Vesuv umgekommen. Er wollte Bekannten am Fuße des Berges zu Hilfe eilen, doch bald schon regnete Asche auf sein Schiff, »schon fielen auch Bimssteine und schwarze, halbverbrannte und von der Hitze geborstene Steine, schon zeigte sich plötzlich eine Untiefe, und durch den Bergsturz wurden die Ufer unzugänglich.« Aus dem Vesuv leuchten »sehr breite Feuergarben und hohe Feuersäulen« auf, während unten am Berghang Finsternis herrscht, tiefe »Nacht, schwärzer und dichter als alle Nächte«. Das Meer ist stürmisch, die Häuser schwanken »infolge häufiger und heftiger Beben«. Überall breiten sich »Flammen und der Vorbote der Flammen, der Schwefelgeruch« aus. In einem Haus sucht der erschöpfte Plinius ein wenig Ruhe und Erholung. Doch »der Hof, durch den man zu seinem Zimmer gelangte, war bereits so hoch mit Asche und Bimssteinen angefüllt, daß ihm bei längerem Verweilen im Schlafgemach der Ausgang verwehrt worden wäre.« Am Strand schließlich bricht der gehetzte Plinius zusammen, »weil ihm, wie ich vermute, durch die zu dicke Luft das Atmen verunmöglicht und die Luftwege verschlossen wurden...« [4] Inmitten der aufrührerischen Naturelemente findet der auf Rettung anderer sinnende Römer selbst den Tod.

Plinius der Jüngere unterlegt seinem Bericht die Frage, warum und wieweit der Mensch derartige »Zerstörung« erdulden und hinnehmen muß, bis zu welchem Ausmaß er ihr hilflos ausgeliefert ist. Auch weiß er, daß der Mensch nicht nur über konstruktive Mittel der Vernichtungsabwehr und der Katastropheneindämmung verfügt, sondern daß er ebenso leicht den Kopf verliert, zu ihrerseits destruktiven Reaktionsbildungen neigt, die erlittenen Schäden durch eigenes Zutun vermehrt, sie schließlich ohne besonderen Naturanlaß von sich aus bewerkstelligt. Dabei verwandelt der Mensch seine destruktive Naturerfahrung in zerstörerische Kulturtätigkeit. Denn sollte er nicht in der Lage sein, die Natur auch ruinös zu übertreffen? Ihr kulturell nicht nur förderlich, sondern auch abträglich in einer Weise zu Leibe zu rücken, wie es sonst kein Lebewesen auf der Erde vermochte? Die Leidenserfahrungen naturbewirkter Zerstörung müssen schon frühzeitig nicht nur den konstruktiven Erfindungsgeist der Menschen herausgefordert, entfacht haben, sondern ebenfalls ihre destruktive Phantasie und Tatbereitschaft. Diese anthropomorphe Transformation naturerlernten Zerstörens reichte bald vom Ausmerzen der »Schädlinge« in Garten und Gehege bis zur strafenden, ja tötenden Rachejustiz unter Menschen, von der verletzenden Zweckentfremdung eines Kleingeräts wie Hammer und Sichel bis zur Hervorbringung ausschließlich ruinös verwendbarer Instrumente und Maschinen, Anschauungen und Ideengebäude. Vom archaischen Steinwurf bis zur neuzeitlichsten Rakete gewinnt diese Entwicklung ständig an ideellem und materiellem Aufwand, an operationaler und instrumenteller Komplexität, an kulturell produzierter Zerstörungsenergie, Schadensbereitschaft, Tötungsmacht. Dabei wurden selbst die Naturelemente zu kulturellen Destruktionsmedien verwandelt, zu Waffen im Kampf von Menschen gegen Natur und Zivilisation, von Menschen gegen Menschen. In der Erde erlitten »Feiglinge, Kampfscheue und der Unzucht überführte«, oft auch Frauen einen qualvoll strafenden Erstickungstod [5]. Hochverrätern nahm man schon nach dem römischen Recht Luft und Leben, indem man sie erdrosselte; solcher Atemraub fand seine Nachfolger bis zu den Gaskammern der Nationalsozialisten und einiger nordamerikanischer Bundesstaaten [6]. Kindesmörderinnen wurden in möglichst fließende Gewässer gestoßen; bei der tödlichen Taufe der »Hexenprobe« bewiesen die gefesselten Opfer ihre »Unschuld« dadurch, daß sie ertranken; versanken sie nicht im Wasser, so führte man sie, da der »Hexerei« überführt, auf den Scheiterhaufen. Doch nicht nur Menschen enden von alters her bis zu rassistischer Lynchjustiz im Feuer; auch Tiere, Gebäude, Bücher, Bilder und viele andere Kultursymbole wurden und werden immer wieder jenen Flammen überantwortet, von denen eine nicht minder reinigende Wirkung ausgehen soll als von tödlichen Wassern. Beiden Elementen ist darüberhinaus gemeinsam ihre Unberechenbarkeit, ihre Zweiwertigkeit als lebenserhaltendes und lebenverzehrendes Medium sowie, wo gewaltsam eingesetzt, die Unwiderruflichkeit, mit der sie ihre Opfer vertilgen.

In semantischer Erweiterung werden all solche Element-Erfahrungen metaphorisch auch auf Lebensbereiche übertragen, in denen sich ausschließlich menschbewirkte Destruktionsenergien entladen. Vielerlei Zerstörungsbilder bezeugen dies in Wirtschaft, Politik und Alltag. Ein »Erdrutsch« bei Wahlen oder an Aktienmärkten kann manch eines Existenz vernichten. Wenn sich eine unangenehme Atmosphäre ausbreitet, gar »dicke Luft« herrscht, mag das Gespräch versiegen, jemandem das Wort abgeschnitten werden oder im Halse stecken bleiben. Gegner eines Vorhabens nehmen sich vor, dieses »im Keime zu ersticken«. Aufgrund solcher Interventionen geht manche Initiative »den Bach runter«, Unternehmungen schliddern ins »Umsatzloch«. Ein Umschwung im öffentlichen Meinungswind kann trotz aufstiegsverheißender Erfolge zum jähen Absturz eines Politikers führen; wer zu waghalsig durch die Wellen der Liebe, des wirtschaftlichen, politischen oder täglichen Lebens segelt, kann mit oder ohne Zutun von Neidern und Mißgünstigen »Schiffbruch erleiden« und somit sein Ziel verfehlen. Seinen Kummer kann er hernach mit »Feuerwasser« zu ertränken suchen. Obwohl er sich die »Finger verbrannt« hat, mögen seine Freunde weiterhin »Feuer und Flamme« für ihn sein, für ihn durchs Feuer gehen, ihn zu neuen Taten anfeuern, bis er wieder in Liebe entbrennt, sich in der Glut neuer Geschäfte verzehrt. Den jeweiligen Widersachern kann dies Anlaß sein, abermals »das Feuer zu eröffnen«, Worte wie brennende Pfeile auszusenden oder gar den Betreffenden mit dem Feuerregen schwererer Geschütze zu überschütten. Hält er dieser »Feuerprobe« stand, überlebt er solche »Feuertaufe« unbeschadet, so gilt er, nicht nur in militärischen Kreisen, als »feuerfest« und krisenerprobt. Wie einer »mit allen Wassern gewaschen« sein kann, so auch »durch sämtliche Feuer gegangen«: ein Lob, das seine Qualität aus einer wie auch immer skeptischen Zerstörungsbewunderung bezieht.

Zwischen Tieren und Göttern

Derartige Beispiele offenbaren nicht nur die kombinatorische Omnipräsenz allgemein gebräuchlicher Zerstörungsmetaphern, deren gemeinsamer Nenner sich aus ihrer Naturentlehnung, ihrer Elementorientierung und ihrer Kulturübertragung zusammensetzt. Sondern sie machen auch den Praxisbezug dieser Vorstellungsbilder evident, indem diese zugleich sozialkulturelle Zerstörungsriten paraphrasieren. Dieser Praxisbezug der Zerstörungsmetaphern ist zweiseitig entsprechend ihrer semantischen Funktion als Bindeglied zwischen Natur und Kultur: *reaktiv* an naturveranlaßtes Zerstörungserleben gebunden, sind sie *aktiv* auf das kulturell mögliche Destruktionshandeln gerichtet, weisen diesem eine gewissermaßen qua natura legitimierte Orientierung und Richtung. Sie bieten ihm Lenkungen auf einem Handlungsfeld, das sich infolge des Wachstums der Zivilisation ständig erweitert. Überdies entlasten sie die latente Zerstörungsbereitschaft von Entscheidungszwängen und Selektionsdruck, indem sie sie aktuell auf die mehr oder weniger »üblichen« Destruktionswege verweisen. Wo genau diese Wege verlaufen, wie ihre Erlaubnisse und Verbote aussehen, wer über sie entscheidet und wie sie verändert werden können: dies und vieles andere mehr wird von Epoche zu Epoche, von Kultur zu Kultur variieren. Fest steht jedoch in jedem Fall, daß die Zerstörungsmetaphern einer Sozialkultur deren Zerstörungsriten sowohl widerspiegeln als auch mitkonstituieren. Im Zusammenwirken beider gibt sich die Destruktivität einer Sozialwelt praxeologisch, d. h. hinsichtlich ihrer möglichen Handlungsformen, Konfliktmodalitäten und der diese begleitenden Vorstellungsbilder zu erkennen.

Aus dieser Semantik wird auch die Tierwelt nicht ausgeschlossen. Im Gegenteil: seit alters spielen Tiere in menschlichen Auseinandersetzungen eine wichtige Rolle, können sie doch nicht nur *defensiv*, sondern auch *offensiv* eingesetzt werden, als Mittel zu Angriff und Vernichtung. Dem dient nicht allein die Hundemeute bei der Jagd, dienten bei archaischer Kriegsführung nicht nur Raubvögel, Wildkatzen oder Elefanten, die man auf den Feind hetzte. Sondern es fand auch mancher Gefangene seinen Kerker als Schlangengrube vor, wurde ins Rattenverlies gestoßen, mußte seine Zelle gegen aufdringliches Ungeziefer behaupten. Wer zum Tod durch Ertränken mittels eines Sackes verurteilt wurde, konnte darauf gefaßt sein, bei der Einnähung auf Schlangen, Katzen, Hunde und Hähne, nach römischer Rechtsordnung auch auf Affen zu treffen, die ihm den Sterbenskampf zusätzlich erschweren sollten. Römische Christenverfolgungen, Massenmorde an Kriegsgefangenen und die zeitweise modischen Gladiatorenspiele enthielten Tiergefechte, zumal die beliebten Löwenkämpfe, als festen Bestandteil öffentlicher Tötungsrituale [7]. Selbst auf höchster Ebene waren lebensgefährliche Tierproben zu bestehen: ausgerechnet Prometheus, der der Sage nach das den Göttern entwendete Feuer zu den Menschen brachte, ihnen mithin eines der entscheidendsten Kulturmittel in die Hand hab, wurde zur Strafe an einen Fels gekettet und dem leberhackenden Adler ausgeliefert. Seine Pein ist, wie überhaupt sein Schicksal, geschichtsmächtiges Sinnbild des Ineinandergreifens von Konstruktion und Destruktion auf dem Beziehungsfeld zwischen Natur und Kultur, zwischen Mensch und Tier, zwischen unvollkommener Götterherrlichkeit und verbesserungheischender Menschenschwäche.

Noch enger vernähen sich diese semantischen Bestandteile dort, wo sie kombinatorisch in singulären Bildfiguren auftreten. So etwa, wenn animalistische mit anthropomorphen Bedeutungselementen fusionieren, Mensch und Tier zu einer einzigen Destruktionsgestalt verschmelzen. Bereits der um seinen Freund Enkidu trauernde Gilgamesch begegnet auf seiner Suche nach dem Ahn Utnapischtim, den er nach dem Sinn von »Tod und Leben« fragen will, jenen »Skorpionmenschen«, die mit Feuer und Sonne gleichermaßen verbunden sind:

»Die täglich Auszug und Einzug bewachen,
Über die nur die Himmelshalde hinwegragt,
Denen unten die Brust an den Höllengrund stößt –
Skorpionmenschen halten am Bergtor Wacht,
Deren Furchtbarkeit ungeheuer ist, deren Anblick Tod ist,
Deren großer Schreckensglanz Berge überhüllt,
Die beim Auszug und Einzug der Sonne die Sonne bewachen –
Da Gilgamesch diese sah, überdeckte er mit Furchtbarkeit und
Schreckensglanz sein Angesicht.« [8]

Dem Menschen entrückt wie diese Fabelwesen, doch wie sie auf rätselvolle Weise möglichem Glück und Unglück den Weg weisend, häufig Gräber und Tempel bewachend, ist auch die Sphinx, in der sich Löwenkörper und Menschenhaupt vereinen. Was sie gebietet, hat der Mensch als Kunde ihm überlegener Mächte zu befolgen wie Gilgamesch die Worte des Skorpionmenschen. Andernfalls entfesseln sie ihm gegenüber ihre verheerende Kraft, schicken ihn auf Irrwege, in Mühsal, Qual und Tod. Doch wendet sich solch passiv-mythisches Erleben dem menschlichen Bewußtsein früh schon auch in Aktionsbilder um, da es doch nie ganz von seinen Handlungstrieben lassen kann. Dabei verwandelt sich der erdbewohnende Mensch vorzugsweise in terrestrische Wesen, deren tierische Herkunftsteile landläufig sind wie er selbst. Er hüllt sich in ein Bärenfell, um als »Berserker« bärengleich zuschlagen zu können; oder er wirft sich ein Wolfsfell über, um als »Werwolf« seine Opfer wie ohnmächtige Lämmer zu reißen. Dergleichen Mutationen sollen selbstbeschwörerisch zur Steigerung der Zerstörungsgewalt beitragen, die Wehrkraft des Gegners lähmen und überdies das bedrohliche Treiben rechtfertigen. Denn nicht der Mensch als Kulturwesen, so wird vorgetäuscht, fällt hier seinesgleichen an, sondern die wilde Bestie, die sich vorübergehend menschlicher Leiblichkeit und Schläue bedient. Die metaphorische wie die agonale Rückverwandlung des Menschen in ein gefährliches Tier soll helfen, kulturell verübte Missetaten zu legitimieren, indem man sie einer unberechenbaren Natur anlastet.

Läßt sich die Animalisierung als eine Tieferwendung destruktiver Potenzen bezeichnen, so gibt es auch den entgegengesetzten Imaginationstypus der

Höhensteigerung: die bildliche Verwandlung in einen zerstörerischen Gott-Menschen. In fast allen Religionen werden zerstörerische Fähigkeiten auch den oder wenigstens einigen Göttern zugerechnet, wobei diese auf mannigfache Weise den irdischen Menschen verbunden bleiben. Die Großartigkeit göttlicher Zerstörungsmacht resultiert wohl in der Regel aus menschlichen Leidenserfahrungen, die in ein schier unendliches Firmament übertragen und dort zumeist aktionistisch, in Form von Handlungsprozessen, als Tun und Erdulden paraphrasiert werden. Indem sich derart der *homo destructor* zum *deus destructor* verwandelt, dieser zumindest partiell jenes' Probleme widerspiegelt, erfahren die dabei entwickelten Destruktionsmetaphern eine bis zur Unübersichtlichkeit und Unentwirrbarkeit reichende Komplexitätssteigerung. Gemeinsam ist jedoch den meisten dieser personal figurierten Aktionsbilder, daß sie gleichermaßen der Kompensation menschlicher Kleinheit und der Projektion zu übermenschlicher Größe dienen, daß in ihnen Angst und Wunsch, Faszination und Erschrecken zugleich zum Ausdruck kommen. Die destruktiv handelnden Götter der Mythen vermögen, was die ihrer sich zur Weltvergewisserung bedienenden Menschen gerne können möchten, wovor sie sich andererseits aber auch fürchten. So wird beispielsweise im babylonischen Schöpfungsepos »Enuma Eliš« dem Gott Marduk, der nach längeren Auseinandersetzungen zum Weltherrscher avanciert, die Fähigkeit zugeschrieben, er könne durch Sprache, mit der »Kraft seines Wortes« nicht nur zusammenfügen, sondern auch zerlegen:

»Dann legten sie ein Gewand in ihre Mitte;
zu Marduk, ihrem Erstgeborenen, sagten sie:
»Wahrlich, o Herr, dein Schicksal ist über das der anderen Götter erhaben,
Befiehl »zu zerstören und neu zu entstehen«, [und] so wird es geschehen!
Durch das Wort deines Mundes laß das Gewand zerstört werden;
befiehl aufs neue, und laß das Gewand wieder ganz werden!«
Er befahl mit seinem Munde, und das Gewand wurde zerstört.
Und wieder befahl er, und das Gewand ward wieder heil.
Als die Götter, seine Väter, die Kraft seines Wortes erkannten,
da frohlockten sie [und] huldigten ihm [und sagten] »Marduk ist König!« [9]

Daß Worte ruinieren, verletzen, gar töten können, findet in dieser Schilderung eine der frühesten divinatorischen Veranschaulichungen der Mythengeschichte. Ist diese Darstellung vorwiegend instrumentell, auf die Sprache und bezeichnenderweise auf deren Befehlsform als Zerstörungsmedium orientiert, so gibt es daneben Vorstellungsbilder, die eher als Person-Mythen angelegt sind. Derartige Gestalten werden instrumentell weniger konzentriert, ihre Handlungsmittel bleiben vielmehr dadurch diffus, daß sie häufig mit einem reichhaltigen Arsenal an Vernichtungswerkzeugen ausgestattet sind. So bezeugen in der indischen Mythologie Schlange und Flamme, oft Totenschädel und Schädeltrommel, verschiedentlich auch Dreizack und Streitaxt die destruktiven Potenzen des Gottes Shiva, der andererseits auch schöpferisch begabt ist, ja letztlich selbst durch seine Zertrümmerungen für den verbessernden Wandel der Welt sorgt. Entsprechend dieser

Abb. 14 Kali, die zerstörerische Gemahlin Shivas
Pierre Sonnerat, Reise nach Ostindien und China 1774–1781, Zürich 1783

Doppelveranlagung verfügt Shiva über zwei Gemahlinnen, deren eine, Kali, die Inkarnation seiner ruinösen Seite ist (Abb. 14). Diese Hindu-Göttin gilt als wild, grausam und blutrünstig; sie reitet auf Löwen und tanzt auf den Leichnamen ihrer Gegner herum; zu ihren Accessoires gehören Schädelkränze, Blutschalen, Schlinge, Flammen und dergleichen mehr; sie widmet sich ausschließlich dem Bösen und Üblen. Wird bei derartigen Gestalten der Eindruck der Malignität vorwiegend durch attributive Symbolisierung erreicht, durch die äußere Anfügung destruktiver Merkmale bis zur Überladung, so finden sich außerdem destruktionsträchtige Person-Mythen, die ihre Energie eher aus dem Inneren heraus entfalten und demgemäß als allegorische Inkarnationen des Destruktiven auftreten. Prototypen solcher Unglücksbringer sind Belzebub und Satan, Diabolos und Teufel. Sie alle verkörpern Prinzipien der Malignität schlechthin: das Böse, das Schändliche, die Sünde, das Unheil... Ihre Symbolik ist auf die personale Vergegenwärtigung des Wesens des Destruktiven gerichtet, das oftmals durch die tierische Teilkörperlichkeit unterstrichen wird (Hörner, zottige Haare, Bocksbeine, Schwanz beim Teufel). Sie stehen dem Tod näher als dem Leben, operieren eher in Nacht und Dunkel als bei Tag und Helligkeit. Ihre Bewegung ist Fall, Abfall vom Guten, von Gott, aus dem Himmel; wer ihnen anheimfällt, wird dies geistig, seelisch und körperlich nachvollziehen, wird sich in Hölle, Niedrigkeit und Zerrissenheit wiederfinden. Ähnlich fiel auch Luzifer, der zerstörende Lichtträger, herab als ein quasi negativer Prometheus, der vor Augen führt, was geschieht, wenn menschliche Kulturtätigkeit sich nicht nach Gottes höherem Ratschluß vollzieht. Der Teufel wirkt intern, im Innern des Menschen, indem er das Böse in ihm anstachelt, ihn zum Fehlverhalten verführt oder gar zu jenem unsichtbaren »Teufelspakt«, der der Sage nach nicht nur den Dr. Faust das Leben

Abb. 15 Sündenbaum mit Teufel als Gärtner
Thomas Bakewell, Hieroglyphicks of the Natural Man (18. Jahrhundert)

kostete. Zahlreich wie die morschen Äpfel am Sündenbaum sind seine Versuchungen, vielfältig seine Tarnungen (vgl. Abb. 15). Er ist der »Gärtner«, der Verderben sät und Missetaten begießt, um Tod und Vernichtung ernten zu können, Warnbild jener Hybris, die es den Göttern gleichtun will, wenn schon nicht im Konstruktiven so doch wenigstens in der Destruktion. Als Zwitterwesen ist der Teufel mißglückter Tier-Mensch und mißratener Gott-Mensch zugleich, somit vieldeutige Prozeßgestalt jener Destruktivität, bei der Zufügung und Erdulden, Aktion und Passion letztlich zusammenfallen, indem Zerstören immer auch in Selbstzerstörung mündet.

All solche transzendente Zerstörungsbilder, mittels deren Menschen und Kulturen ihre Probleme gottbezogen abhandeln, stimmen psychologisch darin überein, daß sie einerseits Warnschilder gegen überbordende Zersetzungsgelüste aufstellen (denn keiner jener Zerstörungsgötter wird durch seine ruinösen Befähigungen glücklich) und daß sie andererseits gerade dadurch von der Entscheidung über inneren Druck und äußere Verlockung zur Destruktivität entlasten. Diese Leistung wird dadurch semantisch verstärkt bzw. psychologisch akzeptabler gemacht, daß auch die personifizierten Zerstörungsmythen zweiwertig gebaut sind. Sie enthalten neben ihren Vernichtungschiffren lebensbejahende Verweisungsbezüge: Marduk kann entzweien und vereinen; Shiva vermag Wohltuendes und Abträgliches; Kali ist Shivas liebevoller Gemahlin Parvati gleichgestellt; des Teufels Macht wird durch das Wirken Christi und der göttlichen Güte im Zaume gehalten. Dennoch sind all diese und viele weitere »Zerstörer« eher Täter als Leidende. Sie betreiben ihr verheerendes Werk, so scheint es, nicht ohne Genugtuung. Anders verhält sich dies mit dem sagenumwobenen Cheiron, jenem Kentauren, der, von Chronos und der Nymphe Philyra, einer Tochter des Okeanos, abstammend, göttlicher Herkunft ist, unsterblich und weise, und der doch als Opfer herakleischer Aggression ein tödliches Schicksal erleidet [10]. Nach der Fertigkeit seiner Hand benannt und dadurch den Menschen technisch nah, verfügt Cheiron vermittels seines tierischen Unterleibs über Stärke und Schnelligkeit eines Pferdes; zudem ist er mit einem göttlich inspirierten Haupt versehen. Als göttliches Hirn-Tier ist er geglückte Dreigestalt, ein Sehnsuchtsbild konstruktiver Omnipotenz. Unter mantischem Gesetz stehend, von Apoll und Artemis eingeweiht, ist er infolge seiner Theonomie allwissend und gütig. Als kulturschöpferisches Wesen erscheint er allvermögend, kundig und lehrend in Arznei- sowie Heilkunst, in der Jagd und den Musen; Asklepios und Achill gehören zu seinen prominenten Schülern (vgl. Abb. 16). In seiner Roßgestalt verkörpert er wohltätige Naturverbindung, die mythisch auf Sonnenlicht, fruchtbringende Wässer und Zeugungskraft verweist. Gleichwohl trifft ihn Herakles, wie es heißt: versehentlich, mit einem vergifteten Pfeil. Die Wunde erweist sich als unheilbar. Cheiron, als Heilkundiger machtlos über sein eigenes Leiden, verzichtet zugunsten von Prometheus auf seine Unsterblichkeit. Er wählt den Tod und wird hinscheidend von Zeus in ein Sternbild verwandelt. Durch seine Fähigkeit, die Zerstörung zu akzeptieren, erlangt er anstelle irdischen Einflusses siderische Strahlkraft, wird stellar unsterblich.

In alldem begegnet Cheiron als kombinatorische Entwicklungs- und Aufstiegs-

Abb. 16 Der Kentaur Cheiron unterrichtet Achill im Leierspiel. Wandmalerei in der Basilika von Herculaneum
Museo Nazionale, Napoli

metapher: seinen tierischen Körper ziert ein menschlich-kluges Haupt. Anders sein mythisches Gegenstück, der Minotaurus. Dessen menschlicher Leib hat einen animalischen Schädel zu tragen. Der Stier-Kopf versinnbildlicht die Gefahren einer geistschwächenden, physisch ungezügelten Leidenschaftlichkeit; er macht den Minotaurus zum Warnbild einer Fehlentwicklung, die den es ihm gleichtuenden Menschen in labyrinthische Verstrickung und zerstörerische Deszendenz führt. Cheiron hingegen geht mit Destruktivem vorwiegend defensiv um. Gegenüber seinesgleichen übt er es nicht aus, sondern duldet es, begegnet seinen Folgen mit persönlicher Vernichtungsakzeptanz. Er fügt sich dem, was ihm von Anderen verletzend angetan wird. Die ihm widerfahrende Stigmatisierung beantwortet er mit Selbststigmatisierung und weiß dadurch sein epochenüberdauerndes Charisma zu erhalten. Die Legende, die sich um ihn rankt, ist historisch folgenreich, indem sie das Modell für spätere Chiffren leidender Zerstörungsattraktion entwickelt. Auch dehnt sich das Vorstellungsbild nachfolgend sozial aus, beansprucht statt singulärer bald plurale Geltungsradien. Denn während Cheiron noch durch seine Todesbejahung nur sich selbst erlöst, verspricht etwa Jesus Christus schon vielen, und gleich ihm mancher Spätere gar der Menschheit insgesamt Erlösung. Sein stellvertretendes Leiden, anders als bei Cheiron von Zerstörungsprovokationen nicht frei, arriviert zum Mahnbild nicht mehr nur persönlichen Sinneswandels, sondern eines gewünschten umfassenden Epochenwechsels im Umgang mit Destruktivität und menschheitlicher Selbstzerstörung. Daher ist es unnachsichtiger, einschneidender angelegt im Blick auf die historische Zäsur, für die es einsteht. In weniger rigider Weise ist jedoch auch der Lebensverzicht des Cheiron zugunsten des Prometheus Symbol für eine Epochenschwelle: an die Stelle des Gütigen und Gerechten, des den Göttern Wohlgefälligen tritt der räuberische Himmelsstürmer, der Qualen nicht nur erduldet, sondern den Menschen mit dem Feuer auch neue Quellen der Leidzufügung beschert. Die cheironeische Demut und Weisheit wird kulturgeschichtlich von prometheischer Weltzuwendung, ja von hybridem Beherrschungsdrang abgelöst.

Vom Instrument zur Idee

Handlungsmittel und zentrales Symbol dieses Epochenwechsels ist der Pfeil. Gemeinsam mit Bogen und Köcher findet er sich beim Sagittarius wieder, dem tiergestaltigen Schützen, als welcher Cheiron am Sternenhimmel erscheint. Er ist Instrument der Jagd, mithin der Verletzung ebenso wie alimentärer Lebenssicherung. Insofern verbinden sich in ihm archaisch melioristische mit pejorativen Absichten, soll doch mittels seiner ein Gut durch Inkaufnahme eines begrenzten Übels erlangt werden. Er ist materieller Bote künstlichen Todes ebensowohl wie Vorstellungsbild destruktiver Aktion und Passion. Seine Bewegung vollzieht sich zwischen entsendender Hand und empfangener Wunde, zwischen Subjekt und Objekt, zwischen Anpeilung und Getroffenwerden. Zugleich hilft er, die zeitliche und räumliche Distanz zwischen Täter und Opfer zu verringern; als Fernwaffe erweitert er den aggressiven Aktionsradius sowie den Blick auf mögliche Ziele. Der frühzeitliche Mensch, der zur Überlebenssicherung auf den Einsatz derartiger Mittel angewiesen war, fand wohl auch das Vorbild für den Pfeil in der Natur, die ihn umgab. In der Flora sah er Dornen und Stachel, die defensiv auf Abwehr und Schutz gerichtet waren. Durch die Geschicklichkeit seiner Hand, die Kraft seines Armes, die Schärfe seines Auges gab er ihnen Bewegung und Richtung, erfand er den Pfeil als fliegenden Dorn. Offensivere Modelle für die Gestaltung der Spitzen von Pfeil oder Speer konnte er in der Fauna beobachten. Schoß nicht ein Raubvogel wie ein Pfeil auf seine Beute zu, hieb er nicht Schnabel und Kralle in den Leib seines Opfers? Ereilte nicht der Giftzahn der Schlange deren Gegner lautlos und rasch wie ein tödlicher Pfeil? Auch mochte der Adler, der auf Geheiß des zürnenden Zeus dem Prometheus die Leber zerhackte, als strafender Tierpfeil gedeutet werden, denn die Götter konnten Tiere als Boten, auch als solche der Rache, senden.

Anders der Mensch: er war darauf angewiesen, überall dort, wo Flora und Fauna seinem konstruktiven wie destruktiven Begehr nicht reichten, eigenschöpferisch initiativ zu werden. So schuf er, naturangeregt und kulturinstrumentell, den Pfeil, den er bald nicht mehr nur materiell, sondern auch ideell, mit symbolisch eindringender Macht, abschoß [11]. Als Vorwurf, Beschuldigung, Anklage ereilen Gedanken und Worte den Mitmensch durchbohrend. Gefühle der Liebe wie auch des Hasses, der Zu- wie der Abneigung dringen stechend in Herz und Seele. Die Pfeile aus Amors Köcher tun dem Getroffenen nicht immer nur wohl. Viel wird in mythologischer Überhöhung auch am Götterhimmel mit Pfeilen und Speeren hantiert. Sie gehören zu Mars' und seiner Götterkollegen ständiger Ausrüstung in Kriegs- wie in Friedenszeiten; Jupiter schleudert mit naturgewaltiger Vehemenz seine Blitzpfeile gegen Unbotmäßige; Venus läßt nicht nur Amor den Bogen spannen, sondern hält oft auch selbst ein Geschoß bereit. In derlei und in vielen weiteren Vorstellungsbildern wird mittels anthropomorpher Projektionen vor allem irdisches Treiben im Hinblick auf seine destruktiven Komponenten beschworen, denn der Pfeil ist das wiederkehrende Sinnbild ruinöser Latenz und Aktualität. Er ist *die* agonale Schicksalsmetapher der *concordia discors*, einer mit sich selbst entzweiten Menschheit. Auch in der Symbolik politischer Handlungswelten drückt sich dies mannigfach aus. So etwa noch im 20. Jahrhundert im Emblem der spanischen Falangisten, das Joch und Pfeile vereint (vgl. Abb. 17). Aus der Frühzeit der spanischen Monarchie entlehnt, diente es den Faschisten zur kombinatorischen Kennzeichnung ihrer organisierten Stärke (Joch) und ihrer gemeinschaftlichen Angriffsbereitschaft (Pfeile). Die vertikale Ausrichtung der Geschosse bekundet den Anspruch auf die politische Herrschaft, ihre kreuzweise Fächerung den gebündelten Zerstörungswillen. Hier wie in ähnlich gelagerten Fällen arriviert der Pfeil, zumal durch seine Massierung, zum Signum eines soziopolitischen Ruins, dem es an Tätern und Opfern bis heute nicht mangelt.

Abb. 17 Joch und Pfeile, das Symbol der spanischen Falange

Was der Mensch *angreift*, will er auch *begreifen*, will er nicht nur technisch erreichen und in Vorstellungsbildern fixieren, sondern auch mit Worten bannen. So sehr sich im historischen Verlauf der Handlungsraum menschlicher Destruktivität erweitert hat, so sehr sich die Bilder häuften, so sehr hat sich auch das entsprechende Wortfeld verdichtet und ausgedehnt. Daß menschliches Zerstören naturüberschreitende Kulturtätigkeit sei, wurde dabei bald gewiß. Auch, daß es sich gegen Bestandteile der Natur wie der Kultur richten könne, oder gegen beide zugleich. Die Beobachtung der eigenen sowie fremder Natur auch zwang die Erkenntnis auf, daß durch Krankheit im Leben und durch Verwesung im Tod des Menschen Leib, wie der Arzt Paracelsus sich ausdrückte, »zerstörlich und zergänglich« sei [12]. Mit dieser doppelten Formulierung wird bereits die Unterscheidbarkeit verschiedener Initiativen des Abbaus ausgedrückt: Während die Natur lediglich das Werk unausweichlicher Vergänglichkeit verrichtet, fügt der Mensch dem kulturelle Zerstörung hinzu. Sie mag ihm als Mißgeschick beiläufig widerfahren, so wie des Herkules Pfeil den Kentauren Cheiron versehentlich trifft; oder sie mag absichtlich seiner Planung entspringen, als Anschlag auf Sache oder Person, auf Werte oder Güter des Daseins. Zahlreich sind auch in diesem Sprachgebrauch die semantischen Naturentlehnungen, die Orientierungen zumal auf die Naturelemente, auf Erde, Feuer, Wasser und Luft: Existenzen werden untergraben, gegnerische Positionen unterminiert; ein Leben soll ausgelöscht werden, den eigenen Kummer glaubt man ertränken zu können; Dinge, gar Menschen werden den Flammen übergeben, in den Ofen gesteckt; mancher ist nach langer Zechnacht geldlich abgebrannt, vielleicht auch innerlich ausgebrannt; mit einer unliebsamen Überraschung kann man jemandem den Atem rauben. Bei alldem kann sich das Augenmerk des Zerstörers auf Nahziele oder auf Fernziele richten; je nachdem muß er Mittel und Wege wählen, geeignete Methoden ersinnen. Sein Tun kann in materieller Hinsicht sachgerichtet sein, dabei vom Kleinsten bis zum Größten reichen; bereits die Bibel weiß ausführlich zu berichten, wie Häuser und Mauern dem Erdboden gleich gemacht, wie Städte und Länder in Schutt und Asche gelegt wurden [13]. Dabei kommen auch Menschen materiell zu Schaden; denn vielerlei Verheerung ist personengerichtet, sei es daß einzelne oder daß mehrere, gar viele von ihr betroffen werden. Doch nicht nur oder nicht unbedingt die körpereigene oder die körperfremde Materialität wird bei solcher individual bzw. sozial ausgerichteten Destruktivität anvisiert oder erreicht; vielmehr kann sich personenbezogene Verderbnis ebenso vorwiegend oder ausschließlich als ideelle Attacke vollziehen. Indem sie den oder die Menschen in Herz oder Kopf, in Geist oder Seele, in Denkhaltungen, Gefühlseinstellungen und Wertvorstellungen trifft, vollzieht sie sich als sinngerichtete Zerstörung. Zwar war die Möglichkeit, menschlichen Geist überhaupt zu tilgen, keineswegs zu allen Zeiten unumstritten. Paracelsus etwa hielt im Unterschied zum Leib den Geist des Menschen für unzerstörbar und »ewig«, während sein Zeitgenosse Shakespeare die an Hamlet verzweifelnde Ophelia ausrufen läßt:

»O welch ein edler Geist ist hier zerstört,
Des Hofmanns Auge, des Gelehrten Zunge,
Des Kriegers Arm, des Staates Blum' und Hoffnung,
Der Sitte Spiegel und der Bildung Muster,
Das Merkziel der Betrachter: ganz, ganz hin!« [14]

Als Spiegel realer Vorgänge macht die Tragödie um Hamlet und Ophelia, deren psychologisches Thema die Liebesbeziehung als Zerstörungstausch ist, deutlich, wie dicht beieinander auf seelischer, geistiger und materieller Ebene persönliche Selbstzerstörung und zwischenmenschliche Fremdzerstörung liegen können, wie unbesehen sie auch ineinander umschlagen können, wie eng verwoben letztlich individuelle und kollektive Destruktivität sind.

Mit all diesen und zahlreichen weiteren Möglichkeiten haben Mensch und Gesellschaft am Ende des zweiten Jahrtausends ein breitgestreutes Arsenal an Vollzugsformen, Vorstellungsbildern und Wortschöpfungen des Ruins zur Verfügung. Diesseits und jenseits des Alltags geschieht das Zerstören vornehmlich in einer der geschichtlich gewachsenen Grundarten des Zerlegens, des Eindringens oder des Durchlöcherns. Diese Modi geben zugleich Zielrichtung und Reichweite an: der nach ganzer oder teilweiser Vernichtung von Sinnsphären, Sachwelten oder Lebewesen trachtende Mensch will diese von außen her zerstückeln, indem er sich mit materiellen oder ideellen Waffen gegen sie wendet; oder er will sie aus ihrem eigenen Inneren her auflösen, wie es der vergiftete Pfeil, die zwietrachtsäende Botschaft, der heuchlerische Intrigant bewirken können; oder er möchte sie durchbohrend überwinden, mit Geschossen wie Jäger und Attentäter oder auch nur mit stechenden Blicken, löchernden Fragen, durchdringenden Drohgebärden wie dem auf den Gegner gerichteten Zeigefinger eines eifernden Redners. Um diese Elementarformen ranken sich unzählige Unterarten der Zerstörung. Sie alle stimmen überein in dem Bestreben, das Werk der Vergänglichkeit zeitlich rascher zu erledigen als die Natur und zu diesem Zweck räumliche Entfernungen beweglicher zu durchmessen als dies dem Menschen von Natur aus möglich ist. In diesen Hinsichten, im Hinblick auf die destruktive Überwindung der natürlichen

Zeitverläufe und der naturgegebenen Raumschwellen, haben das 19. und das 20. Jahrhundert zuvor weder mögliche noch ahnbare Techniken entwickelt. Das ungehemmte Zusammenwirken von analytischer Naturwissenschaft, technischer Synthesefertigkeit und industrieller Produktivität hat dazu geführt, daß heute die Grund- und Nebenformen der Destruktivität mit neuen Instrumenten und Ideen in einem Ausmaß wie nie zuvor in der Menschheitsgeschichte von und gegen jedermann praktizierbar geworden sind. Sie haben aus der menschlichen Kultur einen explosiven Selbstbedienungsladen gemacht, dessen Verkäufer und Kunden sich einig sind in ihrer Vernichtungsbereitschaft gegenüber allem und allen. So auch gegeneinander und gegenüber der Natur, die ihre Vorfahren nährte. Von dieser immer wieder mythisch beschworenen »Mutter« haben sie sich abgewandt, glauben nichts mehr von ihr lernen zu müssen. Das schlechte Gewissen ihrer technisch entfesselten Zerstörungslust suchen sie hin und wieder zu beschwichtigen durch erd- und mutterbeschwörende Metaphern wie »Schneller Brüter« oder »Pflugschar« [15]. Dergleichen Bilder entlarven jedoch ihre klägliche Naturentfremdung durch ihren Widersinn: nirgends will Mutter Natur »schnell« brüten oder flink gepflügt werden, sondern allenfalls nach ihrem eigenen Rhythmus von Werden und Vergehen. Der sich für schlauer haltende Mensch hat derartige Bahnen verlassen, handlungswirklich ebenso wie metaphorisch. Sich überschätzend im Konstruktiven wie im Destruktiven, will er immer schneller sein, strebt er immer weiter »hinauf« und »voran«, möchte wohl gerne beides sein: Alleskönner und Allesvernichter.

5.

VON DER NATURSKEPSIS ZUM ZIVILISATIONSZWEIFEL

Die Erörterung der Zerstörungsleidenschaft

Kritischer als andere Epochen zuvor rang das 18. Jahrhundert geistig um die Stellung des Menschen in Kosmos und Welt. Unter den Denkern des siècle philosophique erblühte eine weitverzweigte, an keinen politischen Grenzen sich aufhaltende Diskussion über das Verhältnis zwischen naturhafter Vorherbestimmung und kultureller Selbstlenkung im menschlichen Leben. Noch harrten die in Bildern und Mythen, in Symbolen und Allegorien facettenreich überlieferten Zerstörungserfahrungen einer tiefergehenden analytischen Durchdringung und systematischer Verarbeitung. Daß dem Menschen seine Zerstörungsbefähigung als Naturerbe zuwuchs, schien gewiß und wurde in jenen Vorstellungsbildern mannigfach veranschaulicht. Auch blieb das Erlebnis biomorpher Destruktivität unmittelbar und allgegenwärtig. Die Natur ließ keine ihrer Quellen, weder jene des Lebens noch solche des Vergehens und Sterbens, je versiegen. Pflanzen und Tiere, Gewässer und Landstriche, Himmel und Erde: alles regte, bewegte sich in der Spannung von Auf und Ab, von Kommen und Gehen, von Mit- und Gegeneinander, von Feindschaft und Freundschaft. So auch die Menschen selbst. Wie aber sollten sie sich in einer Welt voll heftig sprudelnder Zerstörungsquellen sicher fühlen, wie solcher Lebenswelt vertrauen? War gegenüber dieser Natur, die nichts und niemanden unbehelligt ließ, nicht grundlegende Skepsis geboten, eine Skepsis, welche die Daseinsfreude weitgehend zu trüben vermochte? Und war es verwunderlich, wenn das Gefühl der Gefährdung die Hoffnung auf Sicherheit überwog? Carl von Linné hat diese schwankende Stimmung des Menschen geschildert und im Hinblick auf ihre natürlichen Ursachen zu ergründen versucht: »Wenn ein Mensch aus der Höhe auf die Erde versetzt würde, was würde er dann sehen? – Er würde sehen, wie alle diese Tiere nicht nur in den herrlichsten Blumen schwelgen, sondern auch sich gegenseitig ohne Erbarmen zerstören. Kurz, er würde nichts anderes schauen als einen Krieg aller gegen alle. Er würde sich selber gleichzeitig so wehrlos fühlen und sich von vielen Seiten drohenden Gefahren gegenübersehen, daß er in seiner Unsicherheit und Ratlosigkeit kaum – ja, überhaupt nicht – imstande sein würde, einen Platz zu finden, wo er sich ganz geborgen fühlte.« [1]

Linnés analytischer Realismus ist sich über diese Feststellungen hinaus darüber im klaren, daß die widerspruchsvolle Natur dem Menschen nicht nur ein labiles Dasein äußerlich beschert, sondern daß sie ihn auch innerlich mit destruktiven Schicksalshypotheken beschwert, deren manche nicht ohne des Betreffenden eigenes Zutun wächst. Nicht nur seinem Sohn, sondern auch sich selbst zur Belehrung stellte der Naturforscher ein Kompendium unheilvoller Begebenheiten zusammen, in dem die Frage nach der Vermeidbarkeit destruktiver Entgleisungen immer wieder auftaucht, doch außer der Hoffnung auf eine göttliche, menschliche Mißgeschicke und Zwistigkeiten ausgleichende Gerechtigkeit keine klare irdische Antwort erfährt [2]. Mit solchen Vermutungen und Erwartungen mochten sich jedoch nicht alle Aufklärer begnügen. Denn »tierisch« und damit zerstörerisch, so argwöhnt mancher von ihnen, sind die Menschen in einer Weise, welche die Natur weder vorsieht noch vorschreibt. Wie konstruktiv, so erfüllen sie auch destruktiv den dem Weltgeschehen innewohnenden Naturplan als Übersoll und wenden sich dadurch gegen dessen Sinn und Zweck. »Es scheint doch«, läßt Voltaire den Wiedertäufer Jakob im »Candide« räsonieren, »daß die Menschen die Natur ein wenig verdorben haben, denn sie sind nicht als Wölfe geboren und sind Wölfe geworden. Gott hat ihnen weder vierundzwanzigpfündige Kanonen noch Bajonette mitgegeben; aber sie haben Bajonette und Kanonen hergestellt, um sich gegenseitig zu vernichten.« [3] Zuvor schon hatte Jean-Jacques Rousseau dem älteren Kollegen brieflich die Wirkungsrichtung solchen naturüberschreitenden Zerstörertums beschrieben, hegte er doch keinen Zweifel, »daß die Leiden, denen uns die Natur unterwirft, weniger grausam sind als die, die wir noch hinzufügen.« [4] Weder göttlicher Schicksalsfügung noch einem unausweichlichen Naturplan ist mithin jene Destruktivität anzulasten, die in kulturellen Steigerungsformen ausgelebt wird, sondern einzig den Menschen selbst. Sie lassen sich, da nicht naturgenügsam, zu häufig von schädlichen Leidenschaften beherrschen, mittels derer sie sich gegen die belebte wie die unbelebte Natur, gegen ihresgleichen wie letztlich auch gegen sich selbst kehren. Gesellschaft und Zivilisation, statt zu ihrer Zähmung beizutragen, fördern nach Ansicht Rousseaus solche Tendenzen und mithin die Spaltung des Menschen. Sie machen ihn personal mit sich selbst und sozial mit seinen Mitmenschen uneins, solange jeder den anderen übertreffen will, man eher gegen- als miteinander denkt, handelt und fühlt. Sie verstärken jene Ambitendenz, welche die Menschen eher mit antagonistischen Mitteln als in synagonistischen Formen mehr auf äußeres Ansehen statt auf innere Harmonie sinnen läßt. Insofern ist der Mensch von Natur aus, doch in künstlich gesteigerter Weise ein doppelt gespaltenes Wesen: sozial zerrissen in Ich und Du, kulturell schwankend zwischen guten und schlechten Befähigungen. Dieser mehrfach disproportionalen Struktur »danken wir das Beste wie das Schlechteste unter den Menschen: unsere Tugenden wie unsere Laster, unsere Wissenschaften wie unsere Irrtümer, unsere Eroberer und unsere Philosophen: das heißt eine Menge schlechter Dinge bei einer geringen Anzahl guter...« [5] Allzu oft verwandelt der Mensch sein Naturvermögen in soziokulturelle Hypotheken.

Diese wenig erfreuliche Bilanz schürt Rousseaus Mißtrauen gegenüber der gar nicht so »zivilisierten« Gesellschaft seiner Gegenwart, die zwischen »Erfolgen«

und »Katastrophen« hin- und hertaumelt. Doch soll man deswegen derlei »Gesellschaften zerstören, Mein und Dein beseitigen, zu einem Leben mit den Bären im Walde zurückkehren«? [6] Des Philosophen Antwort, wiewohl in manchem unklar und uneinheitlich, fällt keineswegs so extrem zivilisationsfeindlich aus, wie ihm oft unterstellt wurde. Weniger ein kulturfreier Urzustand oder gar ein verwilderndes Berserkertum schwebt ihm als Lebensideal vor als vielmehr eine »wahre Mitte«, die ihr Heil »zwischen der Sorglosigkeit des ursprünglichen Zustandes und der ungestümen Betriebsamkeit unserer Selbstsucht« in der Zivilisation findet [7]. Dieses Plädoyer für einen dritten Weg teilt mithin seine Bedenken nach beiden Seiten aus, es vereint epochaltypisch Naturskepsis mit Zivilisationszweifeln, wenn auch die Waage sich häufig zuungunsten des »homme civilisé« neigt. Nicht auf die Entfesselung, sondern auf die Bändigung zerstörerischer Leidenschaften kam es Rousseau an, auf daß die Laster nicht länger die Tugenden überträfen, das Schlechte nicht das Gute überwöge. Mit dieser Diagnose stimmte man auch in Deutschland weitgehend überein; weniger hingegen mit dem Lösungsweg, den der Franzose vorschlug. Johann Gottfried Herder etwa, an derlei Fragen in höchstem Maße interessiert, mochte nicht von jenem Gottvertrauen ablassen, das in allem irdischen Geschehen, auch in den »wütenden Leidenschaften der Menschen«, in den »zerstörenden Dämonen des Menschengeschlechts«, ja selbst in »menschenfeindlichen, sinnlosen Zerstörungen« eine übermenschliche Macht wirken sah, welche ihr letztliches Ziel, die Erfüllung des theonomen Weltplans, nie aus den Augen verlor [8]. »Alle Irrtümer des Menschen« erschienen ihm vor diesem Hintergrund lediglich als »ein Nebel der Wahrheit; alle Leidenschaften seiner Brust sind wildere Triebe einer Kraft, die sich selbst noch nicht kennt, die ihrer Natur nach aber nicht anders als aufs Bessere wirkt.« In allem erwartete Herder das Obsiegen jener melioristischen Grundstrebung, die seiner Meinung nach durch Pazifizierung und Domestikation im Sinne umfassender »Aufklärung« von Mensch und Welt vorangetrieben werden konnte, ja mußte, da sie unumgänglich war. Selbst die menschliche Zerstörungslust, der Vernichtungstrieb und die ihnen beigeordneten abträglichen Leidenschaften stehen im Dienste dieses Fortschritts: »Eben durch sie und an ihnen hat unser Geschlecht seine Vernunft geschärft und tausend Mittel, Regeln und Künste erfunden, sie nicht nur einzuschränken, sondern selbst zum Besten zu lenken, wie die ganze Geschichte zeigt. Ein leidenschaftsloses Menschengeschlecht hätte auch seine Vernunft nie ausgebildet; es läge noch irgend in einer Troglodytenhöhle.« [9] Ein Dominantwerden destruktiver Impulse im Weltverlauf befürchtete Herder nicht, erachtete er sie doch als funktional äquivalent bleibend durch ihre energetische Bindung an konstruktive Zwecke: »Alle zerstörenden Kräfte in der Natur müssen den erhaltenden Kräften mit der Zeitenfolge nicht nur unterliegen, sondern auch selbst zuletzt zur Ausbildung des Ganzen dienen.« Wenn der Mensch dieser Einsicht gemäß verfahre, so könne er jene »wilderen Triebe«, die »Mißanlagen der Natur«, bezähmen, könne sich durch »zunehmende Kultur« in ein »zarteres Gewächs« verwandeln und schließlich auf seine »zerstörenden Herkuleskräfte« verzichten [10].

Herders religiös motivierter Optimismus, sein Vertrauen auf die Einsichtsfähigkeit der Menschen und sein Glaube an eine göttlich weise Schicksalslenkung, ist reflektiert und generös zugleich; die ihm verbleibenden Aporien goß er in die offene Form einer Vernunfthoffnung, deren Leitstern, die Humanitätsidee, die verbesserungsbedürftige Immanenz des Daseins transzendent überstrahlen sollte. Dies war um so notwendiger, als, wie Herder und seine kritischen Zeitgenossen genau erkannten, die kulturelle Praxis solcher Theorie beträchtlich hinterherhinkte. Denn war bisher mehr erreicht worden denn jenes »glänzende Elend«, als welches dem Königsberger Philosophen Immanuel Kant alle vormalige Zivilisation erschien? Hatten nicht mit der Veredelung menschlicher Lebensverhältnisse auch mancherlei »Plagen« zugenommen oder neu das Licht der Welt erblickt? [11] Waren nicht »fremde Gewalttätigkeit« und »innere Ungenügsamkeit« allenthalben spürbar, die Menschen den Höhlenbewohnern der Urzeit noch recht verwandt? Kant zögert nicht, den Motor dieser Mißstände und Widersprüche exakt zu benennen: es sind die Menschen selbst, die Menschengattung, die Menschengesellschaft, die als Quelle fortdauernden Ungemachs sprudeln wie eh und je. Indem die Menschen der »Zwietracht« und ihren Nachbarformen allzu freien, gar zügellosen Lauf gewähren, sind sie »an den Übeln doch wohl selbst schuld, über die wir so bittere Klagen erheben...« [12] Sie haben vergessen, daß diese »Zwietracht« nicht nur lebensformende Antriebskraft qua natura ist, sondern darüber hinaus auch den Auftrag zur gegenseitigen Domestikation pro cultura enthält. Es kommt mithin darauf an, den Strom derartiger Anlagen und Leidenschaften nicht etwa versiegen zu machen oder auszutrocknen, sondern ihn in kulturell produktive und sozial erträgliche Bahnen zu lenken. Denn es haben, trotz allen Unheils, das sie stiften können, Zwietracht und Ungeselligkeit auch ihr gutes, weil zu schöpferischer Unruhe anregendes Element; ohne sie »würden in einem arkadischen Schäferleben, bei vollkommener Eintracht, Genügsamkeit und Wechselliebe, alle Talente auf ewig in ihren Keimen verborgen bleiben: die Menschen, gutartig wie die Schafe die sie weiden, würden ihrem Dasein kaum einen größeren Wert verschaffen, als dieses ihr Hausvieh hat; sie würden das Leere der Schöpfung in Ansehung ihres Zwecks, als vernünftige Natur, nicht ausfüllen.« [13] Vernünftig handeln aber bedeutet: den Willen der Natur mit sie übertreffenden Mitteln erfüllen, sich ihre widerstreitenden Impulse in disziplinierender Produktivität zunutze machen, aus naturgebotener Unzufriedenheit und Schöpferkraft zum unermüdlichen, nie verzagenden cultivateur werden in jenem künstlich verschönten Garten, als dessen entfaltetstes und moralisch akzeptabelstes Stadium dem Philosophen die »bürgerliche Gesellschaft« galt [14].

Daß man von einer wie auch immer »vollendeten Kultur« noch weit entfernt war, darin stimmten alle Denker der Epoche überein. Ein »Urzustand« war nicht wiederherzustellen, »Arkadien« gehörte mehr der Phantasie als der Realität an, »Troglodytenhöhlen« bargen Gefahren, die zu meiden ratsam war. Eher schon galt es, das »glänzende Elend« zu prüfen auf seine Verbesserungsmöglichkeiten hin, ihm Gutes abzugewinnen ohne sich mit dem Schlechten abzufinden. Sollte es nicht möglich sein, Natur und Zivilisation zu versöhnen durch den Ausgleich der in ihnen wirksamen Gegensätze, indem man lernte, Extreme zu vermeiden, die »wahre Mitte« täglich und immer wieder aufs Neue anzusteuern? Dies schien so aussichtslos nicht bei Konzentration auf den Verursacher der diagnostizierten Mißhelligkeiten: den Menschen selbst als vernunftbegabtes, daher wandlungsfähiges Wesen. Zumal die Erziehungsdiskussion im 18. Jahrhundert schärfte den Blick auf derartige Möglichkeiten. Im Ergebnis lehrte sie, des Menschen eigene zerstörerische Impulse und Leidenschaften genauer zu erkennen und Maßnahmen zu ihrer Befriedung zu ersinnen. Das Destruktionsgeschehen der Lebenswelt wurde als in hohem Maße menschlich bedingt und bewirkt durchschaut, Zerstörung nicht mehr nur einer unbeeinflußbaren Urnatur zugerechnet. Mit der Sicht auf ihre teilweise Künstlichkeit wurden überdies *Destruktivität* und *Destrugenität* unterscheidbar. Die Anlage zum Vernichtungshandeln, die der Mensch von Natur aus in sich trug, enthüllte sich als weniger steuerbar denn ihre kulturelle Ausformung. Diese Erkenntnis verstanden die Aufklärer zugleich als Aufforderung: in verträglicheren Sozialverhältnissen, wenn nur einer auf den anderen mäßigend wirkte, müßte es gemeinschaftlich machbar sein, das zerstörungsträchtige Triebpotential in schadensarme Bahnen einer zivilisationsfördernden Destruktivität zu leiten, der naturwüchsigen Destrugenität der Menschen mithin transformativ die Qualität sozialkultureller *Dekonstruktion* zu verleihen.

Erdbeben und Gesellschaftsbeben

»Erfolge und Katastrophen«, so hatte Rousseau im Blick auf Geschichte und Gegenwart der Zivilisation kritisch bemerkt, stünden allenthalben dicht beieinander [15]. Für diese Ambitendenz bot die Epoche reichlich Anschauung und Diskussionsstoff aus Natur, Kultur und Sozialwelt; und auch dafür, wie durch menschliches Zutun ein Unheil das andere nach sich zog, anzog, ja nicht selten erzeugte, getreu der Volksweisheit, daß »ein Unglück selten allein kommt«. Unter den spektakulären Naturereignissen des 18. Jahrhunderts zog vor allem jenes Erdbeben die Aufmerksamkeit ganz Europas auf sich, in dessen Verlauf die portugiesische Hauptstadt Lissabon fast gänzlich verwüstet wurde. Binnen kürzestem spielte sich vom 1. November 1755 an in der Metropole ein Inferno ab, das die einen als Strafgericht Gottes, die anderen als außergewöhnliches Naturschauspiel und wiederum einige, wie etwa Rousseau, als Folge menschlichen Mutwillens zu deuten suchten. »Man spürte gleich anfangs einige leichte und schwache Bewegungen«, schildert ein miterlebender Chronist die Ereignisse. [16] »Der erste empfindliche Stoß warf alle Kirchen, in welche die Heiligkeit des Tages eine erstaunliche Menge von Gläubigen zusammengeführt hatte, über den Haufen. Die großen Paläste konnten ebenso wenig Widerstand tun. Die meisten stürzten sofort durch diesen Stoß ein, desgleichen fiel auch alles, was man von den kostbarsten und prächtigsten Gebäuden in ganz Lissabon antraf, aufeinmal, und so plötzlich ein, als wenn es durch einen einzigen Stockschlag niedergeworfen würde... Es war fast kein Haus, welches nicht durch diesen ersten Stoß litte. Einige Häuser stürzten völlig ein, andere verloren nur ihre Fassaden, diejenigen aber, welche stehen blieben, bekamen allenthalben Risse und Spalten, dergestalt, daß sie diejenigen, so sie bewohnten, mit dem nächsten Tode zu bedrohen schienen. – Auf gedachten ersten Stoß folgten noch verschiedene andere Stöße, welche andere Gebäude niederwarfen. Dieses erschreckliche Geprassel dauerte ungefähr zehn Minuten...« Wie aber verhalten sich die Menschen inmitten dieser Verhängnisse? Es scheint die Maxime vorzuherrschen, daß jeder sich selbst der nächste ist: »Jedermann beschäftigte sich bloß damit, daß er sich auf das Schleunigste von seinem Hause entfernte. Glückselig waren diejenigen, welche nicht durch die erste Verwüstung erdrückt wurden, und man suchte sein Heil einzig und allein in der geschwindesten Flucht... Da die Treppen der meisten Häuser gleich anfangs einstürzten, so konnten diejenigen, welche in den Zimmern waren, nicht heraus. Man hörte sie erbärmlich schreien, um ihnen die Hilfe zu leisten, die man ihnen zu reichen vergessen hatte; denn in diesem entsetzlichen Augenblick beschäftigte sich kein Mensch mit andern Sorgen, als bloß mit seiner eigenen Rettung...« In all diesem unübersichtlichen, lauten Durcheinander fanden sich gleichwohl hier und dort noch »Menschen, die sich aus Mitleiden bewegen ließen, Leitern an einige von solchen Häusern zu legen und vermittelst derselben die um Hilfe rufenden aus ihrer fürchterlichen Gefangenschaft zu erlösen...« Wie diejenige anderer Augenzeugen, so fällt auch dieses Berichterstatters Bilanz über das naturverursachte Menschenelend nicht zögerlich aus: »Man kann die Toten, ohne der Zahl zu viel zu tun, gar wohl auf hunderttausend rechnen.« (Abb. 18).

Abb. 18 Erdbebenschäden in Lissabon 1755. Zeitgenössische Darstellung.

Doch damit nicht genug. Inmitten der unbewohnbar gewordenen Stadt bahnten sich weitere Greuel an. Zu Erdstößen, Kraterschlünden und Überschwemmungen gesellen sich menschliche Missetäter, die statt Hilfsgewähr Übelvermehrung bringen, die als Fischer im Trüben mehr auf persönlichen Gewinn als auf das Wohl darbender Mitmenschen bedacht sind. Da werden von Einheimischen wie von Herbeigeeilten bewohnte und entvölkerte Häuser in Brand gesteckt, werden Paläste, Klöster und Kirchen geplündert; Überlebende, sich bereits in Sicherheit wähnend, finden einen gewaltsamen Tod durch habgierige Mörderhand; eifernde Priester bieten fragwürdige Heilsversprechen gegen käufliche Ablässe an; Räuber, Hehler und Transporteure raffen unverfroren Diebesgut zusammen, um es an entlegenen Orten zu verscherbeln. Die staatliche Justiz vermag gegen die meisten dieser Bösewichter nur wenig, außer daß die Behörden »die Ruinen von Lissabon mit Galgen umgeben, damit diejenigen welchen die vermaledeite Lust ankommen möchte, solchen abscheulichen Exempeln zu folgen, abgeschreckt würden.« Viele, die dergleichen Berichte lasen, stellten sich bald die Frage nach Ursache, Sinn und Zweck des gesamten Geschehens oder einzelner Vorfälle. Lag diesen Geißeln ein Naturplan zugrunde, oder war alles Zufall? Ließ sich in ihnen göttliche Fügung erkennen? Spielte, womöglich zu sehr, zivilisatorischer Leichtsinn mit, der die Gelegenheit des unübersichtlichen Durcheinanders nutzte, um sich destruktiver, als es sonst möglich war, auszutoben? Der Weise von Königsberg wies den Zeitgenossen den Deutungsweg, indem er klarstellte, daß angesichts dieses Schauspiels eindimensionale Erklärungen nicht mehr griffen, daß man es vielmehr mit einem mehrdimensional katastrophischen Ereignis zu tun hatte, bei dem jeder mitwirkende Faktor auch gedanklich berücksichtigt werden mußte, unter Einbeziehung der scheinbar unerklärlichen Widersprüche und rätselhaften Destruktionskongerenzen: »So sind die Zufälle beschaffen, welche das menschliche Geschlecht betreffen; die Freude der einen und das Unglück der anderen haben oft eine gemeinschaftliche Ursache.« [17] Die komplexe Zerstörungssequenz im fernen Lissabon hatte sich dem weitsichtigen Philosophen als vielfältig und paradox, aber in ihren Verschleifungen zugleich als von untergründig symbiotischer Struktur enthüllt.

Eine Generation später zog ein anderes Drama Gemüter und Geister noch vehementer in seinen Bann: die Französische Revolution, angesichts deren jeder Versuch, Naturenergien ursächlich erklärend ins Feld zu führen, zum Scheitern verurteilt war. Im Paris der Jahre nach 1789 entlud sich nicht mehr nur biomorpher Zerstörungsdrang. Sondern dort wie auch in anderen Städten und Landstrichen tobten sich zivilisationsgeprägte Leidenschaften aus, als deren gemeinsamer Nenner ihr soziomorpher Charakter bald erkannt war [18]. Ökonomische Mißstände, soziale Antagonismen, kulturelle Rivalitäten, religiöse Meinungsverschiedenheiten und politische Machtkämpfe prallten in der Weise aufeinander, daß Betroffene und Beteiligte mehr Vernichtungspotential als Konfliktlösungen hervorbrachten. Hatte der Mangel an Reformen zuvor der latenten Zerstörungsbereitschaft immer mehr Nährstoff zugeführt, so griff nunmehr das Feuer der Revolution, einmal entzündet, rasch um sich, geriet immer mehr außer Kontrolle und entzog sich schließlich ganz der anfänglich wohlmeinenden politischen Vernunft. Auf dem Weg vom Ballhausschwur zur öffentlichen Hinrichtung Robespierres und seiner Mittäter entfesselte sich ein im Ganzen und en miniature anarchisch ausartender Prozeß, dem es nicht an erschreckenden Einzelfanalen mangelte. Mit dem Sturm auf die Tuilerien und der Anklage des Königs tritt der kollektive Terror teils geplant, teils ungeplant in seine Hochphase ein. Wie der Herrscher und seine Familie werden tausende Unschuldiger im ganzen Land brutal hingemetzelt, getreu Robespierres weithin vernehmbarer Devise, die »Revolutionsregierung« schulde »den Feinden des Volkes... nur den Tod« [19]. Die Demolierungswut aufrührerischer Massen richtet sich oft wahllos gegen Mensch und Tier, gegen Gebäude, Sachen und Symbole einer dem Untergang geweihten Epoche. »Die Place Vendôme«, so schildert der Abgeordnete Mathieu Dumas die Ereignisse nach jenem denkwürdigen 10. August 1792, an dem der König und seine Angehörigen ins Gefängnis geworfen werden, »war angefüllt von einer Volksmenge, die den Elenden, welche Köpfe auf Piken trugen, folgte. Ich sah mit Entsetzen vor allem ganz junge Menschen, Kinder, die mit Köpfen spielten, sie in die Luft warfen und mit der Spitze ihrer Stöcke wieder auffingen... Etwas später sahen wir inmitten dieses Tumultes die berühmte Téroigne erscheinen, zu Pferde, in scharlachrotem Amazonenkleid, gefolgt von einer großen Zahl von Arbeitern mit Stricken und allen Arten von Werkzeugen. Sie ritt um das Standbild Ludwigs XIV. herum, beschimpfte den großen König und schrie: »Stürze, Tyrann!« Das Gitter um den Sockel wurde in einem Augenblick weggerissen. Man kletterte hinauf, wand Stricke um den Kopf, die Brust, den Hals und die Kruppe des Pferdes. Lange waren die Anstrengungen erfolglos; erst am nächsten Tag, nachdem der Sockel angeschlagen und die Zapfen und Verankerungen durchgefeilt worden waren, konnte man das Monument ins Wanken bringen. Es stürzte und zerbrach auf dem Pflaster in mehrere Stücke. Es gab dann noch viel Unordnung auf der Place Louis XV. Die Leichen der unglücklichen Schweizer, die man bis dorthin verfolgt und dann massakriert hatte, wurden entkleidet, beschimpft, von den Weibern untersucht.« [20] (Vgl. Abb. 19)

In der Tat, jener »Moderantismus«, gegen den der Revolutionsführer Robespierre nicht müde wurde zu predigen: hier fehlte er ganz. Doch welchen Eindruck machten derlei Auswüchse diesseits und jenseits der französischen Grenzen, wie wurde abseits aller politischen und militärischen Interventionsversuche deutend auf sie reagiert? War dies der Weg zur »wahren Mitte« des verstorbenen Jean-Jacques Rousseau, dem der lerneifrige Robespierre sich in mißverständlicher Bewunderung zu nähern getrachtet hatte? In manch eines Zeitgenossen Nase stach von Paris aus mehr der Geruch nach Herders gefürchteter »Troglodytenhöhle« als der Frühlingsduft eines herannahenden Arkadien. Einige wollten das Jahrhundertereignis aus der Nähe in Augenschein nehmen, sich persönlich ein unmittelbares Urteil bilden, womöglich zu seiner Beförderung beitragen. Wie die Erlebnisse auf solchen Freiheitsexkursionen, so fallen indes auch die Stellungnahmen durchaus unterschiedlich aus. Manch einer, wie etwa der Jurist Gerhard Anton von Halem, kehrt als gemäßigter Republikaner zurück und hofft auf allmählichen Liberalitätsgewinn auch in Deutschlands 314 Kleinstaaten [21]. Andere lassen sich wie der Mainzer Georg Forster von den politischen Stürmen umherwirbeln trotz des

Abb. 19 Sturz des Standbilds Ludwig XIV. im Jahre 1792
Stich von Jean Louis Prieur aus den »Tableaux de Paris pendant la Révolution«

Wissens um die »Atrocitäten einer Revolution«, deren an der Seine kein Mangel herrscht [22]. Etliche geraten gar in das Räderwerk der Vernichtung, das sie ähnlich dem schwärmerischen Kosmopoliten Anacharsis Cloots einen gewaltsamen Tod finden läßt [23]. Eines freilich wurde durch die verschiedenen Schicksale, trotz widersprüchlicher Erfahrungen und unklarer Berichte nicht wenigen deutlich: man tat gut daran, mit der Urteilsbildung abzuwarten, vielmehr den Lauf der Dinge noch eine Weile auf sich und die übrige Welt wirken zu lassen. Daher blieb Goethes Komödie »Die Aufgeregten« vom Beginn der neunziger Jahre Fragment, wiewohl der Dichter sie dreißig Jahre später als sein »politisches Glaubensbekenntnis jener Zeit« hinstellte, dem gemäß er angesichts ihrer »Greuel« weder ein ungeteilter »Freund der Französischen Revolution« gewesen sei noch aber ein »Freund herrischer Willkür« oder gar, wie man ihm verschiedentlich angelastet habe, ein unkritischer »Freund des Bestehenden« [24]. Er wisse ja, so beteuerte er gegenüber seinem Mitarbeiter Eckermann, »daß die revolutionären Aufstände der unteren Klassen eine Folge der Ungerechtigkeiten der Großen sind.« Doch lehne er es ab, »daß man in Deutschland künstlicherweise ähnliche Szenen herbeizuführen trachtete, die in Frankreich Folge einer großen Notwendigkeit waren.« In dieser Haltung mischt sich die Furcht des sozialen Aufsteigers vor revolutionär bedingtem Positionsverlust sowohl mit dem Differenzierungsbedürfnis des erst post eventum abschließend urteilen Wollenden als auch mit dem Plädoyer für Nichteinmischung in auswärtige Angelegenheiten. Warum sollte man sich die Finger an fremden Feuern verbrennen? Oder gar die glimmende Flamme im eigenen Hause übermütig entfachen? So hielten es angesichts des französischen Schauspiels die meisten republikanisch gesonnenen Geister in Deutschland, ob sie Schiller oder Forster, Erhard, Halem oder Rebmann hießen. Die Beobachtung hatte gelehrt, daß die »wohltätigen Folgen« ohne »Greuel« nicht erreichbar schienen. Auch unter sozialen Bedingungen stellte sich die schwer zu steuernde Symbiose von Konstruktivität und Destruktivität immer wieder her, gab es keinen Nutzen ohne Kosten. Da dünkte es ratsamer, der Destruktionsvermeidung das Wort zu reden, und sei es um den Preis sich verzögernder Fortschrittskonstruktion. Besser auch schien es, aus den Fehlern der anderen als aus eigenen Mißgriffen zu lernen. »Wir können der Französischen Revolution wie einem Schiffbruch auf offnem, fremden Meer vom sichern Ufer herab zusehen, falls unser böser Genius uns nicht selbst wider Willen ins Meer stürzte«, warnte Herder 1792 in einem jener politisch ausgerichteten »Briefe zur Beförderung der Humanität«, die er dann doch lieber unveröffentlicht ließ [25]. Man hatte die Gefahren destruktiver Eskalationen durch soziopolitisch entgleisende Prozesse erkannt und suchte ihnen vermittels argumentativer Abwägung ihres Für und Wider zu entgehen. Wie vom Lissaboner Erdbeben wollte man auch vom Pariser Gesellschaftsbeben nicht verschlungen werden.

Fressen und Gefressenwerden

Klärungsbedürftig blieb an der Wende vom 18. zum 19. Jahrhundert über die Tagesereignisse hinaus die Frage, ob und wieweit sich prinzipiell soziogen entfesselte Destruktivität bändigen, an ein umfassenderes konstruktives Geschehen binden und dergestalt steuern ließe. Konkreter gefragt: wie konnte im Kollektiv, unter Beteiligung vieler, gar wankelmütiger Massen, der Abbau zum Aufbau führen, Zertrümmerung Neues gebären, Bösartigkeit Wohlfahrt zeugen? Das Pariser Fanal schürte jene Bedenken, die Immanuel Kant bereits Jahre zuvor in Worte gekleidet hatte: »Durch eine Revolution wird vielleicht wohl ein Abfall von persönlichem Despotism und gewinnsüchtiger oder herrschsüchtiger Bedrükkung, aber niemals wahre Reform der Denkungsart zu Stande kommen; sondern neue Vorurteile werden, eben sowohl als die alten, zum Leitbande des gedankenlosen großen Haufens dienen.« [26] Was mit Sturm und Gewalt entstanden, würde oftmals nur »durch eine neue (jederzeit gefährliche) Revolution abzuändern« sein [27]. In der Selbstläufigkeit destruktiv vereinseitigter Sozialprozesse etablierte sich die Tendenz, Fehler an Fehler zu reihen, Unzulänglichkeiten durch neue Mißgriffe nicht zu beseitigen, sondern zu vermehren. Dies jedoch war nicht im Sinne jener wahre Aufklärung heischenden Republikaner, die wie Herder wußten, »daß es besser und selbst schwerer sei, ein Land zu bauen, als es zu verwüsten, Städte einzurichten als solche zu zerstören.« [28] Für solchen, auf allgemeine Mündigkeit bauenden Fortschritt bedurfte es eines langen Atems, nicht jedoch der Erfolgsgier um jeden Preis, wie sie in Frankreich einzelne Fanatiker und ochlokratische Hemmungslosigkeit an den Tag gelegt hatten. Wer wollte schon das Schicksal jenes Marquis de Condorcet teilen, der, einem ausgewogenen und besonnenen Progress das Wort redend, wie zahlreiche andere ein Opfer revolutionärer Ungeduld und intoleranten Häschergeistes wurde? [29] Derlei sollte einzelnen und Gruppen, der Gesellschaft insgesamt, erspart werden können.

Daß eine solche negative Dialektik zum Wohle des Ganzen vermieden werden müsse, hob an der Schwelle des neuen Jahrhunderts ebenfalls Georg Wilhelm Friedrich Hegel hervor. Auch er kein Freund sich überstürzenden, weil allzu leicht pejorativen Wandels, sieht er in der »Schreckenszeit der Französischen Revolution« einen »tätigen Fanatismus des politischen... Lebens« am Werk, einen »Fanatismus der Zertrümmerung aller bestehenden gesellschaftlichen Ordnung«, mittels dessen »aller Unterschied der Talente, der Autorität aufgehoben werden sollte« [30]. Statt energetisch aufs Ganze des Werdens und Vergehens, auf den substantiellen Synergismus von Verwirklichung und Entwirklichung im Weltgeschehen zu zielen, will sich der degressiv abdriftende Tatendrang »von allem losmachen, alle Zwecke aufgeben, von allem abstrahieren.« [31] Der dabei zutage tretende »Mangel des Verstandes ist, daß er eine einseitige Bestimmung zur einzigen und höchsten erhebt«. An die Stelle holistischer Orientierung tritt in Bewußtsein und Streben die Fixierung auf nurmehr segmentäre Horizonte. Doch nicht zur gedanklichen und handlungsmäßigen Konstruktion »positiver Wirklichkeit« gelangt der Mensch derart, sondern lediglich zu Formen »negativer Freiheit«, die er in sich selbst und außerhalb seiner herstellt. Dem Schwund an inneren und äußeren Wirklichkeitsbezügen korrespondiert die Entstehung von Mangelzuständen im Selbstbewußtsein wie im Weltverhältnis. Die Häufung solch defizitärer Modi des Denkens, Fühlens und Handelns treibt, sei es individuell, sei es kollektiv, in eine oft ausweglose Destruktionsspirale: »Es ist die Freiheit der Leere, welche zur wirklichen Gestalt und zur Leidenschaft erhoben (wird)... Nur indem er etwas zerstört, hat dieser negative Wille das Gefühl seines Daseins; er meint wohl etwa irgendeinen positiven Zustand zu wollen, z.B. den Zustand allgemeiner Gleichheit oder allgemeinen religiösen Lebens, aber er will in der Tat nicht die positive Wirklichkeit desselben, denn diese führt sogleich irgendeine Ordnung, eine Besonderung sowohl von Einrichtungen als von Individuen herbei; die Besonderung und objektive Bestimmung ist es aber, aus deren Vernichtung dieser negativen Freiheit ihr Selbstbewußtsein hervorgeht. So kann das, was sie zu wollen meint, für sich schon nur eine abstrakte Vorstellung und die Verwirklichung derselben nur die Furie des Zerstörens sein.« [32] Was sich diesem Sog nicht fügt, sich ihm gar entgegenstemmt, wird beseitigt, zermalmt, hinfortgeschwemmt: einzelne und Gruppen, Organisationen und Institutionen, Traditionen und Renovationen. Ohne die Barriere systemischer Konstruktivität degeneriert die Destrugenität des Weltbaus zu einer Zerstörungswut, die frißt, was ihr vor die Zähne kommt. Wie auch immer im konkreten Fall durch Ungleichgewichte und Mißverhältnisse zwischen den beteiligten Kräften strukturell bedingt, läuft solch totale Dekomposition schlußendlich auf Strukturnegation hinaus. Anstelle von Lebenszusammenhängen beschert sie Todesvakuen. Nicht die symbiotischen Gesetzmäßigkeiten konstruktiver Destruktivität bestimmen ihren Verlauf, sondern die oft bis zur Unkenntlichkeit larvierte Tilgungsgier hemmungsloser Auszehrung. Der Wandel der Wirklichkeit pervertiert zu jener Selbstzerfleischung, die von Rubens, Goya und anderen Malern im Mythos Saturns veranschaulicht wurde (vgl. Abb. 20).

In der Nachfolge Hegels haben Marx und Engels diesen Autophagismus als Prinzip auch der sozial widersprüchlichen Lebenswirklichkeit dingfest gemacht, ihn im engeren Sinne als *Soziophagismus* durchleuchtet. Destruktivität schien ihnen als soziale Regulationsmacht allgegenwärtig, das mitmenschliche Dasein ein tägliches Fressen und Gefressenwerden nach Art der Linnéschen »politia naturae«. In den bis auf ihre Tage herrschenden Formen kapitalistischer Ökonomie glaubten sie die Zentralgewalt dieses Soziophagismus entlarvt zu haben, der sich auf mannigfache Weise in Beutezügen, Produktions- und Verteilungskämpfen, Klassenfehden, Prestige- und Machtrivalitäten austobe. Nichts und niemand bleibe von diesem Moloch unbehelligt; solange man ihm sich beuge, sei das Leben nichts als ein Wirtschaftskrieg, gegenmenschlich verfaßt und in seiner Widerwärtigkeit sinnlos zugleich. Diese ökonomisch bewirkte Sozialzerstörung, der Wirtschaftskrieg aller gegen alle, hat jedoch nach Marx' und Engels' Ansicht mit der industriellen Produktionsweise ein neues historisches Stadium erreicht, in dem sich für alle Zeiten entscheiden wird, ob die destruktiven oder die konstruktiven Energien im Weltlauf obsiegen. Mit dem Erfindungsreichtum und der Gestaltungsvielfalt der Technik haben sich die Menschen ein in dieser Weise vorher nicht verfügbar gewesenes Instrumentarium geschaffen, durch das sie den Erdball endgültig auf den Abweg der Zerstörung oder in ein aufbauendes, glückbringendes Zeitalter führen können. Ihrer Anlage nach konstrugen und destrugen zugleich, kann die Technik je nach Menschenwillen zur Melioration wie zur Pejoration von Lebensverhältnissen beitragen. Per se ist sie weder gut noch böse, sondern wird dies erst durch ihren Einsatz im wirtschaftlichen, sozialen und kulturellen Tun konkreter Menschen. Durch deren Auslegung und Richtungsgabe verwandelt sich die substantielle Ambitendenz des technischen Vermögens in jene strukturgenetische Kraft, die der Welt ihr eigentliches Gepräge verleiht. Wohin diese mit neuen Mitteln mögliche, an zuvor ungeahnte Horizonte führende Reise jene Eroberer und Entdecker schlußendlich leiten würde, deren widerspruchsvolle Schicksale im 19. Jahrhundert kein anderer Autor so einfühlsam und beredt geschildert hat wie Jules Verne in seinen damals »utopisch« anmutenden Romanen, blieb einstweilen offen und war das unerschöpfliche Thema einer weitverzweigten Diskussion über die Grenzen der in ihrer Gestaltfindung und in ihren Hegemonialkämpfen verhedderten Nationalstaaten hinweg. Manch einen lockten die gefürchteten Abgründe nicht minder als die nun endlich künstlich erstellbar scheinenden Paradiese.

Abb. 20 Peter Paul Rubens: »Saturn verschlingt eines seiner Kinder« (1636/37)
Museo del Prado, Madrid

Von beiden kamen auch Marx und Engels nicht los. Doch wie sie vermitteln? An dieser Stelle findet der Widerspruch in ihrer Argumentation jene agitatorische Durchschlagskraft, mit der im 20. Jahrhundert Gesellschafts-, Staaten- und Weltgeschichte gemacht wurde. Glaubten sie doch, ihrer Analyse eine Strategieempfehlung beimengen zu sollen, der zufolge Konstruktionssteigerung durch Destruktionseskalation erreichbar sei, vorübergehende, sogar umfassende Verschlechterung doch irgendwann Verbesserung zeitige, man durch Krieg zum Frieden gelangen könne. Selbst Immanuel Kant konzedierte ja der noch nicht »vollendeten Kultur« den Krieg als »ein unentbehrliches Mittel, diese noch weiter zu bringen...« [33]. Und im »Schießpulver« als destruktionstechnischem Zugewinn erblickte beispielsweise Herder »ein mörderisches, und dennoch im Ganzen wohltätiges Werkzeug« [34]. Doch bemessen sich diese Einschätzungen aus der funktionalen Einbindung der betreffenden »Errungenschaften« in die Gesamtheit des Zivilisierungsprozesses, aus der Chance, mittels ihrer, und sei es auf bedrohlichen Wegen, anderen Kriegsarten, wie Herder formulierte, »auch selbst Schranken« zu setzen. Von solcher Güterabwägung unter dem Primat von Lebenssicherung und Lebensverbesserung für alle ist jedoch bei Marx und Engels wenig zu spüren. Kompromisse hielten sie, zumindest in ihrer agitatorischen Phase, für ein wenig einträgliches Geschäft, vielmehr die demagogische Aufreizung des Proletariats zur gewaltsamen Okkupation der Macht für das Gebot der Stunde. Die vernichtungssteuernde und -bremsende Orientierung aufs Ganze, von deren Notwendigkeit bei Hegel und anderen zu lesen war, wollten sie durch eine Politik gewahrt wissen, deren Klassencharakter sie selbst immer wieder forderten und von der sie gleichwohl behaupteten, sie ziele auf das Gesamtwohl der Gesellschaft. Diese strategische Ineinssetzung von Teil und Ganzem rechtfertigte auch Klassenkampf und Bürgerkrieg gemäß des Carl von Clausewitz Maxime, »daß der Krieg nicht bloß ein politischer Akt, sondern ein wahres politisches Instrument ist, eine Fortsetzung des politischen Verkehrs, ein Durchführen desselben mit anderen Mitteln.« [35] Was zwischenstaatlich rechtens, durfte auch innergesellschaftlich billig sein. Der russische Revolutionär Wladimir Iljitsch Lenin wußte diese Lehre zu ziehen, indem er sich wie theoretisch an Marx so praktisch an Clausewitz orientierte. Unter krisenhaften Epochenbedingungen und mit destruktionstechnisch erweiterten Mitteln förderte der militante Soziophagismus von »rechts« wie von »links« im 20. Jahrhundert eine »Freiheit der Leere« zutage, deren politische Gestalt ungleich fürchterlicher geriet, als Hegel mit Blick auf die Französische Revolution hatte ahnen können.

Die Welt als zerbrechender Krug

Doch nicht nur die »große« Welt umfassender Ideen sowie ausgreifender Strebungen wurde und wird von ruinösen Abenteuern gebeutelt. Auch die Kleinwelt des täglichen Lebens muß diesbezüglich mancherlei Proben bestehen. Eingangs des 19. Jahrhunderts hat wie kaum ein anderer Heinrich von Kleist diesen Umstand in Szene gesetzt. Sein Lustspiel vom »zerbrochnen Krug« ist die theatralische Paraphrase einer Menschenwelt, die ihren Frieden und ihr Glück in selbstverschuldeten Fährnissen wenn nicht verliert so doch schmerzlich einschränkt. Kaum jemand, der hier nicht tätlich oder leidend mit Blessuren in Berührung kommt. Selbst Schreiber Licht, ein nicht nur dem Namen nach aufklärerisch gesonnener Mann, hat sich lange der willkürlichen Rechtspflege seines Vorgesetzten, des Dorfrichters Adam, zu wenig widersetzt. Gerichtsrat Walter, Adams Widersacher, Sachwalter des Guten und Präzeptor der Gerechtigkeit, muß trotz seiner Umsicht Arrest verfügen, den Selbstmordversuch eines abgesetzten Richters in Kauf nehmen, einen Deichselbruch an seinem Wagen ertragen, die Verstauchung einer Hand erdulden. Körperverletzungen, Sachbeschädigungen, Selbstverstümmelungen, Freiheitsbeschränkungen: derlei Mißgeschicke säumen auch seinen, des Wohltätigen, Weg. Doch was ist dies alles, so will ihm bald scheinen, gegenüber der bankrottösen Verwirrung, gegenüber dem tragikomischen »Garnstück«, wie die junge Eve es treffend nennt, das ihn im niederländischen Huisum erwartet! [36] In diesem Weltdorf wird Ungemach auf widersinnigste Weise erzeugt, zeitigen kleinste Ursachen größte Wirkungen, wohnen Erhabenheit und Lächerlichkeit dicht beieinander, liegen, wie Rat Walter nicht umhin kann festzustellen, »Wissenschaft und Irrtum geknetet, innig, wie ein Teig, zusammen...« [37] Der diesen Teig anrührt, doch hernach vom eigenen Kuchen nicht kosten mag, ist Dorfrichter Adam: nicht minder verschlagen in der Verschleierung seiner Unfähigkeit als ängstlich vor der Aufdeckung seiner liederlichen Amtsführung, sitzt er zur Stunde von Walters Kontrollbesuch als Richter wie als Angeklagter auf seinem Stuhl, verurteilt, seine eigene Missetat, die er am liebsten auf Kosten anderer, selbst Unschuldiger, vertuschen möchte, ans Tageslicht zu bringen. Um dies zu verhindern oder doch wenigstens hinauszuschieben, zieht er das gesamte Register seiner Ranküne und verlebendigt so dramatisch das semantische Spektrum menschenmöglicher Demolierung. Um seine, des »Krugzertrümmerers«, Haut sowie nach Möglichkeit auch Amt und Einkommen zu retten, ist ihm jede Heuchelei und Schmeichelei, jeder Lug und Trug, jede Wortverdrehung und Gesetzesbeugung recht. Zwischen der hybriden Anmaßung, »Gottes Richtstuhl« stellvertretend einzunehmen, und der Absturzangst, die ihm anläßlich der Frage, ob mit seiner Person »doch der Teufel nicht in dem Gerichtshof wohnen« werde, nagend bewußt wird, schwankt er ohne Wahrheitssinn und Realitätsgefühl hin und her. [38] Ein physisch und psychisch Stigmatisierter, klumpfüßig, von Freß- und Saufgier geplagt, ohne klaren Verstand noch Vernunft, hat er sich nun auch noch im Netz seiner ungestillten

Liebessehnsucht verheddert. Der Krüppel, der so gerne zum Krug greift, ist von seinem, mit Brieffälschungen tölpelhaft eingeleiteten, amourösen Erkundungsgang ohne Perücke, doch mit Kopfverletzungen heimgekehrt, nachdem er einen Krug in der Kammer der umworbenen Eve beschädigt hat.

Doch dessen Trümmer bringen ihm kein Glück. Sondern sie leiten ein Scherbengericht ein, an dessen Ende der zwiespältige Richter die Flucht ergreift und die scheinbar so heile Welt des Dorfes ihrer Brüchigkeit inne geworden ist. Zuneigung und Liebe scheinen in Huisum wie andernorts nicht ohne Gewaltanwendung auskommen zu wollen. In den Zerstörungstaten des Dramas spricht sich unverkennbar eine verletzende Penetrationsmetaphorik aus; selbst der Verehrer Ruprecht verschafft sich, wiewohl zwecks Rettung seiner Braut, bei Eve Eingang, indem er ihre Zimmertür eintritt. Nicht minder eindrücklich sind die Wortpfeile, die man im Klima gegenseitiger Unterstellungen und allgemeinen Mißtrauens vor Gericht aufeinander abschießt; »Dirne«, »Hexe«, »Metze« hört beispielsweise die unbescholtene Tochter Marthe Rulls sich nennen. Alles und jeder gerät durch die Zerstörungsschatten in ein Zwielicht. Selbst die nachweisbare Unschuld verdächtigt man, gespielt zu sein. Einer lastet dem anderen Übles an und zieht aus derlei Bezichtigung die Legitimation für die eigenen bösen Absichten. Nach dem Prinzip solch soziophagischen Verhaltens hat Kleist sein Drama gebaut, in der Verkleinerung dörflichen Lebens die Pole der Widersprüche dicht aneinanderrückend, doch sie zugleich ins Exemplarische steigernd. Adam und Eve, Walter und Licht wie auch die anderen dramatis personae sind typologisch angelegt, sie symbolisieren wiederkehrende Elementarformen personalen und sozialen Denkens, Fühlens und Handelns. Das Interaktionsgefüge, das sie miteinander bilden, bietet in nuce die Pathographie einer mit sich im Zwist liegenden Gesellschaft dar, in der selbst der Edelste (Eve, Walter) nicht ungeschoren davonkommt. Das Konstitutionsprinzip dieser wie der Welt im allgemeinen ist der symbiotische Widerspruch, das Ineinander von Werden und Vergehen, von Geburt und Tod, von Geben und Nehmen, von Aufbauen und Zerstören. All diese Vektoren treffen im corpus delicti gleichnishaft aufeinander: dem zerbrochenen Krug als dem Vorstellungsbild eines zwischen Fülle und Leere, zwischen Erfüllungssehnsucht und Entleerungsfurcht schwankenden Daseins. Im Krug, von dem es sprichwörtlich heißt, er gehe so lange zum Brunnen, bis er bricht, vergegenwärtigt sich lebensbildlich das Schicksal von Menschenwelt und Kultur schlechthin. Künstlich, von Menschenhand geschaffen, in Diensten empfangend und spendend, bleibt er auf all seinen Wegen zerbrechlich, gefährdet, labil. Er ist Gerätemetapher und Bewegungssymbol zugleich, Zeuge auch historischen Kommens und Gehens, das Kleist, den Totengräber nicht aussparend, umfänglich schildern läßt. [39] Im Drama arriviert er überdies zum Kristallisationspunkt des antagonistischen Figurationsprozesses, während dessen die beteiligten Menschen einander beargwöhnen, Meinungen, Standpunkte und Beziehungen in kontroverser Debatte klären, um sich schließlich zu reformieren; insofern ist der Krug hier materieller Gegenstand und zündender Ideenträger; sein Defekt ist Anlaß zur sozialen Selbstreinigung der Dorfgemeinschaft, zu jenem nuancenreichen Doppelverfahren, in dem die konstruktiven Bemühungen des Gerichtsrats Walter und seiner Mitstreiter sich mannigfach mit dem durch Adam bewirkten Destruktionsgeschehen kreuzen. Bezeichnenderweise wird nicht darüber diskutiert, wieviel der beschädigte Krug wert war, ob man ihn eventuell kleben könne oder ob der Missetäter ihn gleichwertig ersetzen solle, so als insistiere man auf der Offensichtlichkeit des materiellen Bruchs, um einer generelleren Zerbrechlichkeit mental inne bleiben zu können.

Der zerbrochene Krug als Symbol mundaner Fragilität: noch vor der unmittelbaren Anregung durch Heinrich Zschokke mag Kleist die Bedeutung des Motivs während seiner Paris-Reise 1801 in Jean-Baptiste Greuze's Gemälde »La cruche cassée« von 1785 erkannt haben (vgl. Abb. 21). Es steht nicht nur am Anfang einer Reihe bildlicher Verarbeitungen des Themas, deren eine den Dichter nach eigenem Bekunden inspirierte, sondern enthält auch dessen subtilste, auf das Wesentliche sich konzentrierende Ausdeutung [40]. Die Frauengestalt dieses Bildes hält die Balance zwischen Schwermut und Leichtsinn. Ihre entblößte Brust und die von beiden Händen umfangene, schon welkende Blütenpracht in ihrem Schoß haben zu frivolen Auslegungen veranlaßt nach Art des Bonmot, das der Musikmeister Basilio in Beaumarchais' Lustspiel »Le mariage de Figaro« von sich gibt: »Tant va la cruche à l'eau qu'à la fin... elle s'emplit.« [41] Doch mit nicht weniger Berechtigung mag man in ihrem elegischen Blick einen Empfindungswiderhall jener alten Sentenz verspüren, die da besagt: »post coitum omne animal triste«. Dies inbesondere angesichts des historischen Hintergrunds, der bei alldem zur Debatte stand und zur Disposition gestellt werden sollte: das ius primae noctis, der adlige Männlichkeitswahn, der sich durch Pochen auf wirtschaftspolitische Machtpositionen Vorteile bei sexueller Triebbefriedigung zu verschaffen suchte [42]. Diese Beziehungsstörung einander Angetrauter durch Dritte war ebenso wenig länger hinzunehmen wie die dabei erfolgende Degradierung der Frau zur Liebedienerin. Sollte das weibliche Geschlecht sich weiterhin von Männern der fratzenhaften Art, wie der Maler Greuze einen, halb Mensch, halb Tier, speiend ins Bild bringt, wie auch Kleist ihn im Dorfrichter Adam in Szene setzt, mißbrauchen lassen, nur um hernach jene Vorurteile bestätigen zu helfen, die seit alters aus der emblematischen Verknüpfung des durchlöcherten Krugs mit femininer Lüsternheit, ja Prostitutionsbereitschaft sprechen? [43] Die Antwort, die Greuze und Kleist wie viele andere auf diese Frage erteilen, ist verneinend: Liebe und Gewalt vertragen sich nicht, die individuellen und sozialen Ursachen, die zu ihrer erniedrigenden Verkettung führen, müssen ausgeräumt werden. Nicht von ungefähr war der Stoff zu seiner Zeit politisch umstritten, sah man in seinen vielen Bühnenbarbeitungen vorrevolutionäre Bestrebungen am Werke. Doch mußte eine Zivilisation, die mit einem Teil ihres besten Vermögens, der weiblichen Natur, derart geringschätzig umging, Zweifel an ihrer Zuträglichkeit für die Zukunft wecken. In der Tristesse von Greuzes Mädchenblick drückt sich diese Skepsis ebenso aus wie in der Mahnung der Kleistschen Eve, man möge doch allem Anschein zum Trotz ihrer bisher bewiesenen Sittsamkeit auch fürderhin vertrauen. In den Frauengestalten dieses Typs hat die Epoche, und nicht nur sie, die Pathosformel einer latenten Destrugenität gefunden, die oft genug, ja allzu häufig in viril ausgelebte Destruktivität umschlägt. Als deren Opfer erscheint hier die weibliche Hälfte der Welt, doch steht diese, pars pro toto, für die

Abb. 21 Jean-Baptiste Greuze, »La cruche cassée« (1785)
Louvre, Paris

Menschenwelt insgesamt. In einem feinsinnigen Wechselspiel von semantischer Enthüllung und Verbergung spricht dergestalt noch einmal »Frau Welt« vom fragilen Schicksal aller Menschen.

Dieser Evidenz zum Trotz wurde Greuzes Gemälde eher lasziv mißdeutet [44]. Kleists Lustspiel erhielt bei seiner Uraufführung 1808 in Weimar so wenig Beifall, daß Goethe noch drei Jahre später schrieb, der theatralisch zerbrochene Krug sei dabei »ganz in Stücke gegangen« [45]. Nur sehr allmählich fand das Schauspiel mehr Anklang. Sein Thema galt als derart mißliebig, das selbstmörderische Schicksal des Autors als dermaßen anstößig, daß es im Publikum und bei Kritikern genau jene Verdrängungskünste weckte, die der humpelnde Adam auf der Bühne so virtuos und doch erfolglos vorexerziert [46]. Die »Ungeliebtheit«, an der nach Einschätzung Nietzsches Heinrich von Kleist zugrundeging, wurde auch seinem Drama und mehr noch dessen Sujet zuteil [47]. Wer wollte schon in diesen Spiegel schauen, den ein an Wirklichkeit und Weltsicht seelisch und geistig verzweifelnder Schriftsteller den Menschen vorhielt? Wie wohlgeraten kamen sich diejenigen vor, die das Lustspiel als oberflächlichen Fehlgriff abtaten, als unrealistischen Zerrspiegel eines, dem es an dichterischen Fähigkeiten mangele! Nietzsche hingegen wußte, was sein Bruder im Geiste bezweckte. Wie dieser, doch in weitaus unversöhnlicherem Ton, plädierte auch er drei Generationen später für ein Aufbrechen der in Lebenslügen verkarsteten Scheinwelt, für ein Zertrümmern der selbstgefälligen Idyllen, für ein tiefergreifendes Heraustreiben der Zweifel aus dem »Schlamm« und den »Sümpfen« der Zivilisation, auf daß es gelinge, wieder ein »Bild alles Lebens« zu gewinnen, unvoreingenommen das menschlich-mitmenschliche Dasein »als Ganzes zu deuten« [48]. Solchem Unterfangen widersetzten sich jedoch im 19. Jahrhundert starke Strömungen eines teils »gründerzeitlich«, teils technisch-industriell geprägten Optimismus, der nichtsdestotrotz an seiner Kehrseite pessimistische Züge mit sich trug. Man wollte an einer neuen, besseren Welt bauen und war doch gleichzeitig in politische Hegemonialkriege, koloniale Ausbeutung und innergesellschaftliche Verteilungskämpfe verstrickt. Die Furcht vor den dabei freigesetzten Zerstörungsenergien drückte sich allerdings weniger in systematischen Analysen von deren Ursachen, Erscheinungsweisen und Folgen aus. Sondern sie staute sich einerseits destrugen auf, bis sie im Ersten Weltkrieg des 20. Jahrhunderts ihr hysterisches Massenventil fand; und sie erging sich auf dem Wege dorthin andererseits in Reflektionsformen, die mehr von der Klage über drohenden »Verfall« und »Untergang« geleitet wurden als von der Suche nach einem praktischen Ausgleich der Gegensätze [49]. In dieser Krisendiagnostik der Jahrhundertwende enthüllt sich, mutatis mutandis, aufs neue der soziophagische Zug im konstruktiv-destruktiven Janusgesicht der Zivilisation: viele sahen den Weltkrug zu Bruch gehen, einige wollten ihn zerschlagen, doch nur wenige bemühten sich präventiv um seine Unversehrtheit.

6.

ZWISCHEN STRATEGIE UND ANALYSE: KARL MARX

Leben als Wirtschaftskrieg

In der Mitte des 19. Jahrhunderts drängte die allerorten wahrnehmbare Eskalation schädlicher Kräfte in der sich technisch-industriell verändernden Zivilisation auf ein genaueres Ergründen der Ursachen, Ausdrucksformen und Folgen dieser Entwicklung. Der rapide Wandel in allen Lebensverhältnissen konfrontierte den kritischen Zeitgenossen zumal mit der Frage, ob und inwieweit die beobachtbaren ökonomischen, sozialen und kulturellen Umschichtungen dem Wohl der von ihnen betroffenen Menschen dienten oder ob mit ihnen lediglich eine neue Stufe krisenhafter Umwälzung beschritten würde. Wer sich analytisch diesen Problemen stellte, geriet rasch an den Scheideweg auch politischer Bewertung konstruktiver und destruktiver Ereignisse. Nicht wenige Denker versuchten diese Klippe dadurch zu umschiffen, daß sie sich nur zögernd zu den Tagesfragen einer im Ganzen noch nicht absehbaren Entwicklung äußerten. Die erschreckenden Züge einer von Elend, Revolutionen und Kriegen in Atem gehaltenen Vernichtungswelt machten es jedoch manchem schwer, sich ohne Ingrimm einer unparteiischen, klaglosen Betrachtung der Zeitläufe zu widmen, wie es etwa der französische Historiker und Politiker Alexis de Tocqueville vermochte. Immer wieder fühlte sich dieser und jener veranlaßt, den zwiespältigen Wandel der Lebenswelt nicht nur kommentierend zu begleiten oder ihm versöhnliche Aussichten abzugewinnen, sondern darüber hinaus offensiv in ihn einzugreifen. So auch Karl Marx und Friedrich Engels. Als Theoretiker und insbesondere als Stratege eines radikalen, revolutionären Wandels gesellschaftlicher Unrechtsverhältnisse verficht zumal Marx die These, Destruktivität sei ein legitimes Mittel, um Klassengegensätze, soziale Widersprüche und ökonomische Ungerechtigkeiten aufzubrechen und dadurch abzuschaffen. Die Anwendung von Gewalt legitimiere sich in derartigen Umwälzungen selbst in dem Maße, in dem sie zur Erfüllung historisch objektiver, daher unumgänglicher Notwendigkeiten beitrage. Im Vollzug derartiger geschichtlicher Erfordernisse auf dem Weg zu einem allumfassenden Menschheitsglück tritt nach seiner Meinung das Proletariat zwangsläufig als »Totengräber« der bürgerlich beherrschten Gesellschaft auf.

Doch widmet Marx sich dem Thema »Destruktivität« nicht nur unter dem strategischen Gesichtspunkt historisch eskalierender Klassenkämpfe und ihrer Abschaffung. Sondern er wendet sich ihm auch als Analytiker zu. Während der Mitstreiter Friedrich Engels sein Augenmerk vorzugsweise auf den Krieg als historisch häufigste und global weitestverbreitete Form der Entfesselung kollektiver Destruktivität in und zwischen Gesellschaften sowie Staaten richtet, interessieren Marx vor allem die ökonomischen Prozessen innewohnenden Zerstörungsmächte. Dabei ist ihm bewußt, daß auch in der Ökonomie jene grundlegende Dialektik von Konstruktion und Destruktion waltet, welche den Gang der Geschichte allumfassend mitbestimmt. Dementsprechend leugnet er nicht die »zivilisatorischen Seiten des Kapitals«, die unter anderem darin bestehen, daß es die »Mehrarbeit in einer Weise und unter Bedingungen erzwingt, die der Entwicklung der Produktivkräfte, der gesellschaftlichen Verhältnisse und der Schöpfung der Elemente für eine höhere Neubildung vorteilhafter sind als unter den frühern Formen der Sklaverei, Leibeigenschaft usw.« [1] Doch mehr als diese zuträglichen Modalitäten fesseln den Anatomen der bürgerlichen Ökonomie, der zugleich deren Kritiker sein will, »die ruinierenden Folgen jenes Naturgesetzes der kapitalistischen Produktion«, die vor allem die den Mehrwert durch ihre Mehrarbeit erst erwirtschaftenden und dadurch die kapitalistische Akkumulation ermöglichenden Proletarier zu erleiden haben [2].

Dieser Leidensdruck ist total, weil die »Unterwerfung des Arbeiters unter die kapitalistische Produktionsweise« umfassend ist, sich vollzieht als die »Exploitation der Gesamtarbeiterklasse durch das Gesamtkapital« [3]. Ob »Erfindungen«, »Maschinerie« oder »Teilung der Arbeit«: alle Errungenschaften der bourgeoisen Ökonomie entfalten ihre »zerstörenden Wirkungen«, da sie als »Kriegsmittel des Kapitals« und seiner Nutznießer gegen die unter seinem Joch arbeitenden Menschen eingesetzt werden [4]. Im zermalmenden Räderwerk dieser Vernichtungsmaschinerie des »kapitalistischen Systems« büßen Kapital und Bourgeoisie schließlich ihre »zivilisatorischen Seiten« ein. Jene vormalige Konstruktivität gerät mehr und mehr in den Sog einer aufs Ganze gerichteten, daher selbstmörderischen Destruktivität. Denn hier »vollziehn sich alle Methoden zur Steigerung der gesellschaftlichen Produktivkraft der Arbeit auf Kosten des individuellen Arbeiters; alle Mittel zur Entwicklung der Produktion schlagen um in Beherrschungs- und Exploitationsmittel des Produzenten, verstümmeln den Arbeiter in einen Teilmenschen, entwürdigen ihn zum Anhängsel der Maschine, vernichten mit der Qual seiner Arbeit ihren Inhalt, entfremden ihm die geistigen Potenzen des Arbeitsprozesses im selben Maße, worin letzterem die Wissenschaft als selbständige Potenz einverleibt wird; sie verunstalten die Bedingungen, innerhalb deren er arbeitet, unterwerfen ihn während des Arbeitsprozesses der kleinlichst gehässigen Despotie, verwandeln seine Lebenszeit in Arbeitszeit, schleudern sein Weib und Kind unter das Juggernaut-Rad des Kapitals.« [5] Am Schluß dieser Ausführungen ruft Marx das Bild der hinduistischen Götter-Gestalt Jagannâth herbei, um die destruktive Vehemenz der kapitalistischen Produktionsweise zu veranschaulichen. Das Rad des Jagannâth-Wagens gilt ihm als geeignete Bewegungsmetapher der Zerstörung. In der indischen Stadt Puri bzw. Jaganathpur, so hatten zeitgenössi-

Abb. 22 Balarâma, Subhadrâ, Jagannâth in Puri, Indien

sche Berichte in der englischen Presse dem Theoretiker des Klassenkampfes weisgemacht, fänden anläßlich religiöser Zeremonien schauerliche Selbstopferungen und Tötungen von Menschen statt.

In der Tat wurde an diesem Wallfahrtsort seit Jahrhunderten Vishnu als »Herr der Welt« in der Gestalt des Jagannâth verehrt. An bestimmten Tagen wurden die Abbilder dieser Gottheit und ihrer Geschwister auf pompösen Gefährten durch den Ort gezogen (Abb. 22). Viele Tausend Pilger beteiligten sich an diesen Umzügen, galt doch das »Wagenfest« als ein zentraler Ritus ihres Glaubens; nur bei diesem Anlaß wurde man der Idole öffentlich, jenseits des geheiligten Tempelbezirks, ansichtig; sie standen im Rufe, Kranke gesunden zu lassen, Sündern Vergebung zu gewähren, Gefahren verschiedenster Art zu bannen. Daher wollte kein Gläubiger untätig beiseitestehen, wenn es galt, den fünfzehn Meter hohen, auf 16 Rädern von je 2 Metern Durchmesser einherfahrenden, reich geschmückten Wagen des Jagannâth durch die Stadt zu bringen. Jeder versuchte Hand anzulegen, zu ziehen, zu schieben, mitzusteuern. Gleichwohl bewegte sich die schwerfällige Prozession nur langsam vorwärts. Vereinzelt gerieten Gläubige beim Anblick des Götterbildes außer sich, warfen sich in Ekstase unter die Räder des Wagens; sich von dem Götter-Gefährt zermalmen zu lassen, bedeutete ihnen selbstreinigende Hingabe an das höchste Wesen Krischna-Vishnu. Andere verloren im Getümmel den Halt, rutschten im Morast aus, stürzten im Staub zu Boden; ihnen wurde das dichte Gedränge zum Verhängnis, sie wurden zu Tode getrampelt oder von einem Rad zerquetscht. Dergleichen Unfälle dienten im 19. Jahrhundert manchen Zweigen der britischen Sensationspresse als willkommener Beweis für die Inferiorität der indischen Volksmassen. Wer dergleichen Kulte betrieb, sich an solchen Riten beteiligte, sich von ihnen zu Tode bringen ließ oder gar, wie es oft verfälschend hieß, sich absichtlich in ihnen opferte, konnte der den Abgesandten der weltumspannenden Kolonialmacht England oder auch deren Bürgern daheim ebenbürtig sein? Auch der Skeptiker Marx erlag in London der Suggestivkraft derartig aufbauschender, die Wirklichkeit verdrehender Berichte. Auch er nahm für bare Münze, was englische Skandalchronisten ihm aus fernen Winkeln des viktorianischen Imperiums vorgaukelten. Opfer des Skandaljournalismus auch er, übernahm er dessen Urteile ohne allzu genaue Überprüfung, denn sie waren ihm nützlich, konnten als Beweismittel dienen gegen den totalitären Zerstörungsanspruch von politischen Obrigkeiten, ausbeutenden Kapitaleignern, religiösen Bevormundern. Überdies hatte sein Freund und Gesinnungsgenosse Ferdinand Freiligrath in dem frühen Gedicht »Der weiße Elefant« nicht nur den Reizen Indiens seine poetische Reverenz erwiesen, sondern auch von dessen religiösen Blutkulten gekündet:

»O rohrbewachsner Boden
O heilige Pagoden!
O blutbesprengte Soden
Vor der zu Jagernaut.« [6]

Marx' bildhafter Hinweis auf den angeblichen Zerstörungskult um die indische Gottheit Jagannâth verdeutlicht jenseits all ihrer Fragwürdigkeit, worum es ihm bei dieser Darstellung kontextgemäß geht: Durch die Verstümmelung des arbeitenden Menschen steht auch dessen Leben als Ganzes auf dem Spiel. Der industrielle Kapitalismus stellt sich durch die Menschenopfer, die er fordert, mit asiatischer Despotie und suizidaler Götzenverehrung auf eine Stufe.

Betroffen von dieser Vernichtung ist also nach Marx' Ansicht nicht nur die Arbeitskultur: »Die Bourgeoisie, wo sie zur Herrschaft gekommen, hat alle feudalen, patriarchalischen, idyllischen Verhältnisse zerstört.« [7] Sondern es fallen ihr auch die privaten und persönlichen Beziehungen, die allgemeinen Lebensverhältnisse, der außerökonomische Alltag anheim, sind doch »infolge der großen Industrie alle Familienbande für die Proletarier zerrissen...«, und nicht nur für diese! Die sich mehr und mehr aushöhlende, insofern nur noch »sogenannte Zivilisation« unterminiert gerade jene Lebenskultur, der sie zu dienen vorgibt [8]. Ob »Arbeiter« oder »Kapitalist«: sie alle brauchen »Zeit zur Befriedigung geistiger und sozialer Bedürfnisse, deren Umfang und Zahl durch den allgemeinen Kulturzustand bestimmt sind«. [9] Zeit, Muße, Lebenskultur schwinden allen Betroffenen dahin in dem Maße, in dem sie, sei es aus eigensüchtiger Profitgier, sei es aus erzwungener Arbeitslast, dem Moloch des frühindustriellen Produktionssystems anheimfallen.

Nicht nur das Proletariat ist mithin das Opfer dieser Entwicklung, sondern auch das Bürgertum, das ihr den Weg bahnte. Es gleicht jenem »Hexenmeister, der die unterirdischen Gewalten nicht mehr zu beherrschen vermag, die er heraufbeschwor.« [10] Kaum etwas bleibt von dieser teils gewollten, teils unabsichtlichen Destruktion ausgespart. Die Bourgeoisie vernichtet die »uralten nationalen Industrien« ebenso wie die neu »geschaffenen Produktivkräfte«, die »Lebensbedingungen der alten Gesellschaft« ebenso wie die in ihrer Ägide neu zutagegetretenen Lebensformen. In diesem Strudel fördert sie weniger konstruktive als vielmehr destruktive Ereignisketten zutage; ihr Hauptprodukt ist sozusagen jene Abfolge von Krisen, die, als »Handelskrisen« beginnend, immer wieder zu Erschütterungen, ja Abstürzen aller Lebensverhältnisse ausarten. Der »Verwüstungskrieg«, den Marx und Engels visionär heraufziehen sahen, vollzog sich extremer noch, als sie ahnen konnten, im 20. Jahrhundert als ein ebenso militärtechnischer wie »industrieller Vernichtungskrieg der Nationen untereinander« [11]. Der »Zustand momentaner Barbarei«, den sie wiederkehrend sich einstellen sahen, etablierte sich in der Weltgesellschaft des 20. Jahrhunderts auf Dauer: als die Destruktionsgeschichte einer menschheitsumspannenden Zivilisation, die theoretisch und praktisch mehr auf ihre zerstörerisch eskalierenden Möglichkeiten fixiert ist als auf ihre schöpferischen Chancen, sich mehr in den von Marx und Engels beschriebenen und in neuen Antagonismen verheddert als mit entschlossenem Überlebenswillen endgültig von ihnen Abschied zu nehmen.

Die stürzende Säule von Paris

Marx wußte auch um diese Schwierigkeiten und um die mannigfachen Hindernisse, die einer »sozialen Wiedergeburt« einzelner Völker wie der Menschheit als ganzer vielerorts entgegenstanden und sich ihr noch immer widersetzen. Was er mit Blick auf die speziellen Verhältnisse in Rußland zwei Jahre vor seinem Tod an die Sozialdemokratin Vera Sassulitsch schrieb, wollte er zweifelsohne auch auf die menschliche Lebenswelt insgesamt angewendet wissen: um ihr Überleben zu ermöglichen, »müßte man zuerst die zerstörenden Einflüsse, die von allen Seiten auf sie einstürmen, beseitigen und ihr sodann die normalen Bedingungen einer natürlichen Entwicklung sichern.« [12] Gewiß plädierte Marx mit derlei Ausführungen nicht dafür, das Rad der Geschichte zurückzudrehen. Sondern er wollte es von aufgeklärten, innerlich und äußerlich freieren Menschen auf neue, humanere Weise in Bewegung gebracht sehen. Dazu gehörte seiner Meinung nach vor allem, daß man es vom Schmutz nicht nur ökonomischer Ausbeutung sondern auch politischer Unterdrückung befreite. Immer wieder wendet er sich deshalb analytisch auch den zerstörerischen Umtrieben restaurativer Politik zu. So etwa, wenn er das Vorgehen Preußens während des »Bürgerkriegs in Frankreich« im Jahre 1871 brandmarkt: »Bismarck schaut mit vergnügten Sinnen auf die Trümmer von Paris, in denen er vielleicht die ›erste Rate‹ jener allgemeinen Zerstörung der großen Städte sah, die er bereits erfleht hatte, als er noch ein einfacher Rural in der preußischen Chambre introuvable von 1849 war. Er schaut zufrieden auf die Leichen des Pariser Proletariats.« [13] Der preußische Royalist Bismarck, schon einer der (von Marx später so benannten) »Totengräber der Revolution von 1848«, betreibt 1871 »nicht nur die Austilgung der Revolution, sondern zugleich die Austilgung Frankreichs...«. Er »enthauptet« Stadt, Land und Volk, zumal die proletarischen Mitglieder der Pariser Kommune, und arriviert so zum eigentlichen »Versailler Henker«. [14]

Mit dieser zerstörerischen Politik, auf der sich nur scheinbar ein sicheres Deutschland und ein friedliches Europa errichten lassen, so schreibt Marx 1874 an den nach Amerika ausgewanderten Mitstreiter Friedrich Adolph Sorge, arbeitet Bismarck gegen seinen eigenen Willen langfristig seinem Klassenfeind, dem Proletariat, in die Hände. Seine destruktiven Aktionen geraten unversehens zu einem selbstzerstörerischen Schwelbrand des Bürgertums und seiner politischen Einrichtungen: »In Deutschland arbeitet Bismarck für uns. Die allgemeinen Zustände sind derart, daß sie mehr und mehr zu einem allgemeinen europäischen Krieg drängen. Wir müssen da durchgehn, bevor an irgendeine entscheidende äußere Wirksamkeit der europäischen Arbeiterklasse zu denken ist.« [15] Schon acht Jahre zuvor, zuzeiten der preussisch-österreichischen Auseinandersetzung von 1866, sah Marx, allerdings noch mit größerer revolutionärer Ungeduld, jene europaweite und schließlich globale Entfesselung militärischer Destruktionsgewalt voraus, die dann im 20. Jahrhundert eintrat: »Werden unsre Spießbürger endlich einsehen, daß ohne eine Revolution, welche Habsburg und Hohenzollern beseitigt..., es schließlich wieder zu einem dreißigjährigen Krieg und einer neuen Teilung Deutschlands kommen muß!« [16]

Die Eskalation der Vernichtung in den Jahren 1914–1945 gab Marx' Prognose nicht nur hinsichtlich der Dauer sondern auch bezüglich der politischen und kulturellen Folgen für und in Deutschland recht. Doch ordnete Marx destruktive Impulse nicht in soziopolitischer Vereinseitigung und Vereinfachung allein jener monarchistisch-bürgerlich-kapitalistischen Allianz zu, die nach 1871 die Geschicke des Deutschen Reiches vorrangig bestimmte. Vielmehr wußte er, daß das Feuer der Zerstörung allerorten entfacht werden, von vielen Zündpunkten aus um sich greifen kann. Daher verschließt er auch nicht die Augen vor jenen Destruktionen, welche das Proletariat im revolutionären Kampf um bessere Lebensbedingungen und politische Macht bewirkt. Dazu gehören unter anderem die bekannten Auswüchse der Pariser Kommune. Deren Mitglieder beschlossen und vollzogen am 16. Mai 1871 »die Zerstörung des Symbols des französischen Chauvinismus – der Vendôme-Säule!« [17] 1809 aus dem Metall von 1200 auf Feldzügen erbeuteten Geschützen errichtet und mit einem Standbild Napoleons I. versehen, galt diese Säule den einen als Künderin des militärischen Ruhms der Grande Armée, den anderen hingegen als Zeugnis caesaristischen und imperialistischen Größenwahns. Wohin auch immer die Ansicht tendieren mochte – in jedem Fall verdankten Säule und Standbild ihre Entstehung den Zerstörungserfolgen des zum Kaiser aufgestiegenen korsischen Soldaten und wurden nun selbst zum Ziel demolierender Empörung gegen das von diesem installierte Regime. Der Konflikt um das Denkmal hatte Tradition. Bereits 1854 wollte ein anderer sich anstelle des Imperators verherrlichen lassen: Auguste Comte, der selbstbewußte Begründer einer »positiven Soziologie«, mittels deren er die geistige Erneuerung Frankreichs herbeiführen zu können glaubte, hatte damals vorgeschlagen, das Monument abzutragen und an dessen Platz eine Skulptur zu seinem eigenen Ruhme zu errichten. Wäre er mit seinem Wunsch durchgedrungen, so hätte wohl allenfalls intellektuelle Präpotenz die politische Überheblichkeit abgelöst. Zur Mäßigung mahnende Stimmen drangen auch diesmal nicht durch; der Maler Gustave Courbet hatte schon 1870 dafür plädiert, die Säule zwar abzutragen, aber nicht zu zerstören; nun muß er mitansehen, wie sie dennoch niedergerissen wird (vgl. Abb. 23). Edmond de Goncourt, der in Paris zwar ausgeharrt hat, doch die »selbstmörderische Lust« der Kommunarden und ihrer Mitläufer verabscheut, notiert an diesem Tag in sein Journal: »In den Tuilerien. In der Allee, von der man nach der Place Vendôme sehen kann, stehen Stühle bis in die Mitte des Gartens hinein, auf diesen Stühlen Männer und Frauen, die darauf warten, daß die Denksäule der Großen Armee umfällt...« Ähnlich Courbet verspürt der Schrift-

Abb. 23 Der Sturz der Vendôme-Säule in Paris 1871
Holzschnitt von Alessandro Castelli

steller und Chronist Mißbehagen und will dem Schauspiel nicht beiwohnen: »Ich gehe fort.« [18] Ein anderer Beobachter, der englische Oberst Stanley, bleibt und hält seine Eindrücke fest: »... mit einem mächtigen Krach fiel die Säule auf den Haufen Sandsäcke, die für sie bereitlagen. Es gab keine Erschütterung am Boden, die Säule brach beinahe durch... und lag als riesige zertrümmerte Masse auf dem Boden. Gewaltiger Staub und Rauch von den Steinen und der zerbröckelten Erde stieg auf, und einen Augenblick später eilte eine Menschenmenge darauf zu, Nationalgardisten, Kommunarden und neugierige Engländer, um Stücke als Souvenirs zu holen, aber die Erregung war so heftig, daß die Leute wie im Traum umhergingen.« [19] Manch einen kamen jedoch Mittun, Zusehen oder auch nur das Andenkensammeln teuer zu stehen: während und nach der Niederschlagung der Kommune richtete die Soldateska der siegreichen Restauration Blutbad um Blutbad unter den Parisern an. Gustave Courbet, von der Rachejustiz verurteilt und in die Emigration getrieben, wurde seines Lebens nicht mehr froh.

Der »Vandalismus der verzweifelnden Verteidigung«

Als im fernen London Karl Marx versucht, sich ein Urteil über die Vorgänge in der französischen Hauptstadt und über die preußisch-deutsche Mitschuld zu bilden, kommt er zu dem Schluß, daß den Entgleisungen der Kommunarden Verständnis entgegenzubringen sei. Im Unterschied etwa zur offensiven Destruktionspolitik Bismarck'scher Prägung sieht er hier alles in allem eher defensive Haltungen am Werk. In bedrängter Lage handelt die Arbeiterschaft von Paris sozusagen aus Notwehr und vergreift sich dabei auch an den verhaßten Symbolen jener Macht, die sie allzulange unterdrückt hat. Ihre Ausschreitungen können vandalisch eskalieren, doch sind sie, jenseits aller quantitativen Fragen der Art, welche der gegnerischen Parteien mehr als die andere zerstört habe, von grundsätzlich anderer Qualität als jene der politischen und militärischen Oppressoren. Der ihnen zugrundeliegende Verteidigungsimpuls macht sie für Marx entschuldbarer als manch andere historische Erscheinung dieser Art: »Wenn die Taten der Pariser Arbeiter Vandalismus waren, so waren sie der Vandalismus der verzweifelnden Verteidigung, nicht der Vandalismus des Triumphs, wie der, dessen die Christen sich schuldig machten an den wirklich unschätzbaren Kunstwerken des heidnischen Altertums; und selbst dieser Vandalismus ist vom Geschichtsschreiber gerechtfertigt worden als ein unumgängliches und verhältnismäßig unbedeutendes Moment in dem Riesenkampf zwischen einer neuen, emporkommenden und einer alten, zusammenbrechenden Gesellschaft.« [20] Bezogen auf die konkreten kulturellen und machtpolitischen Verhältnisse im Paris der zweiten Jahrhunderthälfte bedeutete diese Unterscheidung zwischen defensivem und triumphalem Zerstörertum, daß etwa der planerische »Vandalismus

Haussmanns, der das historische Paris wegfegte, um dem Paris des Bummlers Platz zu schaffen«, weniger entschuldbar, da nur den Mußeinteressen einiger Wohlhabender dienend, war als die spontanen Befreiungsversuche der »selbstopfernden Vorkämpfer einer neuen und bessern Gesellschaft«, die lediglich die Herrschaftssymbole ihrer Peiniger und Unterdrücker beiseiteschaffen [21].

Derartiges Zerstörungshandeln einer ohnmächtigen Arbeiterschaft erscheint Marx und Engels zudem dadurch gerechtfertigt, daß die historische Situation in der Mitte des 19. Jahrhunderts keinen anderen Ausweg offen läßt. In der gewalttätigen Revolte gegen ihre Verelendung greifen die Arbeiter lediglich jenen Schicksalsfaden auf, den die Verursacher ihrer Misere, die industriellen Besitz-Bürger, historisch an sie weiterreichen. Ihr Aufbegehren ist insofern bloß destruktive Reaktion auf die vorangegangene Destruktivität der Bourgeoisie, die ihrerseits bereits totale Wirkungen zeitigt, denn »die Lebensbedingungen der alten Gesellschaft sind schon vernichtet in den Lebensbedingungen des Proletariats.« [22] Die bewegende Kraft dieser Entwicklung rührt aus der Tradition jener »incendi ac ruinae potentia« her, vor der schon Seneca die Herrschenden gewarnt hatte [23]. Sie beweist ihre zeitüberdauernde Macht im unablässigen Turnus von politischer Leidenszufügung und Leidenserfahrung, bei dem die individuellen und kollektiven Subjekte wechseln, auch die Fronten tauschen können, doch das Wesen des Vorgangs im Kern stets erhalten bleibt. Die ausgebeuteten Proletarier aber, so meinen Marx und Engels, unterscheiden sich historisch von allen anderen potentiellen und wirklichen Zerstörungstätern dadurch, daß sie nichts zu verlieren und infolgedessen auch nichts zu verbergen haben. Sie können die Depravation bejahen und müssen sie, da an der extremsten sozialen Grenze angelangt, in quasi selbststigmatisierender Fortsetzung ihrer Fremdstigmatisierung durch die Klassengegner auch praktisch vollziehen: »sie haben alle bisherigen Privatsicherheiten und Privatversicherungen zu zerstören.« [24] Die Krisenopfer können Rettung nur dadurch erhoffen, daß sie sich derjenigen Mittel bedienen, die gegen sie selbst eingesetzt wurden; ihre qualitative Devise und ihr quantitatives Ziel müssen heißen: Zerstörung der Zerstörung!

Mit dieser Sicht berühren Marx und Engels indes nicht nur die Frage der Legitimität, sondern auch diejenige der Dimensionierung destruktiven Handelns. Die verzweifelten, um Lohn und Existenz bangenden Arbeiter, so wissen die Theoretiker aus der Vergangenheit und befürchten sie für die Zukunft, neigen zu Spontanakten, die zwar momentane Befreiungsgefühle verschaffen, doch langfristig nicht aus der Misere heraushelfen. Sie »vernichten die fremden konkurrierenden Waren, sie zerschlagen die Maschinen, sie stecken die Fabriken in Brand...« [25] Solcher Unmut über die neuen Mittel, Formen und Folgen technischer Produktion hatte sich in der ersten Hälfte des 19. Jahrhunderts vielerorts vor allem im Bereich der Textilherstellung geäußert. In England, Frankreich und der Schweiz waren Fabriken gestürmt, waren moderne Spinn- und Webmaschinen zertrümmert worden, weil sie mehr und mehr Werktätigen Arbeitsplatz und Erwerbsquelle raubten, das heimische Manufakturwesen verdrängten, ganze Familien und Dörfer ins Elend stürzten. Auch Deutschland war in diesen doppelten Sog maschineller Arbeitsplatzvernichtung und reaktiver

Maschinenstürme geraten [26]. Die Not schürte den Widerwillen der Betroffenen gegen Maschinen, Fabriken und deren Inhaber, wo diese rücksichtslos dem Profit frönten. In unzähligen »Weberliedern« machte sich der Zorn gegen die Ausbeutung, Verelendung und auch gegen entferntere Widersacher Luft:

»Als der Maschinengeist erwacht,
Verblühte unser Lenz,
Und England hat uns arm gemacht,
Durch seine Konkurrenz.« [27]

Doch begnügten sich die schlesischen Weber, die dies sangen, im Jahre 1844 nicht mehr mit Worten und Melodien. Als ihr Aufbegehren bei manchen Fabrikanten auf keinerlei Gehör stieß, vielmehr diese wegen einiger Schmähverse sich an einem Weberburschen vergriffen, begannen, so heißt es in einem zeitgenössischen Pressebericht, dessen Gefährten »das Werk der Zerstörung. Das palastartige Gebäude wurde dermaßen demoliert, daß davon nichts als die Mauern und das Dach übrigblieben; die kostbaren innern Einrichtungen wurden zertrümmert, alle Möbel durch die Fenster hinausgestürzt, Öfen und Fußböden zerstört, die Handlungsbücher nebst allen Briefschaften vernichtet, zum Teil verbrannt, die vorrätigen Waren teils fortgeschleppt, teils unbrauchbar gemacht, die Kasse erbrochen und das Geld auf die Straße geworfen, wo es von dem Haufen der Weiber und Kinder aufgelesen wurde.« [28] Der aufgebrachte »Weberhaufe« wütete gezielt gegen diejenigen Fabrikherren, deren Reichtum aus der Verelendung der Arbeiter hervorgegangen war; weniger rücksichtslose Arbeitgeber wurden verschont. Der gleichermaßen selektive und trotz aller Explosivkraft letztlich defensive Zug der Revolte bestätigte sich auch darin, daß diese in der Bevölkerung keineswegs nur auf Mißbilligung stieß. »Bemerkenswert« fand der zeitgenössische Berichterstatter vielmehr, »daß der ganze Vorfall im Beisein von mehreren tausend Zuschauern stattgefunden, ohne daß ein einziger Lust gezeigt, die Weber von ihrem Beginnen abzumahnen.« Ganz anders dachte und empfand die Obrigkeit: sie entsandte Soldaten und Kanonen zum Schutz der Fabrikbesitzer; die aufständischen Weber wurden brutal zusammengeschossen.

Gerade weil in dergleichen Eskalationen der Gewalt ein proletarischer »Vandalismus der verzweifelnden Verteidigung« und die alliierte Brutalität von staatlicher Obrigkeit, Militär und kapitalistischen Ausbeutern ausweglos aufeinander eindroschen, konnten sich Marx und Engels mit ihnen kaum zufriedengeben. Zu partikularistisch erschienen ihnen solche sich in blindem Aktionismus allzu rasch erschöpfenden Revolten, zu wenig aufs Ganze gerichtet deren Blick, zu kurzatmig ihr konzeptioneller und operativer Elan. Die revolutionäre Veränderung von Gesellschaft und Kultur, die ihnen erforderlich schien, erheischte totalisierbare Ideen und Strategien. Dem hatte auch die Dimensionierung destruktiver Akte sich anzubequemen: »Das Proletariat, die unterste Schicht der jetzigen Gesellschaft, kann sich nicht erheben, nicht aufrichten, ohne daß der ganze Überbau der Schichten, die die offizielle Gesellschaft bilden, in die Luft gesprengt wird.« [29] Richtet das Proletariat sein Augenmerk und seine Handlungsenergie auf diese

Aufgabe: durch Destruktion der bourgeoisen Lebensanschauung die bürgerlich beherrschte Welt aus den Angeln zu heben, so wird ihm der Erdkreis wieder regenerierbar und erträglich. Damit dies gelingt, damit auch der destruktive Impuls nicht an sich selbst zugrundegeht, braucht die ausführende Hand einen leitenden Kopf, benötigt die Praxis eine geeignete Theorie. Diese Koppelung bezweckte die konzeptionelle Solidarisierung von Marx und Engels mit dem aufbegehrenden Proletariat. Inwieweit aber die Theorie und ob vor allem die in ihr gegebenen Zerstörungsempfehlungen sich durch die erhofften praktischen Erfolge in der Weltverbesserung würden rechtfertigen können – die Beantwortung dieser Frage durch den Vollzug der Geschichte zu erleben blieb den Vordenkern eines von Unterdrückung und Unrecht befreiten Daseins erspart.

7.

DER ZERSTÖRER ALS HEBAMME

Die Grundformel der Legitimation

Als vielseitig veranlagtes und begabtes Wesen findet der Mensch in kaum einem Moment seines individuellen und kollektiven Lebens zu einer ihn innerlich und äußerlich endgültig zufriedenstellenden Ruhelage. Mangel und Möglichkeit paaren sich ihm zu einer Antriebskraft, die ihn unablässig bewegt, ihn fortwährend zu Um- und Neugestaltungen von Wirklichkeiten veranlaßt. Unzufrieden mit dem jeweils Erreichten, das ihm rasch als »überholt« oder »alt« erscheint, strebt er nach neuem, vorgeblich besserem, ihn tauglicher dünkendem Lebenszuschnitt. Um zu solchem »Fortschritt« zu gelangen, muß er Überwindungsformen der Daseinsgestaltung praktizieren, muß er dem Aufbau von Neuem den Abbau von Überfälligem, Überholbarem beigesellen. Dies mit einer gewissen Bedenkenlosigkeit zu tun, wird ihm leichtfallen, solange sein Innovationsvermögen oder schon vorhandene Angebote ausreichen, um ihm die gewünschten oder doch wenigstens ersatzweise Befriedigungen zu verschaffen. Doch ist damit das dem Menschen aufgebürdete Existentialproblem der Proportionierung von Konstruktion und Destruktion, der wenigstens einigermaßen lebensdienlichen Verquickung von Zuwachs und Minderung, allenfalls verkleinert oder zeitlich aufgeschoben, nie indessen aufgehoben oder gar endgültig gelöst. Die Geschichte der Menschheit zeigt, daß diese Aufgabe sie ständig begleitet hat und ihr nach wie vor obliegt, ja daß deren Bewältigung den im Guten wie im Schlechten unersättlichen Menschen im Verlauf der Jahrhunderte eher schwerer als leichter wurde. Auch in der technischen Zivilisation schwankt der Mensch noch zwischen Lebenssicherung und Daseinsgefährdung, zwischen Erfüllungsfreude und Verarmungsangst. Mehr noch: die Pole, an denen er sich materiell und ideell Halt verschaffen kann, scheinen beidseitig vervielfältigt und bis in extreme Möglichkeiten auseinandergerückt; mannigfachen Hypertrophien stehen nicht minder zahlreiche Defizite gegenüber. Im Positiven wie im Negativen ist das Leben im Technotop überschäumend; kaum mehr zu ermessen sind die Chancen, es einzeln sowie gemeinsam zu bereichern oder zu schädigen. In kritisch eskalierenden Verhältnissen, können solche massenhaft gegeneinanderdriftenden Chancen zur Bürde werden: das vorgeblich leichtere Leben fällt dann manchem schwerer.

Unter all solchen wechselnden Umständen ist der Mensch genötigt, die Pole von Aufbau und Abbau in seiner Lebensanschauung aufeinander zu beziehen und in der einen oder anderen Weise handelnd in ein Verhältnis zueinander zu bringen. Das Panorama solcher Kombinationen ist weit und variationsreich gemäß dem epochalen Entwicklungsstand von Erkenntnissen, technischen Fertigkeiten und Produktions- bzw. Reduktionsmöglichkeiten. In Reaktion auf bestehende Lebensverhältnisse handeln Menschen normalerweise in Mischformen von Konstruktivität und Destruktivität, die sie nach Maßgabe ihrer persönlichen und mikrosozialen Bedürfnisse und Wünsche unter Berücksichtigung einwirkender Gebote und Verbote sowie anzutreffender Widerstände und Gelegenheiten auszutarieren trachten. In der Mehrzahl der Fälle betreiben sie im täglichen Leben gleichzeitig oder in wechselnder Folge Kulturation und Dekulturation, lassen sie sich von aufbauenden und abbauenden Impulsen leiten. Konstruktion und Destruktion fusionieren dabei zum Regelfall einer kulturalen *Dekonstruktion*, in deren Verlauf sich etwaige Extreme gegenseitig ausgleichen oder im Ergebnis aufheben. Beseitigen und Schaffen gehen mehr oder weniger Hand in Hand, Altes verschmilzt in teils gesteuertem, teils ungeplantem Aggregatwechsel mit Neuem. Seltener und wahrscheinlich die Ausnahme sind solche Grenzvorgänge, in denen Konstruktion oder Destruktion allein das Geschehen bestimmt, mithin sich entweder Neues an Altes ausschließlich erhaltend anreiht oder Vernichtung auf Vernichtung folgt. In beiden Grenzfällen liefe der Kulturprozeß Gefahr, infolge seiner Vereinseitigung Schaden zu nehmen oder gar, bei äußersten Ereignissen, an sich selbst zugrunde zu gehen: *atrophisch* durch den Schwund an abbaumildernden Aufbauleistungen, *hypertrophisch* durch das unkorrigierte Auswuchern nicht lebenswichtiger Errungenschaften. Die Unzuträglichkeit derartiger Entgleisungen vermeidend, sichtet etwa ein kluger Sammler von Zeit zu Zeit seine Bestände, sortiert Duplikate und Falsifikate aus, um einen besseren Blick auf Qualität und Kontur seiner Kollektion zu gewinnen; die sorgsame Hausfrau tut gut daran, ihre Vorräte nicht bis zum letzten zu verbrauchen, solange der Nachschub nicht geregelt oder schwer zu beschaffen ist. In jedem dieser und anderer Fälle geht die »richtige«, weil auf Lebensdienlichkeit zielende Dosierung von Auf- und Abbau mit der Vermeidung von Maßlosigkeiten und Entgrenzungen zumindest der Absicht nach einher. Wer einen mittleren Weg dekonstruktiven Handelns einzuschlagen sucht, wird nicht selten vor sich selbst und anderen beanspruchen, ein moderater Mensch zu sein.

Nahezu sämtlichen Modulationen der Dekonstruktion liegt daher die gleiche operative Doppelfigur zugrunde. Zwar greift der Mensch, wo er es als notwendig erachtet, beeinträchtigend in die Wirklichkeit ein; doch zugleich will er Erzeuger zusätzlicher, gar neuer Ideen, Güter und Zustände sein oder empfindet sich wenigstens als deren Geburtshelfer. Wie er eines beseitigt, so will er anderem ans Tageslicht verhelfen. Mit dieser Kombination produktiver und reduktiver Maßnahmen, der Verschmelzung melioristischer und pejorativer Absichten, verschafft er sich indessen nicht nur eine wenigstens simulativ wirksame Handlungssicherheit in vielfach schwankenden, da wandlungsträchtigen Verhältnissen, sondern obendrein die Vorstellung, sein Tun und Wollen sei den Umständen wie

Abb. 24 Naturbildliche Darstellung des Kreislaufs von Stirb und Werde: »Der Tod ist der Anfang des Lebens.«
Gabriel Rollenhagen, Nucleus emblematum (1611–1613)

den eigenen Bedürfnissen angemessen. In welchen Proportionen der einzelnen Bestandteile und in welchen Graden der Selbst- und Fremdtäuschung sich dieses Verfahren konkret äußern mag: die Berufung auf das Muster einer bipolaren, Gutes von Schlechtem sondernden Geburtshilfe ist allgegenwärtig. Sie drückt sich in Vorstellungsbildern und Handlungsformen aus, schlägt sich in Chiffren des Denkens und Fühlens ebenso nieder wie in Gerätemetaphern, politischen Symbolen und religiös inspirierten Emblemen. Stets wird in derlei Semantik die paradoxale Grundstruktur der Dekonstruktion erkennbar: man strebt nach Verbesserung und muß Verschlechterungen zumindest in Kauf nehmen, man tut Schlechtes um eines Guten willen, man will Gutes durch Schlechtes bewirken. Der strafende Lehrer verfährt so, der durch Entlassungen nach Unternehmenskonsolidierung strebende Fabrikant wie auch der um der Friedenssicherung willen für Aufrüstung plädierende Politiker. Sie alle bewegen sich in einem circulus vitiosus, aus dem es diesseits und jenseits des Alltags, im Großen wie im Kleinen nur schwer ein Entrinnen gibt und dessen Erträglichkeit sich allein aus den im konkreten Fall verantwortlich getroffenen Maßnahmen herleitet.

Doch ist dieses Muster nicht nur in den um Maß und Ausgleich bemühten Formen der Dekonstruktion anzutreffen, sondern auch in Extremfällen, denen es an Kompromißfähigkeit mangelt. Nicht wenige Zerstörer gar wollen zugleich Hebamme sein. Destruktionspräferenzen im Handeln schließen konzeptionelle Konstruktionsbeschwörungen nicht nur nicht aus, sondern scheinen sie im Gegenteil geradezu anzuziehen. Letztere dienen dabei zur Verbrämung, auch zur Verschleierung ersterer, wirken weniger handlungsleitend als vielmehr deklamatorisch. Durch eine solche, sei es zeitliche, räumliche oder verfahrenstechnische Entkoppelung der im mainstream der Dekonstruktion anzutreffenden Verknüpfung von konstruktiven und destruktiven Energien wandelt sich deren pragmatische Selbstverständlichkeit in eine oft bloß rhetorische Legitimationsformel. Mehr der Behauptung als der Tat nach ist der »reine« Zerstörer auch Schöpfer von Wirklichkeit. Gerade dieser Bruch zwischen Anspruch und Realität jedoch veranlaßt ihn, an der Formel der Dekonstruktion ganzheitlich festzuhalten, denn nur sie verschafft ihm Entlastung vom allseits spürbaren Rechtfertigungsdruck gegenüber sich selbst und anderen. Dermaßen pseudologisch zu verfahren, fiel seit jeher den Zerstörern aller Epochen und Schattierungen um so leichter, als die Wurzeln der maieutischen Legitimationssemantik tief in die Menschheitsgeschichte zurückragen und sich letztlich noch aus Naturanschauungen nähren.

Wie Gärtner und Totengräber sich als Elementarbilder menschlich-kultureller Tuns letztlich aus gemeinsamen Bedeutungsquellen speisen, so sind auch die durch sie repräsentierten Situationsmetaphern von Geburt und Tod synkretistisch veranlagt. Feldbau und Totenbestattung nehmen sich vor diesem semantischen Hintergrund lediglich als Handlungsvarianten jenes umfänglichen Kreislaufs von Stirb und Werde aus, dessen die Menschen bei Geburt und Tod besonders inne werden (vgl. Abb. 24): »Gleich wie in Fäulnis übergegangene Körner neue Ähren zutagefördern, so ist auch der Tod dem Leben Ursprung.« Aus der Naturdeutung heraus wird hier der Tod nicht als Ende, sondern als Übergang, als Neubeginn, als andere Geburt hingestellt: mag auch einzelnes vergehen, das Leben insgesamt setzt sich fort. Nicht nur wird damit dem individuellen Tod der Schrecken genommen, wird dem Todgeweihten Trost zuteil durch die religiöse Sicht auf das Sterben als Durchgangsphase in ein besseres, jenseitiges Leben, in Anbetracht dessen der wie auch immer schmerzliche Austritt aus dem Diesseits dem Gläubigen als überirdische Wiedergeburt, mithin weltliche Pejoration als transzendente Melioration erscheint. Sondern es wird in diesem weltweit anzutreffenden Ur-Bild einer lebensermöglichenden Mortalität über den unmittelbaren Ereignisrahmen hinaus die Hoffnung ausgesprochen, daß Schlechtes sich zum Besseren wenden könne so wie Krankheit den Keim zu stabilerer Gesundheit in sich zu tragen vermöge. Von derlei Rettungssehnsucht künden in zahlreichen Religionen komplizierteste Weltuntergangsmythen ebenso wie die mannigfachen Visionen eines »ewigen Lebens« nach dem Tode. Der in diesen Angelegenheiten entscheidet, ist den meisten Glaubensvorstellungen zufolge Gott, als höchstes Wesen bestimmend über das Diesseits wie im Jenseits. Was immer die Menschen zu ihrem Schicksal dazutun mögen, gilt er doch als alleiniger Herr über Leben und Sterben, über Geburt und Tod. Als Stifter und oberster Lenker allen Seins ist er nicht nur nach christlicher Anschauung Erbauer und Vernichter der Welt in einem, verfügt er über eine gleichermaßen konstruktive wie destruktive Kraft und Macht. Mehr noch: dem göttlichen Willen und Tun eignet selbstlegitimatorische Qualität, denn vor den Menschen, seinen Geschöpfen, braucht er sich nicht zu rechtfertigen. Dies gilt auch dort, wo er zerstörerisch wirkt. Dementsprechend ist die Krankheit, die er verhängt, irdische Heilsprüfung, kann der Tod, den er zumißt, Erlösung vom weltlichen Übel sein. Der Mensch hat alldies zu dulden, sich ihm zu fügen, sich zu unterwerfen, denn er ragt in seiner Kleinheit weder geistig und seelisch an Gottes Ratschluß noch handelnd an seine Allmacht heran. Im Konstruktiven wie im Destruktiven bleibt ihm jene Selbstlegitimation versagt, die er seinen Göttern zubilligt. Aber er kann doch eines, nämlich jene Formeln, die er im projektiven Umgang mit Gott und Natur entwickelt hat, nicht nur passiv, sondern auch aktiv auf sich und seinesgleichen beziehen. Indem er sich ihren Aufforderungscharakter denkend, fühlend und handelnd zu eigen macht, verfährt er, auch wo er es den Göttern nicht gleichtun oder ihnen ähnlich werden will, doch in deren Sinn und Auftrag. Dementsprechend darf er in ihrem Namen nicht nur Erbauer, sondern auch Zerstörer sein, und mehr noch beides zugleich: wo nötig auch verletzender Geburtshelfer einer nach religiösen Maximen verbesserten Lebenswelt.

Zerstörende Lust und schaffende Lust

Mit der Rückübertragung dieser göttlichen Rechtfertigungsformel auf den Menschen geht indes historisch ein Orientierungswandel einher. Mehr und mehr zieht anstelle des Jenseits das Diesseits die Aufmerksamkeit an. Zwar bleibt das semantische Gefüge, bleiben Beschwörungsgebärden und Metaphern mehr oder weniger prägnant erhalten, doch Ziele und Verfahrenstechniken verändern sich. Wie im Konstruktiven, so ebenfalls im Destruktiven. Der im Namen Gottes oder Allahs brandschatzende und niedermetzelnde Krieger, der für »Gott, Kaiser und Vaterland« fremde Völker unterjochende, ferne Länder erobernde Kolonialist: sie und ihresgleichen werden oft erst im Vollzug gewahr, welche Macht und welches Selbstgefühl ihnen ihr demolierendes Treiben beschert. So treten sie seltener als bescheidene Pilger und milde Botschafter ihres Glaubens auf, sondern paaren dessen Insignien mit den Kampfmitteln von Feuer und Schwert. In solcher, weltweit anzutreffender, Kombinatorik muß die religiöse Symbolik zur Legitimation mundaner Militanz herhalten. Der Kreuzritter etwa, der in das »gelobte Land« aufbrach, trug das Kruzifix am Leib und die Rechtfertigungsformel von der Wiedererrichtung des »Reichs Gottes« auf den Lippen; zugleich jedoch bahnte er sich mit Waffengewalt seinen Weg bei all jenen, die sich seinem Unterfangen entgegenzustellen wagten. »Gott will es« hieß seine Losung. Wie hier entglitt so manche Pilgerreise zum Religionskrieg, gerieten Theorie und Praxis, Anspruch und Wirklichkeit im Gang der Ereignisse auseinander. Der zugrundegelegten Legitimationsformel trug dies eine folgenreiche Akzentverschiebung ein: wo das Schwert sich rascher durchsetzte als der Glaube, verlor dieser an Antriebsmacht. Mehr als dem Gebet wollte man der eigenen Faust vertrauen. Das Gottesgespräch wurde durch Feldgeschrei und Waffengeklirr übertönt. Die Prioritäten wechselten in jenem Maße, in dem der Menschen Begehrlichkeit sich weniger auf das Gottesreich als vielmehr auf ein Erdenglück richtete.

Im Zuge dieses Austauschs der Orientierungsinstanz wandelt sich auch die strategische Rechtfertigung menschlichen Zerstörertums. Zwar bleibt die Bipolarität der Losung, die Gutes und Schlechtes semantisch verknüpft, generell erhalten. Doch leiten die Wandlungsinitiatoren vieler Schattierungen von der Schwelle der Neuzeit an immer häufiger ihren Auftrag von Menschen ab, deren Wohl sie verbessern wollen, in deren Dienst sie sich stellen, um deren irdische Glücksvermehrung sie selbst mit bösartigen Mitteln zu kämpfen bereit sind. Dabei wird die Energie des Zerstörertums, das zur Entfaltung neuer Lebensverhältnisse beitragen möchte, ins Soziale bzw. Politische gewendet. Die Heilsversprechen der anvisierten Renaissancen lenken den Blick eher auf die Beseitigung weltlicher Mißhelligkeiten als auf jenseitige Friedenshoffnungen. Doch auch für diese Ziele soll man selbst zu sterben sowie den Tod anderer in Kauf zu nehmen oder gar zu bewirken bereit sein: der Zweck rechtfertigt auch hier die Mittel, das Opfer einzelner erscheint durch die Auferstehung eines willkommeneren Ganzen als hinnehmbar. Warum auch sollte selbst ein hoher Preis für die Verwirklichung hiesigen Glücks weniger akzeptabel sein als für den Schritt in himmlische Erlösungen? In der Sicht auf diese Frage wie in all seinem Trachten und Tun von unerbittlicher Konsequenz, forderte beispielsweise Robespierre am Ende seines schreckenerregenden Weges, in seiner letzten Rede vor dem Konvent, man solle, statt den Tod als ewigen Schlaf zu deuten, ihn lieber mit einem anderen, besseren Leben assoziieren, in das er doch Eingang gewähre; und dementsprechend solle man die Grabsteine mit dem angemesseneren Spruch versehen, den auch er sich wünsche: »Der Tod ist der Anfang der Unsterblichkeit.« [1] Obzwar in diesem Epitaph viel Mystisches mitschwingt, ist es nicht mißzuverstehen: der als Herr über Leben und Tod agierte, bezieht sich selbst nicht nur aktiv, sondern auch passiv in den Kreislauf des revolutionären Stirb und Werde ein. Daß dabei das Werk der Erneuerung durch Gewalt und organisierte Mortifikation diskreditiert werden könnte, kann er nicht einsehen. Als sich von unten, aus der massenhaften Volksseele legitimiert wähnender Zerstörer vertraut er darauf, daß die Freudenschreie der Beglückten, denen er zu annehmlicherem Leben verhalf, die Klagerufe der Opfer dauerhaft übertönen werden. Die konstruktiven Leistungen des stellvertretend für die Nation entscheidenden Politikers, so hofft er, werden zukünftig seine destruktiven Voten als angemessen erscheinen lassen. Nicht anders dünkt es in der Folge jene Theoretiker, die ähnlich Marx und Engels namens Benachteiligter und Unterdrückter einer »sozialen Wiedergeburt« von Klassen, Völkern oder Staaten erwartungsvoll entgegensahen, ohne dabei den Blick vor den Zerstörungskosten zu verschließen [2]. Und gab ihnen nicht der

Gang der Geschichte recht, gerade dort, wo diese katastrophisch verlief? Steigerten nicht selbst großvolumige Einbrüche immer wieder die menschliche Aufbauenergie, hatten nicht Kriege und Massenmorde noch stets steigende Geburtsraten provoziert? War nicht auch dem Philosophen Hegel zuzustimmen, wenn dieser in derlei Vorgängen Manifestationen einer letztlich unteilbaren, unitarischen Substanz erkannte? Ihm zufolge war beides »identisch, das Schaffen zerstörend, die Zerstörung schaffend; denn das Negative und Positive, die Möglichkeit und Wirklichkeit sind in der substantiellen Notwendigkeit absolut vereint.« [3]

Doch hatte Hegel mit dieser Einsicht die Forderung verbunden, daß gleichläufig mit der Natur auch kulturell Vereinseitigungen, gar Extreme zu vermeiden seien. Dem aber mochten nachfolgende Zeiten sich nicht immer anbequemen. Wie Erbauer von Welt so wollte man im 19. und 20. Jahrhundert auch deren Zerstörer aus eigenem Gutdünken sein. Bis ins späte 18. Jahrhundert hinein hatte die Diskussion über die Verlaufsform von Naturprozessen und damit indirekt auch der Menschheitsgeschichte zwischen *Neptunismus* und *Vulkanismus*, zwischen kontinuierlicher Aufschichtung und eruptiven Schüben in der Erdentwicklung geschwankt; Feuer- und Wasser-Metaphern wurden im Pro und Contra bildreich bemüht. Was auch immer sich ereignete, schien insofern durch den Naturplan bewirkt und gerechtfertigt. Doch nun, im Zeitalter eines alle Lebensverhältnisse revolutionierenden *Titanismus*, beanspruchte der Mensch autokratische Legitimität für all seine Eingriffe in die Schöpfung. War er doch, wie Charles Darwin zu zeigen suchte, ausgestattet mit einem »gottähnlichen Verstand«, auf »den Gipfel der organischen Stufenleiter« emporgestiegen [4]. Da mochte es nicht verwundern, wenn sich in ihm »die Hoffnung auf eine noch höhere Stellung in einer fernen Zukunft« regte. Warum also den vielbeschworenen »Kampf ums Dasein« nicht weiterhin energisch anpacken, ja ihn anfachen, steigern mit den expansionsträchtigen Mitteln naturwissenschaftlicher Erkenntnis, technisch-industrieller Produktivität, staatspolitischer und gesellschaftstheoretischer Entwürfe? Viele fühlten sich berufen im Jahrhundert der Entdeckungen, den Zenit des Menschheitsglückes zu erklimmen oder doch wenigstens den Weg zu ihm zu ebnen. Wenn dabei Mißhelligkeiten entstünden, die alte Welt zuschanden ginge, Tote zu beklagen wären – der spätere Erfolg würde solche Wunden heilen. Wollte man Geburtshelfer einer neuen Wirklichkeit sein, so mußte man Teile der überkommenen beseitigen. In dieser Anschauung harmonierten die Gipfelstürmer aller Couleur über ideologische Grenzen, über politische, soziale und wirtschaftliche Kampflinien, über religiöse und kulturelle Meinungsverschiedenheiten hinweg. Sie wußten sich einig im Glauben an die konstruktiv wie destruktiv potenzierte Umwälzbarkeit aller Lebensverhältnisse und im Vertrauen auf die Legitimationskraft dekonstruktiver Wiedergeburtsvisionen. »Laßt uns also dem ewigen Geiste vertrauen«, rief der Anarchist Michail Bakunin den Zweifelnden ermunternd zu, »der nur deshalb zerstört und vernichtet, weil er der unergründliche und ewig schaffende Quell alles Lebens ist. – Die Lust der Zerstörung ist zugleich eine schaffende Lust!« [5] Wer weniger ewigkeitlich empfand, griff auf näherliegende Zeiten vor und zurück. Napoleon Bonaparte, der für die Zukunft das Wort

»unmöglich« aus seinem Vokabular strich und dies auch seinen Mitstreitern empfahl, beanspruchte zugleich, die wahre Verkörperung der französischen Revolution von 1789, ja deren eigentlicher Vollender zu sein [6]. Nach ähnlichem Muster verfuhr Otto von Bismarck, als er beschloß, Teilbestrebungen der zuvor niedergeschlagenen Unruhen des Jahres 1848 konzeptionell zu übernehmen und selbst in einer »Revolution von oben« mit staatlicher Kontrolle politisch umzusetzen. Dieses Unterfangen wie auch seine gesamte, zwischen Reform und Restauration pendelnde Politik trägt ihm seitens Marx' und Engels' die doppelte Kennzeichnung ein, er sei, wie in Frankreich Napoleon III., nicht nur der »Totengräber der Revolution von 1848«, sondern auch deren »Testamentsvollstrecker« geworden [7]. Marx, der Bismarck und seinen Bundesgenossen vorwarf, in Europa eine reaktionäre »Satire« und einen »burlesken Gespenstertanz« auf den »Gräbern der 48ger Revolution« aufzuführen, greift hier selbst zum Stilmittel einer freilich bitteren Ironie [8]. In der bildlichen Koppelung von Totengräber und Testamentsvollstrecker spricht er seinem politischen Antipoden erneuernde Qualitäten zwar nicht völlig, aber doch graduell ab. Einen echten und menschenfreundlichen, den Nöten der verelendenden Arbeiterschaft angemessen Rechnung tragenden Geburtshelfer einer sorgloseren Epoche mochte er im deutschen Kanzler nicht erblicken. Wiewohl dessen Selbstverständnis dekonstruktiv ausgerichtet war, gelang ihm infolge seines politischen Hegemonialstrebens kein dauerhafter Ausgleich der aufeinanderprallenden Interessen, Parteien und Staatsgebilde. Da es der Gründung des Deutschen Reiches an struktureller Ausgewogenheit mangelte, erglomm in ihm die Lunte zu Explosionen, die es im 20. Jahrhundert auseinandersprengten. Der so gerne den Keim zu deutscher Größe gepflanzt hätte, wurde langfristig zum Zerstörungsverursacher wider Willen.

Gegen Ende des 19. Jahrhunderts verwenden zahlreiche Kritiker der immer widersprüchlichere Konturen annehmenden industriellen Zivilisation Zeugungs- und Geburtsmetaphern, um ihre Zerstörungsvoten argumentativ und bildlich zu bekräftigen. Unter ihnen macht zumal Friedrich Nietzsche aus seinen Abneigungen keinen Hehl. Im Rahmen seiner vehementen »Kritik der Modernität« wettert er gegen alles, was sich der von ihm verkündeten »Wahrheit«, der »reinigenden Erkenntnis« und dem einfacheren, geläuterten Leben als dem »wünschenswertesten Zustand« widersetzt [9]. Um auf diesem Weg, der »eigentlich nicht ein Zurückgehn, sondern ein Hinaufkommen ist« [10], voranzugelangen, kann »als persönliches Ergebnis die Verzweiflung, als theoretisches eine Philosophie der Zerstörung« dienlich sein [11]. Diese Denkweisen räumen auf mit falsch verstandenem »Demokratismus« und Zivilisationsheuchelei; mit der Gesellschaft, die »zahm, mittelmäßig, verschnitten« ist, welche beispielsweise Frauen und Arbeiter ihrer historisch gewachsenen Identität beraubt, ohne ihnen eine neue, tragfähige Lebensbasis zu bieten [12]; mit dem leib- und daher lebensfeindlichen Christentum, »bisher das größte Unglück der Menschheit« [13]; mit all der oberflächlichen Betriebsamkeit des modernen Daseins, das aus »Mangel an Ruhe«, Besonnenheit und Nachdenklichkeit »in eine neue Barbarei« mündet, angesichts deren »die höhere Kultur ihre Früchte nicht mehr zeitigen kann« [14]. All diese Entwicklungen und Tendenzen sind nach Nietzsches Ansicht demoralisierend und defektiv. Sie höhlen schleichend das Menschenleben und die Kultur aus, statt sie zu bereichern und zu sichern. Insofern nimmt sich des Philosophen Sicht auf diese Verhältnisse über weite Strecken als Zerstörungsdiagnostik aus. Doch auch mit therapeutischen Empfehlungen geizt Nietzsche nicht: gemäß seinem Wahlspruch, daß »selbst in der Verwundung... noch Heilkraft« liegt [15], soll auf die Irrtümer, Lügen und Fehlentwicklungen der Zivilisation mit dem philosophischen Hammer geantwortet werden, was meint: zerschlagend, heraustreibend, beseitigend, um den geistigen Weg zu Besserem zu bahnen. Dementsprechend versteht sich die »Philosophie der Zerstörung« als Aufforderung zu einer als notwendig, ja als unumgänglich erkannten Zerstörungszerstörung. Sie will, wiewohl mit destruktiven Mitteln vorgehend, das Leben nicht verneinen, verleumden, verkleinern und so zu seiner »Verarmung« beitragen. Sie will nicht »Rache am Leben« nehmen als Reaktion auf dessen Fehlleistungen und Versagungen; ihr Motiv kann nicht der, wie Nietzsche weiß, in der Realität zuhauf anzutreffende »Haß des Mißratenen, Entbehrenden, Schlechtweggekommenen sein, der zerstört, zerstören muß, weil ihn das Bestehende, ja alles Bestehn, alles Sein selbst empört und aufreizt...« [16] Sondern sie handelt aus Liebe zum Leben, aus Glauben an dessen Heil- und Besserungskraft. Ihr erscheint die »Lust an der Vernichtung« legitim als »Lust am Kommenden, Zukünftigen...« [17]. In einem solchen Vorgehen äußert sich das »Verlangen nach Zerstörung, Wechsel, Werden« als Emanation einer »übervollen, zukunftsschwangeren Kraft« [18]. Mit ihr ist ausgestattet jener dionysische Mensch, in dem konstruktive und destruktive Energien zu einem ganzheitlichen Wollen und Tun verschmelzen; er vor allem verfügt über das »Einheitsgefühl der Notwendigkeit des Schaffens und Vernichtens«, in ihm wirkt der »ewige Wille zur Zeugung, zur Fruchtbarkeit, zur Wiederkehr« [19]. Tragik und Beglückung wohnen in seinem Wirken dicht beieinander, Erdnatur und Menschenkultur hallen von den Schlägen seines Hammers wider, alles gerät ins Beben und die Tradition des vulkanischen Titanismus lebt auf, wenn Nietzsche ihn metaphernreich schildert. Wieder einmal wird hier ein Wesen beschrieben, das, berauscht von seinen Fähigkeiten, sich und seinesgleichen übertreffen will und kann, halb Mensch, halb Gott, Emporkömmling und Himmelsstürmer zugleich; ein Wesen, das mit seinen konstruktiven und destruktiven Gaben wuchert, scheinbar an keine Wurzeln und Grenzen gebunden: »Der Reichste an Lebensfülle, der dionysische Gott und Mensch, kann sich nicht nur den Anblick des Fürchterlichen und Fragwürdigen gönnen, sondern selbst die fürchterliche Tat und jeden Luxus von Zerstörung, Zersetzung, Verneinung; bei ihm erscheint das Böse, Unsinnige und Häßliche gleichsam erlaubt, infolge eines Überschusses von zeugenden, befruchtenden Kräften, welcher aus jeder Wüste noch ein üppiges Fruchtland zu schaffen imstande ist« [20]. Wie Herkules im Stalle des Augias waltet der dionysische Übermensch im verrotteten Garten der Zivilisation, um ihn von seinen Makeln zu befreien. Darin dem von Nietzsche verehrten Napoleon ähnlich, verfällt er jedoch leicht einem unkontrollierten, Konstruktion und Destruktion entkoppelnden Potenz- und Vollkommenheitswahn. Wo ihm die aufbauenden Kräfte versagen, wird er im Zerstörungsrausch agonale Betäubung und Bestätigung suchen. Manch »üppiges Fruchtland« verwandelt sich dann unter seiner Hand in Wüste.

Vom Heroismus zum Technizismus

Nietzsches Zuruf: »Wir müssen Zerstörer sein!« ist auf höchst unterschiedliche Weise gedeutet und befolgt worden [21]. Zwar strebte der Philosoph Verfallsabwehr durch Zerstörungsforcierung an. Doch war ihm kaum etwas fremder als jener bald Mode werdende Kulturpessimismus, den er selbst seinem Antipoden Schopenhauer ankreidete. Zivilisationskritischer Defaitismus und Nihilismus als paralysierende Abkömmlinge eines solchen Pessimismus waren Nietzsches Sache nicht, wiewohl sie sich häufig auf ihn beriefen oder ihm zur Last gelegt wurden. Auch der politische »Kulturkampf« im Bismarck-Reich, in Wahrheit ein kulturell getarnter Religions- und Kirchenzwist, blieb ihm eher suspekt. Derartige Auseinandersetzungen verhedderten sich allzuleicht in Parteienhader und Sozialkämpfen, nahmen Kultur nur zum Vorwand, um in ihren Kulissen andere, meist wirtschaftliche Fehden auszutragen. In der Tat verbargen sich hinter der oft bramarbasierenden Maskerade, welche um die Jahrhundertwende den Disput um »Kulturkrise« und »Kulturverfall« begleitete und die sich in den kulturpolitischen Reden und Entscheidungen Kaiser Wilhelms II. sowie seiner Helfershelfer unverfroren auslebte, mancherlei Wandlungswiderstände und Interessen, denen kulturelle Fragen im engeren Sinne allenfalls nebensächlich am Herzen lagen. Sozialgeschichtlich betrachtet, handelt es sich bei den meisten Verfallstheorien der Epoche um Äußerungen gesellschaftlicher Minderheiten, die zur Verteidigung der angeblich untergangsbedrohten Kultur aufriefen, um den sozioökonomischen Aufstieg emporstrebender Schichten abzuwehren [22]. Die Warnrufe vor dem kulturellen Niedergang werden in der Regel von Eliten (oder solchen, die sich dafür halten) ausgestoßen, die angesichts des sich erweiternden Zugangs zum Kulturhaushalt um ihre Privilegien und um ihr Prestige fürchten. Sie sind insofern Ausdruck meist bürgerlicher Angst- und Verteidigungshaltungen gegenüber andrängenden Schichten, die man als ungebildete, daher nicht kulturfähige Masse abzuwerten und abzuwehren suchte. Indem man die längst überfällige quantitative Zunahme der Kulturteilnehmer als Bedrohung für die Qualität der Kultur teils absichtsvoll hinstellte, teils mißverstand, hinderte man bisher Benachteiligte an einer soziokulturellen Geburt, deren friedlicher Verlauf der Gesellschaft als Ganzer hätte wohltun können. Stattdessen wurden Geltungs- und Machtkämpfe, wurde auch der kulturelle Wandlungsstreit immer martialischer ausgetragen. Theodor Fontane hat diese theoretische und praktische Selbstverstrickung der Epoche gleichnishaft in Worte gekleidet: »Die Welt liegt in Wehen; wer will sagen, was geboren wird! Der Sturz des Alten bereitet sich vor.« [23]

Auch die sozialwissenschaftliche Diskussion der Zeit sah sich den damit aufgeworfenen Fragen konfrontiert. Ihr stellte sich die Schwierigkeit, die unübersehbaren Wandlungsschübe nicht nur zu beschreiben, sondern sie zudem in prozessual angemessene Kategorien zu übertragen, die eine neutrale und erkenntnisfördernde Erörterung der neuralgischen Wirklichkeit erlaubten. Gleichwohl war es nicht immer einfach, ideologische Fahrwasser und Parteienzwist zu vermeiden. Konstruktivität und Destruktivität forderten angesichts der ungelösten »sozialen Frage«, wie es in der Diktion der Epoche hieß, Stellungnahmen auch der noch jungen Disziplin »Soziologie«, ohne daß diese sich dadurch zu etwa politisch motivierten, wissenschaftlich unredlichen Einseitigkeiten verführen lassen durfte. Bereits Mitte der achtziger Jahre hatte Ferdinand Tönnies auf die grundlegende Bedeutung von »Erhaltung« und »Zerstörung«, von »bejahenden« und »verneinenden« Kräften für das menschliche Zusammenleben, für soziale Wandlungsprozesse und kulturelle Formbildungen hingewiesen [24]. Die historische Dialektik und die Gegenwartstypik der sozialen Bewegung zwischen diesen Polen genauer und differenzierend aufzuspüren, hielt er für die elementarste Aufgabe der Soziologie. Extreme sollten dabei vermieden bzw. abgebaut, einem Ausgleich von Gegensätzen nach Möglichkeit der Weg geebnet werden. Der in diesem Sinne forschende und ratgebende Wissenschaftler kann, ja soll zur sanften Geburt besserer Zeiten beitragen. Dieser Überzeugung gemäß beschreibt Tönnies die Aussicht auf die Zukunft unter doppelter Bemühung des dekonstruktiven Argumentationsmusters einerseits und maieutischer Bildlichkeit andererseits: »Der Geburtsakt eines neuen Zeitalters hat schon begonnen. Gewaltsames Handeln würde ihn eher unterbrechen als befördern. Behutsamkeit, Besonnenheit, Geduld zeichnen den Geburtshelfer aus, so gut wie das Wissen um die Lebensbedingungen beider Organismen, deren Ringen er vor Augen hat: des mütterlichen, den er erhalten, des kindlichen, den er entbinden soll. »Umsturz« ist so wenig das Ziel eines wissenschaftlich geläuterten Sozialismus, wie Vernichtung des mütterlichen Lebens das der ärztlichen Kunst sein kann. Es handelt sich im Gegenteil darum, einen Prozeß, der seiner Natur nach normal, also physiologisch ist, so sehr als möglich von den pathologischen Nebenerscheinungen, die mit ihm verbunden sind, freizumachen. Eigentlich gesprochen: jede ältere Kulturphase lebt in der jüngeren fort, die sie zu überleben berufen ist.« [25] Wie immer problematisch die erklärende Übertragung von Naturbetrachtungen auf Gesellschaftsanalysen sein mag – es wird doch deutlich, worum es Tönnies und anderen Sozialwissenschaftlern, die gleich ihm argumentieren, zu tun ist. Durch den Hinweis auf eine ausgewogene Kontinuität will man dem notwendigen Wandel seine explosive Sprengkraft nehmen, ihn gewissermaßen sozial und kulturell verfriedlichen. Die Fortdauer des bewahrenswerten Alten solle dem Neuen das Leben erleichtern, der gewaltfreie Übergang solle die Zukunft vor Leidenshypotheken bewahren. Entschlösse man sich politisch und ökonomisch zum Kompromiß, so brauche auch die soziale Veränderung, brauche die gesellschaftliche Neugeburt weder unterdrückt noch brutal herbeigeführt zu werden.

Doch bald sollte sich zeigen, was die kreissende Welt hervorzubringen imstande war. Der kultur- und sozialpolitisch scheiternde Titanismus des ausgehenden

19. Jahrhunderts schuf sich in den nachfolgenden Jahrzehnten gewalttätig Ventile für seine destrugen aufgestauten Energien. Er mutierte zu jenem individuellen und kollektiven Heroismus, dessen Apologeten und Opfer in »Stahlgewittern« badeten, in »Feuer und Blut« [26], und der manches von Nietzsches »üppigen Fruchtländern« zu Leichenfeldern umpflügte. Niemand hat diese schmerzvolle, vom ersten bis in den zweiten Weltkrieg sich hinziehende Fehlgeburt einer unzivilisierten Gegen-Kultur so metapherntrāchtig, aber auch so selbstentlarvend beschrieben wie Ernst Jünger. In einer atavistisch verzerrten Stimmungsmischung aus Rousseau und Nietzsche tut sich Herders »Troglodytenhöhle« auf, wenn sich der Städtebummler erinnerungsselig als »Krieger« schildert, der noch kürzlich gar nicht so ungern »ganz der Urmensch war, der in Höhlen haust und um das nackte Leben kämpft« [27]. Für ihn ist der Krieg ein »Naturgesetz«, das in diesem besonderen Fall der »Wiedergeburt des Barbarentums« dient [28]. Die Vernichtungsorgien, die der vom Schicksal auserwählte Krieger um dieses wiederkehrenden Barbarentums willen entfacht, müssen als läuternde Wehen bestanden werden, als kollektive Bewährungsprobe, in welcher der gewaltsame Tod der einen die Neugeburt der anderen ermöglicht. In der unio mystica von sterbenden Opfern und überlebenden Tätern wird die legitimatorische Quelle für die Bejahung und künstliche Steigerung des soziophagischen Kreislaufs gesucht: »Der Kampf ist nicht nur eine Vernichtung, sondern auch die männliche Form der Zeugung, und so kämpft nicht einmal der umsonst, welcher für Irrtümer ficht.« [29] Die Logik dieser Argumentation verschafft der maieutischen Denkfigur durch den radikalen Irrtumsausschluß eine zusätzliche, absurde Variante: wo, wann und warum, wofür oder wogegen man zu den Waffen greift, ist gleichgültig; Hauptsache, der Krieg findet statt. Läßt sich überdies eine gegnerische Provokation ausmachen, so darf man auf ergänzende Rechtfertigung hoffen. In Jüngers und seiner Kampfgefährten Fall tritt als summarisches Feindbild hinzu jene »versponnene Kultur«, der ihre ganze Abneigung gilt und von der nicht nur Franzosen, sondern auch Deutsche unfriedlich befreit werden sollen [30]. Ziel dieser Kultur-Zerstörung ist zumal alles »Feine, das Verwickelte, die immer schärfer geschliffene Kultur der Nuance, die ausgeklügelte Zersplitterung des Genusses...«, die »Verfeinerung des Geistes, der zärtliche Kultus des Hirns«, die »dünne Tünche einer sogenannten Kultur«, das vor allem städtische Revier »der Gesellschaft, des guten Tones und der guten Weine« [31]. Unter dem Motto der Dekadenzabwehr und zu höherem Pathos stimuliert durch »Angst« und »Grauen« in den Grabenkämpfen, vollzieht sich der antikulturelle Kreuzzug als mystisch begründete Entdifferenzierung auf das einfache Leben einer »neuen Rasse« zu, die glaubt, sich ihren Zivilisationsverzicht auf Kosten anderer leisten zu dürfen. Skrupel wird, wie Jünger weiß, ein solcher Barbar nicht empfinden. Auch ein Blick in die Geschichte kann ihn kaum eines Besseren belehren oder ihn gar von seinem Treiben abhalten. Im Gegenteil: er könnte ihm zusätzliche Argumente bescheren. Denn »die Sucht zu zerstören, ist tief im menschlichen Wesen verwurzelt; alles Schwache fällt ihr zum Opfer. Was hatten die Peruaner den Spaniern getan? Wer Ohren dafür hat, dem singen die Urwaldkronen, die heute über den Ruinen ihrer Sonnentempel federn, die Antwort. Es ist das Lied

vom Leben, das sich selbst verschlingt. Leben heißt töten.« [32] In dieser Haltung gehen nicht nur Vitalismus und Destruktionismus eine fatale, pseudo-heroische, doch in Wahrheit regressive Verbindung ein. Sondern es tritt als Drittes noch ein *Technizismus* hinzu, der in Jüngers und anderer Autoren Beschreibung der erbarmungslosen Materialschlachten des Ersten Weltkriegs mit schrecklicher Deutlichkeit hervortritt. Der »technische Fortschritt«, dies wird in der ersten Hälfte des 20. Jahrhunderts endgültig und für jedermann einsehbar, bemächtigt sich wie der konstruktiven so auch der destruktiven Zivilisationsbewegung. Unwiderruflich arriviert er zum Totalisationsprinzip des Gesamtlebens. Wirtschaft und Alltag, Kunst und Sport, Freizeit und Beruf werden von ihm erfaßt und zur Umgestaltung gezwungen. Durch seinen Zugriff werden alle Lebensverhältnisse um einen weiteren Epochenschritt entnaturiert und verkünstlicht. Angesichts der Suggestivkraft, die von den expansiven technischen Erfindungen des industriellen Zeitalters ausgeht, erscheint nahezu alles, was Menschen sich vorstellen oder vornehmen, auch praktisch erreichbar. Mehr noch: der Glaube an die melioristische Allmacht der Technik läßt den durch sie bewirkten Fortschritt als sinnvoll, vernünftig und notwendig auftreten. Die dieser Entwicklung innewohnende »Rationalität«, das technokratische Kalkül legitimiert sich selbst qua Erfolg und verwischt zugleich durch quantitative Usurpation die qualitative Differenz zwischen Verstandesleistung und Vernunftbemühung. Solche unkritische Technik-Akzeptanz deutet allzu gerne und ungeprüft als vernünftig, was bloßer Verstand ersinnt und für durchführbar hält. Damit jedoch entlarvt die technoide Rationalität zugleich ihren irrationalen Charakter. In dem Umfang, in dem sie kritische Vernunft ausblendet und moralische Maßstäbe verwirft, wird sie sozial unverträglich und kulturell zerstörerisch. Durch ihre Vereinseitigung wandelt sie sich zu einer Destruktionsmacht sui generis, die schon um des technischen Fortkommens willen, das strategisch mit Menschheitsbeglückung gleichgesetzt wird, glaubt niederwalzen zu dürfen und zu sollen, was ihr unfügsam begegnet. Diese abermalige destrugene Mutation der Zivilisation, ihr durch technischen Eroberungswahn nach innen und nach außen gefördertes Entgleisen in Irrationalität und Rücksichtslosigkeit, hat Max Weber im Hinblick auf die Auswüchse des industriellen Kapitalismus nicht nur gegenwartsnah durchschaut, sondern überdies für die Zukunft mit kritischen Fragezeichen versehen. Während einer 1904 unternommenen Reise durch die USA erlebt er in den Südstaaten das Aufeinanderprallen unterschiedlich entwickelter Hemisphären, kann er vor Ort beobachten, wie »sich die alte Indianerpoesie mit modernster kapitalistischer Kultur« mischt [33]. Für Weber ein »fabelhaft reizvolles – d.h. nicht ästhetisch reizvolles – Bild des Werdens.« Doch angesichts der Verluste, Kosten und Leiden, die mit diesem Wandel einhergehen, resümierte er ernüchtert: »Mit geradezu rasender Hast wird alles, was der kapitalistischen Kultur im Wege steht, zermalmt.« [34]

Daß technischer Erfindungsgeist, gepaart mit unersättlichem Drang nach Weltbeherrschung und ohne Bindung an eine allgemein akzeptierte Verantwortungsethik, zur Beschleunigung und Vermehrung katastrophischen Geschehens beitragen kann – dafür lieferte das 20. Jahrhundert Beispiele übergenug. Zwar gefielen sich auch frühere Jahrhunderte darin, künstliche Tode, Krieg und Vernichtung aller Art dem industriellen Produktionsstand anzupassen, fachmännisch zu organisieren und in ihrer Automatik zu »verbessern«. Diesem Sinne nach zeigte sich bereits Charles-Henri Sanson, der populäre Scharfrichter der Französischen Revolution, befriedigt über mechanische Verbesserungen, die am Fallbeil angebracht wurden und die den unkomplizierten, schließlich massenweisen Einsatz der Guillotine gewährleisteten. Doch wird es nun, im 20. Jahrhundert, erstmals möglich, das Zerstörungsgeschäft gewissermaßen gesamtgesellschaftlich, unter Beteiligung aller Bürger, zu betreiben, indem man jedem die technischen Mittel dazu in die Hand gibt. Je tiefer die Technik bis in die entlegensten Kapillaren des Lebens eindringt, je umfassender sich infolgedessen der Erdkreis zur kybernetisch gesteuerten Maschinenwelt wandelt, desto schwerer kann der einzelne sich diesem Zugriff entziehen. Es etabliert sich jener Schadenskreislauf, zu dem jeder auf die eine oder andere Weise, direkt oder indirekt beiträgt, der unbedachte Autofahrer ebenso wie der Giftverwender wider Willen, der Atomphysiker nicht minder als der Gentechniker. Ihrer aller Mittäterschaft ist graduell verschieden und unterschiedlich folgenreich, doch in jedem Fall strukturell vorgesehen, anscheinend unausweichlich. Wer wollte verzichten auf die Nutzung der heimischen Kochplatte, nur um das ferne Atomkraftwerk nicht in Anspruch zu nehmen? Wieviele Bürger legen wirklich ihr Auto still, um nicht länger zur Luftverpestung beizutragen? Die technische Destruktionspartizipation erfordert im späten 20. Jahrhundert kaum noch besondere Entscheidungsfähigkeit oder gar heroisches Einzelkämpfertum. Sie erfolgt vielmehr zumeist automatisch, anonym und in kleinen Mengen. In ihr ist jeder mobil gemacht, als Täter wie als Opfer, ob im Hinblick auf einen Nuklearkrieg oder bezüglich der Umweltverschmutzung. Der technogene Wandel der Destruktivität zu einem allgegenwärtigen Prozeß läßt nichts und niemanden mehr ungeschoren davonkommen. In seinem Sog mutiert die Zivilisation zu einer widerspruchseskalierenden Lebenswelt, in der Maschinen nicht minder als zur Sicherung und Verbesserung des Daseins zur Gefährdung, ja zur sukzessiven Beseitigung von Menschen, Kulturen und Natursphären beitragen.

•

8.

DIE SELBSTZERSTÖRUNG DEUTSCHLANDS IM 20. JAHRHUNDERT

Wurzeln des Ruins

Jede Gesellschaft, jede Nation entwickelt im Laufe der Geschichte ihre Eigenheiten im Umgang mit destruktiven Anlagen und Energien. So auch die deutsche. Doch unterscheidet sich Deutschland in der ersten Hälfte des 20. Jahrhunderts destruktionshistorisch durch zweierlei von seinen Nachbarstaaten: seine Zerstörungstaten eskalierten wie in keinem anderen Land Europas und sie expandierten im Verlauf zweier Weltkriege auf zuvor kaum bekannte Weise. Angesichts der katastrophischen Entgleisungen, die mehrfach von Deutschland bewirkt wurden und die eng mit dem politischen Aufstieg Preußens verknüpft sind (vgl. Abb. 25), ist von einer besonderen Destruktionsgeschichte der deutschen Kultur zu sprechen, die radikaler und rabiater verlief als die manchmal ebenfalls unrühmlichen Dekulturationsprozesse benachbarter Zivilisationen. Durch mehrere Generationen hindurch wurden die Deutschen von einem Impuls, ja oftmals von einem Willen zur Destruktion getrieben, bei dem Humanität und Vernunft hintanstanden, das Maß für das mitmenschlich Zumutbare immer wieder verlorenging, die Freiheit zur Zerstörung nicht an ein Bewußtsein konstruktiver Verantwortlichkeit gebunden blieb.

Die Wurzeln dieser spezifisch deutschen Fehlentwicklung reichen bis in das 19. Jahrhundert, an die Schwelle von Bismarcks Reichsgründung, zurück. Skeptische Beobachter haben das Schwanken der Deutschen zwischen Zerrissenheit und Einigungsbestrebungen schon vorher, von den vierziger Jahren an, mit kritischen Kommentaren begleitet. Ihre Krisendiagnostik reicht von Jacob Burckhardts Hoffnung, daß Deutschland trotz aller Schwierigkeiten noch »zu seinem wahrhaften goldenen Zeitalter« gelangen möge [1], über Marx' Befürchtung, es werde bei ausbleibenden Veränderungen »schließlich wieder zu einem dreißigjährigen Krieg und einer neuen Teilung Deutschlands kommen« [2] bis zu Max Stirners früher Benennung der tiefer liegenden Gründe, die ein Obsiegen konstruktiver Bemühungen verhinderten: »Der Deutsche erst und er allein bekundet den weltge-

Abb. 25 Nationalsozialistische Postkarte mit Bildnissen Friedrichs II., Bismarcks und Hitlers (ca. 1933), die im Begleittext den »Volkskanzler« Hitler als Fortführer und Vollender preußisch-deutscher Machtpolitik preist.

schichtlichen Beruf des Radikalismus... So unerbittlich und rücksichtslos wie er ist Keiner; denn er stürzt nicht allein die bestehende Welt, um selber stehen zu bleiben; er stürzt – sich selbst... Bei dem Deutschen ist das Vernichten – Schaffen und das Zermalmen des Zeitlichen – seine Ewigkeit.« [3] Daß solch unversöhnlicher Radikalismus krisenfördernd statt glättend wirke und »für die speziell germanische Welt« sich unheilvoll auswirken könne, mutmaßte Mitte der siebziger Jahre ebenfalls Jacob Burckhardt [4]. Doch blieb es Friedrich Nietzsche vorbehalten, jenen langfristig verhängnisvollen Irrtum beim Namen zu nennen, der 1871 mit der Proklamation des preußisch-deutschen Kaisers auf dem Boden des besiegten Frankreich einherging: die Verwechslung des militärischen Triumphes mit kultureller Überlegenheit. »Dieser Wahn ist höchst verderblich: nicht etwa weil er ein Wahn ist – denn es gibt die heilsamsten und segensreichsten Irrtümer – sondern weil er imstande ist, unseren Sieg in eine völlige Niederlage zu verwandeln: in die Niederlage, ja Exstirpation des deutschen Geistes zugunsten des »deutschen Reiches«.« [5] Indem sich in den bloßen Waffenerfolg das imperiale Pathos pseudokultureller »Selbstglorifikation« einschlich, setzten die Baumeister des deutschen Reiches eigenhändig bereits den Keim zum Niedergang ihres Gebäudes.

Denn in der deutschen Großmannssucht verbarg sich schon damals ein letztlich kulturfeindlicher Herrschaftsdrang. Anmassend wie sie war und blieb, wurde diese Haltung immer radikaler in der Verneinung nicht nur fremder Zivilisationen, sondern auch in der Dämpfung heimischer Kulturvielfalt. Statt auf Erneuerung durch Austausch setzte sie auf Abgrenzung vermittels präpotenter Attitüden. An die Spitze des neuen »deutschen Reiches«, das seinen Glorienschein durch die politisch-rituelle Demütigung Frankreichs aufpolieren zu müssen meinte, trat ein Kanzler, dem Konfrontation vor Kooperation rangierte, der keinen anderen Minister neben sich duldete, dem Untergebene lieber waren denn Gleichgestellte, in dessen sozialpolitischer »Revolution von oben« alle Veränderungsmaßnahmen durch den Willen zur Obrigkeitserhaltung gebremst und begrenzt wurden. Bismarcks unnachgiebigem Etatismus entspricht sein persönlicher Autoritarismus. Diesen Stil lebte er vor, prägte mittels seiner die herrschenden Verhaltensmuster der Epoche, die fürderhin als »typisch deutsch« zu zweifelhaftem Ansehen gelangten. Nicht ohne Grund wurde er von vielen als der »eiserne« Kanzler bewundert, der Deutschland zu Reputation und Größe führe. Seine Sprache war durchsetzt von martialischen, ja militärischen Ausdrucksweisen. Deutschland galt ihm als »Exerzierplatz«, die Politik als »Kampfplatz«, das »Zeigen eines neuen Bataillons in der ministeriellen Schlachtordnung« als nicht nur theoretisch gemeintes Eindrucksmittel. Mit einem »gründlichen inneren Krieg« rechnete dieser Staatsmann, der sich selbst für »nicht einmal hinreichend rücksichtslos« hielt, nicht als ultima ratio, sondern als normalem Mittel gegenseitiger Beziehungsregelung. In ihm konnte man unbotmäßige Städte »vom Erdboden tilgen«, die gewünschten Ziele durch »Eisen und Blut« erreichen statt durch lästige »Reden und Majoritätsbeschlüsse« [6]. Wer solchen Absichten und Methoden sich nicht widerspruchslos fügte, der wurde, wie vorzugsweise die Sozialdemokratie, abgekanzelt als jemand, der die »Durchführung der nationalen Einheit« behindere, »das Bestehende in die Bresche« legen wolle, das »Evangelium der Negation«, der »Untergrabung und des Umsturzes« predige [7]. Die Diffamierung des politischen Gegners durch Bismarck reichte von der Unterstellung, er wolle mit bloßen »Versprechungen... die Leute verführen«, bis zu der Verdächtigung, alle Kontrahenten von links seien 1871 mit den aufständischen Kommunarden eines Sinnes gewesen und würden gegebenenfalls kaum anders handeln als jene, die »nichts wie gemordet, gebrannt, mißhandelt, nationale Denkmäler zerstört« und am liebsten »ganz Paris in einen Aschenhaufen verwandelt hätten«. Doch konnte in einem solchen rhetorischen Klima, unter dem Druck ständiger Kriegsbereitschaft im Innern wie nach außen, die politische Kultur gedeihen? Wohl kaum. Der ökonomische Aufschwung und der politische Machtzuwachs der »Gründerjahre« wurden bewußt erkauft durch soziale Diskreditierungen und kulturelle Ignoranzen, die kraft Reformansätzen hier und dort nicht zu beschönigen waren.

Im Gegenteil: Was an der Spitze der Gesellschaft vorgelebt wurde, lud zur Nachahmung ein und sollte dies wohl auch. Die schlechten Beispiele, für die Bismarck nur als ein prominenter Fall neben vielen anderen einsteht, machten anhaltend und massenhaft Schule. Sie verbreiteten sich in großbürgerlichen und kleinadligen Kreisen, da soziales Emporkommen mentale Anpassung forderte. Sie trieben Teile des Bürgertums in konservative, philiströse, nationalistische Attitüden, die ihm ursprünglich fremd gewesen waren. Sie verleiteten das Kleinbürgertum zu jener reaktionären Mischhaltung aus Gehorsamsbereitschaft, ungestillten Aggressionsbedürfnissen, Aufstiegswünschen und Enttäuschungen, deren Milieu bald mancher Führer zum Unheil entstieg. Zwar gab es die zu diesem Syndrom gehörenden Anschauungen, Einstellungen und Normen auch jenseits der deutschen Grenzen. Doch erfuhren sie dort nicht jene Radikalisierung zu Zwietracht und Zerstörungsbereitschaft, die für die Lebenskultur in Deutschland so verhängnisvoll wurde. Nicht nur soziale Unterschiede, sondern auch ethnische Verschiedenheiten oder rassische Andersartigkeiten nahm man hier schon früh zum Anlaß tätlicher Diskriminierung. Der preußische Beamte ließ im Umgang mit jüdischen Mitbürgern meist größte Vorsicht, oftmals gar Abstinenz walten, hintertrieb auch gelegentlich ihren Aufstieg in staatliche Ämter oder Pfründen; in Ostdeutschland wurden auf behördliche Anweisung polnische Geschäfte systematisch boykottiert [8]. Schon im Bismarck-Staat und mehr noch im Kaiserreich Wilhelms II. wurde zwischen allem, was »deutsch« oder »nicht deutsch« war (bzw. als solches galt), geradezu zwanghaft, wiewohl mit oft hergeholten Zuschreibungen unterschieden. Man wollte »deutsch« sein, um unter seinesgleichen bleiben und sich möglichst überlegen fühlen zu können. Die Machthaber wiesen dieser Tendenz den ideologischen und habituellen Weg, der Staat sanktionierte sie gesetzlich und organisatorisch, Theoretiker von dubioser Statur formulierten sie aus und leisteten dadurch einer langfristigen Exstirpation des Geistes Vorschub.

Wie diese aussehen könnte, welche Steigerungsformen sie erreichen könnte, führte programmatisch und durch sein Verhalten nicht zuletzt der Kaiser selbst vor Augen. Nach Bismarcks Entlassung trieb er die destrugene Radikalisierung von oben her auf allen ihm erreichbaren Ebenen weiter voran. Das Argumentationsmuster ruinöser Dekulturation vervollständigten er und seine Vasallen, indem sie das verbreitete Gemisch aus Militanz, Antidemokratismus und hypertropher Deutschtümelei zusätzlich mit antimodernen Affekten aufluden und in undifferenzierter Berufung auf das »Volk« sozial zu untermauern suchten. Wilhelm II., der als exzessiver Jäger das erlegte Wild nach Tausenden zählte und mit selbstverliebter Begeisterung dynastische Denkmäler, Bismarckstatuen und dergleichen einweihte, gefiel sich in der imperialen Pose nicht nur des absoluten Herrschers über alle Deutschen, sondern auch eines gottbegnadeten Schirmherrn der Künste. Als solcher glaubte der vorzugsweise in militärischen sowie heroischen Sujets dilettierende Maler und Zeichner bei jeder möglichen Gelegenheit verkünden zu sollen, was »die wahre Kunst« sein und leisten müsse: Ausdruck unwandelbarer Schönheitsgesetze, Verherrlichung der preußisch-deutschen Monarchie, Ausrichtung des Volkes auf die kaiserlich dekretierten Ideale. Wo die Kunst dem nicht nachkommt, wo sie, statt »aufzurichten«, »in den Rinnstein niedersteigt«, »zur Reklame heruntersteigt«, fremden, gar ausländischen Ideen folgt, sich »den sogenannten modernen Richtungen und Strömungen« überläßt, nach »Freiheit« des Ausdrucks und des Gesprächs strebt: dort sei sie »keine Kunst mehr«, denn sie »versündigt« sich nicht nur am kaiserlichen Willen, sondern auch »am deutschen Volke« [9]. In dieser 1901 gehaltenen Rede wurde jede auf Erneuerung sinnende Kunst dem (gegebenenfalls strafbaren) Verdacht von

Majestätsbeleidigung, Gotteslästerung und Volksverführung ausgesetzt. Zudem wurden künstlerische Innovation und kultureller Experimentiergeist schon hier den kaiserlich-völkischen Kritikern zur Hetze freigegeben. Fortan nahmen Schmähungen und Zensurversuche, Verleumdungsklagen und pseudomoralische Prozesse kein Ende.

In die letzten Jahre vor dem Ersten Weltkrieg fällt der vorläufige Höhepunkt derartiger Kampagnen, die sich im Namen von Gott, Kaiser, Vaterland, gesundem Volksempfinden und deutscher Tradition gegen die Schöpfer neuer Literatur, Musik und Kunst ebenso richten wie gegen aufgeschlossene Verleger, Kunsthändler oder Musikfreunde. Schon 1908 wurde Hugo von Tschudi von seinem Posten als Direktor der Berliner Nationalgalerie vertrieben, weil sein Eintreten für moderne, insbesondere französische Kunst dem Kaiser und konservativen Künstlerkreisen mißfiel. 1911 mobilisierte der Worpsweder Landschaftsmaler Carl Vinnen 140 Gleichgesinnte, um mit sachlich falschen Behauptungen gegen eine angebliche Überfremdung des Ausstellungswesens und der Museen in Deutschland zu protestieren [10]. In der Presse dieser Jahre wimmelt es von Kunstschelten nach Art des Kritikers Karl Scheffler, der 1912 den italienischen Futuristen intellektuelle Unehrlichkeit, »Neid und andere unreine Instinkte«, ja »ein recht übles Menschentum« vorwirft. Ein Jahr später spricht Fritz Stahl, der Kritiker des »Berliner Tageblatt«, bereits von »Vergewaltigung der Natur und Menschheit«, »vom Verbrechen nicht nur mehr gegen die Kunst, sondern gegen jedes gesunde Weltgefühl«, welches die neue Plastik mit ihrem »Fratzenwesen« begehe: »Es gibt jetzt keine größere Chance für junge Künstler, als wenn Gott ihnen ein negerartiges Weib gibt.« [11] Von solchen Kriminalisierungsversuchen führt ein kurzer Weg zu jener Polemik, mit der 1913 der freikonservative Abgeordnete Vorster vor dem preußischen Landtag die Malerei der »neuesten Zeit« der »Entartung« bezichtigt; man solle dieses »Symptom einer krankhaften Zeit« tunlichst meiden und keinesfalls mit öffentlichen Mitteln fördern [12]. Seine Unterstellungen wurden von zustimmender Heiterkeit und lebhaftem Beifall seitens vieler Parlamentarier begleitet. Zu den Denkweisen ist nun bereits der Wortschatz künftiger Bilderstürme getreten. Das politische System, das seinen Bürgern demokratische Partizipation und kulturelle Evolution versagte, bereitet sie statt dessen auf *Zerstörungsteilhabe* vor. Diese gerät vielen zum Ersatz und Ventil für allzulang entbehrte konstruktive Mitwirkungsmöglichkeiten. Als der Krieg endlich da ist, wird er frenetisch begrüßt von einem Volk, das nicht gelernt hat, Konflikte geduldig und friedlich zu lösen, Fremdkulturellem einen Eigenwert zuzugestehen, ihm gar Bereicherungen abzugewinnen.

Die gescheiterte Modernisierung

Schon während des Krieges mangelte es nicht an Denkern, die in den Defiziten der Vergangenheit die Hypotheken der Zukunft erkannten. Unter der Hohenzollerndynastie, so warnte Max Weber bereits 1906, wurde den Deutschen nur die »Korporalsform der Macht« vertraut: »Kommando, Parieren, Strammstehen, Renommage…« Nicht jedoch lernten sie, mit politischer Macht gemeinschaftlich und kompromißbereit umzugehen. Die versäumte Einübung demokratischer Tugenden, daran zweifelte Weber 1917 nicht mehr, erfolgte »um den Preis der ganzen Zukunft Deutschlands« und würde auch fürderhin hohe Kosten zeitigen: »Alle Kräfte der Massen sind dann gegen einen Staat engagiert, in dem sie nur Objekt und an dem sie nicht Teilhaber sind.« [13] Die verfassungsmäßige Lösung dieses Problems kam für die Deutschen 1919 viele Generationen zu spät, war zudem mit übertriebenen Verzichts- und Wiedergutmachungsforderungen der Siegermächte belastet. Das im Versailler Vertrag reduzierte, sich im Innern und von außen düpiert fühlende Land war nicht fähig, zugleich die nun evidente Verderbtheit der bisherigen Herrschaftscliquen zu verkraften, die militärische Niederlage hinzunehmen, eine hohe Zeche zu bezahlen und sich in eine allseits bejahte Demokratie zu verwandeln. Das Erlebnis des Abbaus verzehrte Kräfte, die zum Aufbau nötig gewesen wären. Die keinen Lebensbereich verschonende Destruktion der alten Ordnung trübte die Sicht auf den einzig ratsamen Ausweg aus dem Desaster: die konsensuelle Konstruktion unverbrauchter, nicht kompromittierter Sinn- und Lebenswelten in Politik und Wirtschaft, in Alltag und Beruf. Doch blieb die dafür erforderliche Bemühung um sozialen Ausgleich und kulturelle Verständigung ungeliebt und oft erfolglos. Man hatte gelernt zu kämpfen und wollte dies vielerorts weiterhin tun, mit allen möglichen Mitteln und um jeden Preis. Im schrillen Konzert der Extreme verhallten mäßigende Stimmen oder wurden, wie diejenige Walter Rathenaus, mörderisch zum Schweigen gebracht.

Unter den neuen, ungeklärten Verhältnissen lebten die alten Muster in radikalisierter Manier fort. Die so lange versäumte politische und kulturelle Modernisierung sollte nun binnen kürzestem nachgeholt werden. Ihr Ausbleiben hatte Deutschland bereits jene Schieflage beschert, in deren sektoral ungleicher Entwicklung neben wissenschaftlichen, technischen und industriellen Hochleistungen sich politische Rückständigkeit und kulturelles Banausentum besonders kraß ausnahmen. An diesen Diskrepanzen Korrekturen anzubringen, brachen nun viele auf. Ihre Parole hieß: Revolution, ihre Methode: Konfrontation, ihr Mittel: Destruktion. Die kurzzeitige Blüte der Künste zwischen den Inflationshöhepunkten der Jahre 1923 und 1929, die innovativen Schübe in Literatur und Malerei, in Musik, Tanz und Film: sie können nicht darüber hinwegtäuschen, daß die Zwanziger Jahre für die Mehrheit der innerlich verunsicherten und äußerlich gebeutelten Bevölkerung keineswegs »golden« waren, allenfalls für eine Minderheit hier oder dort vergoldet, eine mit vielen unangenehmen Überraschungen aufwartende Station des »glänzenden Elends«, das nach einem Wort Immanuel Kants der Kulturprozeß insgesamt ist [14]. Ideologischer Meinungsstreit, die Zwietracht der Parteien und ihrer Hintermänner, Hunderte von Attentaten und politischen Morden, aber auch Inflation und Arbeitslosigkeit, Firmenkonkurse und Staatsbankrott, Hungersnöte und Wohnungselend ließen kein Klima entstehen, in dem moderate Vorschläge zur Lösung der überbordenden Probleme realistisch geklungen und daher Gehör gefunden hätten. Die Menge der Arbeiter rang ums Überleben von Tag zu Tag, dem Bürgertum schwanden die Ersparnisse über Nacht dahin, Handel und Gewerbe des Mittelstands sahen ihre geschäftlichen Stützen zusammenbrechen. Zur allgemeinen Enttäuschung über den jähen Absturz Deutschlands aus der ehedem so lauthals gepriesenen Größe und Herrlichkeit in die Niederungen internationaler Bevormundung und Drittrangigkeit gesellte sich die wirtschaftliche Verarmung breiter Schichten. Mehr Opfer und zumeist eher Täter wider Willen als treibende Akteure des ruinösen Geschichtsverlaufs, befanden sie sich in jenem Zustand »negativer Freiheit«, den einst Hegel als gefährlichste Konsequenz pejorativ abdriftender Verhältnisse vorausgesehen hatte [15]. Zur gedanklichen und handlungsmäßigen Errichtung »positiver Wirklichkeit« fehlte in diesen Jahren vielen, zu vielen die materielle Basis und das ideelle Vermögen. Ihnen verwandelte sich die negative Freiheit zu blinder Freiheit der Negation: im partnerschaftlichen Diskurs ungeübt, das miserable Ganze ablehnend, verfielen sie in Apathie, entluden ihre Wut in bloßem Aktionismus oder suchten Orientierung in einer der sektiererischen Gruppen, die sich inzwischen zahlreich anboten. Sinnverlust und Abstiegserfahrung bescherten zwielichtigen Heilsverkündern, Betrügern und Unglücksrittern eine Konjunktur, in welcher absurdeste Vorstellungen heute Anhänger fanden, von denen sie morgen wieder vergessen wurden [16]. Unzählige Schwärmer und Prediger gewährten scheinbar Entlastung von Spannungen und Sorgen, die viele Menschen real nicht mehr zu bewältigen wußten. Indem sie bei ihren Zuhörern zumeist die Grenze zwischen Wahn und Wirklichkeit verwischten, erlangten sie symptomatische Bedeutung für das Ausmaß zerstörungsträchtiger Verwirrung und Zerrissenheit in der Lebenskultur zwischen den Weltkriegen. Im Fahrwasser dieser Kondottieri der Katastrophe tat sich mit Unterstützung der Münchener Thule-Gesellschaft einer besonders vernichtungsfanatisch hervor: Adolf Hitler.

Unter dem allseitigen Widerspruchsdruck dieser Jahre ist es zur Gewohnheit geworden, einer ungehemmten Destruktion das Wort zu reden. Zahlreiche politische und intellektuelle Zirkel stimmen ungeachtet ihrer Verschiedenheiten darin überein, daß man nur in einem »radikalen Ab- und Rückbau« alles Überlieferten, »ohne Seitenblick darauf, ob daraus eine ›Kultur‹ wird oder eine Beschleunigung des Untergangs«, zu zweifelsfreien Erkenntnissen und positiven Neubaumöglichkeiten vorstoßen könne [17]. Was Martin Heidegger hier stellvertretend für viele formuliert, trägt zur Vehemenz des Ruins in dem Maße bei, in welchem den Verneinungsmethoden erreichbare konstruktive Ziele mangeln oder außer Sicht geraten. Zu einer »Rettung der Kultur« fühlte sich kaum einer beauftragt, zu dekonstruktiven Reformen waren nur wenige befähigt, die zudem, wie etwa Walter Rathenau, Friedrich Ebert und Gustav Stresemann, für ihre

Anstrengungen mehr Häme als Lob erhielten. Wer positiv etwas wollte, deswegen zu Mäßigung und Kompromiß aufrief, lief Gefahr, zur Zielscheibe radikaler Zerstörungsprediger und ihrer Erfüllungsgehilfen zu arrivieren. Die unbefriedigten Revolutionäre aller Couleur und jeden Extrems lauerten auf Gelegenheiten, in denen sie ihre Ablehnungstheorien verkünden oder praktisch zuschlagen konnten. Wartezeiten steigerten nur ihre Ungeduld, ihren Fanatismus. »Es besteht in der Jugend die Auffassung, daß die Revolution nachgeholt werden muß... Zerstörung ist das Mittel, das dem Nationalismus dem augenblicklichen Zustande gegenüber allein angemessen erscheint...«, tönte Ernst Jünger 1929 anarchisch [18]. Er und seine Weggefährten waren sich einig mit den Genossen der äußersten Linken in der offensiven Ablehnung von Demokratie, Parlamentarismus, republikanischen Geisteshaltungen und Kulturbestrebungen. Die von rechten Reaktionären gehetzte und schließlich ermordete Rosa Luxemburg rief schon Ende 1918 dazu auf, die neue Nationalversammlung, das »gegenrevolutionäre Bollwerk... zunichte zu machen« [19]. Ein Befürworter der neuen Republik und Praktiker des Ausgleichs wie der Sozialdemokrat Friedrich Ebert wird nun, wie in Deutschland Tradition, nicht nur von rechts, sondern auch von linksaußen angegriffen. »König Ebert« ist noch die mildeste Verratsbeschuldigung, die er zu hören bekommt [20]. Daß ihm im Amt des Reichspräsidenten der Generalfeldmarschall a.D. Paul von Hindenburg folgt, ist ein im ruinösen Gang der Ereignisse konsequenter Schritt deutscher Destruktionsgeschichte. Dieser korrupte und zivilisationsfeindliche Beschleuniger des Untergangs gewann 1925 die Wahl auch deswegen, weil die Kommunistische Partei sich weigerte, den demokratischen Kandidaten Wilhelm Marx zu unterstützen. Abermals, und diesmal folgenreich, errang die soziale und kulturelle Zwietracht einen ihrer Pyrrhussiege.

Als Staatsoberhaupt war Hindenburg zugleich symptomatisch für die politische und zivilisatorische Degression, der Deutschland mehr und mehr anheimfiel. Ein verfallender Greis, ehemaliger preußischer Offizier, militaristisch und monarchistisch gesonnen, amusisch, geistlos und unbelehrbar, der sich mit einer zwielichtigen Kamarilla umgab: hier arrivierte ein Verlierer von gestern zum Schuldner von morgen. Das einzige, worauf und wozu er sich verstand, war jenes »Evangelium des Kampfes« um »Dasein« und »Größe«, dem zu viele Deutsche immer noch nicht abschwören mochten, in dessen Sog einst selbst Denker von Format wie Max Weber oder Georg Simmel geraten waren [21]. Doch hatte die Geschichte solche pseudoreligiösen, sozialdarwinistischen, unvernünftigen Phrasen nicht längst als gefährlich, ja tödlich entlarvt? War der einst glorifizierte »Weg zur Größe« nicht inzwischen zur Heerstraße ins Elend verkommen? Es gab viele Deutsche, die dies hatten einsehen müssen. Aber in ebenso reichlichen Köpfen spukte der alte Kampfgeist fort, wollte von den verlorenen Zielen nicht ablassen oder suchte nach neuen. Gekämpft wird mithin um alles und jedes. Nicht nur, bitterer Not gehorchend, um das tägliche Brot, um berufliche Existenz und privates Glück. Sondern auch um Profite und Marktpositionen, um gesellschaftliches Ansehen, philosophische Wahrheiten, künstlerische Richtungen oder religiöse Überzeugungen. »Kampf«, dies belegen tausende von Zeitungsmeldungen, Buchtiteln und Memoiren, ist die meistgebrauchte Parole der Epoche, ein »Schlagwort« eindeutigsten Sinnes. Es ist vertikal orientiert, drückt aufwärts gerichtete Wünsche und Sehnsüchte aus. Die mit- und gegeneinander Kämpfenden wollen nach oben, andere, sei's auch auf deren Kosten, übertreffen, oder sich im allgemeinen Chaos doch wenigstens nicht unterkriegen lassen. Wie im künstlerischen Wettstreit so möchte man auch im politischen Ringen siegreiche »Avantgarde« sein, »Führer« in Zustände, die man für die einzig richtigen hält. Um die ersehnte »Neugeburt« nicht zu gefährden, soll erforderlichenfalls mit Mitteln und Herrschaftsformen der »Diktatur« vorgegangen werden: zur Rettung von Vaterland und Nation, im Namen von Proletariat und Partei, oder auch bloß zur Durchsetzung von Kunstanschauungen. Die den überraschenden Pluralismus der neuen Ära mental nicht aushalten, theoretisch nicht verarbeiten und praktisch nicht meistern können, drängen auf gewaltsame Rückführung der lästigen Vielfalt in einfachere Zustände, die vor allem ihnen selbst, den bewährten Kämpfern, bessere Übersicht und größere Sicherheit gewähren sollen.

Markiert in dieser Epoche exzessiver, oft bürgerkriegsähnlicher Konkurrenz die Semantik des Kampfes den Fixpunkt, an den sich Überlebenshoffnungen und Aufstiegswünsche klammern, so erhält sie ihre volle Anschaulichkeit doch erst durch den komplementären Pol, an dem Abstiegsängste und Auflösungsfurcht der Zeit nach Ausdruck drängen. »Untergang«, »Dekadenz«, »Verfall«, »Entartung«: dergleichen sind die Kampf- und Abwehrrufe einer Übergangsperiode, die einen politischen und wirtschaftlichen Zusammenbruch hinter sich hat, den sie moralisch und kulturell nicht zum Besseren wenden kann, und die deswegen in die Barbarei zurückführt. Diese kündigt sich an in der teils defensiven, teils aggressiven Entsorgungsmetaphorik, die nun Konjunktur bekommt. Am Tiefpunkt der vertikalen Skala, dort, wo schon Wilhelm II. selbstentlarvend den »Rinnstein« erblickte, in den er die deutsche Bevölkerung führen würde, wo sich die ob ihrer Kritik so verachteten »Asphaltliteraten« tummelten, wo mancher, nachdem ihm der obrigkeitlich verordnete »Kadavergehorsam« schlecht bekommen war, nächstens an Tierkadavern säbelte, um ein Stück faulenden Fleisches fürs nackte Überleben zu ergattern: dort türmten sich Abfall und Schutt, Lumpen und Dreck, die letzte Chance total Verelendeter. Dorthin, in den Müll, wollte niemand, zu dieser Fäkalwelt einer verbrauchten, verrottenden Zivilisation mochte keiner abrutschen. Die Müll-Metapher war ehedem zur Schilderung eines beschädigten Lebens, einer Nötigstes vorenthaltenden Kultur gebräuchlich. Künstler wie Hans Baluschek hatten ihr bereits im 19. Jahrhundert sozialkritische Akzente verliehen. Kurt Schwitters und andere hatten sie nach 1918 zu seismographischen Ehren geführt: »Ich fühlte mich frei und mußte meinen Jubel hinausschreien in die Welt. Aus Sparsamkeit nahm ich dazu, was ich fand, denn wir waren ein verarmtes Land. Man kann auch mit Müllabfällen schreien, und das tat ich, indem ich sie zusammenleimte und nagelte.« Diese Verwandlung von Elend in Glanz war des Künstlers »Gebet über den siegreichen Ausgang des Krieges, denn noch einmal hatte der Frieden wieder gesiegt. Kaputt war sowieso alles, und es galt, aus den Scherben Neues zu bauen« [22]. Solch schöpferisches Vermögen weckt jedoch den Unmut, den Haß derer, die mit der neuen Freiheit nichts

Abb. 26 Antimodernes Schmähbild nationalsozialistischer Kulturzerstörung
Der Stürmer. Deutsches (NS-)Wochenblatt zum Kampfe um die Wahrheit, hrsg. von Julius Streicher, 11. Jg., Juli 1933

Konstruktives anzufangen wissen, die lieber die Scherben vermehren als aus ihnen eine befriedende Welt bauen wollen. Folglich dient den nazistischen Marodeuren des Geistes und der Tat auch die Müll-Metapher, deren sie sich wie überhaupt der Semantik der Ausscheidung gern und eifrig bedienen, lediglich als Waffe im Kampf gegen Potenzen, deren sie selbst ermangeln [23] (vgl. Abb. 26). Unter ihrem agitatorischen Zugriff pervertiert das Erinnerungsbild ertragenen Leides zur makabren Botschaft nahenden Unheils.

»... vernichten und ausrotten, weiter nichts.«

In konfusen Zeiten erhalten Advokaten des Radikalismus Zulauf. Sie entlasten von schwierigen Entscheidungen, bieten für komplexe Probleme einfache Lösungen an. Millionen von Deutschen, unbegabt zum Kompromiß und unfähig zu einem evolutionären Mittelweg, sahen unter dem Eindruck von Not und Hoffnungslosigkeit, von Straßenschlachten und Hetzkampagnen Anfang der dreißiger Jahre einen Ausweg aus ihren persönlichen Mißhelligkeiten und aus den Verstrickungen der Epoche nur noch in der Grenzentscheidung: Revolution nach links oder Revolution nach rechts. Ihre Mehrheit erteilte den gemäßigten Parteien und dem kommunistischen Umsturz eine Absage, indem sie die braune Diktatur wählte oder duldete. Zu unerprobt schien ein marxistisch-bolschewistisches Experiment, zu ungewiß sein Ausgang. Bei einer nationalsozialistischen Flurbereinigung hingegen glaubte man zu wissen, was kam: ein Abklingen der soziopsychischen Verwirrung auf der Basis altvertrauter, sehr deutscher Argumente, die Wiederherstellung von Ruhe und Ordnung nach bewährten, militärischen Obrigkeitsmustern, die Beseitigung von Hunger und Arbeitslosigkeit. Die vielen Deutschen, die auf Hindenburg gesetzt hatten, deren Väter Bismarck bewunderten, denen der Kaiser davongelaufen war, gaben sich einen neuen Führer alter Prägung. Indem sie Hitlers Partei gewähren ließen, wähnten sie, es werde der aus so vielen und unterschiedlichen Quellen emporgesprudelten Destruktion der Weimarer Zeit ein Ende bereitet, und hätten doch wissen, mindestens ahnen können, daß mit diesem Entscheid zugleich ein Abschnitt machtvollerer Zerstörung begann. Denn aus der Vielzahl vormaliger Unheilsprediger und Verderbenbringer hatte nun lediglich der extremste, fanatischste gesiegt. Freilich einer, der neben aller Evidenz der Vernichtungsbereitschaft sich auch zu tarnen wußte, der täuschen konnte darüber, daß seine Tilgungsabsichten sich nicht nur auf Juden, Marxisten, Künstler, Intellektuelle sowie andere »Feinde« diesseits und jenseits deutscher Grenzen richteten, sondern gegen alle Völker, gegen die Menschen schlechthin und letztlich gegen ihn selbst. Zum Massenerfolg dieses Trugbildes steuerte entscheidend die pathetisch vorgetragene Aufbaulüge der nationalsozialistischen »Bewegung« bei. Sie appellierte an den Zerstörungsüberdruß der Menschen, suggerierte konstruktive Vorhaben (bei gleichzeitiger Denunzierung »bürgerlicher« und »proletarischer« Alternativen; vgl. Abb. 27) in einer schlagkräftig-undifferenzierten Weise, die das eigentliche, wahre Programm zu erkennen gibt: der »neue«, zukünftige Deutsche würde bauen, nicht planen, handeln, nicht denken, mit kräftigen Fäusten aufrecht und sauber gekleidet dastehen, unbebrillt und wohlgekämmt auf die Querulanten anderer Klassen hinabsehen, da er als bewußter Nationalsozialist bei Arbeit und Brot soziale Fesseln ebenso wie den Parteigeist vergangener Tage hinter sich läßt. Seinesgleichen, der damals vielgepriesene »neue Mensch«, richtet sich nun ein im neuen Reich, will er es doch endlich wieder bequem haben, deutsch, »ohne Fremdwort und mit Vergißmeinnicht und Obstkuchen«, bei Führerreden und Eintopfessen, mit Maschinengeklapper aus

Abb. 27 Nationalsozialistisches Wahlplakat aus dem Jahr 1933

nahen Munitionsfabriken und Rauch aus den Schornsteinen ferner gelegener Konzentrationslager [24].

Die »Freiheit« indes kam bei dieser Art von »Wiedergeburt«, »kultureller Neugeburt« von Mensch und Staat alsbald abhanden [25]. Ihr Verlust mußte als Preis für den Nutzen eines geregelten Lebens unter der Überwachung durch Einheitspartei und Polizei, durch Spitzel und anschwärzungsbereite Nachbarn entrichtet werden. Doch waren dies noch die geringeren Kosten in einem System, das sich daranmachte, die vorher unsanktioniert flottierende, oft wild grassierende Destruktivität staatlich zu monopolisieren, zu institutionalisieren, in ein alldrohendes Totalereignis zu verwandeln. Denn nichts gerät konstruktiv unter dem Zugriff der neuen Machthaber. Alles, was angeblich dem »Aufbau« dient, bezweckt in Wahrheit Ausbeutung, Unterjochung, Beseitigung, Krieg und Tod. Dementsprechend fallen schon 1933 auch die bisher zerstörungshemmenden Rechtsschranken. »Volksgenossen, meine Maßnahmen werden nicht angekränkelt sein durch irgendwelche juristische Bedenken«, droht Hermann Göring im Monat des Ermächtigungsgesetzes, erster Konzentrationslager und Boykottaufrufe gegen jüdische Mitbürger. »Meine Maßnahmen werden nicht angekränkelt sein durch irgendeine Bürokratie. Hier habe ich keine Gerechtigkeit zu üben, hier habe ich nur zu vernichten und auszurotten, weiter nichts!« [26] Angesichts derartiger Drohungen, denen mit Berufsverboten, Bücherverbrennungen, Internierungen und Exilierungen rasch Taten folgen, verkehren sich in Deutschland die Verhältnisse abermals zerstörungsexzessiv. Wer nun nicht selbst betroffen werden will, wer überleben möchte, ist vor die Wahl gestellt: schweigende Zerstörungsduldung bzw. widerwillige oder überzeugte Mitwirkung am Ruin einerseits oder Verweigerung, Flucht, Untertauchen, Widerstand andererseits. Die soziophagische Alternative »Fressen oder Gefressenwerden« wird bedrohlich wie selten zuvor. Steht einer beiseite, macht nicht mit, widersetzt sich, so gilt er als »Volksfeind«, ist selbst potentielles Opfer. »Es geht allmählich«, stellt als Sprachschlund dieses »Friß oder Stirb«-Terrors Joseph Goebbels bald selbstzufrieden fest, »wir nehmen nicht mehr, als wir verdauen können, aber was wir verdauen können, das nehmen wir uns Stück für Stück; und so werden wir in ein paar Monaten das ganze Reich in uns hineingefressen haben«. [27] Doch trat allem Schlingen zum Trotz keine Sättigung ein; die nun von Staats wegen gierenden Allesfresser blieben hungrig. Nach der *politischen* Okkupation, der ersten Arrondierung von Herrschaftsbereichen und Einflußsphären, wandten sie sich der *kulturellen* Besitzergreifung Deutschlands zu. Was sie, die sich zahlreich so gerne selbst als bedeutende Schriftsteller, Maler und dergleichen gesehen hätten, nie hatten verdauen können und auch jetzt verschmähten: die Hochleistungen eines weltoffenen, international anerkannten Kunst- und Kulturlebens, suchten sie nun samt deren Schöpfern möglichst weitgehend auszulöschen. Die diesbezügliche »Gleichschaltung« geriet mit ihrer institutionell betriebenen Förderung degoutanter Personen, Anschauungen und Ausdrucksformen zu einer haßerfüllten Ausschaltung beneideter Konkurrenten und zu einer noch nie dagewesenen semantischen Fäkalisierung menschlichen Daseins. Der barbarische Wortschatz, die bildlichen und gestischen Drohgebärden, die nuancenlose Farbwelt, die hohle Handlungssymbolik: alldies verdeutlicht, daß die sogenannte nationalsozialistische Kultur lediglich mit einer »Fälschungsgeste des Erneuerns« aufwartete [28]. Zu keinem anderen Zweck erfunden als zur Selbsttäuschung unbegabter, doch ehrgeiziger Fertiger und zur Willfährigstimmung der Bevölkerung, war diese »Kultur« selbst die Auszehrung, gegen die sie mit dem Schlagwort »Entartung« Sturm lief.

Zwar wurde an dieser Fassade noch ein Anschein von Kultur gewahrt. Doch konnte sie kaum die wahre Intention der NS-Destrukteure verschleiern. Das Gleichschaltungsprogramm einer geistigen, seelischen und moralischen Analphabetisierung diente lediglich als Etappenschritt auf das eigentliche, letzte Ziel zu: die *physische* Ausrottung von Menschen. Warum diese erfolgen werde, wer vor allem die Opfer sein würden, wie schonungslos vorgegangen werde: dieses Evangelium des Massenmordes hat Hitler den Deutschen schon Mitte der zwanziger Jahre in »Mein Kampf« zu lesen gegeben und seinen sich mehrenden Zuhörern unermüdlich verkündet. Deren soziopsychische Verwirrung während der Weimarer Republik nutzte er für eine biopsychische Reduktion, bei der in primitivstem Jargon zerstörungsträchtige Gefühle geweckt und auf den zu vernichtenden angeblichen Urheber allen Übels gelenkt wurden. »Gab es denn da einen Unrat, eine Schamlosigkeit in irgendeiner Form, vor allem des kulturellen Lebens, an der nicht wenigstens ein Jude beteiligt gewesen wäre?« fragte der »vom schwächlichen Weltbürger zum fanatischen Antisemiten« bekehrte Rhetor, um sogleich die Antwort zu erteilen: »Sowie man nur vorsichtig in eine solche Geschwulst hineinschnitt, fand man, wie die Made im faulenden Leibe, oft ganz geblendet vom plötzlichen Lichte, ein Jüdlein.« [29] Dieser Animosität entsprechend verwandelte sich nach 1933 die nationalsozialistische Politik in brutalste Zoologie mit Rasseforschung, Bluthygiene, Zuchtwahl und Instinktbetonung. Der Auslese-Staat unterschied zwischen arischen Herrenmenschen hier und minderrassigen »Elementen«, »Parasiten«, »Sklaven« dort. Auch bestimmte er kategorial das Verhältnis beider Gruppen gegeneinander. Wie das Herrenvolk kraft seiner Auserwähltheit angeblich dem Kulturzenit entgegenmarschierte, so würden die »Untermenschen« mit ihrer »Scheinkultur«, würden Juden, Sinti und Roma, würden Slawen und Neger einer tödlichen Schicksalsbestimmung anheimfallen [30].

Die argumentative und operative Zielebene dieser Haltung hieß: Natur. Um sie zu erreichen, mußte jeder noch vorhandene kulturelle Schutzschild gegen exzessives Zerstörertum beseitigt werden, mußten die Nationalsozialisten den Rückschritt hinter jegliche Zivilisation tun. Er wurde in Richtung auf die Opfer vollzogen durch eine umfassende, ebenso semantische wie existentielle Animalisierung. Menschen wurden als »Spulwurm«, »Made«, »Läuse«, »Fliegen«, »Ratten«, »Schweine« und dergleichen mehr mit Tieren auf eine Stufe gestellt, denen der Ruch des Schmutzigen, Schädlichen, Krankmachenden anhaftete. Dermaßen inferiorisiert, konnte man ihnen scheinbar zu Recht »Kulturzersetzung« oder »Dekomposition« vorwerfen, denen, wie Hitler immer wieder verkündete, nur in einem »unerbittlichen Säuberungskrieg« bis hin zur »Endlösung«, d.h. völligen Ausrottung, beizukommen sei [31]. Welcher Haltung sich die Täter bei dieser physischen Dezimierung von Landsleuten und Angehörigen fremder Völker zu befleißigen hätten, machte Heinrich Himmler während einer SS-Gruppenführertagung seinen Gehilfen klar: »Ein Grundsatz muß für den SS-Mann absolut gelten: ehrlich, anständig, treu und kameradschaftlich haben wir zu Angehörigen unseres eigenen Blutes zu sein und zu sonst niemandem. Wie es den Russen geht, wie es den Tschechen geht, ist mir total gleichgültig... Ob die anderen Völker in Wohlstand leben oder ob sie verrecken vor Hunger, das interessiert mich nur soweit, als wir sie als Sklaven für unsere Kultur brauchen... Wir Deutschen, die wir als einzige auf der Welt eine anständige Einstellung zum Tier haben, werden ja auch zu diesen Menschentieren eine anständige Einstellung einnehmen, aber es ist ein Verbrechen gegen unser eigenes Blut, uns um sie Sorge zu machen...« [32] Die »Sorge«, forderte Himmler, müsse sich vielmehr auf den zu erweiternden »Siedlungsraum« der Deutschen konzentrieren, darauf, »daß wir hier den Pflanzgarten germanischen Blutes im Osten errichten...« Die Totengräber sollten auch »Gärtner« sein.

Abb. 28 Die Verwendung des Totenkopfes als destruktive Symboltradition

preußischer Totenkopfhusar — *Kronprinz Wilhelm* — *SS-Führer Himmler*

Im Zuge der Überführung gesellschaftlicher Machtansprüche und kultureller Aversionen in biologische Vernichtungsaktionen betrieb der Nationalsozialismus jedoch nicht nur eine stigmatisierende Animalisierung der vorgesehenen Opfer, sondern komplementär dazu auch die pseudocharismatische Bestialisierung der erforderlichen Täter. Das ordensähnliche Sammelbecken dieser Schergen, die »Schutzstaffel« (SS) und ihre diversen Sondereinheiten (Waffen-SS, Totenkopfverbände etc.), knüpfte an preußische Traditionen an (vgl. Abb. 28) und umgab sich mit einer geheimnistuerischen Aura der Auserwähltheit, hinter deren Fassade Kompetenzgerangel, Herrschaftskonkurrenzen und ruinöse Willkür heftig brodelten [33]. Dem äußeren Anschein elitärer Ordnung zum Trotz handelte es sich bei diesen, sich aus allen Gesellschaftsschichten rekrutierenden, Formationen um eine institutionalisierte, staatlich legitimierte, von der Gesamtheit der Steuerzahler finanzierte Verwilderung. Denn ihre Maxime lautete: weitestgehende Kulturabsage, ihre Verhaltensdevise war: kollektive Entdomestizierung, rituelle Freisetzung und gemeinsames Ausleben destruktiver Triebe im Namen der deutschen »Sendung« und zum Wohle der arischen »Rassenführung«. Hitler selbst hat das Erziehungskonzept, das solch maliziösem Täter-Typus förderlich sein sollte, formuliert: »Meine Pädagogik ist hart. Das Schwache muß weggehämmert werden. In meinen Ordensburgen wird eine Jugend heranwachsen, vor der sich die Welt erschrecken wird. Eine gewalttätige, herrische, unerschrockene, grausame Jugend will ich... Schmerzen muß sie ertragen. Es darf nichts Schwaches und Zärtliches an ihr sein. Das freie, herrliche Raubtier muß erst wieder aus ihren Augen blitzen. Stark und schön will ich meine Jugend. Ich werde sie in allen Leibesübungen ausbilden lassen... Das ist das Erste und Wichtigste. So merze ich Tausende von Jahren der menschlichen Domestikation aus. So habe ich das reine, edle Material der Natur vor mir. So kann ich das Neue schaffen. Ich will keine intellektuelle Erziehung. Mit Wissen verderbe ich mir die Jugend... Aber Beherrschung müssen sie lernen. Sie sollen mir in den schwierigsten Proben die Todesfurcht besiegen lernen. Das ist die Stufe der heroischen Jugend.« [34]

Ihre Bewährungsproben hatten die dermaßen bewußtlos gehämmerten »Helden« in Folterkellern und Vernichtungslagern zu bestehen, bei der Mißhandlung und Tötung von Menschen, die als solche nicht gelten durften. Es ist jedoch kein arischer »Gottmensch«, wie Hitler phantasierte, sondern eine primitive Instinktbestie, die hier zwecks widerspruchsloser Erfüllung des nationalsozialistischen Radikalprogramms physischer Austilgung Andersdenkender und Fremdstämmiger erzogen, nach Möglichkeit auch »gezüchtet« werden soll. Sie steht im schärfsten Kontrast zu jener von Hitler und seinesgleichen gefürchteten, daher abgelehnten »Intelligenzbestie«, von der Bertolt Brecht hoffte, sie sei mit einer tödlich entlarvenden Schreibe der gefährlichste Widersacher faschistischer Herrschaft in den Gefilden des Geistes [35]. Indes, die Hoffnung trog. Die nationalsozialistische Diktatur war, je länger sie währte, um so weniger bei Freund und Feind an intellektuellen Nuancierungen und Differenzierungen interessiert. Der Mahlstrom, in den sie alles riß, in dem sie sich selbst zerrieb, zeitigte in Tat und Leiden nur ein Ergebnis: Untergang. Das letzte Aufgebot, eine Bürgerwehr aus Kindern, Kranken, Frauen und Greisen, konnte ihn nicht aufhalten. Die Bevölkerung, immer häufiger in Bunker, Bergstollen, unter die Erde fliehend, mochte ihn nur noch erdulden. Aus dem Kampf um die deutsche Größe war ein Ringen ums nackte Überleben geworden; die nationale Wiedergeburt endete als schmerzvolle Niederkunft in Ohnmacht und Tränen. Kein Heroismus half da mehr, weder verbale noch gestische Heilsbeschwörung, kein Hoffen auf Führerphantasie und Geheimwaffen, mochte auch ein Geburtshelfer des Desasters wie der Arbeitsfrontleiter Robert Ley sich noch immer in perverse Aufbaufiktionen hineingurgeln: »Nach der Zerstörung nun auch des schönen Dresdens«, heuchelte er noch im März 1945, »atmen wir fast auf. Nun ist es vorbei: Die steinernen Denkmäler deutschen Schöpfergeistes liegen in Trümmern. Jedoch die genialen Entwürfe deutscher Künstler sind gerettet. Nach ihnen werden wir wieder aufbauen!... Wir werden jetzt im Blick auf den Kampf und den Sieg durch die Sorgen um die Denkmäler deutscher Kultur nicht mehr abgelenkt... Das Schicksal hat nahezu die Hälfte der Nation zu Besitzlosen gemacht und sie damit erleichtert... So marschieren wir ohne allen überflüssigen Ballast und ohne das schwere ideelle und materielle Gepäck in den deutschen Sieg. Wir treten an zum Sturm. Sturm-Sturm-Sturm läuten die Glocken von Turm zu Turm!« [36] Soweit noch Glocken erklingen mochten, nicht längst zu Waffen umgeschmolzen waren, mußten sie sich gegen Bombendetonationen und Sirenengeheul behaupten. Ihr Geläut rief immer häufiger zu Leichenbegängnis und Klagelied. Während als einzige Aufbauleistung die Umgestaltung der Parks und Alleen in Äcker und Gemüsebeete übrigblieb, die Deutschen sich in ein Volk von Notgärtnern verwandelten, bekamen auch die Totengräber mehr und mehr zu tun.

Nachdem die Niederlage eingestanden und das Regime abgehalftert war, als das 1940 verbotene, den Umständen einzig angemessene Wort »Katastrophe« wieder ausgesprochen werden durfte, als Trümmer und Elend ohne Bedrohung durch

Todesstrafe fotografiert werden konnten, – da erwies sich, daß Ley und Konsorten untertrieben hatten. Die deutsche Wirklichkeit sah schlimmer aus. Nach millionenfachem Genozid in mehr als einem Dutzend Ländern, nach schätzungsweise sechzig Millionen Toten im von den Nationalsozialisten entfachten Weltkrieg ist auch das von Bismarck begründete Deutsche Reich endgültig beseitigt, hat sein durch nichts zu beirrender Zerstörungsradikalismus Deutschland um hundert Jahre in der Geschichte zurückfallen lassen [37]. Sein landwirtschaftlicher Ertrag reicht nicht mehr zur Ernährung der Bevölkerung, seine industrielle Produktion liegt weitgehend brach, Handel und Gewerbe sind schwer beeinträchtigt. Die übriggebliebenen Verkehrsverbindungen werden mühsam aufrechterhalten, die Kohleförderung ist minimal, Schulen gibt es kaum noch oder sie bleiben geschlossen. Währung und medizinische Versorgung nehmen archaischen Charakter an. Die Deutschen frieren nun, hungern, sterben an Entkräftung wie vorher diejenigen, denen sie mit ihrem Zerstörungswahn zugesetzt haben. Während vier Millionen ausländische Kriegsgefangene, befreite Insassen von Greuellagern aller Art aus diesem Inferno fortstreben, sind nicht weniger Deutsche chaotisch unterwegs, auf dem Rückweg von der Front, vertrieben aus ihrer Heimat, auf der Flucht vor den Ahndern ihrer Missetaten. Dieweil die Siegermächte heruntergekommene Industrieanlagen als Kriegsbeute demontieren, verbrennen hunderttausende Deutsche das zur Eheschließung oder zum Parteieintritt erhaltene Führer-Buch »Mein Kampf«, vergraben Waffen, Uniformen, Orden und Parteiabzeichen, schaffen kompromittierende Fotos und Dokumente fort. Wie zuvor die Zukunft der anderen soll nun die eigene Vergangenheit beseitigt werden. Inmitten der Trümmerrealität, zwischen Ruß und Ruinen, breitet sich eine *Semantik der Dunkelheit* aus, mit Schwarzmarkt, Schwarzgeld und Schwarzmieten, mit »Ich hab' nichts gewußt« und trüber Erinnerung. Die Deutschen, die mit Ausdauer ihren Obrigkeiten, koste es was es wolle, gefolgt waren, die befohlen oder gehorcht hatten, die zu lange wort- und widerstandslos zugesehen hatten, führten jetzt das Verschweigen als kollektive Tugend ein. Wiederum glaubten viele, eine Kultur ex negativo schaffen zu können, durch das Ummänteln dessen, was sich zugetragen hatte, indem sie eigene Beteiligung oder Versäumnisse verschleierten. Nur wenige sind positiv hervorgetreten, um wie Karl Jaspers zu bekennen: »Wir Überlebenden... sind nicht, als unsere jüdischen Freunde abgeführt wurden, auf die Straße gegangen, haben nicht geschrien, bis man auch uns vernichtete. Wir haben es vorgezogen, am Leben zu bleiben, mit dem schwachen, wenn auch richtigen Grund, unser Tod hätte doch nichts helfen können. Daß wir leben, ist unsere Schuld...« [38]

Die Lage, in welche die Deutschen sich nach ihrer vierundsiebzigjährigen Reichsgeschichte von 1871 bis 1945 manövriert haben, ist diejenige einer weitgehenden Selbstkolonisierung. Der fürchterliche Umweg, den sie zu diesem Ende gingen, führte sie zugleich an ihre Anfänge zurück, in politische Uneinigkeit, kulturellen Hader, kriegerische Drohgebärden. In der Fortdauer dieser zerstörungsträchtigen Paradoxie schien lange ihre eigentliche, bruderzwistige Kontinuität zu bestehen. Daß die Feindseligkeiten nicht erneut ausbrachen, daß den zänkischen Worten keine Taten folgten, war vorerst jenen Hegemonien zu danken, welche die deutschen Teilstaaten gleichzeitig in Konfrontation drängten. Ohne die Vormundschaft von UdSSR und USA jedoch müssen BRD und DDR nun nachholen, was zu viele Deutsche generationenlang versäumten. Denn ihr historischer Fehler war, daß sie eine rechtzeitige, friedliche Dekonstruktion der überholten wilhelminischen Kultur unterließen. An die Stelle der erforderlichen Revision trat 1914 ein Krieg, der seinerseits mehr Not und Wirrwarr als Kraft zu einem, wenn auch verzögerten, Umbau erzeugte. Diese Konfusion wußte Hitler zu nutzen, indem er die unterbliebene Dekulturation durch eine andere, seinen zerstörerischen Zwecken dienlichere, ersetzte. Die sich anbahnende Mischkultur der Weimarer Republik zerschlugen die nationalsozialistischen Horden gewaltsam zugunsten einer Einheitskultur, welche in geistiger, seelischer, moralischer Regression bestand und ihren gänzlich antizivilisatorischen Charakter bald unter Beweis stellte. Die bekannten Folgen dieses Sieges der Faust über Herz und Kopf nötigten schließlich selbst die Deutschen zu der Einsicht, daß notwendige Dekulturation auch dem Säumigen langfristig nicht erspart bleibt.

9.

ABBAU VON KULTUR: DEKULTURATION

Wandel ohne Minderung?

Kaum ein anderes Merkmal ist kennzeichnender für die Geschichte der europäischen Zivilisation als deren explorative und expansive Grundtendenz. Ihre partielle Naturentbindung, ihre psychophysische Unruhe und ihre Intelligenzbegabung bescherte wie anderen so auch den europäischen Menschen jene Schwäche, aus der sie mit kulturellen Mitteln eine lebenssichernde Stärke zu gewinnen trachten müssen. Unsicherheit und Unzufriedenheit aktivierten jene schöpferische Transformationsenergie, aufgrund deren Menschen mit Neugier und Einfallsreichtum ihrer Wirklichkeit ständig weitere Möglichkeitsfelder erschlossen und noch immer hinzufügen. Dementsprechend gehören Erfolgsmeldungen über zunehmende Produktions- und Konstruktionsleistungen seit jeher an prominenter Stelle zur Selbstcharakteristik menschlicher Kulturwelten. Sie sollen der Erforschung und Beherrschung von Welt durch den Menschen, was immer im einzelnen darunter verstanden und als solche betrieben wird, zu einer positiven Legitimationsbilanz verhelfen, sollen zumal den Nutzen der menschlich bewirkten Melioration und Domestikation als höher ausweisen denn die dabei verursachten Kosten. Doch ist nicht zu übersehen, daß in dieser Buchführung manches unterschlagen, auch einiges falsch eingetragen wurde. Denn nicht nur war, wie bereits Max Weber und Sigmund Freud dartaten, der Preis für die zivilisationsbestimmende »okzidentale Rationalität« in Gestalt psychischer Verarmungen, geistiger Einengungen und handlungsmäßiger Begrenzungen höher, als gemeinhin angenommen und zugegeben wurde. Sondern es bewirkte das Obsiegen dieser Tendenz in der neuzeitlichen Moderne zudem eine Schieflage des europäischen Menschen in jenem Maße, in dem dieser das Ziel seiner kulturellen Anstrengungen eher außerhalb seiner als in sich selbst suchte. Wo aber der Zugriff aufs Nichtmenschliche vor der Gestaltung des Menschlichen rangierte, geriet Ciceros und vieler anderer Denker Mahnung, über dem »Landbau« die Pflege des Geistes und der Seele nicht zu vernachlässigen, vielmehr die Kultivierung der Welt stets in persönliche und gemeinschaftliche Selbstkultivierung münden zu lassen, auch jene an dieser zu prüfen, in Vergessenheit [1]. Der in solcher Einseitigkeit sich verfangende Aufbau der technisch expansiven Zivilisation bescherte und bezeugte dem abendländischen Menschen in der Moderne auf nachhaltigere Weise, was er seit seinen Anfängen wußte, doch nur ungern reflektierte: die Unabweislichkeit nicht nur natürlicher Deszendenz, sondern auch kultureller Abbauprozesse.

Nicht minder als in der Praxis drückt sich der Widerspruch zwischen guter Absicht und schlechtem Bewirken in der Theorie der Kultur und Zivilisation aus. Obzwar im praktischen Vollzug allgegenwärtig, wurden Schwund und Abbau von Kultur weit seltener erörtert als ihr Aufbau. Das Denken fügte sich nicht gerne dem Erleben, sobald dieses aus Prozessen der Konstruktion und Produktion von Welt in solche der Reduktion oder gar der Destruktion geriet. Daher entfaltet sich die europäische Kulturtheorie von ihren Anfängen an überwiegend als Konzeption menschlichen Fortschreitens durch die quantitative und qualitative Zunahme kultureller Errungenschaften. Wo deren Geltung in Gefahr geriet, auch Rückschläge in Kauf genommen werden mußten, wurde, wiewohl oftmals mit viel esprit, eher moralisierend als analytisch dagegen argumentiert, wie dies in der Nachfolge Senecas, Plutarchs und anderer immer wieder erfolgte, gar heute noch geschieht [2]. Solche Scheu und Warnung mochte aus der Grenzerfahrung herrühren, aus der Bedrohung, welche menschliches Zerstören mannigfach beschert. Doch verstellte die Orientierung aufs Extrem, gepaart mit Angst vor unwiederbringlichem Verlust, immer wieder auch die Sicht auf die vielfältigen Modi kultureller Deszendenz, die sich diesseits jener Grenze, noch vor der Pforte kulturellen Todes, zutragen.

Auch die kultursoziologische Forschung steht unter dem Zeichen dieser Diskrepanz. Auch sie hat sich in der Vergangenheit vorzugsweise mit Aspekten der Konstruktion und Produktion von Kultur befaßt. Von jenen wenigen Ausnahmen abgesehen, wie sie etwa Georg Simmel, Alfred Weber und Norbert Elias darstellen, standen im Vordergrund auch des kultursoziologischen Interesses die aufbauenden Leistungen, welche Menschen bei der Erschaffung und Erhaltung oder auch bei der Umwandlung und Erneuerung von Kulturen erbrachten [3]. Manche dieser Perspektiven erlangten im Zuge fortschreitender Ausformulierung inzwischen paradigmatischen Rang und gehören insofern zum festen Bestand kultur- und zivilisationssoziologischer Analytik; so etwa die Konzepte des biographischen Kulturerwerbs (Enkulturation), der Anpassung an unvertraute Kulturwelten (Akkulturation) oder des Wandels in neue Stadien kulturellen Lebens und Ausdrucks hinein (Transkulturation). Gibt sich aus ihrer gemeinsamen Sicht die Theorie des sozialkulturellen Wandels als das verbindende Herzstück vieler Einzelforschungen zu erkennen, so ist umso erstaunlicher, daß die Soziologie sich den vielfältigen Fragen des Abbaus kultureller Wirklichkeiten bisher nur zaghaft und fragmentarisch zugewandt hat [4]. Gleichwohl wird sie von der Annahme ausgehen müssen, daß auf den kulturellen Ereignisfeldern im Zusammenwirken mit dem Aufbau, der Erhaltung und der Erneuerung sich auch die Abweisung sowie der Abbau von Errungenschaften zutragen und daß auch diese Vorgänge sich in mannigfachen Variationen kundtun. Die Palette derartiger Vollzugsformen reicht von der Leugnung und Abwehr über Ausblendung, Löschung, Tilgung und andere mehr bis hin zum Versuch einer endgültigen

Vernichtung kultureller Bestandteile oder Gesamtheiten. Es ist zu vermuten, daß fast jeder Kulturwandel, wie groß oder klein er dimensioniert sein mag und ob er von einzelnen oder von Kollektiven absolviert werde, in der einen oder anderen Weise, sei es kurz- oder längerfristig, zumindest partiell auch eine solche Ereignisgestalt annimmt. Die unwiderrufliche Vernichtung kultureller Bestände nimmt sich mithin aus diesem Blickwinkel als ein extremer Grenzfall aus, dem ein breites Feld weniger rigider Geschehnisse vorgelagert ist; in diesem werden zwar destrugene Energien freigesetzt und in gewissem Umfang ausgelebt, doch nur minderheitlich soweit, daß unausgleichbare, totale Zerstörungsfolgen eintreten. In diesem Sinne auch wollte etwa Auguste Comte im Jahre 1854 das napoleonische Standbild auf der Pariser Place Vendôme lediglich beseitigen lassen, um sein eigenes Konterfei an dessen Stelle rücken zu können [5]. Im Wechsel der Figur wären, hätte er stattgefunden, Dekulturation und Kulturation, wären Ab- und Aufbau materiell wie symbolisch ineinander übergegangen. Der lokale Geltungsverlust hätte nicht den semantischen Tod Napoleons in toto nach sich gezogen. Das Andenken des Kaisers, ob seiner nationalen Bedeutung kaum destruierbar, wäre allenfalls in überschaubaren sozialen Grenzen geschwächt worden.

Im Rahmen derartiger Wandlungsprozesse wie auch ganz generell vollzieht sich mithin *Dekulturation* dadurch, daß Menschen einzeln oder gemeinsam sei es ihre eigene sei es fremde Kultur nicht nur konstruktiv und mit Wohlwollen behandeln, sondern kultureller Wirklichkeit auch ablehnend bis destruktiv gegenübertreten, um sie aus inneren und/oder äußeren Veranlassungen heraus mehr oder weniger rigide zu beeinträchtigen. In solchen Vorgängen können die betreffenden Menschen Subjekt, Instrument sowie Objekt, d.h. Anlaß, Mittel und Ziel oder auch alles zugleich sein. Sie können an dekulturativen Prozessen aktiv als selbst Handelnde teilnehmen beziehungsweise sie passiv erdulden oder auch nur als Vollzugsgehilfen anderer mitwirken. Der Abbau von Kultur kann ihnen, je nach der Art der Einbindung und dem Grad der Betroffenheit sowie in Entsprechung zu den beteiligten Gefühlseinstellungen, Denkhaltungen und Handlungsmodi, Lustgewinn, Leidenserfahrungen oder auch eine Mischung aus beidem bescheren. Seltener und ehestens im Falle völligen Unbeteiligtseins beziehungsweise gänzlicher Unbetroffenheit wird sich eine Art von Gleichgültigkeit gegenüber mindernden Ereignissen einstellen; sie ist jedoch oft bloß eine individuelle oder kollektive Abwehrreaktion zum Schutz vor allzu heftig anbrandenden Dekulturationswellen, auf welche die Betreffenden keinen Einfluß nehmen können oder wollen. Subjektiv möglicherweise sinnvoll, ist solches Beiseitestehen objektiv besehen ein intensive Gefühle und Nachdenklichkeiten keineswegs ausschließender Ausdruck von handlungsmäßiger Ohnmacht oder operativem Einmischungsverzicht nach Art jener désinvolture, wie sie etwa Ernst Jünger nach einer Lebenshälfte heftiger Dekulturationsaktivitäten und Zerstörungsvoten seit dem Ende des Zweiten Weltkriegs vorlebt und reflektiert [6]. Das Beispiel zeigt, in wie hohem Maße im Großen wie im Kleinen, im individuellen, sozialfigurativen oder auch institutionellen Vollzug dekulturative Prozesse aller Art durch ihren Wandlungscharakter gekennzeichnet sind. Dekulturation ist mithin weder ein statisches noch ein absolutes, in sich selbst abgeschlossenes oder abschließbares Geschehen. Ihre fließende Ereignisgestalt leitet sich her aus ihrer mehrdimensionalen Relationalität zu anrainenden Prozessen und fundierenden Wirklichkeiten, mit denen sie in degagierenden Vollzugsformen funktional verbunden ist. Auf diese Bezugswelten sind drosselnde Vorgänge sowohl temporal als auch lokal, in der Wahl von Zeit und Raum, in höchstem Umfang angewiesen, wie sie sich auch ideell, materiell und personell auf sie hin richten und an ihnen ausmessen, denn wo und bevor, von wem auch immer, nichts aufgebaut wurde, kann nichts abgebaut werden. Die spanischen und portugiesischen Eroberer berichteten genau und umfänglich an ihre Herren, was alles notwendig wäre, um die entdeckten Reiche jenseits des Atlantik zu unterwerfen und systematisch auszuplündern. Adolf Hitler unternahm während seiner Haft die wortreiche Beschreibung seines »Kampfes«, um sich und seiner Gefolgschaft einige Deutlichkeit über Gegner, Absichten und Erfolgschancen der nationalsozialistischen »Bewegung« zu verschaffen. Der umsichtige Taschendieb begibt sich möglichst unauffällig in die Menschenmenge, die er erleichtern möchte.

Nach Maßgabe der jeweiligen Bezugsverhältnisse wechseln wie die Modi, Ebenen und Intensitäten dekulturativer Aktionen auch die Grade, in denen man sie vermeiden oder ihnen ausweichen kann. Der Abbau von Kultur kann biographisch oder situativ unumgänglich, doch als Durchgangsstadium vorübergehend sein wie das enkulturative Abstreifen kindlicher und jugendlicher Lebensformen beim Übertritt in die Erwachsenen-Welt; der Persönlichkeitswandel, der dabei durchlaufen werden muß, vollzieht sich nicht ohne innerliche wie außengerichtete Widerstände und Konflikte; im Gegenteil: die *dekulturative Praxis* dient hierbei der autoreflexiven ebenso wie der sozioreflexiven Erprobung von Widerstandshaltungen und Grenzbestimmungen auf dem Wege zu neuen, adulten Lebenstechniken und Beziehungsformen. Ihrer rückwärts wie vorwärts gerichteten Bedeutung entsprechend wurde und wird sie in vielen Sozialwelten zu mehr oder minder aufwendigen Passage-Riten stilisiert (religiös: »Kommunion« bzw. »Konfirmation«, schulisch: »Reifeprüfung«, beruflich: »Gesellenprüfung« usw.) [7]. In der Bewältigung all solcher Aufgaben eines *verlernenden Umlernens* gewinnt sie ihren Sinn und Tragkraft für die Zukunft. Von diesem Typus eines biographisch unvermeidbaren *aufbauenden Abbaus* sind zu unterscheiden jene defektiven Prozesse, die objektiv unnötig und subjektiv widersinnig sind wie die Zerstörungsorgien »kolonialistischer« Eroberer etwa in Afrika und Lateinamerika, deren Schäden weder reparabel waren noch durch nachfolgende Zivilisationserfahrungen europäisch-amerikanischen Zuschnitts geheilt werden konnten (*exzessive Dekulturation*) [8]. In ihnen übersteigt die Schuldlast zu erwartenden Gewinn, es wird mehr ab- als aufgebaut; Verwüstung, Sklaverei und Genocid wirken sich als untilgbare Hypotheken aus, an denen auch »Entwicklungshilfe« wenig ändern kann. Für Akteure und Opfer ist im konkreten Vollzug entscheidend, ob sie den Kulturverlust partiell oder total erleiden bzw. initiieren sowie ob, in welchem Umfang und mit welchen Konsequenzen mit der Dekulturation ein Ausgleich durch den Zuwachs neuer Errungenschaften einhergeht, ob sie, wiewohl verletzend, den Weg zu Akkulturation und Transkulturation eröffnet.

Kultureinschränkung und soziale Welt

In jedem Fall ist Dekulturation ein Prozeß, der als Teil umfassenderer Vorgänge von Individuen und Kollektiven aktiv bzw. passiv durchlebt wird. An ihr nimmt das soziale Feld, in dem sie sich ereignet, auf mehrere Weise prägenden Anteil. Es bietet Stimulierungen, indem es gemäß seinen historischen Erfahrungen und aktuellen Befindlichkeiten zur ideellen, materiellen und (inter-)personellen Beeinträchtigung anregt durch mancherlei Erlaubnisse, Wegweiser und Gebote, die von beiläufigen Formen wie etwa einem Witz über gewohnheitsmäßig eingelebte Schadenszufügungen wie massenweisen Ladendiebstahl bis hin zu karnevalistischen Riten und politischen Streit-Zeremonien reichen. Doch baut es, um Exzesse zu vermeiden und die Kosten klein zu halten, auch Retardierungen in seine kulturelle Selbstverfassung ein, Kontrollen und Verbote, die als dekulturativ erachtete Praxis teils hemmen, teils verzögern sollen. So wenn durch Kleiderordnungen, Speisegesetze, Lektürebeschneidungen oder Verhaltenstabus dem allzu raschen Schwund traditionaler Praxis bzw. zu sorglos ausgelebter Freizügigkeit Einhalt geboten werden soll. Wiewohl durch solche Hindernisse der Reiz des Verbotenen nicht selten erhöht wird: indizierter Lesestoff gewinnt an Attraktivität; verbotene Früchte werden zwar heimlich, doch gerne genossen; den Nationalsozialisten gelang es nicht, durch offizielles Tanz– und Spiel-Verbot den Swing zu unterdrücken. Ebensowenig ließ sich der nachmalige preußische König Friedrich II. längerfristig vom Musizieren dadurch abhalten, daß ihm, wie Voltaire in seinen Memoiren berichtet, der bildungsfeindliche Vater, der Kultivierung als unmännliche Verweichlichung bekämpfte, immer wieder die Flöte zerbrach [9].

Wie unreflektiert und hilflos auch immer dergleichen Maßnahmen der Stimulierung und Retardierung tilgender Prozesse sich ausnehmen mögen, sie offenbaren doch das Bemühen sozialer Lebenswelten, ihr Überdauern durch steuerndes Eingreifen auch auf dieser Ebene zu sichern. Da Dekulturation, in welcher Form auch immer, nie völlig ausgeschaltet werden kann, vielmehr begleitender Faktor ist, nützt ihre Unterdrückung wenig. Infolgedessen schlagen menschliche Gemeinschaften zumeist einen mittleren Weg des »sowohl als auch« ein, indem sie das entsprechende Handlungsfeld mit Stimulierungen *und* Retardierungen versehen, es gleichermaßen *permissiv* und *restriktiv* abstecken. Sie negieren nicht, daß sich Beschränkung ereignet, sondern versuchen diese zu lenken, indem sie durch mehr oder weniger rigide Normen und Konventionen festlegen, wo und wann welche Art ablehnender Praxis in welchem Umfang vollzogen werden kann, darf oder soll. Daß dabei semantische Unschärfen in Kauf genommen werden müssen, auch mancherlei Regel- und Grenz-Unklarheiten verbleiben, mindert den Funktionswert solcher Kanalisierung nicht nur nicht, sondern ist im Gegenteil geradezu unerläßlich für ihre Leistungsfähigkeit. Denn dadurch bleiben wechselnde Grade von Offenheit und Geschlossenheit nach verschiedenen Seiten des ausblendenden Geschehens hin herstellbar, kann auf destruktive Entgleisungen flexibel reagiert werden, können überraschende Kultureinbrüche leicht reguliert werden. Die Sozialwelt hält sich so anpassungsfähig gegenüber der in ihr angelegten Destrugenität, die sie in mildere Formen des Abbaus umzusetzen trachten muß, wie auch gegenüber der von außen einwirkenden Destruktivität, die ihr akkulturative bzw. transkulturative Reaktionsbildungen abnötigt. Indem sie mit internem und externem Dekulturationsgeschehen kanalisierend und doch auch flexibel umzugehen versteht, hält sie ihre Eignung zu Innovation und Regeneration lebendig [10].

Da jedoch in einer Vielzahl von Fällen soziale und kulturelle Prozesse nicht deckungsgleich, sondern wenigstens teilweise diskrepant verlaufen, treffen auch einschränkende Ereignisse keineswegs immer auf komplementäre oder kompensatorische Entsprechungen in der Sozialwelt. Die partielle Inkongruenz von kulturellen Konstellationen und sozialen Figurationen führt zu einer widerspruchsvollen Wechselbeziehung zwischen Abläufen der *Dekulturation* und solchen der *Defiguration* [11]. Konkret: Eine Familie, die eines Tages unter ihrem Nachwuchs ein »schwarzes Schaf« in Gestalt eines »Aussteigers«, Schulverweigerers, Punks, Rockers oder anderen Abweichlertums ausmacht, kann dies als Angriff auf ihr traditionales Wertgefüge und insofern als dekulturierenden Einschnitt empfinden. Doch muß sie darauf nicht mit Ausstoß des betreffenden Mitglieds reagieren, sondern kann auch figurationserhaltende Techniken gegenseitig abgrenzender Duldung entwickeln (»In seinem Zimmer kann er machen, was er will; am Mittagstisch soll er sich anständig benehmen.«). Umgekehrt muß ein defigurierender Vorgang wie Fortzug oder gar Tod eines Familienangehörigen nicht automatisch kulturellen Zerfall unter den Verbleibenden nach sich ziehen (wenngleich sich Erben manchmal streiten und im Zerwürfnis nicht mehr zueinander finden), sondern kann im Gegenteil zur qualitativen Wiederbelebung in alltäglicher Routine entleerter Beziehungen führen, und sei es nur vorübergehend. So wie total harmonische Verhältnisse in kulturellem und sozialem Leben, wie absolute Übereinstimmungen nur selten, vielleicht gar nicht anzutreffen sind, so auch kaum ihr Gegenpol, die völlig unvereinbare Verschiedenheit.

Alles dies sind typologische Grenzfälle, die im realen Vollzug und seiner Phänomenologie auf mannigfache und komplizierteste Weise miteinander verknüpft und dadurch sowie gemäß anstehenden Situationserfordernissen praxeologisch und praktisch moderiert werden. Der wie auch immer paradoxe, weil mit mancherlei Friktionen versehene »Normalfall« prozessualer Reziprozität zwischen kulturellen Konstellationen und sozialen Figurationen ergibt sich aus einem Aufeinandertreffen antagonistischer *und* synagonistischer Impulse im Denken, Fühlen und Handeln der Beteiligten, das nur schwer auf Dauer zu stellen ist. Keine Lösung ist endgültig, alles bleibt im Fluß. Daß dies unablässig so weitergeht, daß also Kultur als Verwandlungsprozeß ihrer selbst in und zwischen Sozialwelten in Bewegung bleibt, dafür sorgt im Zusammenwirken mit anderen Dynamismen auf ihre Weise auch *Dekulturation*. Aus deren strikter Sicht, daher vereinseitigt, aber einfacher ausgedrückt: Kulturelle Widersprüche und soziale Konflikte sowie die Verwerfungen zwischen ihnen können in der *concordia discors* von einzelnen, Gruppen, Generationen und ganzen Völkern nur insofern ausgehalten sowie durchlebt werden, als sie von den Beteiligten in funktional gleiche, doch modal andersartige Vorgänge transformiert werden. Die Kriegsgeschichte der Menschheit belegt die Unverwüstlichkeit dieses Verfahrens auf das Nachdrücklichste, wurden doch bisher die »Frieden« genannten Zwischenkriegszeiten noch stets zur aufrüstenden Vorbereitung auf neue kriegerische Auseinandersetzungen »genutzt« [12].

Obzwar mehrdimensionale Ereignissequenzen in der Lebenswirklichkeit nur selten völlig synchron verlaufen, gibt es doch auch Daseinsweisen, in denen soziale und kulturelle Depravationen einander begleiten bzw. aufeinander abgestimmt werden. Alternde Menschen etwa erleben ihre zunehmende körperliche Gebrechlichkeit und ihre geistige Verlangsamung als einen seelisch schwer zu bewältigenden Abschwung, der dekulturierende Vorkommnisse mit solchen der *Desozialisation* vereint [13]. Das Pflegen von Kontakten fällt ihnen physisch schwerer, die sich wandelnde Umwelt wird ihnen mental fremd, sie müssen erfahren, wie lebensbegleitende Freunde und Angehörige sterben, Jüngere auf Distanz gehen. Daß sie auf diese Situation mit Mentalreservationen und Selbstisolation reagieren, kann nicht verwundern, führt jedoch oftmals lediglich in jene Abstiegsspirale, in der außenbewirkte Defizite mit auch innerlichen Resignationen beantwortet werden, die ihrerseits weitere sozialkulturelle Verluste nach sich ziehen. Nimmt sich ein solches *diminuendo* als in gewissem Umfang biographisch unausweichlich aus, so kann es in anderen Fällen innerlich selbstgewähltes Schicksal sein oder äußerlich verhängte Maßnahme. Der Schüler, der strafweise vom Klassenausflug ausgeschlossen wird; der Kranke, dem zwecks Genesung mitmenschliche Kontakte und Vergnügungen beschnitten werden; der Ausländer, dem man mit inferiorisierenden Etikettierungen (»Spaghettifresser«) und Attitüden (Anrede mit »du«) begegnet: sie alle erleben derlei als auferlegte Ausschlußformeln, als Abweisung oder Entzug, in denen Soziales mit Kulturellem sich defizitär vermischt. Der Mönch hingegen, der weltlichem Treiben entsagt; der ehelose Priester wie der liebesscheue Philosoph, der gleich Immanuel Kant nur seinem Denken hingegeben ist; neuerdings der Astronaut, der sich in die Quarantäne flugtechnischen Trainings begibt: sie leisten eher aus eigenem Antrieb sozialen wie kulturellen Verzicht als Teil ihres Berufes und der durch diesen geprägten Lebensweise. In keinem dieser und zahlreicher anderer Fälle stehen indes Selbstbestimmung und Fremdbestimmung in einem völligen Ausschlußverhältnis gegeneinander; vielmehr leitet sich, wo immer dekulturierende und desozialisierende Prozesse ineinandergreifen, ihr von Ungereimtheiten selten ganz freier Proporz aus den konkreten Gegebenheiten her. So muß beispielsweise der katholische Priester den Zölibat, den seine Kirche ihm auferlegt, auch selbst wollen und wählen, um in der Verarmung reich zu werden.

Da jedoch die verfahrensmäßige Vernetzung von kulturellen Konstellationen und sozialen Figurationen gerade in ihren dekulturierenden und defigurierenden Aspekten vielerlei Unwägbarkeiten mit sich führt bzw. hervorbringt, sind Gesellschaften in der Regel bemüht, solchen Unsicherheiten dadurch zu begegnen, daß sie wie andere ebenfalls pejorative Prozesse nach Art, Umfang und Gelegenheit festzuschreiben suchen. So auch die Dekulturation. Vor allem wo diese bereichsspezifisch institutionalisiert werden kann und wird, erfährt sie eine strategische Umwandlung aus einem ungeplanten und daher schwer steuerbaren in einen planbaren oder wenigstens besser dosierbaren Vorgang [14]. Eine derartige Institutionalisierung kann nebensächlich oder hauptsächlich erfolgen. Nebensächlich bleibt sie, wenn und solange die betreffenden Einrichtungen sich überwiegend anderen als abweisenden Aktivitäten widmen, vielmehr diese gewissermaßen beiläufig mitvollziehen. Dies ist in der Regel in Krankenhäusern und psychiatrischen Anstalten der Fall, die ihren Patienten anstelle von deren heimisch beliebender nur eine gefilterte und reduzierte Kulturteilnahme gewähren, obzwar auch hier völlige Ausschaltung bezweckt und erreicht werden kann, wie das Beispiel des amerikanischen Dichters Ezra Pound zeigt [15]. Oder in Museen, die neben der Archivierung und Kanonisierung kultureller Bestände auch deren Sedimentierung betreiben, ihre Versenkung in nicht nur historische Kellerräume, aus denen so manche Errungenschaft erst spät oder nie wieder auftaucht [16]. Zur systematisch bewerkstelligten Hauptsache arriviert hingegen dergleichen überall dort, wo Institutionen sich vorwiegend oder ausschließlich dekulturativem Wirken widmen. Dies geschieht in Gefängnissen, Zuchthäusern, Internierungslagern in nahezu sämtlichen Weltgegenden, jedoch mit sehr unterschiedlicher Rigidität und mit ganz verschiedenartiger Akzentuierung sowie Verknüpfung von dekulturierenden und defigurierenden Maßnahmen. Im liberalisierten Strafvollzug westlicher Staaten zeichnet sich seit längerem eine Tendenz zur Abschwächung dekulturierender Sanktionen (positiv ausgedrückt: Zulassung kultureller Kommunikationsmittel in den Zellen) bei je nach »Geschlossenheit« oder »Offenheit« des Arrests unterschiedlich rigoroser Desozialisation gegenüber der Außenwelt ab.

Wie alldies gehandhabt werden soll, mit welcher ideellen und materiellen Dosierung, in welchen Denkhaltungen, Gefühlseinstellungen und Handlungsformen, mit welchen Konsequenzen und Zielen für die Betroffenen einerseits und für die umgebende Sozialwelt andererseits – zur adäquaten Beantwortung und praktischen Bewältigung dieser und vieler weiterer Fragen benötigen dekulturativ operierende Institutionen aller Art geeignetes Personal oder zumindest Berater, die über das erforderliche Wissen verfügen. In der Ausbildung und Beiziehung solcher Experten haben manche Institutionen eine eigene und anhaltende Tradition der Selbst- und Fremdrekrutierung entwickelt. Zumal die Inquisition der katholischen Kirche hat durch Jahrhunderte hindurch sowohl Erfahrungen gesammelt als auch Verfahrensschemata fortgebildet und verfeinert, die nicht nur innerkirchlich relevant blieben und etwa in den Zurechtweisungen unbotmäßiger Priester-Denker wie des revolutionären Brasilianers Leonardo Boff oder des Schweizer Papstkritikers Hans Küng akut wurden, sondern darüber hinaus auch Muster für entsprechendes Profangeschehen schufen, wie beispielsweise für die stalinistischen Schauprozesse im Moskau der Dreißiger Jahre [17]. Doch nicht nur in solchen oder ähnlich extrem verlaufenden Begebenheiten werden Spezialisten tätig. Sondern mutatis mutandis und im allgemeinen vom Offensiven ins Defensive gewendet beschäftigen auch Internate Kontrollpersonal, das mehr oder minder heimlich unter Matratzen und in Schränke schaut, inspizieren in Kasernen Unteroffiziere die Spinde, an Grenzen Zöllner die Koffer im Hinblick auf definitorisch Irreguläres; staatlich bestellte Prüfer spähen nach jugendgefährdenden Kulturprodukten, Psychologen helfen an Schulen leistungsschwachen oder verhaltensgestörten Schülern auf, Geistliche nehmen sich seit alters hilfsbedürftiger und gestrauchelter Mitbürger an. Ihrer aller mit mehr oder weniger institutionellem Auftrag versehenes Tun nährt sich aus praxeologischem Wissen um Quellen, Erscheinungen, Verlaufsformen und Folgen der Dekulturation, in die es steuernd eingreifen will. Doch das Dilemma, in dem sie sich derart bewegen, können auch sie auf keine noch so professionelle Weise beseitigen: daß nämlich niemand dekulturatives Geschehen, so mißliebig es sich im einzelnen und insgesamt ausnehmen mag, je ganz abschaffen kann, sondern nur dessen Auswüchse kultivierend und sozial korrigierend zu mäßigen oder günstigenfalls durch kluge Voraussicht zu verhindern sind.

Verringerung von Überschüssen

Als konstitutives Prinzip sozialkultureller Gesamtprozesse wirken dekulturative Vorgänge an der Selbstregulierung von Lebens- und Alltagswelten mit. In ihnen wird aktiv und passiv, willentlich oder unwillentlich der Abbau von materiellen, ideellen und personellen »Überschüssen« vollzogen bzw. erlitten. In der industriellen Zivilisation tragen insbesondere die sich beschleunigenden und vervielfältigenden Innovationsschübe sowie die dadurch sich mehrenden Möglichkeiten zur Produktion, Destribution und Rezeption kultureller Errungenschaften dazu bei, daß auch die systemischen Anforderungen an dekulturative Leistungsfähigkeiten und Leistungsbereitschaften steigen. Wie in allen Lebensbereichen so erweist sich auch in dieser Hinsicht die Technik immer wieder als eine Veränderungen und Anpassungen erzwingende Macht erster Ordnung. Ihre Innovationen verdrängen oftmals nicht nur bis dato gepflegte kulturelle Praxis, sondern fordern auch sozialen Tribut. Am härtesten tritt dies zutage in jenen Formen der Arbeitslosigkeit, bei denen kulturtechnische Wandlungen sozioökonomische Demontagen bewirken [18]. So verloren durch das Aufkommen des Tonfilms gegen Ende der zwanziger Jahre in Deutschland innerhalb weniger Wochen mehrere tausend jener Musiker ihren Arbeitsplatz, die bis dahin in den Lichtspielhäusern die Stummfilme akustisch untermalt hatten. Ähnlich diesem Vorgang schwinden jedoch technogen nicht nur Berufsfelder dahin, sondern ebenso Wissens- und Erkenntnisformen (z.B. die diagnostische Einfühlung des Gerät-orientierten Arztes in den Patienten), kommunikative Lebenstechniken (etwa manuelles Briefeschreiben) und Alltagsfertigkeiten (beispielsweise die eigentätige Herstellung von Nahrungsmitteln, statt deren Fertigprodukte ins Haus geholt werden). An ihre Stelle treten Verrichtungen, die eine technisch aufwendigere, doch effektivere und in der Regel anstrengungserleichternde Erledigung bei gleichzeitiger qualitativer und quantitativer Ausdifferenzierung der begehbaren Wege erlauben. Im Rahmen dieser

Entwicklung der Technokultur vollzieht sich mithin eine »Bereicherung«, die zum erweiternd umlernenden Verzicht auf vormalige Möglichkeiten zugunsten der neuen anregt bzw. mehr oder weniger stark nötigt. Auffälligste Begleiterscheinung dieser (in vielen Lebensbereichen immer schneller rotierenden) vervielfältigenden Ablösung ist jedoch die semantische und instrumentelle Redundanz der industriellen Zivilisation. Diese neigt zur materiellen und ideellen Überproduktion, zur Hervorbringung von allerlei Überschüssen und Überflüssigkeiten, die von einem bestimmten Pegel an von Rezipienten und Konsumenten weder sachlich noch sinnhaft bewältigt werden können. Als Nebeneffekt fördert sie jene Unübersichtlichkeit, Orientierungserschwernis und Entscheidungslähmung zutage, die insbesondere bei, sei es chancenmäßig, sei es kapazitätsmäßig bedingtem, ungenügendem Ver- und Umlernen leicht in Verdruß oder gar Ablehnung gegenüber der undurchschauten Zivilisation mündet. Solcher Unmut, falls er sich nicht in Aggressionen und Destruktionen entlädt, verschafft sich auf vergleichsweise friedlichen Wegen Luft, d.h. Denk-, Fühl- und Handlungssicherheit, wenn er auf gewohnte Rezepte zurückgreift, die traditionalen Theorie- und Praxismuster wiederbelebt. In regressiver Abwehr gegen die unverstandene und unbewältigte, weil überfordernde Vielfalt wird sodann präventiver Verzicht betrieben. Anders ausgedrückt: Statt zu verlernen, was sie nach Maßgabe der kulturellen Entwicklung verlernen sollten, um mit dieser Schritt halten und sich in ihr zurechtfinden zu können, versuchen die so reagierenden Menschen zu verlernen, was sie noch gar nicht gelernt haben. Zeitlich gesehen verlernen sie rückwärts statt nach vorne. Anstelle bereichernder Anpassung vollziehen sie eine einschränkende Rückwendung [19]. Da ihnen der Dampftopf suspekt vorkommt, reaktivieren sie Großmutters gußeiserne Kochgefäße.

Doch auch diesseits solcher Verweigerungsextreme müssen kulturelle Überschüsse erträglich gemacht werden dadurch, daß man sie sektoral oder generell abbaut. Entwicklungsgeschichtlich überholte Kulturbestände müssen vergessend abgelagert werden, noch oder überhaupt zu komplex wuchernde Errungenschaften müssen auf ein handhabbares Maß zurechtgestutzt werden. Will man im aktuellen Alltag mit ihnen einigermaßen reibungslos zurechtkommen, so müssen sie diesem tauglich angepaßt werden. Damit diese Aufgabe einer Überflußeinschränkung geleistet werden kann, sind spezifische Löschungscodes erforderlich, Regeln, die auf kulturelle Differenzierungen und Innovationsereignisse auch im Falle von Abbaumaßnahmen differenzierend zu reagieren erlauben [20]. Solche Codes müssen kulturell entwickelt, individuell angeeignet und sozial vermittelt werden. Sie besagen, was wer wann wo in welcher Weise bis zu welchem Ausmaß beseitigen, ablegen, vermeiden usw. darf, soll oder muß. Damit durch inhaltliche Festlegungen nicht zu viele oder unlösbare Streitfragen (z.B.: was ist »Pornographie« und wieviel von ihren Dekulturationsanregungen, falls es sich um solche handelt, soll wem verweigert werden?) heraufbeschworen werden, erfolgt diese Codierung vielfach durch negative Definitionen und sozialselektive Ausschlußformeln (»Pornographie ist unzuträglich für Heranwachsende unter 18 Jahren«). Infolgedessen eignet ihr mancherlei Unschärfe, sind oftmals Komplikationen und Mißverständnisse nicht auszuschließen. Darf der Mitarbeiter der Müllabfuhr ein noch in gutem Zustand befindliches Kleidungsstück, das er auf dem Deckel einer zur Entleerung am Straßenrand bereitgestellten Tonne antrifft, ohne Prüfung von dessen Herkunft zwecks leichterer Beseitigung in den Behälter werfen, oder darf er es, da noch nutzbar, an sich und mit nach Hause nehmen? Darf ein zuvor vorbeikommender Passant sich dieses Kleidungsstückes bemächtigen? Von welchem Wert an müssen verlorene oder beiseitegeworfene Fundstücke an dafür vorgesehenen Stellen abgeliefert werden? Die in solchen Fragen und ihrer eher kasuistischen als generellen Beantwortbarkeit zutagetretende Regelunsicherheit ist jedoch eine entscheidende, wahrscheinlich unverzichtliche Bedingung für die Wirkungsmöglichkeit minderungssteuernder Codes. Ihr eher informeller als formeller Charakter hält diese anpassungsfähig an wechselnde Höhen und Tiefen, an sich ändernde Breiten und Engen des Dekulturationsstromes. Die semantische Offenheit solcher Codes ist Ausdruck von deren ebenso wie von allgemein praktizierbarer Abbauflexibilität; auch in ihnen muß ein mittlerer, Unklarheiten in Kauf nehmender Weg zwischen Permissivität (Dekulturationserlaubnisse bzw. -empfehlungen) und Restriktivität (Dekulturationsbegrenzungen und -verbote) gegangen werden. Das erschwert die Arbeit einschränkender Instanzen wie der »Bundesprüfstelle für jugendgefährdende Schriften« oder der »Filmbewertungsstelle«, ist aber im Hinblick auf die Mehrdimensionalität der kulturellen Gesamtbewegung, mit der Drosselungsprozesse im Großen wie im Kleinen vernetzt sind, unerläßlich.

Regeln der Überschußbewältigung werden insbesondere in semantisch und instrumentell überproduktiven Gesellschaften oder Gesellschaftsbereichen benötigt. Hyperkulturen jeder Art entwickeln daher eine verstärkte Nachfrage nach ihnen, um sich mittels ihrer drohender Überfrachtung, verwirrender Desorientierungen und zermürbender Desorganisation zu erwehren. So etwa in der Beziehungskultur, wenn die Freiheiten im Umgang miteinander überschäumen, mehr Unsicherheiten als Sicherheiten hervorbringen und, wie Niklas Luhmann am Beispiel der Liebessemantik zeigen konnte, künstlich zurückgenommen werden müssen [21]. Gleiches läßt sich am Verhaltenswandel im Zuge und in der Nachfolge politischer Revolutionen beobachten. Die Bremsung überbordender Freiheit und Willkür zielt dann auf sozialen und damit auch personalen Sicherheitsgewinn, die verhaltenstechnische Einschränkung bezweckt Beziehungsstabilisierung. In optimalen Lösungen werden dabei an die Stelle einschüchternder Beliebigkeiten konsensuelle Freiheitsgrade gerückt. Ähnliche Vorgänge sind für die Sachkultur feststellbar, die verstärkt infolge industrieller Überproduktivität genötigt ist, Absorptionsmechanismen auf Dauer zu etablieren. Auch die materielle und instrumentelle Akkumulation, wie sie für spätindustrielle Zivilisationen kennzeichnend ist, erzeugt einen Abbaudruck, der sich über viele Ventile in zahlreiche, oft überraschende Kanäle entlädt.

Jene periodischen »Selbstreinigungen« und »Scherbengerichte«, die René König am Beispiel des modischen Wandels in der Bekleidung beschrieb [22], gehören mithin ganz generell zum Funktionsrepertoire von Populationen, die sich dem Wechselspiel von Tradition und Innovation nicht regellos, unreflektiert und untätig überlassen wollen. Nicht viel anders verhält sich dies in der Geisteskultur, deren notorische Überproduktion seit alters und in erhöhtem Umfang durch sich mehrende technische Kommunikations-, Archivierungs- und Reproduktionsmittel zu (immer schwierigerer) Sichtung von Ideen, Konzeptionen, Bildern usw. auf ihre akute Relevanz hin zwingt [23].

Die Klärung der Gesichtspunkte, nach denen in all diesen Bereichen die Codierung und technische Behandlung erfolgen soll, nach denen also darüber entschieden wird, welche Bestände zu gegebenem Zeitpunkt beizubehalten und welche in der einen oder anderen Weise zu dislozieren sind, kann durchaus unterschiedlich vor sich gehen. Übersteigt sie individuell-private Belange, so gerät auch sie, gewissermaßen im Vorfeld der eigentlichen Beschränkung, in den Diskurs sozialer Alltags- und Lebenswelten. Das kann der persönlichen Entlastung dienen und der in Frage stehenden Praxis zuträglich sein: man weiß dann aufgrund des konventionalisierten Codes zumindest momentan, was zu tun ist, darf vielleicht gar auf gemeinschaftliche Ausübung hoffen. Nicht selten jedoch trifft der Ratsuchende auf Gleichgültigkeit oder Unwissenheit in einer Umgebung, die mit ihrem Schweigen eher sich selbst als ihn entlastet, stellen doch Abbauprobleme für viele Menschen noch immer eine unliebsame Belastung und Zumutung dar, auf die sie ehestens abweisend und verdrängend reagieren. So mancher physisch oder psychisch Kranke weiß von derartiger Erfahrung zu berichten, die der an ihm bereits im Gange befindlichen eine weitere, soziomorphe Minderung hinzufügt; der Sterbende kann sie nur noch leidend erdulden [24]. Die beredtere Form solcher Unfähigkeiten hingegen läßt den Klärungsversuch in eher streitbare Diskurse münden, die selbstbezüglich illustrieren, was ihr Thema ist oder sein sollte: im Disput nach einigermaßen verbindlichen Maximen der Dekulturation suchend, dekulturiert man sich gegenseitig, je größer der Dissens, um so mehr [25].

Zwischen Selbstregulierung und Fremdbestimmung

Gesellschaften aller Art stellt sich angesichts der Vielfalt und Komplexität von Abbau-Aufgaben die Frage, wem sie die Ausformulierung, Erprobung und Anwendung von Codes und Techniken der Dekulturation überlassen oder anvertrauen wollen. Sollen sie entsprechende Prozesse konzeptionell und operativ zu regulieren, gar zu fixieren trachten, oder sollen sie sie lieber in Verbindung mit dem sozialen Auf und Ab frei flottieren lassen? Die organisatorische wie auch die einstellungsmäßige Beantwortung dieser Frage wird aufs engste mit der ökonomischen Entwicklung, der sozialen Formation und der politischen Machtverteilung von und in Populationen zusammenhängen, denn diese Faktoren prägen ihrerseits Nutzungserwägungen und Werteinschätzungen, anhand deren über Abbau oder Beibehaltung von Beständen modal sowie personell entschieden wird. In freilich grob vereinfachender Typifizierung ist festzustellen, daß Mangelgesellschaften der sog. »Dritten Welt«, aber auch solche Europas wie Polen oder Portugal, mit kultureller Aussortierung und Tilgung anders verfahren als Wohlstandsgesellschaften wie England und Frankreich oder Überflußgesellschaften wie Holland, die Schweiz und die Bundesrepublik. Einfacher ausgedrückt: Armut und Reichtum, Verfügbarkeit und Verteilung materieller sowie ideeller Güter lassen die Schwelle auch der Bereitschaft, ja überhaupt der Möglichkeit zu kulturellen Minderungshandlungen steigen oder sinken. Wer nichts hat, der kann nichts fortwerfen, wer wenig hat, wird es sich in der Regel einigermaßen überlegen, wer viel oder überreichlich besitzt, mag leichtfertiger sein (trotz des sprichwörtlichen Geizes mancher Wohlhabender: fortgeben und wegwerfen ist eben für den Handelnden nicht das gleiche, sondern beschert recht verschiedene Arten der Genugtuung!). An solch unterschiedliche Grade von Verfügungsmacht sind in allen Gesellschaften in hohem Maße Lebenschancen und Lebensperspektiven gekoppelt, mithin desgleichen die Standards der Beseitigung. Was dieser sorglos wegschmeißt, ein anderer unbeachtet liegenläßt, kann jenem dringend nötig sein, ja ihm vielleicht das Leben retten. In nicht geringem Umfang können solche Abschaffungshierarchien wirtschaftlich mitbedingt sein. Das bedeutet jedoch nicht, daß der ökonomisch Schlechtestgestellte automatisch auch der kulturell Entbehrendste oder Verarmteste bzw. umgekehrt, daß der Reichste zugleich der Kultivierteste wäre. Die Zahl nicht nur dem Wortsinne nach analphabetischer Potentaten wie auch diejenige darbender Kulturschöpfer höchsten geistigen Vermögens war und ist derart groß, daß solchen Mißverständnissen jede argumentative Grundlage fehlt. Desgleichen zieht weder sozio-ökonomischer Aufstieg zwangsläufig kulturellen Aufschwung mit oder nach sich noch muß ein Abstieg kulturellen Verlust bewirken. Soziale, ökonomische und kulturelle (sowie, im 20. Jahrhundert an Bedeutung gewinnend: technisch-ausstattungsmäßige) Grenzen sind nicht zwangsverbunden, sondern mehrdimensional in der Weise aufeinander bezogen, daß Abweichungen und Widersprüche nicht nur nicht ausgeschlossen, sondern die Regel sind! Ihre Beziehung ist selten harmonischer, häufiger hingegen antinomischer Art. Dementsprechend können auch Abbauhierarchien ihre Ursachen je nach Lage der Dinge in verschiedenen Lebensbereichen, Konstellationen und Figurationen haben, und das heißt eben: sehr unterschiedlich bedingt sein wie auch variationsreich ausgelebt werden [26]. Dies gilt intersozietär ebenso wie intra-sozietär, im Blick auf dekulturative Über- und Unterordnungen in und zwischen den Gesellschaften.

Da jedoch ökonomische Unterschiede sozial konfliktträchtig und mit tilgender Spontaneität allein nicht auszugleichen sind (obwohl natürlich auch Raub, Diebstahl und dergleichen interpersonal wie intersozial dekulturierende Umverteilungsversuche sind, aber eben solche, die anstelle von »Lösungen« den vorhandenen Problemen weitere hinzufügen), stehen Gesellschaften vor der Notwendigkeit, die zwischen Permissivität und Restriktivität begehbaren Abbauwege genauer abzustecken. Sie sehen sich der Aufgabe konfrontiert, allzu beunruhigende Unklarheiten auszuräumen bzw. zu verhindern, ohne übermäßig einschnürende Sicherheiten hervorzubringen. Dies kann durch gesetzgeberische

Maßnahmen versucht werden, indem man bestimmte Dekulturationsformen für legal erklärt, andere hingegen für illegal. Doch werden auf solchem Wege neben den Klärungen nicht selten neue Unwägbarkeiten produziert bzw. die alten lediglich argumentativ ausgefächert. Denn wo z.B. in Literatur, Bildender Kunst und Musik die erlaubte Anverwandlung fremder Anregungen aufhört und wo das Plagiat beginnt, wie es also um den Verpflichtungscharakter übergriffsverhindernder »Originalität« in der künstlerischen Schöpfung steht, darüber gibt es bis heute ebensoviele Rechtsstreitigkeiten wie fortbestehende Ungewißheiten. Bis in Einzelheiten der historischen Argumentation hinein läßt sich nachweisen, daß die Forcierung des Originalitätsgedankens im Kontext des europäischen Humanismus und der Renaissance nicht nur auf der Ausformulierung von literarischen und künstlerischen Individualitätskonzepten fußte, sondern auch in Reaktion auf die Kopiergepflogenheiten und die bedenkenlose Abschreibewut, auf das Plagiats- und Fälschungsunwesen der Epoche erfolgte, also gewissermaßen die Entstehung einer Anti-Dekulturations-Bewegung markiert. Kollektive Selbstverpflichtung der kreativen Zunft auf originale Urheberschaft bei gleichzeitigem Verzicht auf gegenseitige ideelle und materielle Ausbeutung: dies war das Thema einer weitverzweigten Debatte, die ihr umfassendes Ziel einer individualproduktiven Existenzsicherung bei Respekt vor dem Schöpfertum des anderen nur durch kollegiale Mißbrauchsentsagung erreichen konnte. Dabei waren Wertorientierungen leitend, die zwar (wie die nicht abreißende Geschichte des Fälschertums erweist) praktisch nicht immer eingehalten wurden, doch theoretisch bis heute gültig sind, ja durch zunehmende Rechtsregelungen (Urheberschutz) mit zusätzlichem Geltungsanspruch versehen wurden. Das Beispiel zeigt die komplexe Genese dekulturationsregulierender Codes, ihre binäre, aus der Kombination von Gewinn und Verzicht, von Gebot und Verbot erwachsende Struktur, wie auch ihren Weg aus Praxisbedürfnissen (der Vergangenheit) in theoretische Sicherungen (der Gegenwart). Doch vermag derartige Rechtsklärung dekulturativ problematischer bzw. umstrittener Praxis nicht alles. Wie auch die chronique scandaleuse der »Spendenwaschanlagen« in der politischen Kultur der Bundesrepublik gezeigt hat, lassen die Scheinwerfer von Legalisierung und Legalitätskontrolle illegale Handlungsweisen keineswegs automatisch verschwinden, sondern drängen sie oft nur in entlegenere Randbereiche oder nötigen sie bloß zu organisatorischer Mutation (über gewisse Formen der Bestechung wird dann der Tarnmantel der »Gemeinnützigkeit« gebreitet).

Als kaum weniger problematisch erweisen sich oftmals Institutionalisierungsversuche. Vor allem wenn sie mit autoritären Lebensanschauungen und tendenziell oder tatsächlich totalitären politischen Verhältnissen verbunden werden, neigen Dekulturationsinstitutionen dazu, ihren Aufgabenbereich monopolistisch beherrschen zu wollen und zu umfängliche Steuerung durch zu viel Kontrolle anzustreben. Dadurch wird jedoch der Spielraum verringernder Eigentätigkeit in den überwachten Sozialbereichen leicht in einer Weise eingeengt, daß auch die korrelierenden Prozesse der Traditionsbildung, der Kreation und der Innovation Schaden erleiden. Die Über-Planung in diesem Teil führt zu Störungen auch in anderen Dimensionen der kulturellen Gesamtbewegung (was durchaus bezweckt werden kann, wie die Kulturpolitik des nationalsozialistischen Regimes gezeigt hat). Ob kirchliche Inquisition, staatliche Zensurbehörden, Agitprop-Kommissariate oder amtlich zugelassene »Rote Garden«: die Geschichte belegt in unzähligen Beispielen, daß Dekulturationsinstitutionen immer dann mehr schaden als nützen, wenn sie sich ohne demokratische Kontrolle in funktionaler Abkoppelung von den anderen relevanten Elementarvorgängen der Kulturwelt verbreiten können. Derartige Gefährdungen einer ausgewogenen Entwicklung schleichen sich zum anderen dann in Gesellschaften ein, wenn im Zuge forcierter »Modernisierung« Neues (z.B. »westliche« Technologie, Rationalisierung in Wirtschaft und Beruf) auf Kosten von Altem (traditionale Lebensformen, religiöse Anschauungen) kurzfristig eingeführt werden soll, mithin auch Dekulturation institutionell geplant und energisch durchgesetzt werden muß [27]. Die Reformen Kemal Atatürks in der Türkei oder die »weiße Revolution« des Schah Pahlevi im Iran sind mit den dabei zu rasch entstandenen Brüchen und Verwerfungen nicht zurandegekommen, haben infolgedessen zumindest teilweise Schiffbruch erlitten, mußten gebremst werden und mündeten in gewaltsame Traditionsrenaissancen. Die technokratisch geplante Dekulturation wurde von opponierenden Interessengruppen mit *Gegen-Dekulturation* beantwortet. Ob aber auf diesem Wege »Re-Türkisierung« bzw. »Re-Islamisierung« überhaupt erreichbar sind und langfristig wünschenswert bleiben, ist abzuwarten.

Im Vergleich zu manchen dieser »von oben« institutionalisierten Einschränkungsversuche nehmen sich viele der in Geschichte und Gegenwart anzutreffenden Korrekturbestrebungen »von unten« sozial verträglicher, da sich besser in das Gesamtgeschehen einpassend, aus. Die Beispiele für solche Erscheinungen sind reich nicht nur der Zahl nach, sondern auch in ihrer semantischen und sozialen Vielfalt. Oft stellen sie, zumindest im Anfang, mikrosoziale Reaktionsformen auf makrostrukturelle Sinn- oder Sachdefizite und deren unbefriedigende Folgen dar. Veränderungen werden für erforderlich gehalten, einzeln erkannt, hernach gemeinsam angestrebt, in teils formellen, teils informellen Formationen ausprobiert und mit mehr oder weniger missionarischen Impulsen an die Umgebung herangetragen. Derlei Bewegungen wären als *Dekulturationsgruppen* zu bezeichnen, sofern sie ausschließlich oder überwiegend den Abbau von ihnen mißliebigen Beständen zum Ziel hätten, hingegen als *Transkulturationsgruppen*, sobald sie auch aufbauende, erneuernde, schöpferische Leistungen erbrächten. So bezweckte etwa die »Kahlschlag«-Literatur der »Gruppe 47« in der Nachkriegszeit zugleich die Beseitigung der nationalsozialistischen Sprachverseuchung und den Aufbruch zu besseren Ufern der Belletristik wie der politischen Kultur. Diesem Dekonstruktionstypus sind desgleichen manche Künstlergruppen und religiöse Erneuerungsbewegungen zuzurechnen, die strukturgenetisch von informellen Aufbrüchen (Ateliergemeinschaft und Diskussionszirkel; urchristlicher Apostelkreis und Jüngerschar) über formalisierte Zusammenschlüsse (die Malergruppe als »eingetragener Verein«; Bruderschaften, Kongregationen, Orden) zu körperschaftlichen Formen voranschreiten können (Maler- und Dichter-Schulen, das »Bauhaus«; Amts- und Staatskirchen, Episkopat, Papat) [28]. Auf diesem Weg ist jedoch als Preis nicht selten der Sichtverlust auf ursprüngliche Vorhaben und Maximen zu entrichten. Gab man sich vormals operative Regeln und semantische Codes selbst, strebte man nach De- und Transkulturation mittels sozioformativer Abgrenzung von jeweiligen Umgebungsverhältnissen und hielt sich dabei möglichst flexibel, so findet man sich nach erfolgter Konsolidierung in mancherlei Fixierungen und Erstarrungen vor. Aus dem Nachfolger jenes Petrus, der Nero und seinen korrupten Häschern in Rom die Stirn bot, wird das Oberhaupt einer Weltkirche, in der unliebsame Künder per Dekret zum Schweigen verurteilt werden; aus dem Wortführer des »Blauen Reiter« wird jener alternde Kandinsky, der sich mit akademischen Argumenten gegen nachfolgende Kunstströmungen wendet. Mit solchen Wechseln von Perspektiven, Haltung und Kontext wandelt sich auch die Aufgabenrichtung der Dekulturation: statt von jenen anderen, die ursprünglich anvisiert waren, hätte man nun von sich selbst mancherlei Ballast abzuwerfen [29]. Geschieht dies nicht, verweigert man den selbst dosierten Wandel und die Anpassung der eigenen Kultur, so ist mit konterkarierenden, eventuell schmerzlichen Erfahrungen einer nicht immer gelinden Schwächung von außen zu rechnen: man wird vergessen, aufs Abstellgleis geschoben, zum Ehrenmitglied erklärt.

Im Falle zu schwachen Wandels treten in vermehrtem Umfang jene Gruppen auf den Plan, denen es nicht an Angriffslust und Einfallsreichtum mangelt, Veränderungen konfliktuell und explosiv zu inszenieren. Auch sie mögen unter bestimmten Bedingungen in der Lage sein, sich in Keimzellen der Erneuerung zu verwandeln, doch lauert in ihnen, solange sie sich am Primat des Pejorativen agitatorisch orientieren, die Gefahr, daß sie in Gedanken und Gefühlen, in Worten und Werken latende Destrugenität eher ins Destruktive übersetzen als in Mäßigungsformen ertragbarer bzw. begründbarer *Dekulturation*. Dann werden Bücher verbrannt, statt daß das Für und Wider der in ihnen ausgedrückten Meinungen miteinander erörtert wird, ihre Autoren werden verjagt, statt daß man mit ihnen spricht. Der Nachteil derartiger Abwege rührt nicht nur aus dem Wechsel der Handlungsebene her, sondern zudem aus ihrer schwer kontrollierbaren Eigendynamik, die häufig in niemanden befriedigenden Unumkehrbarkeiten erlöscht: getötete Menschen sind nicht mehr zum Leben zu erwecken, durch Flammen beschädigte Kulturbestände weniger revitalisierbar als solche, die man vorübergehend in Keller und Depots verwiesen hat. Dies ist das Kulturproblem aller extremen Gruppen, ob politisch »rechts« oder »links« stehend, ob traditionalistisch oder revolutionär argumentierend, ob von Lebensekel (wie z.B. die sog. »Skinheads«) oder von visionärem Pathos (wie etwa die Baader-Meinhof-Gruppe) angestachelt: sie alle betreiben, wie Friedhelm Neidhardt dies treffend benannt hat, »Sinnkonstruktionen im Widersinn«; sie möchten an die Stelle soziodekulturativer Selbstbestimmung ihren Fremdbestimmungsanspruch rücken, wollen die Gradunterschiede und makrostrukturellen Wertverbundenheiten derogativer Praxis nicht wahrhaben [30]. Zur abgestuften Anverwandlung nicht befähigt, verrennen sie sich in ausweglose Vorgänge gewaltsamen, ungeduldigen Umbruchs. Dergleichen bringt jedoch weder solchen Gruppierungen jene Legitimität ein, um die sie mit Mitteln der Zerstörung und Selbstzerstörung kämpfen, noch ist es im Sinne einer Gesellschaft, die durch kulturellen, sozialen und ökonomischen Wandel ihren Fortbestand sichern will. Daß monomanische Differenzierungsvermeidung keine taugliche Richtschnur für das Absolvieren solchem Wandel zuträglicher Dekulturationen ist, hat sich immer wieder bei Gelegenheit großformatiger Konfliktereignisse herausgestellt und zeigt sich täglich in der Lebenspraxis. Kultursoziologisch gesehen ist dies eine der oft verborgenen, doch unabweisbaren Obliegenheiten des sozialen Lebens: notwendige Dekulturationen ohne unnötigen Differenzierungsverlust auf tunlichst schadensarme Weise zu ermöglichen und kollektiv zu regeln. Wie immer einzelne, Gruppen, Institutionen und Gesellschaften sich dieser Aufgabe annehmen, mit welchen Praktiken der Stimulierung, Kanalisierung und Retardierung sowie in welchen Dekulturationstoleranzen: entscheidungs- und tatenlos kommen sie an ihr nicht vorbei.

10.

POLITIK UND KULTURABBAU

Ein Dilemma

Unter den Regelungsformen menschlichen Zusammen- und Gegeneinanderlebens nimmt die Politik eine herausragende Stellung ein. Ihrem Anspruch nach dient sie der gestaltenden Ausbalancierung von Ordnung und Unordnung innerhalb einzelner Gemeinwesen sowie im Verhältnis zwischen unterschiedlichen Sozietäten; soweit sie dies zu leisten vermag, erringt sie eine fundierende Bedeutung für Gesellschaften und Staaten. Welchen Herrschaftsformen es sich beigesellen mag, ob Monarchie oder Aristokratie, ob Diktatur, Oligarchie oder Demokratie: stets scheint politisches Handeln in der einen oder anderen Weise funktional unentbehrlich zu sein. Es zielt auf Beeinflussung, ja Steuerung von Menschen und Sozialgebilden gemäß den Anschauungen und Beauftragungen derer, die sich aus welchen eigennützigen oder gemeinnützigen Motiven auch immer der Politik widmen. Insofern ist alle Politik perspektivisch an die sie bestimmenden Verhältnisse und Beweggründe gebunden, ist sie strategisch der jeweiligen Machtverteilung, dem Parteienzwist und Meinungsstreit, den sozialen und ökonomischen Formationen sowie deren Geltungshierarchien ausgeliefert [1]. Kein politisches Wollen und Handeln darf von alldem absehen, kann ernsthaft glauben, es vollzöge sich in einem quasi idealen, reibungslosen und konfliktfreien Umfeld. Je mehr es dies täte, um so wirklichkeitsferner, irrealer geriete es, bis hin zu utopischer Absage an das Hier und Heute. Doch wenn Politik derlei Fernorientierungen meidet, wenn sie auf das in Gegenwart und überschaubarer Zukunft zum, sei es vermeintlichen, sei es tatsächlichen, Wohle von Menschen Wünschenswerte und Machbare zielt, dafür auch die Schelte des Pragmatismus in Kauf nehmend, so leitet sich zugleich aus der Art, in der sie dies unternimmt, ihre konkrete Kulturgestalt her. Daher nimmt jeder, der sich am politischen Leben beruflich oder als Laie beteiligt, zugleich auf die politische Kultur seines Landes Einfluß. Deren Qualität erwächst aus den Modalitäten, in denen Menschen im Rahmen gemeinschaftsbetreffender Willensbildungen und Entscheidungsprozeduren miteinander umgehen, aus ihren Verständigungsformen und Erklärungsbereitschaften, aus ihren Umgangsstilen und Handlungsrücksichten. Die Grade dieser qualifizierenden Partizipation variieren je nach Art und Intensität der individuellen Einlassung in das politische Gemeinschaftsleben. Wer die Politik als Beruf wählt, sie zu einer Quelle seines Erwerbslebens macht, ist stärker involviert, daher auch kulturell verantwortlicher und mehr Rechenschaft schuldig als jener, der sich lediglich in seiner Freizeit oder bloß sporadisch politisch betätigt. Umgekehrt jedoch ist dieser Gradunterschied kein Freibrief für ein übertriebenes kulturelles Sendungsbewußtsein von Berufspolitikern oder für die Uninteressiertheit von Wählern an den Stilfragen des politischen Lebens. Zu ihrer kulturellen Qualifizierung bedürfen berufliche Politik und politische Mitsprache vor allem jener Tugenden, die bereits Max Weber hervorhob: Sachlichkeit, Verantwortungsgefühl und Augenmaß, vernünftige Weltsicht und engagierte Kompetenz. Ihrer sich zu befleißigen, erscheint als jedermanns Aufgabe, wenn das Gemeinwesen gedeihen soll.

Indes: Kultur und Politik fügen sich nicht reibungslos zusammen. Wie auch immer sie im einzelnen sich ausnehmen mögen, ihre Kooperation bereitet Schwierigkeiten angesichts der Vielfalt von Motiven und Verfahren, Äußerungsweisen, Werten, Zwecken und Zielen, die in ihnen jeweils wirken [2]. Überdies gelangen in beiden Bereichen neben aufbauenden und erhaltenden auch verändernde, abbauende bis zerstörende Energien zur Entfaltung, die per se nicht zwangsläufig aufeinander abgestimmt sind. Weder Kultur noch Politik verfügen a priori über ein Raster, in das die Anteile von Konstruktivität und Destruktivität fest und im Wandel der Zeiten gleichbleibend eingefüllt wären. Sondern sie bilden sich je für sich in deren Proportionierung unablässig um, wie auch ihr Wechselverhältnis durch von Fall zu Fall variierende Bezugnahmen in beiden Dimensionen immer wieder Schwankungen unterworfen ist. In all diesen Hinsichten gibt es keine, etwa von Natur aus oder durch bloße Eingelebtheit, auf Dauer festliegenden oder gar endgültig fixierbaren Prioritäten. Vielmehr unterliegt alles anthropomorpher und soziogener Mutation, ist flexibel und formbar, bleibt insofern immerwährend Auftrag und Herausforderung im Mit- und Gegeneinander von Menschen. Darin freilich stimmen Politik und Kultur überein: daß sie Brüche, Verwerfungen und Ungereimtheiten neben Glätten, Übergängen und Stimmigkeiten aufweisen, je für sich und im Kontakt, daß sie gerade durch ihr hohes Maß an ebenso konstruktiver wie destruktiver Disponibilität allfällig problematisch sind und bleiben. Auf diese Prozeßbedingungen sich einzulassen, mit ihnen reaktiv und aktiv umzugehen, ja zurechtzukommen, ist politisch nicht minder als kulturell unausweichlich. Das aber bedeutet zugleich, daß Politik, egal wie sie sich institutionalisiert oder von Erstarrungen freihält, auf welche Prinzipien der Legitimation, der Delegation, der Repräsentation und der Partizipation sie sich gründet, zu welchen Organisationsformen der Machtausübung, der Herrschaftsverteilung und des Staats sie sich verfestigen mag, dennoch keinesfalls an den Problemen von Destruktivität und *Dekulturation* vorbeikommen kann oder auch nur vorbeisehen darf. Im Gesamtzusammenhang der Gestaltung und Steuerung menschlicher Lebensverhältnisse bilden Konstruktivität und Destruktivität eine allgegenwärtige Grundspannung, der sich politisches Entscheiden und Handeln nicht zu entziehen vermag. Über jeden dieser beiden Pole gewinnt Politik auch an den entsprechenden Folge- und Teiloperationen in all jenen Lebensbereichen

Mitwirkung, in die sie modellierend eingreift. So daß sie, wie nicht anders im Konstruktiven, ebenfalls im Mitvollzug destrugener und destruktiver Impulse Einfluß auf kulturelles Geschehen nehmen kann. Entsprechend der Art und Richtung dieser Beteiligung treten im kulturellen Leben Folgen und Erscheinungen auf, die politisch mitzuverantworten sind. Sie reichen vom destruktionsforcierenden Fall politisch betriebener Kultur-Zerstörung über mancherlei Mischformen dekonstruktiv gelenkten Wandels bis zur Vielzahl jener gemäßigten, auch politisch beeinflußbaren, Formen des Kultur-Abbaus, die unter dem Sammelbegriff *Dekulturation* zusammengefaßt wurden.

In allen Arten von Gesellschaften und Staaten, von deren einfachsten Ausprägungen bis hin zu den komplexen Industrienationen, steht mithin nicht zur Debatte, *ob* Politik und Politiker sich partizipatorisch auf das Zerstörungs-, Abbau- und Verdrängungsgeschehen von Kulturwelten einlassen sollen oder dürfen, sondern lediglich, *wie* sie dies tun. So unabweisbar die faktische Notwendigkeit, ja der Zwang zur Einmischung einer auf Funktionstüchtigkeit zielenden Politik ist, so klärungsbedürftig und rechenschaftsheischend bleibt zugleich stets die Art, in der sie erfolgt, bleiben auch ihre Motive, Methoden und Ergebnisse. Der Politiker sieht sich in derartigen Situationen fast immer einem Dilemma konfrontiert: einerseits kommen Entlastungserwartungen und Handlungsforderungen seitens betroffener oder in irgendeiner anderen Hinsicht relevanter Bevölkerungsteile auf ihn zu; andererseits darf er sich nicht einfach von deren momentanen Stimmungen und partikularen Interessen treiben lassen, sondern muß den Blick auch auf anrainende Vorgänge und Gruppen richten, sollte seine Kompetenzen und Verantwortlichkeiten in einem weiteren Umfeld als jenem der primär in sein Tun einbezogenen Menschen verankern. Bemüht er sich darum, strebt er anläßlich zu fällender Destruktionsentscheidungen nach dem Ausgleich widerstreitender Interessen, kämpft er um eine möglichst gerechte Verteilung von Nutzen und Kosten, um weitestgehende Schadensbegrenzung und Nachteilsstreuung, so befreit ihn alldies paradoxerweise nur annähernd und oft lediglich vorübergehend aus jenem Dilemma. Sondern er wird im Gegenteil nicht selten, – und je weniger totalitär, je demokratischer die politischen Verhältnisse sind, desto eher und leichter –, zusätzlich in das Kreuzfeuer rivalisierender, gar einander materiell und ideell bekämpfender Sozialwelten geraten. Denn was unter jeweils bestehenden Umständen dekulturativ bis destruktiv opportun sei, was in welchen pejorativen Graden, Ausmaßen und Zielrichtungen defektiv erlaubt sei bzw. hingenommen werden müsse sowie was zu vermeiden sei und wessen man sich mit welchen Mitteln zu erwehren habe: dies alles ist nicht nur von Fall zu Fall kulturell aufs Neue klärungsbedürftig und mit hoher Wahrscheinlichkeit politisch umstritten, sondern darüber hinaus auch sozial kontrovers. Im Schnittpunkt von Kultur und Politik tut sich zumal in demokratisch verfaßten Gemeinwesen bei den meisten Abbau-Entscheidungen jenes Modalitäten-Dilemma auf, das auch jenseits kulturspezifischer Vorgänge häufig anzutreffen ist: viele reden mit, wenige übernehmen die Verantwortung, kaum einer mag schmerzliche Entscheidungen treffen und durchführen, doch soll alles möglichst schonungsvoll vonstatten gehen, indem es eher andere als das Ich und das Wir betrifft.

Verfahrenstypen und Behelfslösungen

Einen allseits und durch die Wechselfälle des täglichen Lebens hindurch auf Dauer zufriedenstellenden Ausgleich dieser zumeist widerstreitenden Interessen zu erreichen, scheint schier unmöglich. Gleichwohl sieht zumal politisches Handeln, das mehr sein will als augenblickliche Bedürfnisbefriedigung, sich genötigt, mit ihnen nicht nur konzeptionell sondern auch praktisch zurechtzukommen. Der Blick auf diese Praxis lehrt, daß in der Verschränkung von Kultur und Politik immer wieder Behelfslösungen entstehen, die aus ihrer jeweiligen Eigenart heraus auch den Umgang mit Abbauproblemen prägen. Sie lassen sich typologisch unterscheiden nach den Akzenten und Schwerpunkten, die sie im Gesamtspektrum ihrer Handlungsbestimmungen auf kulturelle, politische oder soziale Gesichtspunkte legen. Kulturell orientiert sind vor allem jene Vorgehensweisen, die sich, auch in ihren politischen und sozialen Entscheidungen, von Wertideen und den durch diese inspirierten Bedeutungswelten leiten lassen. Aufgrund dieser semantischen und valenzmäßigen Gewichtung sind sie in der Regel eher qualitativ als quantitativ ausgerichtet, was für sie nicht zur Folge hat, daß sie etwa numerische Fragen der Kulturteilnehmerschaft leugnen oder auch nur geringschätzen dürften, sondern lediglich, daß sie diese mit Blick auf relevante Werthaltungen und Bedeutungseinschätzungen beantworten [3]. Dies gilt auch bei Gelegenheit kultureller Abbauvorgänge, die in den sozialen Meinungsstreit geraten und politisch mitentschieden werden müssen. Der abwägende Politiker wird dann versuchen, Wandlungs- und Persistenzansprüche zu einem kulturstabilisierenden Ausgleich zu bringen, extremes Beharren und radikales Verändern in Kompromißformen milderer Kulturbewegung zu übertragen. Er wird die Antagonismen von Konstruktion und Destruktion dekonstruktiv aufzulösen trachten, wird die etwaige Gegenläufigkeit von Kulturation und Dekulturation zu harmonisieren versuchen. Konkret: wenn das Für und Wider um künstlerische Phänomene, um geschichtliche Vorgänge, um fremdartige Kulturwelten zu hohe Wellen schlägt, gar aggressiv überzuschäumen droht, kann es klug erscheinen, Museen und Diskussionsforen zu errichten oder wenigstens zu erweitern. In ihnen kann man entsprechend dem Wechsel kultureller Interessen und sozialer Bezugsgruppen institutionell anregen, steuern und verhindern, kann nach Lage der Dinge auf- und abbauen, in Keller verlagern oder ans Tageslicht rufen. In kanalisierender Aufrechterhaltung kontroverser Debatten lassen sich hier, kulturell ritualisiert und politisch legitimiert, Abbauteilnahme und Aufbauübung verbinden. Der gemeinschaftliche Diskurs darüber, was in welcher Weise wohin geräumt werden soll, macht den Beteiligten zudem deutlich, daß momentane Geltungsminderung einen tatsächlichen, gar endgültigen »Verlust« weder bedeuten noch zwangsläufig nach sich ziehen muß. Die schwindenden Güter und Ideen bleiben zurückholbar, können später wiederbelebt werden: darin liegen, neben den erzieherischen Effekten, Sinn und Nutzen solcher wertorientierten, Abbau und Mäßigung verknüpfenden Kulturpolitik. Derartiger Gemeinschaftseinrichtungen, in denen transformative Selektivität, in denen kulturelles Ver-, Um- und Neulernen geübt werden können, bedarf die technische Zivilisation um so mehr, je üppiger sie ausufert, je mehr sie immer rascher zu Ballast veralternde Hervorbringungen unter die Menschen wirft.

Werden Kulturwertorientierung, systemische Anbindung an ganzheitliche Zusammenhänge, Komplexitätsbewußtsein und Differenzierungserhaltung als Leitfäden solchen Vorgehens erkennbar, so verlieren sie an Gewicht, sobald sich die konzeptionellen und operationalen Hauptakzente vom Kulturellen ins Politische verschieben. Dann rangieren nicht selten strategische vor substantiellen Gesichtspunkten, Macht- und Parteiinteressen vor kultureller Wertachtung sowie sozialer Rücksichtnahme. Das Handeln wird mehr von individuellem bzw. kollektivem Durchsetzungswillen als von Kompromißbereitschaften diktiert. Leicht obsiegt dabei jene doppelte Abgrenzungstendenz, die in andersartiger Kultur etwas geringerwertiges und in ihrem Eigner einen mißtrauisch beäugten Gegner erblickt. Zur qualitativen Wertabsprache gesellt sich quantitative Distanznahme; kulturelle Abwertung und soziale Trennung gehen oft Hand in Hand. Schlimmer noch: die Eigenkultur wird blindlings bejaht, erhöht, überschätzt, wohingegen die Kultur der anderen als bedrohlich, daher zu bekämpfen, bestenfalls als Beuteziel deklariert wird. Die doppelte Spaltung des Menschen, sein Schwanken zwischen Ich und Du, zwischen Konstruktivität und Destruktivität, wird politisch übersetzt in zumeist konfliktfördernde Gleichungen einer sozialkulturellen Selektivität, deren Zuschreibungen aus der Geschichte hinreichend bekannt und bis in die Gegenwart hinein immer wieder die gleichen sind: hie Freund, dort Feind; wir handeln, ihr duldet; unser Trachten ist mitmenschlich, das eure jedoch gegen-, ja untermenschlich; deshalb dürfen, ja müssen wir euch nachstellen, wegnehmen, ausmerzen, eure Gegenwehr offenbart nur eure Uneinsichtigkeit, die uns in unserem Überlegenheitsgefühl, in unserem Vorherrschaftsanspruch, in unserer Kampfbereitschaft lediglich rechtfertigt und bestärkt. Diese innergesellschaftlich ebenso wie zwischen Gesellschaften, Staaten und Nationen mannigfach praktizierte Strategie arbeitet demnach mit binären, das Vereinfachungsbedürfnis von Menschen in einer oft als zu kompliziert empfundenen Welt nutzenden Schemata, in denen Aktion und Passion, Aufbau und Abbau, Glückserwerb und Leidensdruck ebenso simpel wie brutal verteilt werden. Die Kosten dieses Verfahrens waren noch stets hoch und sparten im Wandel der Zeiten über die Opfer, die sie verursachten, manchesmal auch Gewinner und Sieger nicht aus; daher darf sein Nutzen als fragwürdig gelten. Der Primat des Politischen erweist sich dort als undienlich, wo er die Eigenart und Eigendynamik des kulturellen wie des sozialen Lebens nicht hinreichend respektiert. Gleichwohl mußten die mittels seiner beanspruchten Kulturwerthierarchien immer wieder zur Legitimierung anti-sozialen Kulturabbaus der verschiedensten Art herhalten. Ob Bilderstürme von Karthago über Byzanz und Rom bis nach Mexico, Moskau und Peking, ob Plünderung und Kunstraub von den Reichen der Antike über Napoleons hegemoniales Zivilisationspathos bis hin zum nationalsozialistischen Kulturneid: stets wähnten sich jene, die das Beutegut in Händen hielten oder es dem Ruin überantworteten, als höherstehend denn die, denen sie es abgenommen hatten [4].

Wo indes weder kulturelle Wertorientierungen in Geltung und Inhalt fraglos akzeptiert noch politische Prioritäten vorbehaltlos hingenommen werden, dort kann im Aufeinandertreffen der Kräfte das Soziale an Bedeutung und Anspruch gewinnen. Freilich: es artikuliert sich eher und häufiger als Nutznießer denn als Produzent von Kultur, bilden doch Maler und Dichter, Filmer oder Musiker allenfalls minderheitliche Gruppen. Die Mehrzahl der Interessenten nimmt am kulturellen Leben einen überwiegend rezeptiven, quantitativ und qualitativ keineswegs gleichbleibenden Anteil. Ihre Beweggründe, Neigungen und Engagements schwanken, wie auch ihre Sozialkontur zumeist nur wenig erkennbar wird. Buchkäufer, Theater-, Konzert- und Museumsbesucher, Filmliebhaber: dergleichen sind statistischer Erhebung und Profilberechnung zum Trotz vornehmlich fluktuierende, nur sporadisch konsistente Gruppen. Bei mancher sonstigen sozialen Verortung in Herkunft, Familie, Beruf, Freundeskreis und dergleichen sind die kulturellen Bedürfnisse und Betätigungen von Menschen nicht kausal und automatisch aus diesen Bindungen abzuleiten, verlaufen soziale und kulturelle Demarkationen keineswegs immer und überall kongruent. Infolgedessen können politische Instanzen kulturelle Zielgruppen häufig nur undeutlich ausmachen. Aus dieser Unwägbarkeit von Zahlen, Inhalten und Werten helfen sie sich immer häufiger durch eine, wie Hilmar Hoffmann sie treffend benannt hat, Strategie der »Kultur für alle« heraus [5]. Zumal in demokratisch verfaßten Gemeinwesen der Ruf nach Kultur aus vielen Richtungen erschallt, auch keiner ungehört bleiben oder etwa benachteiligt werden soll, sehen sie sich genötigt, mit einem breit streuenden Gießkannenprinzip zu arbeiten. Es beschert ihnen jedoch die Schwierigkeit, Quantität und Qualität möglichst angemessen zu verbinden, die eine Perspektive nicht auf Kosten der anderen zu vernachlässigen. Die kulturpolitische Verteilungsdevise lautet dann: niemandem soll der Zugang zu Kunst, Unterhaltung und Bildung versperrt bleiben, jeder mag sich seinen Aspirationen gemäß nehmen. Dies geht an, solange Optimierung und weitverzweigte Meliorisierung nicht nur ideell sondern auch materiell machbar sind, solange, ökonomisch gesprochen, die öffentlichen Kassen voll sind. Schwierig wird es jedoch, sobald das Füllhorn sich leert und der Nachschub abebbt. Dann muß, wie zuvor der Segen, nun der Mangel verteilt werden. Wer ehedem bekam, dem muß jetzt genommen oder gekürzt werden. In Zeiten knappen Geldes lauten die kulturpolitischen Zwänge: Subventionsabbau, Chancenverringerung, Zugangsschmälerung. Da das Soziale als Leitorientierung auch in dieser Phase wirksam bleibt bzw. sich bemerkbar machen wird, geht derlei nicht ohne Widerspruch und Verdruß ab. Manchmal werden gar Wehretats gegen finanziell bedingte Kultureinschränkungen verrechnet, auch wenn jedermann weiß, daß durch Waffenverzicht niemand automatisch zum Liebhaber der Künste wird [6]. Solch äquilibristischer Vergleich von militärischen Destruktionspotentialen und behördlichen Dekulturationszumutungen offenbart jedoch, wie schwierig es in Phasen wirtschaftlichen Abschwungs argumentativ und praktisch werden kann, soziale Gerechtigkeit und kulturelle Vitalität mit politischen Maßnahmen konvergent zu erhalten bzw. neu aufeinander abzustimmen. Kaum einer will zulassen, daß er oder seine Gruppe beeinträchtigt wird, fast jeder möchte seinen Spielraum gewährleistet sehen, und sei es auch auf Kosten von Nachbarn. Eine im Politischen leicht handhabbare goldene Regel für den Ausweg aus diesem Zusammentreffen von Egozentrismus und Soziophagismus gibt es einstweilen kaum [7].

Kultur – negativ wertgeschätzt

All diese vorgenannten, analytisch unterscheidbaren Handlungsformen tauchen mit wechselnden Gewichtungen in der Lebenswirklichkeit freilich eher durchmischt als separat auf. Ihre idealtypische Erscheinung ist die Ausnahme, eine Mixtur von verschiedensten Beweggründen, Verfahrensweisen und Absichten ergibt den »Normalfall«. Für die Mehrzahl dieser möglichen Kombinationen gilt indes, daß in ihnen politisches Wollen und Handeln um so destruktiver gerät, je stärker es sich mit bösen Absichten paart. Dabei spielt kulturelle Pejoration eine wichtige Rolle, weil durch sie ein Zentralnerv menschlich-individuellen und -kollektiven Lebens getroffen werden kann. Mittels ihrer können Sozialwelten jedweder Art bis in die Tektonik ihrer Ideen, Werte, Symbole und Interaktionsmuster hinein beschädigt werden, können gar in ihren Grundfesten erschüttert werden. Im Wissen um diese Möglichkeit haben Zerstörer der unterschiedlichsten politischen Couleur immer wieder die Bedeutung von Kultur hoch veranschlagt, haben ihr bei aller Feindseligkeit und Mißachtung dennoch einen herausgehobenen Zielwert beigemessen: eine Wertschätzung ex negativo sozusagen. Denn solche Aufmerksamkeit wurde und wird ja meist nicht zugewendet, um Kultur zu fördern, auch wenn mancher europäische Kolonialist in der Vergangenheit glauben mochte, wenn heute noch sowjetische Besatzer in Afghanistan, US-Berater in Lateinamerika, chinesische Entwicklungshelfer in Tibet oder Kambodscha sich einbilden mögen, mit dem mehr oder weniger gewaltsamen Vordringen der eigenen Zivilisation einen Dienst an der Menschheit zu erbringen, in dessen Verlauf sich der Stärkere schon noch als der Bessere erweisen werde. Sondern es zielt eine derartige Hinwendung in der Regel auf kulturelle Inferiorisierung zum Zwecke politischer Bevormundung, ökonomischer Ausbeutung, sozialer Mißhandlung und dergleichen mehr. Anders ausgedrückt: Der graduell von der ideellen Leugnung bis zur materiellen Auslöschung reichende Kulturkampf dient zur Legitimation metakultureller Auseinandersetzungen, Konfliktanzettelungen, Rivalitätssteigerungen. Verfahren wird dabei nach dem Grundsatz, daß, wem man vor der Welt auf wie martialische Weise auch immer seine kulturelle und zivilisatorische Nichtswürdigkeit bewiesen habe, auch noch anderes zumuten könne, ohne die Einmischung Dritter fürchten zu müssen. Man kann dann Neger in Übersee als Sklaven verkaufen, nachdem man ihre Hütten niedergerissen, ihre Kultstätten geschändet, ihre Kunstwerke entzweigeschlagen, ihr Edelmetall geraubt und überdies Greuelberichte über ihren Lebensstil und ihre angeblichen

Missetaten verbreitet hat [8]. Oder man unterdrückt, verjagt, ermordet jüdische Mitbürger, nicht ohne zuvor und gleichzeitig ihre Religion, ihre künstlerischen, literarischen und wissenschaftlichen Hervorbringungen, die Bräuche ihres Alltags spektakulär an den Pranger zu stellen.

Ob er sich im Großen oder im Kleinen austobt, als Kampf zwischen gesellschaftlichen Gruppen oder als Fehde zwischen Völkern und Nationen, fast immer erbringt solcher Kulturdarwinismus seine leidensträchtigen, fragwürdigen Siegesbeweise mit den gleichen Mitteln. Man dringt, oft zunächst in gütlicher Form, an die Grenzen andersartiger Kulturwelten vor, erkundet diese hier und dort, sammelt Informationen, knüpft einzelne Kontakte an, wie in Gestalt von Forschungsreisen in Vorphasen des Kolonialismus immer wieder geschehen. Im Anschluß an diese Explorationsperiode läßt sich der Austausch teils friedlich, teils kriegerisch intensivieren, bis ein tieferes Eindringen in den gegnerischen Kulturraum möglich wird. Experten aller Art, Spione, Wissenschaftler, gar Künstler werden dabei in Gang gesetzt oder mitgenommen, wie es beispielsweise Napoleon auf seinem Eroberungszug nach Ägypten in mehreren Schiffen tat. Im letzteren Falle mochten sie nach des Feldherrn Anweisung rubrizieren und katalogisieren, aufzeichnen und entziffern, um, wie die offizielle Version lautete, die ägyptische Originalkultur unter der mameluckischen Überfremdung freizulegen – sie konnten und wollten vielleicht kaum verhindern, daß ihre Listen und Beschreibungen bei der Auswahl nach Frankreich zu verschiffender Güter hilfreich waren sowie an Ort und Stelle die Okkupationsdiplomatie erleichterten. Unter dem Etikett von Erhaltung und Rettung fand hier, wie in so vielen ähnlichen historischen Situationen, Zerlegung, Verlagerung, Enteignung statt. Vor allem europäische und nordamerikanische, aber auch japanische Museen sind noch heute voll mit Beweisstücken solchen Raubbaus [9]. Sie klagen als stumme Zeugen eines weltweit praktizierten Kultur-Kolonialismus, bei dem Völker glaubten, Nationen und Staatenblöcke weiterhin zu hoffen scheinen, sie könnten den größten Nutzen auseinander ziehen, indem sie sich gegenseitig übervorteilen, ausbeuten und beherrschen, stets in der Erwartung, daß der andere, der Kontrahent schlußendlich unterliegen werde. Dabei rangiert das Anspruchsgebaren des Stärkeren vor der Nachsicht gegenüber dem Schwächeren, tobte sich allzuoft jenes von Marx angedeutete triumphale Zerstörertum aus, das vor kaum einer kulturellen Schadenszufügung zurückschreckt. Daß die so mißhandelten Weltgegenden sich schwerlich als »Kolonien« im ursprünglichen Sinne des Wortes, als »Pflanzorte« empfanden, kann nicht verwundern, schickte man ihnen doch nicht bloß friedliebende Siedler und Aufbaukundige, sondern ebenso gern und massenweise Abbauerfahrene, Zerstörungsexperten von allerlei Schattierung: Marodeure und Mörder, Diebe, Freibeuter, Sträflinge jeder Art… Schon der englische Philosoph und Politiker Francis Bacon fand es an der Schwelle des 17. Jahrhunderts »schändlich und beschämend, wenn der Abschaum der Gesellschaft und verurteilte Verbrecher zur Gründung von Kolonien herangezogen werden« [10]. Denn unter dem Zugriff von Missetätern und Taugenichtsen würden die neuen Niederlassungen kaum lange gedeihen und als »Kinder der ehemaligen Reiche« zu bezeichnen sein. Vielmehr liefen sie, wie bereits Aesop einem fragenden Gärtner im Hinblick auf dessen selbstgesetzte Stecklinge bedeutet hatte, Gefahr zu mißraten wie gepeinigte »Stiefkinder« einer übelwollenden »Mutter«, welche diese Bezeichnung kaum noch verdient [11].

Obwohl derlei unheilträchtige Begegnungen von Kulturwelten handlungsmäßig längst nicht mehr biotisch verwurzelt sind, weist ihre Vergegenwärtigung in Bildern und Worten bis auf den heutigen Tag allerlei Naturanalogien auf. Keine Metapher des politischen Kulturabbaus hat sich indes als so langlebig erwiesen wie diejenige des *Maulwurfs*. Er gilt seit alters als ominöses Wesen, als Schadensbringer, ja als Todesbote. Der römische Enzyklopädist Plinius Secundus bezeichnet dementsprechend die Maulwürfe als »Beispiele der Vernichtung«, als »verächtliche Tiere«, die nicht nur »ganze Äcker untergraben«, sondern selbst Städte unterwühlen und dadurch menschliche Gemeinschaften ruinieren können [12]. Sie leben und buddeln unterirdisch, lichtlos, unbemerkt. Ihr Element ist das Dunkel, die Tiefe des Erdreichs. Schwer zu beobachten, sind sie kaum verfolgbar, selten beizeiten zu erwischen. Mehr als sie selbst tritt der Schaden zutage, den sie anrichten. Dieser mag zunächst die agricultura, den Gärtner und Bauern betreffen, mithin die Ökonomie; doch findet sich seinesgleichen bald auch im sozialen Leben (vgl. Abb. 29). Menschliche Maulwürfe bewirken hier Erosionen, dic in ihren Weiterungen naturwüchsigen Erdbeben nicht nachzustehen brauchen. In metaphorischer Nachfolge seines tierischen Bruders arriviert daher der zivilisatorische Maulwurf nach und nach zum Verursachungsbild anthropogener Gesellschaftsbeben, ja zur zentralen Chiffre politischer Subversion. Deren Geltung erstreckt sich zunächst auf intrasozietäre Horizonte, auf innergesellschaftliche Machtkämpfe jener Art, die beispielsweise Shakespeare auferstehen läßt, wenn er Hamlet gegenüber dem Rachegeist seines ermordeten Vaters die Worte in den Mund legt: »Brav, alter Maulwurf! Wühlst so hurtig fort? O trefflicher Minierer!« [13]

Der Maulwurf, der inmitten politischer Händel Sühne für die Betrogenen und Entrechteten verlangt, indem er die Wahrheit an den Tag bringt und zur wiedergutmachenden Zerstörung der an den Opfern geübten Frevel auffordert: bei Shakespeare mutet er als Umkehr-Figur des malignen Totengräbers an, als ein benevolenter Totenausgräber, da doch die Wahrheit hier tatsächlich in der Erde, im Königsgrab ruht. Zugleich ist er ein Handlungsbild dekonstruktiver Legitimation, das bei Gelegenheit gerne bemüht worden ist, um symbolisch den Anspruch zu untermauern, man betreibe das Schlechte lediglich um eines höheren Guten willen, etwa wegen der Wahrheit, der Freiheit, des Menschenwohls. Eine derartige Strategie der Verschlimmbesserung hat zum Beispiel Michail Bakunin im Sinn, wenn er 1842 von »Erscheinungen« spricht, »welche uns verkündigen, daß der Geist, dieser alte Maulwurf, sein unterirdisches Werk bereits vollbracht hat und daß er bald wieder erscheinen wird, um sein Gericht zu halten; – es bilden sich überall und besonders in Frankreich und England sozialistisch-religiöse Vereine, welche, der gegenwärtigen politischen Welt ganz fremd, aus ganz neuen uns unbekannten Quellen ihr Leben schöpfen und sich im stillen entwickeln und verbreiten.« [14] Doch nicht jeder mochte solchem Wühlgeist auf dem Weg in die Zukunft vertrauen, selbst wenn er ähnlich Bakunin in der Erde den Nährboden

Abb. 29 Grandville: »Vas donc... taupe.«
»Hau ab... Maulwurf« (d.h. Störenfried)
aus »Les Métamorphoses du Jour«, Paris 1829

auch politischen Wandels erblickte. Der Schweizer Historiker Jacob Burckhardt etwa bezeugte zeitgleich zu des Russen Zerstörungsvoten seine skeptische Reserviertheit: »Was meine Wenigkeit betrifft, so werde ich nie Wühler und Umwälzer sein wollen; eine Revolution hat nur dann ein Recht, wenn sie unbewußt und unbeschworen aus der Erde steigt.« [15]

Wie wenig allerdings in dieser Hinsicht unbewußt und ohne Absicht geschieht, erweist sich historisch durch die fortschreitende Institutionalisierung des Maulwurf-Syndroms im modernen Staat. Heutzutage sind es nicht mehr nur die vom Apologeten der Anarchie ins Feld geführten »Vereine«, nicht bloß aufrührerische Zirkel, Agitationsgruppen oder »kriminelle Vereinigungen«, die einerseits dem Gemeinwesen intern und teils spontan, teils geplant zu Leibe rücken. Sondern es betätigen sich in ähnlich aushöhlender Weise zum anderen intersozietär operierende Organisationen, welche in politischem, gar staatlichem Auftrag die Schwächung gegnerischer Gesellschaften, Kulturen, Nationen betreiben. Haben im 20. Jahrhundert kommunistische und faschistische Bewegungen in zahlreichen Ländern der Welt vor Augen geführt, wie man es durch aggressive Politik innergesellschaftlich von der Splittergruppe über Parteiformationen zur Machtokkupation bringt und dabei mißliebige Kultur an den Rand drängt (Mussolini in Italien), unterdrückt (Franco in Spanien, Mao Tse Tung in China, Ulbricht in der DDR) oder auslöscht (Hitler in Deutschland, Pol Pot in Kambodscha), so findet überdies jene globale, staatlich sanktionierte, zwischengesellschaftliche Spionage statt, bei der mit hohem ideellem, materiellem und personellem Aufwand versucht wird, einander auszuhorchen und auszustechen. Der Widersinn dieses Verfahrens ist offenkundig: man will voneinander profitieren, sich in der Staatenkonkurrenz den Rang ablaufen, indem man sich auf Kosten des oder der jeweils anderen einen Nutzen verschafft, ohne dafür einen vereinbarungsmäßigen Preis zu bezahlen. Also bildet man ein antinomisches Zerstörungsgeflecht aus wechselseitigen Spitzeln, Geheimagenten und Verrätern, anstatt sich über ein konstruktives Netzwerk von offiziellem Austausch und Kompromiß zu verständigen.

Deutschland hat auch auf diesem obskuren Terrain seine speziellen Erfahrungen gesammelt. Seit jeher vollzog sich seine politische, soziale und kulturelle Bewegung nach jenem disjunktiven Prinzip, das der Straßburger Jurist und Satiriker Sebastian Brant bereits 1494 in seinem »Narrenschiff« beschreibt:

»Ein jedes Ding mehr Stärke hat,
wenn alles fest zusammen staht,
als wenn in Teile es getrennt.
Gemeinsinn man die Tugend nennt,
die bald all Dinge wachsen macht.
Doch wenn Mißhelligkeit erwacht,
wird manches große Ding zerstört.
Der Deutschen Lob war hochgeehrt,
hatt sich erworben großen Ruhm:
man gab ihnen das Kaisertum!
Jedoch sie sannen bald auf Streich,
wie sie vernichten selbst ihr Reich.« [16]

So ging es durch die Jahrhunderte hindurch: Großmachtanspruch und Selbstzerstückelung lösten einander immer wieder ab. Die wohltätige Wirkung geistiger, künstlerischer und wissenschaftlicher Leistungen behinderte man durch politischen Separatismus und soziale Segregation. Was Wunder, wenn sich die deutsche Vergangenheit über weite Strecken hinweg als Destruktionsgeschichte ausnimmt, in der Politik, Kultur und soziales Leben eher unheilvoll als beglückend aufeinandertrafen, bis hin zu jenem abermaligen »dreißigjährigen Krieg« und jener »neuen Teilung Deutschlands« im 20. Jahrhundert, die schon Marx hatte kommen sehen [17]. Fast drei Jahrzehnte mußten nach dem Ende des Zweiten Weltkriegs verstreichen, bis die beiden Teilstaaten ihren Kolonialstatus unter den »Schutzschilden« von USA und UdSSR wenigstens insoweit mental verkrafteten, daß sie sich 1972 in einem »Grundvertrag« zu minimaler Verständigung aufrafften. Vierzig Jahre gingen ins Land, bevor Unterhändler aus BRD und DDR einander 1986 über einem »Kulturabkommen« die Hände reichten. Mehr als im Willen zu friedlicher Koexistenz und zu behutsamer Kooperation war (und ist?) man sich einig im Austausch von Drohgebärden, in der gegenseitigen Injektion destrugener Stimulantien. Abneigung, Mißgunst, Neid und dergleichen Untugenden mehr, eine Animosität bis hin zur Tötungsbereitschaft bestimmten fortdauernd die

Pathologie dieser auf spezifisch deutsche Weise verschärften concordia discors [18]. Wie dazumal Kain und Abel starrten die feindlichen Brüder argwöhnisch aufeinander; doch waren ihre Knüppel durch Fernglas, Lauschrohr und Minikamera ersetzt.

Zur deutschen Tradition entzweiender Selbstschwächung gehört dabei nicht nur, daß man der Verständigungspolitik durch ein parlamentarisches Mißtrauensvotum und durch außerparlamentarische Diffamierungskampagnen in der BRD zu Leibe rückte. Sondern sie offenbart sich überdies in den Mitteln, die seitens der DDR gegen sie eingesetzt wurden. Denn just der bundesrepublikanische Protagonist des Ausgleichs, der sozialdemokratische Kanzler Willy Brandt, wurde Ziel und schließlich Opfer eines Agentenkomplotts, der ihn 1974 auf der Höhe der zu seinem Rücktritt führenden Affäre grübeln ließ: »Was sind das für Leute, die das ehrliche Bemühen um den Abbau von Spannungen auf diese Weise honorieren!« [19] Die Antwort ist in der Frage bereits enthalten. Mochte man den spionierenden Kanzler-Referenten Günter Guillaume, der sich bei seiner Verhaftung als Mitarbeiter des DDR-Staatssicherheitsdienstes und als Offizier der Nationalen Volksarmee zu erkennen gab, noch als »subalterne Erscheinung« und allenfalls »gehobenes Faktotum« abtun [20], so waren seine Auftraggeber wohl schwereren Kalibers. Hinter dem gerissen-dümmlichen Diener zweier Herren schalteten komintern-erprobte Agitatoren, die »honorierten«, indem sie entehrten, diskreditierten, zu Fall brachten: eine Politik, die ihnen zu wenig Feindbilder bot; eine Partei, die sie als schlimmsten Rivalen um die Gunst der Arbeiterschaft betrachteten; einen Staatsmann, dem die Bevölkerung der DDR mehr Sympathien und Freiheitshoffnungen entgegenbrachte als den eigenen SED-Oberen. Historisch besehen, war es eine späte Rache, die hier genommen wurde. Alte, noch offene Rechnungen zwischen Kommunisten und Sozialdemokraten, die teilweise dem 19. Jahrhundert entstammten, sollten beglichen werden. Der »Maulwurf« tat sein Werk; die politische Kultur in Deutschland büßte nachhaltig an Entwicklungschancen ein. Den politischen Handlungstypus indes, dem derlei mental angelegen ist, dem Opportunitätsdenken und Freund-Feind-Schemata mehr zueigen sind als sozialer Ausgleich und kulturelles Miteinander, kurz: dem Abbau vor Aufbau rangiert, wenn er nur persönlichen Nutzen daraus ziehen kann – ihn gab und gibt es hüben wie drüben. Wie sonst wäre jene bundesrepublikanische chronique scandaleuse aus Korruption und Lobbyismus, aus Schmiergeldaffären und Ämterpatronage erklärlich, angesichts deren Arno Schmidt schon 1956 eine Briefschreiberin über den deutsch-deutschen »Zaun« rufen läßt: »Westliche Freiheit?: heißt das, daß Abgeordnete straflos gekauft werden dürfen? (Und die Geldspender können's noch von der Steuer absetzen!).« [21]

Dies ist das kulturelle Imprägnierungsproblem aller Politik wie auch die politische Glaubwürdigkeitsfrage jedweder behördlichen Kulturmaßnahme: eine Freiheit der Lebensgestaltung zu ermöglichen, innerhalb deren jedes Mitglied des Gemeinwesens in mitmenschlicher Rücksichtnahme den seinen Begabungen, Leistungen und Bedürfnissen gemäßen Platz findet. Entsprechend seinem Auftrag und seiner Verantwortung kann, ja muß der Politiker dieses schwierige Ziel durch Entscheidung, Tat und Beispiel anstreben. Dabei wird er dekulturative bis destruktive Tendenzen nicht leugnen, kulturative und konstruktive Energien nicht vernachlässigen dürfen; vielmehr sollte er beide Grundströmungen in immer wieder neuen Kompromissen auf einem mittleren, dekonstruktiven Weg zusammenführen. Gelingt ihm dies, so steht er in der Tradition jenes exemplarischen Römers Valerius, der den Ehrennamen eines *Poplicola*, eines Freundes des Volkes und Förderers öffentlichen Wohles, erhielt: nachdem er am Ende des sechsten vorchristlichen Jahrhunderts an der Vertreibung der etruskischen Könige und an der Errichtung der römischen Republik mitgewirkt hatte, ließ der frischgewählte Konsul sein Haus auf der Velia, der Stätte der alten Königsburg, niederreißen und andernorts wieder aufbauen, um dem unbegründeten Verdacht zu entgehen, er strebe nach königsgleicher Macht.

11.

DESTRUKTIVITÄT IM KULTURELLEN PROZESS

Naturerfahrungen, kulturell übertragen

Als im Frühjahr 1974 der sozialdemokratische Bundeskanzler Willy Brandt über mögliche Konsequenzen der Enttarnung jenes Spions nachsann, den ihm die DDR ins Amt geschmuggelt hatte, da schwante ihm plötzlich, »daß sich die Agentenaffäre zu einem ›Naturereignis‹ entwickeln könne.« [1] Wenige Wochen später fand seine Kanzlerschaft ihr unrühmliches Ende; der geschädigte Politiker erklärte seinen Rücktritt. Doch war dies wirklich ein »Naturereignis«? Waren hier tatsächlich Naturkräfte am Werk? Wohl kaum. Abgesehen davon, daß zumindest innenpolitisch genau das Gegenteil von dem eintraf, was Brandt befürchtete und dem er durch seine Demission entgegenwirken wollte: ein Erdrutsch zuungunsten seiner Partei und der von ihr angeführten Regierungskoalition – eine wie auch immer geartete Natur nahm an alldem keinen nennenswerten Anteil. Gleichwohl entbehrt des Kanzlers Sprachbild nicht der Aussagekraft. Sondern es leistet, was Menschen sich von semantischen Naturzuschreibungen seit alters und in unterschiedlichsten Lebenslagen erhoffen: mehr oder weniger sinnstiftende Ablaufserklärungen bei passiver Betroffenheit oder Beteiligung, einigermaßen einleuchtend dünkende Rechtfertigungen bei aktiver Mitwirkung oder Veranlassung. Die Formeln, mittels deren in der einen oder der anderen Richtung Naturerfahrungen kulturellem Erleben und Handeln eingewoben werden, variieren nach Gelegenheit, Zweck und Benutzerkreisen. Ihrer bildlichen Tendenz nach können sie vom »mittleren« Weg einer realitätsnahen Umschreibung von Vorgängen entweder euphemistisch-beschönigend oder katastrophisch-verschlimmernd abweichen. Auch dienen sie im Alltag, in Literatur, Kunst und Mythologie der Paraphrase sowohl konstruktiver Errungenschaften (daß Tische und Stühle angeblich »Beine« haben, lernt schon das Kind) als auch destruktiven Geschehens (wie ein Blitz aus heiterem Himmel mag diesen oder jenen ein Ungemach treffen). Stets aber suggerieren derartige Analogien und Übertragungen, daß auch in kulturellen Verhältnissen der Wille der Natur geschehe oder daß doch zumindest in gewissen Ausmaßen nach biomorphen Mustern verfahren werde. Den sich ihrer bedienenden Menschen bescheren sie eine sei es eingebildete, sei es tatsächliche Minderung von tiefergreifenden Begründungs-, Erklärungs- und Verantwortungszwängen für ihr Entscheiden, Tun oder auch bloß Erleben, denn welche Fundierungsleistungen könnten ihnen für ihr Dasein und Treiben unbezweifelbarer scheinen als jene des allgegenwärtigen Bios? Dieser Anschauung gemäß gelten seit alters sowie in sämtlichen Weltgegenden Naturbeobachtungen und Naturerfahrungen neben religiösen Vorstellungen als letztgültiges Sprungbrett für kulturelles Wollen und Handeln. Mit der durch sie gewährten Entlastung geht indes eine epochal unterschiedlich weitreichende Legitimation einher, die gern aus der rezeptiven Naturberufung einen produktiven Naturauftrag macht. Man beansprucht dann, im Namen von »Natur« kulturell so weit springen zu dürfen und zu sollen, wie man möchte und kann; auch kommt einem dabei jedes künstliche Mittel, ob konstruktiver oder destruktiver Provenienz, zupaß. Um den Preis allerdings, daß die Natur, je weiter die Zivilisation vorankommt, um so mehr verlassen wird, ins Hintertreffen gerät, sich rezeptiv und produktiv, im deutenden wie im gestaltenden Weltverhältnis der Menschen, aus ehedem fundierender Realität in ein bloßes Gleichnis verwandelt.

Diese Technik der semantischen Übertragung gehört zum dauerhaften Arsenal menschlichen Denkens, Fühlens und Handelns, findet in unzähligen Erscheinungen und Bewegungen des kulturellen Lebens ihren Niederschlag. Mittels ihrer täuscht der Mensch sich über jene Natur-Distanz hinweg, die ihn doch kulturschöpferisch erst zu dem werden ließ, was er ist. Gleichzeitig mit dieser vorgeblichen Natur-Nähe verschafft sie ihm jedoch eine zumindest simulative Vertrautheit mit der von seinesgleichen hervorgebrachten Kultur, deren manche Zone ihm in Wahrheit oft nicht minder fremd ist als etwelche Naturbereiche. Wie ein Transmissionsriemen in die eine oder die andere Richtung in Gang gesetzt werden mag, so erfüllen auch die Natur und Kultur semantisch verbindenden Metaphern und Symbole, Sprachusancen und Mythen eine doppelte Funktion, läßt sich doch mittels ihrer je nach Situation und Bedürfnis entweder die Natur mit kultureller Bedeutung belehnen (etwa in mechanistischen Interpretationen) oder kulturellen Vorgängen natürliche Qualität zuschreiben (»Sturm und Drang« heißt dann eine literarische Bewegung und Epoche, »Der Sturm« nennt sich eine avantgardistische Zeitschrift des Expressionismus). Auf viele dieser Bedeutungstransfers kann der Mensch kaum verzichten, denn sie helfen ihm, mit welchen »Eselsbrücken« auch immer, seine Natur-Kultur-Spaltung erträglich zu gestalten und den Sprung, den diese in ihm sowie durch ihn in der Welt hinterließ, mit dem Kitt seiner Projektionen zu füllen. Da er im Unterschied zum Tier nur noch rudimentär über angeborene Auslösemechanismen verfügt, durch diese Freisetzung jedoch innerlich wie äußerlich labil und weitgehend haltlos wurde, schafft er ersatzweise kulturell gebildete und mitbedingte Orientierungsmuster, die ihm auf künstlichen Wegen jene Verhaltenssicherung bescheren sollen, die er im animalischen Leben qua natura vermutet. Kann er solche Entwürfe zudem mit Naturbeobachtungen und Naturerfahrungen imprägnieren, sie als naturabgeleitet, naturinspiriert ins kulturelle Spiel bringen, so scheint er doppelt zufrieden: im Blick auf die Natur wie auch um der Kultur willen. Seine kulturellen Modifikationen dienen dann, zumindest dem Wunsch und der Idee nach, dem Ausgleich natürlicher Defekte, die er als Chance und Bürde, als Mangel wie als Möglichkeit erfährt. Die theoretische und praktische Auseinandersetzung mit dieser Problematik erfolgt auf beide Hauptpole der kulturellen Dialektik zu: den konstruktiven wie den destruktiven. In beide Richtungen werden Semantiken entworfen, die mit Naturbildern kulturelles Geschehen kenntlich machen wollen. Auch mögen in einem Gleichnis Vektoren aus mehreren Dimensionen aufeinandertreffen. So etwa, wenn vom »Sturm im Wasserglas« die Rede ist, einem Ereignis mithin, dem Natureigenart beigemessen wird (Sturm), das jedoch in einem kulturellen Horizont stattfindet (Wasserglas), dessen geringe Größe suggeriert, man könne eventuell auftretende destruktive Tendenzen konstruktiv bändigen [2]. Wie hier dienen vielfach ursprünglichste Natursphären mit hoher Allgemeingültigkeit als Erfahrungsansätze, als Anknüpfungspunkte für biokulturelle Metaphrasen in konstruktiver wie in destruktiver Hinsicht. Kriege geraten dann zu »Stahlgewittern«, Lebenskrisen finden vor dem Hintergrund dräuender Unwetter mit sintflutartigen Regenfällen und Erdrutschen statt [3]. Despotische Herrscher treten als mißratene Gärtner oder irregeleitete Hirten auf. Menschliche Bestialität lebt sich in angeblich tierischer Hemmungslosigkeit aus. Das Leben verglüht wie eine Sternschnuppe am Himmelszelt. Die Elemente, Flora und Fauna, der Kosmos stellen ein schier unerschöpfliches Reservoir dar, aus dem Menschen Anregungen für die kulturell sinnstiftende Verwendung von Natureindrücken beziehen.

Doch erfolgen derartige Übertragungen nicht nur passiv und rezeptiv, sondern ebenso aktiv und produktiv. Wie als Deuter so reklamiert der Mensch auch als Gestalter ein gewisses Maß an »Natürlichkeit« für sein kulturelles Tun und Lassen. Dieser Anspruch verschafft ihm zwar einerseits die bereits benannten psychischen und geistigen Entlastungen, besagt aber andererseits so gut wie nichts über die im konkreten Fall seinem Handeln tatsächlich zugrundeliegenden Motive und Steuerungsmechanismen. Im Gegenteil dient er oft genug und zumal im Destruktiven eher der Verschleierung als der Erhellung wahrer Anlässe und Absichten, wirklicher Verfahren und Mittel. Indem derart der Künstlichkeit antikulturellen und gegenmenschlichen Treibens ein Tarnmantel von Naturalität umgehängt wird, mag dieses an Täuschungskraft und dadurch auch an operationaler Ungestörtheit gewinnen. Doch über seine eigentlichen Beweggründe ist damit noch nichts zutagegetreten. Diese werden erst transparent, wenn man sie hinsichtlich ihres artifiziellen Charakters durchleuchtet, sie mithin in ihrer dreifachen Bedingtheit und Synergie zu verstehen sucht: als naturererbt, als kulturell geformt und als sozial beeinflußt. Daß dabei die Natur aller vorbenannten Belehnungs- und Entlehnungstendenz zum Trotz eher minderheitlich mitwirkt, darf als wahrscheinlich gelten angesichts des hohen Maßes an umweltplastischer Offenheit, die dem Menschen eignet. Ihrzufolge könnte er in vielen Lebenslagen, in denen er sich obstruktiv treiben läßt, entscheidet oder auslebt, auch anders verfahren, wenn er nur wollte, wenn er sich zu mehr Besonnenheit und Selbstbescheidung entschlösse. Denn das Zerstören, für das die Natur das energetische Potential bereithält, die Kultur hingegen Ideen und Gefühlseinstellungen, Instrumente und Fertigkeiten entwickelt, für das schließlich die Sozialwelt

Aktionsbahnen und Handlungsareale zuweist oder doch wenigstens zuläßt – dieses Destruieren ist weniger Zwang als vielmehr Möglichkeit und Verführung. Es mag der Anlage nach immer noch naturverwurzelt sein, doch lebt es sich aus in Leidenschaftlichkeiten, welche die Menschen kulturell und sozial erwerben. Erziehung und Prägung entscheiden in kultureller Transformation jener Naturveranlagung maßgeblich über Art, Intensität und Ausmaß, in denen ein Mensch der Zerstörung zuneigt. Daß Menschen von Natur aus *destrugen* befähigt sind, kann nicht bezweifelt werden. Ebenso wenig jedoch ist zu übersehen, daß es kulturelle und soziale, wirtschaftliche und politische Verhältnisse von hoher Künstlichkeit sind, die ihnen soufflieren, ob und inwieweit sie ererbte bzw. erworbene Destruktionsimpulse in die Tat umsetzen oder bezähmen.

Anregungen und Veranlagungen

Wie in der Natur ist auch in der Kultur *Destrugenität* als Universal- und Totalphänomen anwesend, in passivem ebenso wie in aktivem Betracht: alles ist vergänglich, dem Niedergang und Tod geweiht; alles kann zum Anlaß ruinöser Entwicklung geraten, kann zu Abbau und Zerstörung reizen. Die Maus, die der Katze zufällig über den Weg läuft, weckt in dieser Gelüste, denen sie schließlich als Schwächere zum Opfer fallen mag. Der Baum, der dem Menschen das Licht nimmt, der dem Straßenbau im Wege steht, fällt der Axt oder Säge anheim. Anders jedoch als das Tier, das nur auf eine bestimmte Auswahl destrugener Reize reagiert und sie zum Anlaß ruinöser Operationen nimmt, ist dem Menschen bei der Umwandlung destrugener Inspirationen in destruktive Maßnahmen alles disponibel. Er kann an allem in der Weise Anstoß nehmen, daß er es mindern oder gar beseitigen möchte. Sein Umgang mit Zerstörungsgelegenheiten ist in seinen Modalitäten längst nicht mehr naturabhängig, sondern kulturell gestaltet und dementsprechend zu verantworten. Er erfolgt in ideell und materiell verkünstlichter Weise, in sich technisch ständig erweiternder Instrumentierung sowie im Bewußtsein, ja mit dem Anspruch höchster Konstruktivität auch im Destruktiven. Anders ausgedrückt: als zugleich naturaliter rückständiges und kulturell vorwärtsdrängendes Wesen pflegt der Mensch, was er abbauen, schädigen oder vernichten möchte. Seine natürliche Unterentwicklung sucht er durch kulturelle Überentwicklung auch auf destruktivem Terrain wettzumachen. Dementsprechend begnügt er sich nicht mit biogenetischen Zerstörungsvorgaben, sondern schafft für sich und seinesgleichen artifizielle Trainingsfelder mit den erforderlichen Graden kultureller Zerstörungseignung und sozialer Zerstörungslenkung. Anlässe und Motive, Methoden, Mittel und Ziele der Demontage werden der Lebenswelt von Menschen kulturell implantiert, auf daß sie sich an ihnen entsprechend üben und austoben können. Zugleich aber müssen Maßstäbe und Werte entwickelt werden, nach denen dies alles erfolgen kann oder soll. Auch bedarf es spezifischer Grenzziehungen und Limitierungsklauseln, die regeln, wie weit einzelne und Gruppen von Fall zu Fall tilgend gehen dürfen. Sie bieten relative Orientierung ohne absolute Justierung, eine Art Lenkhilfe auf der Gratwanderung zwischen destrugenen Anreizen und destruktiver Tat. Auf derartige, meist ethisch ausformulierte, Maximen kann der Mensch um so weniger verzichten, als er nicht nur explorativ, expansiv und wankelmütig, sondern auch im Destruktiven umweltplastisch, mithin steuerungsbedürftig ist. Gleichwohl befolgt er solche Leitmarken nicht stets, überall und quasi automatisch, fügt er sich ihnen zumal innerlich nicht widerspruchslos, da er seinen Anspruch auf Grenzüberschreitung und Selbstbestimmung im Denken, Fühlen und Handeln kaum je ganz aufgibt. Diese bei aller Regelübernahme verbleibende Diskrepanz, diese unaufhebbare Spannung zwischen Innenleben und Außenwelt markiert gewissermaßen den Nachteil im Vorteil, den der Mensch gegenüber dem Tier hat: keine seiner kulturellen Schöpfungen ist für ihn so selbstverständlich wie jene der Natur für Tiere und Pflanzen, keine erringt je deren Akzeptanzqualität, mit keiner ist er so zufrieden wie die Katze mit der Maus. Wie keinem Tier widerfährt ihm das Mißgeschick, daß er auf Stimuli falsch reagiert, Ziele verfehlt, über Grenzen hinausschießt und daher selbst auf destruktivem Terrain Fehlleistungen erbringt.

Dieser trotz aller Übung fortbestehende, im Kleinen wie im Großen immer wieder durchschlagende Mangel an situationell »richtigen« Zerstörungsmaßen, an destruktiver Dosierungssicherheit hat für das Kulturverhalten des Menschen einschneidende Folgen. Nicht etwa bewirkt solche Insuffizienz automatisch Enthaltsamkeit gegenüber jedwedem Demolierungsdruck. Sondern der Mensch versucht seit jeher, auch aus dieser Not auf seine Weise eine »Tugend« zu machen, indem er Destruktivität und Produktivität paart, um diese Kombination zugleich technisch immer weiter auszubauen. Unter allen Lebewesen der Erde ist er daher das einzige, das mit nichtnatürlichen Mitteln destrugene Vorratshaltung betreibt. Er schreibt und verbreitet Anleitungen, gar Lehrbücher über Kriegsführung, Folter, Einbruch und Diebstahl; er erfindet, produziert und hortet Unmengen von Waffen vom einfachsten Messer bis zu Bomben und Raketenarsenalen; er entwickelt geeignete Verhaltensprogramme für jede Art von Schadenszufügung, probiert sie immer wieder aus, lebt sie vor und gibt sie teils informell (der »Klauer« in der Schulklasse, der andere mitziehen will), teils formell (Kriegsschulen, paramilitärische Ausbildungslager etc.) an Mitmenschen weiter; ja er dressierte gar Tiere (Löwen, Bären, Hunde u.a.) zur Unterstützung seiner kämpferischen Auseinandersetzungen, die jedoch inzwischen durch die Verbesserung technischen Geräts weitgehend entbehrlich wurden. Mehr noch: damit die latente Destrugenität auch unter kulturellen Verhältnissen nicht versiegt, vielmehr weitverzweigt entzündbar sowie erforderlichen- oder gewünschtenfalls in destruktive Akte umsetzbar bleibt, pflanzt der Mensch seiner Lebenswelt eine Vielzahl von Abbau-, Verdrängungs- und Vernichtungsanregungen ein. Er macht sich zum Gärtner und Heger der Deszendenz, indem er die Kultur mit einerseits innerpersönlich wirksamen Dezimierungsmotiven sowie mit andererseits äußerlich anrufenden Deformationsstimuli durchsetzt. Halten die Innenmotive die menschliche Disposition zur Tilgung lebendig, so definieren die Außenreize Gelegenheiten, bei denen man sich derogativ betätigen kann, darf oder soll.

Seit alters wird die innere Zerstörungsneigung bestimmter menschlicher Verhaltensweisen charaktertypisch erfaßt und erörtert. Von Theophrast bis zu Elias Canetti zieht sich ein breites Band von Beschreibungen und Definitionen, in denen sich allem Wandel zum Trotz bekundet, wie gleich sich der Mensch auch in seiner Malignität geblieben ist [4]. Ob Eitelkeit oder Stolz, ob Zorn oder Haß, ob Lüge oder Geiz: stets wird, wo solche Leidenschaften im Übermaß regieren, des Menschen doppelte Spaltung zwischen Ich und Du, zwischen Aufbau und Abbau zugunsten destrugener Egomanien und auf Kosten mitmenschlicher Lebensgestaltung entschieden. In ihnen dominieren anti-soziale Strebungen, finden Kooperation und Kompromiß, Rücksicht und Ausgleich nur geringen Platz. Der italienische Maler Giotto di Bondone hat zu Beginn des 14. Jahrhunderts Wesensart und Wirkung solcher Untugenden bildlich veranschaulicht. Seine Allegorie des Neides etwa bietet die Phänomenologie einer Haltung, die nicht nur dem Beneideten, sondern ebenso dem Mißgünstigen selbst schadet (vgl. Abb. 30): Während die rechte Hand habgierig auf mögliche Beute zukrallt, hält die Linke den gefüllten Beutel fest umschlossen. Der Kopf ist mit Symbolen des Bösen, mit Hörnern, Schlange und Wolfsohren versehen; dementsprechend sind die Sinne von schlechten Begierden okkupiert. Ihnen fällt indes auch der Neider selbst anheim. Flammen, zugleich Vorboten höllischen Strafgerichts, umlodern ihn äußerlich, wie ihn innerlich das Feuer der Habsucht verzehrt. Sein Antlitz ist zerfressen, dem Mund entfährt kein freundliches Wort, dem Auge verwehrt das schlangenhafte Übelwollen einen klaren Blick. In ihrer allegorischen Darstellung gerät die von abträglichen Leidenschaften völlig vereinnahmte, zu keiner schadensfreien Weltzuwendung fähige Person zur Pathosformel einer Verderbnis, die neben den Opfern zugleich die Täter ereilt [5].

Spricht sich in derartigen Paraphrasen innerer Zerstörungsneigung eine, bei Giotto religiös inspirierte, Tendenz zur moralischen Abmahnung aus, so enthalten viele Verbildlichungen äußerer Stimulierungen einen mehr oder weniger evidenten Aufforderungscharakter. Zumal die zeitgenössische Wortwahl und Bildsprache der Werbung befleißigt sich einer suggestiven Metaphorik der Eroberung, die oftmals vor martialischen Ausdrucksmitteln nicht zurückscheut. Um den gewünschten Effekt, die Weckung oder Steigerung von Kauflust beim potentiellen Konsumenten, auf jeden Fall zu erreichen, bietet sie Identifikationsangebote an, die nicht selten bis in die destrugene Tiefenschicht des Menschen hineinreichen und von dieser aus habsüchtige Energien mobilisieren.

Abb. 30 Giotto di Bondone, Invidia (Der Neid)
Wandmalerei aus der Arena-Kapelle, Padua (um 1305)

Auf den so einschlagbaren Wegen bietet sich dem Menschen jene Chance zur Zerstörungspartizipation, die er gelegentlich braucht, um nicht nach zu rigider Unterdrückung seiner ruinösen Energien nur desto fürchterlicher zu explodieren. Die symbolische wie die verhaltenstechnische Zerstörungsproduktion erfüllen mithin eine sowohl naturell als auch kulturell unverzichtliche Aufgabe. Sie offerieren Trainingsfelder, auf denen erprobt werden kann und muß, wieviel und welche Destrugenität wo und wann auf welche Weise tätlich auszuleben ist, ohne daß der dabei entstehende Schaden die Regenerationskraft, somit den Fortbestand von Mensch und Kultur zu einschneidend gefährdet. Das üben schon Kinder im Spiel, testen Jugendliche in Sport, Wettkampf und allerlei Ritualen der Defekterprobung, pflegen Erwachsene in ihren täglichen Kleinkriegen und unauffälligen Demolierungsrevieren. Zur Gewährleistung derartiger Ventilfunktionen bedient sich der Kulturprozeß abermals jenes Doppelgesetzes von Redundanz und Reduktion, von Überschußproduktion und Rücknahmezwang, das ihn auch im Konstruktiven leitet und das sich desgleichen in der Natur findet. Wie dort eine Überfülle von Samen ausgestreut wird, zugleich eine Anzahl von Mutterzellen zur Befruchtung bereitsteht, die jedoch nur minderheitlich zueinanderfinden, mithin die Möglichkeiten bei weitem die Wirksamkeit übertreffen, so überwiegen hier ähnlich den Aufbauchancen auch die zerstörungsträchtigen Reize und Dispositionen in der Regel die tatsächlichen Abbauhandlungen. Es schweben latent mehr degenerative Außenreize und Innenmotive im menschlichen Kulturraum umher als akut zu gegenseitiger Verstärkung und Tatumsetzung gebracht werden. Wäre dies nicht so, erlitten Menschenwelt und Kultur wohl bald einen Zusammenbruch nach der Art selbstverzehrender Organismen oder hätten sich bereits geschichtlich ausgelöscht. Damit auf diese zugleich reizeinschränkende und anlagemindernde Weise verfahren werden kann, ist indes eine Regulationsmacht vonnöten, die den zumal in der industriellen Zivilisation äußerlich überfluteten und innerlich aufgestauten Individuen zu konstrugener Orientierung und lebensdienlichem Verhalten verhilft. Eine in diesem Sinne taugliche »Ethik« richtet sich mithin sowohl sozial als auch kulturell dialektisch aus, indem sie das Problem der Destruktivität nicht verdrängt oder verneint, sondern ihm mit differenzierenden Wertempfehlungen darüber Rechnung trägt, welche Grade von Einschränkung, Abbau, Tilgung usw. unter welchen Umständen angebracht, ratsam oder zu vermeiden sind. Sie wird nicht naiv auf eine (sehr unwahrscheinliche) Beseitigung aller äußeren Zerstörungsanregungen und -anlässe sowie auf völlige Unterdrükkung innerer Defektleidenschaften zielen; vielmehr auf Koppelungsmäßigung mithilfe des Erwerbs dekonstruktiver Abwägungsfähigkeiten. Solche Ratschläge, Anleitungen sind hilfreicher als Versagungen und Verbote. Sie berücksichtigen das Selbstgestaltungsbedürfnis der Menschen, das auch in Fragen der Vernichtung, wie etwa im Hinblick auf den Freitod, nicht ruht, anstatt zu bevormunden. Allerdings müssen sie im sozialen Diskurs entwickelt, gelernt und übermittelt werden, sind insofern höchst umweltgebunden und veränderlich, auch gegen Mißbrauch nicht gefeit. Doch enthält ein solcher permanenter Umgang mit den Wertfragen und Dosierungsproblemen einer Dekonstruktionsethik den Vorteil, daß in ihm die Einsicht in die funktionale ebenso wie die prozessuale Unabweisbarkeit von Abbau und Zerstörung lebendig bleibt. Denn deren bloße Negation oder (falls dies überhaupt möglich wäre) gar Abschaffung brächte der menschlichen Lebenswelt angesichts ihrer starken Tendenz zu kultureller Hyperproduktivität mit hoher Wahrscheinlichkeit über kurz oder lang den Erstickungstod.

Bisher hat jedoch die Praxis selbst noch stets für die Allgegenwart und Fortdauer von Abbau-Maßnahmen gesorgt. Dementsprechend sind im historischen Kulturverlauf langlebige Formen, ja selbst Traditionsbildungen der absichtlichen Beeinträchtigung und Beschädigung nicht eben selten. Daß etwa agrarische Hilfsgüter und Nahrungsmittel gefälscht werden, ist keineswegs neu, sondern seit der Antike bezeugt. Eingedenk der Stoßseufzer vieler Generationen betrogener Konsumenten sah sich Bernard Mandeville schon Anfang des 18. Jahrhunderts zu dem ironischen Resümee veranlaßt:

»Schier endlos war des Schwindels Masse,
Sogar das Zeug, das auf der Gasse
Als Düngemittel sie erstanden,
Die armen Käufer oftmals fanden
Vermengt zu einem ganzen Viertel
Mit bloßen Steinen und mit Mörtel.
Hans Taps, verraten und verkauft,
Hat dafür brav die Milch getauft.« [6]

Nicht weniger deutlich äußert sich einige Generationen später Gustave Flaubert, wenn er in seinem »Wörterbuch der Gemeinplätze« unter dem Stichwort »Brot« sarkastisch notiert: »Man weiß gar nicht, was für Dreck darin ist.« [7] Ähnlichen Widerwillen müssen auch in Deutschland viele Gaumen verspürt haben, findet sich doch 1877 im »Kölner Stadtanzeiger« die Klage eines überdrüssigen Verbrauchers:

»Wer nie sein Brot mit Gipsmehl aß,
wer nie bei schwerspatvollen Klößen
und kreideschweren Nudeln saß,
vor dem will ich mein Haupt entblößen.« [8]

Der Betrug mit Lebensmitteln nahm schon damals so zu, daß man im Strafgesetzbuch von 1871 einen jeden mit Geldbuße oder Haft bedrohte, »der verfälschte oder verdorbene Getränke oder Eßwaren, insbesondere trichinenhaltiges Fleisch, feilhält oder verkauft«. Seither haben solche Delikte immer wieder neue Konjunktur, wird munter Milch gestreckt, Wein gepanscht und Wurst gefärbt, findet sich überreichlich Wasser im Fleisch, das Wachstumshormon Östrogen im Kalb, giftige Ei-Substanz in Nudeln, so daß es trotz aller gesetzlichen Präventiv- und

Kontrollmaßnahmen manchem Esser schwerfallen mag, Speis' und Trank ohne Mißtrauen zu verzehren [9]. Schlimmer noch: wenn es in einer zentralen Produktions- und Konsumsphäre wie der alimentären Kultur derart gewissenlos und menschenverächtlich zugehen kann, was mag sich dann in anderen Lebensbereichen ereignen? Können dann die uralten Wirtschaftsbräuche der gegenseitigen Übervorteilung, von Bestechung, Betrug und Bereicherungssucht noch erstaunen? Kann die jahrhundertelange, Böswilligkeit und Häme oft genug nicht scheuende Geltungskonkurrenz, ja Neidtradition von Künstlern oder Wissenschaftlern verwundern? Sollte die schon sprichwörtliche Eigenart der Politik, den Charakter zu verderben, etwas anderes hervorrufen als Abscheu oder ein Schulterzucken?

Indes: solche Vorgänge regen nicht nur zu Abneigung und Enthaltsamkeit an. Von ihnen geht vielmehr auch eine eigenartige Attraktivität aus, der nicht jeder zu widerstehen vermag. Die Gründe für diesen pejorativen, teilweise gar malignen Sog nehmen sich, wie schon Jean-Jacques Rousseau dartat, eher einfach als kompliziert aus: »Wenn man mir sagt, die Gesellschaft sei so eingerichtet, daß jeder Mensch dadurch gewinnen kann, daß er anderen dient, dann antworte ich, das wäre ja sehr schön, wenn er nicht noch weit mehr dadurch gewönne, daß er ihnen schadet. Es gibt keinen noch so legitimen Profit, der nicht durch einen illegitimen noch übertroffen würde, und der Schaden, den man einem andren zufügt, ist stets lukrativer als die Dienste, die man ihm erweist. Es handelt sich also nur noch darum, Mittel ausfindig zu machen, um sich der Straflosigkeit zu versichern...« [10] Dem Hang zum Abträglichen, der in jedem Menschen wohnt, sich zu entziehen, fällt um so schwerer, je zahlreicher, intensiver und ungehinderter die defektiven Veranlassungsreize und Handlungsvorbilder in kulturellem Umfeld sowie sozialer Mitwelt eingelebt sind. Ob Einmal- oder Wiederholungstäter, ob Gelegenheitssünder oder Demonteur aus Passion, die gesellschaftliche Kontinuität großer und kleiner Übel sorgt im Verein mit den entsprechenden Neigungen von Individuen und Gruppen dafür, daß die Bahnen der Dezimierung vorgezeichnet und begehbar bleiben. Sie versprechen Gewinn nicht unbedingt oder nur in klingender Münze, sondern auch dadurch, daß man sich in ihnen mehr oder weniger offenkundig andernorts verwehrte innere Genugtuung oder äußere Anerkennung verschaffen kann. Was nach Moral und Gesetz unzulässig ist, erscheint hier als geboten und einzig erfolgversprechend: ein professioneller Dieb tut zwar gut daran, die Gesetze zu kennen, gegen die er verstößt, aber noch wichtiger sind für ihn Reviergrenzen und Erfahrungsregeln seiner Zunft; die Hausfrau, die dem Kaufhausdiebstahl frönt, kann sich in der Zeitung über den Wandel der relevanten Bagatellbestimmungen informieren; mancher Umweltverschmutzer weiß genau um die ihm nützlichen Gesetzeslücken; gewisse Politiker und Lobbyisten bewegen sich mit Vorliebe in Grauzonen, deren degoutante Usancen sie bei Entdeckung vor einer staunenden Öffentlichkeit als branchenübliche Kavaliersdelikte und eigentlich nicht ahndungsbedürftig abtun.

Ihnen allen sind die Rahmenbedingungen ihres Tuns, sind zu beachtende Toleranzbreiten und Anpassungsnotwendigkeiten zumindest annäherungsweise bekannt. Sie wissen, wie man sich der Absicht gemäß vorbereitet und tarnt, wann man sich mit Komplizen zusammentun oder lieber abschotten sollte, was es nach vollbrachtem Werk zu beachten gilt. Von Kindesbeinen an wird solches Basiswissen für den demolierenden Umgang mit Pflanzen und Tieren, mit Dingen und Menschen erworben und praktisch erprobt, von der ersten Lüge, dem entwendeten Lutscher, dem zerbrochenen Spielzeug an. Jenseits aller »großen« und auffälligen Schadensereignisse in Politik und Wirtschaft, in Kunst und Religion enthält und vermittelt zumal das Alltagsleben Defekt-Traditionen, die für die Kontinuität des Malefizes im Wechsel der Generationen sorgen. Motive und Reize, Veranlassung und Befolgung finden hier ihre erste Schule, die eher informell und zufällig, ohne Plan und Absicht durchlaufen wird. Gleichwohl sind ihre Prägungen für den einzelnen lebensentscheidend, für Kultur und Gesellschaft Garanten defizitärer Fortdauer. Kreative Intelligenz und Handlungsenergien, die zu wenig Bindung im Konstruktiven erfahren, zu geringe Chancen in Aufbau, Pflege und Erhaltung, werden sich schon früh ruinös orientieren, um sich auszuleben. Heranwachsende passen sich dann negativen Vorgaben an, etwa dem Dauerstreit der Eltern, den Destruktionsspielen von Geschwistern und Freunden; sie suchen nach imponierenden Vorbildern, die sie in jugendlichen Bandenführern, Comic-Heroen, Film- und Fernseh-Barbaren finden mögen; oder sie entwerfen auch schon in Gefühl und Gedanken Modelle zukünftiger Missetaten, um sich für erlittene Verletzungen zu rächen, sich vom Druck der antrainierten desaströsen Leidenschaften zu befreien, um ihren Anteil am Leben zu erhalten oder zu vergrößern. Mit alldem wird Zerstörungsteilnahme zunächst reaktiv eingeübt, hernach eigenaktiv fortgeführt, manchmal kreativ erweitert. Indem sich aus enkulturativen und sozialisatorischen Erfahrungen und Nötigungen heraus individuelle oder kollektive Produktivität auf zerstörerische Verfahren mehr oder weniger ausschließlich konzentriert, verschafft sie nicht nur sich selbst dekulturative Operationsfelder, sondern versieht zugleich bestehende Zerstörungstraditionen des täglichen oder des außeralltäglichen Lebens mit Schüben der Bestätigung und der Innovation. Auch der homo destructor kann sich auf seine Weise als homo creator betätigen.

Dazu hat ihm das 20. Jahrhundert abermals Steigerungsmittel in die Hand gegeben. Mit Phantasie und Einfallsreichtum haben sich Wissenschaft, Technik und Industrie der Zerstörung bemächtigt und aus ihr ein weltumspannendes, gigantisches Geschäft gemacht. Sie sorgen für faktische Kontinuität und für Wandel der Modalitäten zugleich, für quantitative Zunahme ebenso wie für qualitative Verbesserung von Gelegenheiten und Instrumenten der Depravation. Zu dieser Art pejorativer Progression gehört auch, daß die Schadenszufügung nicht länger mehr Handarbeit und persönliche Vernichtung zu sein braucht, sondern daß man sie heutzutage maschinell und ferngesteuert erledigen oder betreiben lassen kann. Wurden früher etwa im politischen Gegeneinander Spione, Attentäter und dergleichen Unheilsverbreiter mehr entsandt, so leisten nun Satelliten, Raketen, Briefbomben und einschüchternde Fernsehbotschaften reibungslosere Dienste. Vor dem Hintergrund technischer Möglichkeiten war schon der Kundschafter Günter Guillaume ein lächerlicher Atavismus im deutsch-deutschen Kleinkrieg. Figuren wie er werden nach und nach keine maßgebliche

Rolle im Zerstörungstausch mehr spielen können, denn dieser wird zwischengesellschaftlich ebenso wie innergesellschaftlich immer umfänglicher nach den Prinzipien technischer Vervollkommnung und industrieller Massenproduktion absolviert werden. Was bedeutet: die agonale Komponente lebt sich in der modernen Zivilisation vorzugsweise mittels vorfabrizierter Konserven aus, über den Handel mit Zerstörungssystemen mannigfachster Art, beeinflußt durch kybernetische Planung und Steuerung. Jeder kann dann auf seine Kosten kommen: der Knabe, der sich schon im Kindergarten an militärischem Elektro-Spielzeug erprobt, der daheim mit Computern statt mit Altersgenossen spielt; der Erwachsene, der sich per Television oder Video Mord und Totschlag ins Haus holt; der Lebensmittelfälscher, der sich Substanzen und Rezepte bei der chemischen Industrie besorgt; der Staat, der Waffen und Atomkraftwerke bei erfahreneren Anbietern erwirbt. Mit diesem Wandel der technischen und industriellen Modalitäten erhält auch die Destrugenität einen epochenspezifischen Auftrieb. Die Quellen möglicher Vernichtung sprudeln abermals zahlreicher und nochmals heftiger. Die Menschheitskultur tritt in das Stadium strukturellen Technocids ein.

Aus diesen Quellen kann nun jeder Unheil schöpfen, wann und soviel es ihm beliebt. Die technische Veränderung läßt zur Nah-Zerstörung die Fern-Vernichtung hinzutreten, erweitert die Kurzzeit-Zerstückelung um die Langzeit-Zertrümmerung, bis hin zur Aussicht auf globalen und endgültigen Ruin. Diese Totalisierung betrifft indes den Menschen nicht nur äußerlich, sondern auch im Inneren, im Hinblick auf seine psycho-physische Manipulierbarkeit, daher auch Dezimierbarkeit. Alles scheint machbar, soll mithin ausprobiert werden: Pharmazie, Chemie, Chirurgie, die medizinische Technik erlauben den Eingriff in körperliche wie seelische Innen- und Kleinstbereiche, in denen schon geringfügige Operationen große, auch unwillkommene Effekte zeitigen können. Sie zerlegen den Menschen mehr, degradieren ihn eher zur Versuchsstation naturwissenschaftlichen Forscherdrangs, als daß sie ihm zu kultureller Befriedung verhelfen. Mit dem Organismus wird auch dessen Wertgefüge, wird die Bedeutungssphäre von Leben und Tod, von Gesundheit und Krankheit immer tiefer seziert. Inzwischen stellt sich die Frage nach seiner Identität, nach leib-seelischer Unverletzlichkeit und den Grenzen des manipulativ Erträglichen dem Menschen auf neue, dringlich zu klärende Weise. Der Planungswille macht wie vor der prämortalen so auch vor der pränatalen Phase, vor Zeugung und Austragung nicht mehr Halt. Die Gentechnik experimentiert mit der Mutation von Erbanlagen, mit der Züchtung von Begabungen und Fertigkeiten, mit Reagenzglas-Befruchtung und außerleiblicher Brütung. Vaterschaft und Mutterschaft verlieren an Körperbindung, die naturale Selbstläufigkeit der Entstehung des Menschen, seines physischen Werdens, ist endgültig unterbrechbar. Der technische »Fortschritt« breitet sich zerstörungsträchtig auf die noch Ungeborenen aus. Mit dieser Entwicklung geht insgesamt ein Schwund vormaliger Maßstäbe und Zurechenbarkeiten einher. Schuld- und Erlaubnisfragen mangelt es in der technisch-industriellen Vernichtungswelt an individueller sowie kollektiver Klärung, oft auch an Beantwortungsbereitschaft. Jeder ist beteiligt am allgemeinen Schadenszuwachs, doch niemand fühlt sich zuständig; alle sind verantwortlich, doch keiner ist entscheidungsfähig.

Der »alles ist möglich«-Befürchtung korrespondiert auf lähmende Weise eine verbreitete »ich will es nicht wissen«-Haltung. Der Anonymität der Hand gesellt sich die Rat- und Mutlosigkeit vieler Köpfe bei. Auch haben die alten Naturbilder des Niedergangs inzwischen an Kraft und Geltung eingebüßt. Was technocid geschieht, läßt sich nach Eigenart und Ausmaß nicht länger nur natürlich untermalen. Da im Zeitalter destruktionstechnischer Entgrenzung andere als die naturalen Defektquellen vorherrschen, hat die Natur insgesamt den Standort gewechselt: aus dem Verursacher und Bewerkstelliger von Abbau und Zerstörung ist sie selbst zu deren Ziel und Opfer geworden. Die Kontinuität der Defekte reißt nicht ab, doch die Bahn, in der diese sich hauptsächlich ereignen, hat vermöge des homo faber gewechselt: vom Naturgesetz über die kulturelle Modulation zur technischen Kalkulation.

12.

VON DER ENTZAUBERUNG ZUR SCHEINVERWANDLUNG

Im Sog der Entzauberung

Der verschlungene und wechselvolle Weg, den die Destruktionssemantik in der Abfolge der Epochen durchläuft, führt sie schließlich in eine Entzauberung hinein, die am Ende des 20. Jahrhunderts unwiderruflich zu werden scheint. Unzähligen Generationen hatten Mythen und Symbole, hatten Riten und Metaphern die geistige und seelische Auseinandersetzung mit Zerstörungsereignissen mannigfacher Art erleichtert, hatten ihnen das Unbekannte, Bedrohliche veranschaulicht, sie in eigenem Wollen und Tun geleitet, hatten ihre Ängste ebenso wie ihre Sehnsüchte erkennbar werden lassen. Aus diesen Leistungen leiteten sich der mentale Nutzen und die praktische Brauchbarkeit destruktionsspezifischer Chiffren und Codes her, ihr epochenbedingter Wandel nicht minder als ihre zeitüberdauernde Stetigkeit. Doch an der Schwelle zum 21. Jahrhundert hat die überlieferte Destruktionssemantik solche Funktionen weitgehend verloren, hat an theoretischer und praktischer Begleitfähigkeit eingebüßt, schwindet ihre Relevanz für Bewußtwerdung, Tun und Erdulden des Zerstörertums. Kaum noch können ihre Vorstellungsbilder und Sprachregelungen zur Legitimation oder Exkulpation irgendwelcher Vernichtung herhalten, im zeitgenössischen Demolierungsgeschehen vermögen sie nurmehr wenig einsichtig oder gar akzeptabel werden zu lassen. Entsprechend gering ist heutzutage die produktive ebenso wie die rezeptive Attraktivität der traditionalen Sinnangebote: ihr Pathos greift ins Leere. Welcher Soldat dürfte oder wollte sich heute noch glaubwürdig auf archaisches Kriegertum berufen, welcher Politiker wäre angemessen als Hirte oder Totengräber zu kennzeichnen, welchem Ruin ließe sich deutend mit bloßen Naturparaphrasen oder auch mit der kulturellen Symbolik von Sichel, Pfeil und Hammer, von Krug und stürzenden Säulen beikommen?

Der semantische Abstieg all dieser und vieler weiterer, in den vorangegangenen Kapiteln erörterter, Sinnbilder menschlich bewirkter Pejoration vollzog sich im Rahmen jenes kulturellen Wandels, den Max Weber schon zu Beginn des 20. Jahrhunderts als »Entzauberung der Welt« bezeichnet hat [1]. Zu dieser Entzauberung trug nicht nur die von Weber diagnostizierte »intellektualistische

Rationalisierung durch Wissenschaft und wissenschaftlich orientierte Technik« bei, die in der europäischen Kulturgeschichte schon früh einsetzte und nach und nach sämtliche Lebensbereiche erfaßte, indem sie an die Stelle magischer Reflexions- und Ausdrucksformen analytisches Denken sowie systematische Daseinsrechnung rückte. Sondern es vollzog sich in diesem mehrschichtigen Prozeß überdies im Zusammenhang mit dem gesellschaftlichen Wandel eine Selbstdiskreditierung epochal herrschender Einstellungen gegenüber Konstruktivität und Destruktivität, die auch die an diese jeweiligen Haltungen gebundenen Sinnbehauptungen und Bedeutungshoffnungen fragwürdig werden ließ. Zu den Fortschritten in Erkenntnis und technischem Vermögen gesellten sich jene Fehlleistungen und Entgleisungen, die der angestammten Semantik mehr und mehr den Boden entzogen. Vorbei ist das Zeitalter agrarischer, ländlich-lokaler Sozietäten, die im Destruktionsgeschehen vornehmlich ein Naturgesetz erblicken und ihm mit magischer Akzeptanz begegnen mochten; dahin auch ist die lang anhaltende Epoche handwerklicher, städtisch-regionaler Gesellschaften, deren zunehmende Befähigung zu kultureller Modulation sie selbst im ruinösen Treiben zu titanischen und heroischen Überschätzungen verführte; zu Ende geht allmählich die Ära der industriellen und posturbanen, global ausgreifenden Zivilisation, die noch die Vernichtung von Menschen und Sachen, von Pflanzen und Tieren einer methodischen Kalkulation unterwirft, deren subversiver Technizismus sich inzwischen selbst entlarvt hat. Relikte aus all diesen, sich im Gang der Geschichte epochenspezifisch verbindenden und umschichtenden Produktionsstufen und Sozialformen, Einstellungen und Sinnbildungen wirken im Guten wie im Schlechten bis heute fort. Doch erschlafft mit dem Abschwung ihrer materiellen Realität auch ihre Idealität, sinkt das Vertrauen in ihre Semantik, der Glaube an deren lebenslenkende Tauglichkeit ebenso wie die Hoffnung auf ihre tagesunabhängige Fortdauer. Solche Einbrüche sind vielerorts und auf allen Ebenen des kulturellen Geschehens spürbar und kenntlich. Der am Ende des 20. Jahrhunderts vollzogene Selbstumbau der traditionalen, weitgehend hierarchisch geschichteten Gesellschaften in sich nach eher funktionalen Bedürfnissen organisierende Ensembles einer weltumspannenden Techno-Zivilisation hat die Symbologien von ehedem ihrer sozialen Halterungen beraubt [2]. Diese Sinnbestände sind nun nicht mehr in herkömmliche, einigermaßen festgefügte Geltungssphären und Nutzungsbereiche eingebettet, können kaum noch in ein unumstrittenes Kulturgerüst wie selbstverständlich eingehängt werden. Vielmehr haben sozialer Strukturwandel und kulturelle Diversifikation im Verein mit technischem Erfindungsgeist, industrieller Produktionssteigerung und ökonomischer Besserstellung zu jener atomistischen Aneignungsweise geführt, die auch die Sinnüberlieferungen von Konstruktion und Destruktion nicht ausspart: beinahe jedem Gesellschaftsmitglied in der einen oder anderen Manier zugänglich, wohnt den semantischen Partikeln kaum noch die frühere Integrationskraft inne. Sie entbehren der Verallgemeinerbarkeit, ohne doch ganz zu verschwinden, bleiben verfügbar ohne Bindungsanspruch. Soziale Freisetzung und kulturelle Flottierung ergänzen einander zu jener medialen Beliebigkeit, in der fast alles konsumierbar oder auch ausblendbar ist in Zuwendungsintensitäten, die zumeist individuell bestimmt werden können.

Diesem Geltungsabschwung fügt sich der Wechsel der Ebene, auf der sich semantische Bestände von ehedem heutzutage mehrheitlich anbieten und auf der sie ehestens ins Massenbewußtsein drängen. Wenn sie nicht in Museen, Archiven und Bibliotheken ein Kümmer- und Minderheitendasein führen, also institutionell dekulturiert oder einfach vergessen werden, gelangen sie vorzugsweise als Derivate in Werbung, Unterhaltung und Popularisierungen zu Widerhall. Jesus Christus als Superstar im Musical, Daedalus als Batman in Film und Comic Strip, Antaeus im Dienste der Parfumindustrie: solche weitverbreitete Art der »Entzauberung« trägt nicht selten Züge der Selbstdestruktion einer sich in ihren Traditionen lästig gewordenen Kultur. Zu dieser trivialisierenden Reduktion, die gewissermaßen eine moderne Schwundstufen-Variante schon früher geübter Techniken der Tieferwendung darstellt [3], gesellt sich im 20. Jahrhundert die politische Desavouierung überlieferter semantischer Haushalte durch den Mißbrauch, den totalitäre Regimes und Ideologien mit ihnen trieben. Indes schließen all solche Devalorisierungen und Dekonturierungen die Präsenz destruktionsvergegenwärtigender Sinnbilder nicht völlig aus, versehen vielmehr die verbleibenden mit dem Vorzeichen akuter Ohnmacht. Wie sehr Zerstörungseskalationen und verpuffende Warnrufe Hand in Hand gehen können, erwies bereits die Karriere der Totengräber-Metapher.

Zu dieser, sich vor allem als außenbewirkter Nimbusverfall zutragenden Transformation, die sich gegenwärtig auch an der kulturellen Ratlosigkeit politischer Instanzen ablesen läßt, tritt die Auflösung der angestammten Binnenlogik überkommener Botschaften. In und mit der skizzierten gesellschaftlichen Evolution, von dieser beeinflußt und sie ihrerseits prägend, hat sich ebenfalls die innere Struktur der gesamten Dekonstruktionssemantik verändert. Läßt sich als Grundmerkmal der Denkhaltungen und Gefühlseinstellungen, welche diese Bedeutungswelt stützten, jene elementare Spannung zwischen Leben und Tod ausmachen, die zumeist in binäre Vorstellungsbilder gebannt wird, die sich dementsprechend überwiegend in dualistischen Anschauungsformen ausdrückt und der Menschen in einer immer und überall wiederkehrenden Ambivalenz begegnen, so wandelt sich zweifellos mit der Epochenfolge die Art, in der die beiden Hälften dieser zweigliedrigen Semantik aufeinander bezogen werden. Deren Beziehungslogik mutiert von den archaischen Formen einer quasi naturgesetzlichen *Inklusion* (etwa von Gärtner und Totengräber) über die unzähligen kulturellen Modulationen eines kämpferischen Antagonismus (zwischen Schmieden und Kriegern, guten Hirten und schlechten Königen, Entdeckern und Eroberern usw.) bis zur Hoffnung auf eine mit den modernen Mitteln und Methoden technischer Kalkulation erreichbare *Exklusion* von Aufbau und Abbau, von Werden und Vergehen, von Leben und Tod (Faust contra Mephisto, Gentechniker und Philosophen im Widerpart). Je mehr die Zivilisation voranschritt, desto weiter entfernten sich auch die beiden Grundpole der Semantik voneinander, um so nachhaltiger gerieten Konstruktivität und Destruktivität aus-, ja gegeneinander. Ihre wechselseitige Bedingtheit wurde im Mahlwerk von Technik und Wissenschaft zerrieben, ihr verknüpfter Symbolismus außer Kraft gesetzt. Althergebrachte Dichotomisierungen, die etwa Tag und Sommer, Weiblichkeit und Freundschaft, Rechtshändigkeit und den Götterhimmel mit einer Aura konstruktiver Präferenz umgaben, hingegen die Sphäre des Unterirdischen und der Teufel, von Nacht und Winter, Fremdheit und Linkshändigkeit mit dem Ruch destruktiver Bedrohung versahen: sie sind heute als artefaktisch und auch anders möglich durchschaut [4]. Ihr Raster, das sich mit relativ einfachen Geschlechtsdifferenzierungen, räumlichen und zeitlichen Nomenklaturen sowie ethnischen und religiösen, sozialen und leib-seelischen Zurechnungen behalf, erfaßt die komplexer gewordene Dialektik von Aufbau und Abbau in der Gegenwart nur noch unzureichend. Im technotopischen, mediengesättigten Wirrwarr einander unruhig durchkreuzender Meliorationen und Pejorationen erweisen sich solche kulturfossilen Ordnungsschemata mit ihren sozialatavistischen Zuschreibungen als insuffizient, den tatsächlichen Sachverhalten nicht mehr gewachsen [5]. Mittels ihrer mag sich, wie mancherlei modische Revivals zeigen, hier und dort eine Vereinfachung momentan erreichen lassen, doch kaum mehr die Wiederherstellung verlorener Glaubwürdigkeiten. Zukunftsgerecht lassen sich die durch semantische Geltungsminderung und Strukturauflösung entstandenen Kulturprobleme nur bewältigen, indem die in der überflutenden Zivilisation immer nachdrücklicher abgenötigten Überschuß-Reduktionen mit fortdauerndem Komplexitätsbewußtsein und anhaltender Differenzierungsbereitschaft betrieben werden. Der historisch entstandenen Kontingenz und Variabilität wird mit Blick auf das Morgen ehestens gerecht, wer an die Stelle der obsoleten Binarismen und ihrer Ausschlußlogik eine diskursoffene Semantik der Mehrwertigkeit und Verständigung zu rücken vermag [6].

Die verbreitetste Reaktionsform jedoch sieht anders aus. Den meisten Menschen fällt es schwer, die Verwandlung eingelebter Bedeutungsmuster in paradoxale Gebilde innerlich mitzuvollziehen, sie seelisch und geistig zu verkraften, ihr gar Klärung und Neuorientierung abzugewinnen. Sie sehen sich dem Widerspruch ausgesetzt, daß die Lebenswelt gerade durch jenen Zuwachs technischer Errungenschaften, von dem man sich mancherlei Erleichterung und Durchblick versprach, eher rätselhafter, undurchdringlicher, unbehaglicher wird. Vorteile und Nachteile der zivilisatorischen Entwicklung lassen sich keineswegs leichter aufeinander abstimmen als früher. Da die altgewohnte Semantik weitgehend versagt, fügen sich auch Konstruktion und Destruktion nicht ohne weiteres den Zuordnungswünschen diesseits und jenseits des Alltags, lassen sie sich nicht fraglos proportionieren und verlaufsmäßig austarieren. Der dekonstruktive Ausgleich zwischen den extremer, komplexer und anonymer gespannten Gegensätzen wird für viele Menschen theoretisch und praktisch, konzeptionell und operativ schwierig, ja unmöglich; er entzieht sich ihnen zusehends. Für den Umgang mit Zerstörungsproblemen hat diese Entwicklung zur Folge, daß Resignation und Untätigkeit um sich greifen. Wo Entscheidungen zu mühsam werden, gar nicht mehr fällbar sind oder folgenlos bleiben, mithin sich als sinnlos erweisen, dort unterläßt man sie lieber und wartet den weiteren Gang der Dinge, wiewohl beklommen, ab. Diese Reaktionsbildung betrifft insbesondere die Makrovorgänge, großformatige Zerstörungsdrohungen bis hin zum globalen Holocaust. Doch lassen sich unterhalb solcher semantischer und operativer Generalisierungsohnmacht noch andere Reflexe ausmachen. Auf mikroweltlichen Ebenen entstehen jene bloß funktional ausgerichteten sowie lediglich sektoral gültigen Semantiken und Handhabungen, die einen weitgehend behelfsmäßigen Charakter aufweisen. Sie sollen den Menschen ermöglichen, im Hier und Jetzt wenigstens einigermaßen zurechtzukommen und die »Freiheit der Leere«, welche schon Hegel heraufziehen sah, mit wie auch immer vorläufigen Inhalten und Wegmarken zu füllen. An jener Epochenschwelle, da die Vernichtungspotentiale sich zugleich zur technischen Destruktivität verstärken und als strukturelle Destrugenität verhüllen, bleibt von der weitgehend entzauberten Semantik vergangener Zeiten nurmehr die Nötigung übrig, sich in sinnhaften Provisorien einzurichten [7]. Indes birgt auch dieser Umschwung zwiespältige Reize, indem er zu konstruktiven Bemühungen nicht minder als zu destruktiven Entgleisungen anstiftet.

Eskalierende Widersprüche

Unter derart provisorischen Verhältnissen gerät wie alles Denken, Fühlen und Handeln auch abbauendes, beseitigendes, vernichtendes Tun und Erdulden in veränderte Bezüge. Die soziale Öffnung und die semantische Aushöhlung des modernen Lebens erschweren die äußere Orientierung ebenso wie die innerliche Dimensionierung im Umgang mit destruktiven Impulsen. Während die existentiellen Dispositionen des Menschen, seine tiefsten Veranlagungen und Neigungen, Wünsche und Ängste im Fortgang der Zeiten annähernd gleich geblieben sind, haben sich die Modalitäten, in denen Hervorbringung und Minderung ausgelebt werden können, dürfen und sollen, nachhaltig umgeformt. Die technisch-industrielle Welt hat diese Modalitäten mit einer Vervielfachung von Anlässen, Mitteln, Wegen und Zielen versehen, die es bei aller Chancenvermehrung, ja eigentlich gerade aufgrund dieser Pluralisierung, einzelnen und Gruppen schwer macht einzuschätzen, welcher Pfad von Fall zu Fall einzuschlagen ist. Daß etwa Kulturabbau, in der Überfluß-Zivilisation mehr noch als in vergangenen Stadien der Geschichte, notwendig, gar unumgänglich sein kann, spürt, weiß und befolgt fast jedermann in der einen oder anderen Weise. Doch welches die üblicherweise zu befolgenden »Normalformen« sind und wo deren konventionsgestütztes »Mittelmaß« liegt: darüber herrscht schon größere Unklarheit und Meinungsverschiedenheit. In den Grenzfällen, am Übergang zu Extremformen, dort wo die milden Verfahren der Beseitigung allmählich oder abrupt in härtere Tilgungsmethoden übergehen, wird die Beantwortbarkeit solcher Fragen noch schwieriger. Ist der juristisch inzwischen zum Kavaliersdelikt abgesunkene Kaufhausdiebstahl, sind kleinformatige Entwendungen im Betrieb oder dilettantische Wandschmierereien an Gebäuden und in öffentlichen Verkehrsmitteln als dekulturative Akte hinnehmbarer Schwäche oder Verzweiflung von Menschen einzustufen? Oder soll man sie als Taten destruktiven Zuschnitts ahnden? Wo hört der in verständlicher Hoffnung auf eine Besserwendung schlimmer Lebensverhältnisse radikal denkende »Sympathisant« auf, wo beginnt der Übertritt in ein »terroristisches« Lager rechter oder linker Provenienz? Handelt ein Politiker, der für die Aufstockung nuklearer Waffen plädiert, lebensgefährlich und zerstörungsträchtig oder friedlich und gemeinschaftsfördernd, da er doch, wie in wirtschaftlich labilen Zeiten gern beteuert wird, Arbeitsplätze erhalten oder neue Stellen schaffen möchte?

Schon diese wenigen, beliebig vermehrbaren, Beispiele zeigen das Ausmaß, in dem Realität und Semantik, Handlungswirklichkeit und Sinngebung auseinanderklaffen können. In gewissem Umfang freilich gab es derartige Diskrepanzen zu allen Zeiten: der Zwiespalt zwischen Beurteilungsebene und Vollzugsdimension war noch stets ebenso ein Merkmal des Zerstörertums wie der Bruch zwischen Konstruktionsbefähigung und Destruktionsneigung, wie die oft unüberbrückbare Trennung zwischen individuellem Leben und sozialer Umwelt. Daß der Mensch in diese Spannungen von Natur aus hineingestellt ist, daß sie ihm als Veranlagung qua natura eignen, die sich all seinem Trachten und Tun mitteilt: dessen wurden ebenfalls frühere Epochen bereits inne. Doch desgleichen wußte man, daß diese Ambivalenz vom Menschen selbst kulturell verstärkt wird und als solche nur mit den Mitteln von Kultur zu bewältigen ist. Da wie alles in der Natur so auch jedwedes Kulturelle zu Leben oder Untergang gereichen kann, sich gleichermaßen konstrugen und destrugen auszuwirken vermag (vgl. Abb. 31), ist solcher allgegenwärtigen Bilateralität nur durch eine entsprechend umfassende sinnhafte Imprägnierung beizukommen. Mittels einer derartigen Bedeutungsdurchtränkung zur äußeren Steuerung sowie zur inneren Milderung des von Sigmund Freud so benannten »Ambivalenzkonflikts« beizutragen, war das Ziel maßstabsetzender Sinnvorgaben, wie sie vor allem Religionen, Philosophien und Rechtstheorien zu formulieren versuchten [8]. Mit ihren Anleitungen, Abmahnungen und Regeln bezweckten sie eine harmonisierende Durchmischung beider Tendenzen ohne gegenseitige Unterdrückung oder gar Ausklammerung, eine individuell und sozial daseinsstabilisierende Synergie konstruktiver und destruktiver Veranlagungen. Im Erlaubnisbereich definierten sie die Bedingungen und Modalitäten, unter denen pejorative Normalhandlungen und manchmal auch Extreme vorgenommen werden durften oder mußten. Die programmatische Funktion solcher Kodizes bestand normalerweise in der triebmäßig entradikalisierenden Hinführung auf einen dekonstruktiven Mittelweg, in der spannungsausgleichenden Orientierungsvermittlung zwecks Schadensbegrenzung, Leidvermeidung, Lebenserhaltung [9]. Wer vor zerstörungsträchtigen Grenzfragen stand, wer sich handelnd oder leidend ruinösen Entwicklungen ausgesetzt sah: hier konnte er Rat suchen und in gewissem Umfang auch erhalten. Wie auch immer solche Empfehlungen im einzelnen aussehen mochten, günstigenfalls konnte er psychisch entlastet und geistig gelenkt ans Werk gehen.

Im Zeitalter technischen Überschwangs und semantischer Mängel sind solche Hilfen rar geworden. Die Menschen stehen mit vielerlei Dekulturationsnotwendigkeiten und -möglichkeiten, mit ihren inneren Zerstörungsimpulsen sowie mit

IDEM SALUTIS ET EXITIJ FONS.
Ad Antonium Hofslach Aduocatum.

Abb. 31 Emblematische Darstellung der Zweiwertigkeit
Junius Hadrianus, Emblemata (1565)

dem Erleben äußerer Degressionen von den gängigen Schwundformen des Alltags über kleine und größere Katastrophen bis hin zum weltumspannenden Bürgerkrieg weitgehend allein und ratlos da. Mit der destrugenen Verkomplizierung der Lebenswelt geht der Widerspruchszuwachs in der äußeres Geschehen und inwärtige Begleitung relationierenden Ambivalenzstruktur einher. Zur angestammten Doppelspannung zwischen Konstruktivität und Destruktivität sowie zwischen Ichverwirklichung und Sozialbindung ist der beschriebene Bruch zwischen Semantik und Handlungswirklichkeit getreten, hat sich zudem durch alldies eine verschärfte Inkonsistenz von leib-seelischer Innenbefindlichkeit und äußeren Geschehensabläufen gesellt. Die so sich vervielfältigende Spannungseskalation drängt den Menschen in einen mißliebigen Zustand gleichermaßen erhöhter innerer Unsicherheit und äußerer Verunsicherung. Erhält er unter diesem gesteigerten Doppeldruck keinen Beistand zur Unmutsverarbeitung, Aggressionsmeisterung und Destruktionslenkung, der ihm etwa in religiöser oder psychotherapeutischer Seelsorge oder auch mit Hilfe des heute weitverbreiteten Selbsthilfeschrifttums einen dekonstruktiven Weg aus seinem zugespitzten Dilemma weist, so läuft er Gefahr, resignativ zu verfallen oder sich in einer Zerstörungsspirale zu verfangen. Beiden Vorgängen ist jedoch gemeinsam, daß sie den betreffenden Menschen in einer Lage epochal bedingter, erhöhter Kulturbedürftigkeit nochmals mit einer sinnhaften Mißachtung, womöglich gar Abweisung konfrontieren, die entscheidend dazu beitragen kann, latente Diskrepanzerfahrungen in akute Aversionen umzumünzen. Vereinfacht und typologisch gesprochen: der durch das Erlebnis vergeblicher Bemühungen und mangelnden Beistands gereizte Kulturaspirant wandelt sich zum Gegner und Feind kultureller Teilwelten oder der Kultur insgesamt. Wem es, aus welchen persönlichen und umgebungsmäßigen Gründen auch immer, nicht gelingt, die einem jeden Menschen innewohnenden Spaltungstendenzen zwischen Ich und Wir, zwischen Schaffen und Tilgen, zwischen Handlung und Bedeutung, zwischen Innenleben und Außenwelt so zu meistern, daß aus ihnen ein ausgleichendes, spannungsminderndes Zusammenwirken aller beteiligten Strebungen entsteht, der droht einer Radikalisierung der Diskrepanzen und dadurch auch einer destrugenen Vereinseitigung anheimzufallen. Verfügt er über die erforderliche psychische und operative Energie, so wird er sich mit ruinösen Mitteln verschaffen wollen, was ihm verwehrt wurde oder woran er gescheitert ist. Seine unbefriedigten Kulturbedürfnisse, seine ungestillten Sehnsüchte und Wünsche nach kultureller Teilnahme, Anerkennung oder gar Schöpfung schlagen um in eine negative Wertschätzung, die nun auch anderen zu nehmen versucht, was sie selbst nicht positiv erlangen konnte. Aus dem Kulturbegehrenden wird der Kulturbeseitiger, im Extrem der Kulturzerstörer, der das Scheitern seiner konstruktiven Leidenschaften mit destruktiven Methoden zu überbrücken sucht, nicht ohne oftmals sich und anderen vorzugaukeln, daß solches Vorgehen allen Beteiligten zum Besseren gereiche, daß der kulturelle Teiltod eine »Neugeburt« einleite, welche Opfer erfordere und rechtfertige usw. [10]. In einer solchen, destruktiv entgleisenden Widerspruchsbindung waren nicht wenige unrühmlich bekannt gewordene Kulturverfolger der Geschichte verfangen [11]. Nero verfuhr ihr entsprechend, als er den bewunderten Philosophen Seneca und seinen Lieblingsdichter Petronius in den Tod trieb. Napoleons Kunstraub war durch seinen hegemonialen Prestigedrang und durch seine hybride Identifikation mit Frankreichs zivilisatorischer »Mission« mitbedingt. Der klägliche Maler Hitler, der unbegabte Schriftsteller Goebbels, der mittelmäßige Romancier Mussolini, der theoretische Dilettant Stalin: sie und ihresgleichen widmeten Kultur und Künsten eine verderbliche, ja mörderische Aufmerksamkeit, die ihre Energie mindestens zum Teil aus dem Streben nach Rache für entgangene Bestätigung und Selbstverwirklichung sowie aus dem Drang nach wenigstens ersatzweiser Beseitigung der auch im eigenen Ego weiterbohrenden Kreativität bezog. Das unbewältigte Spannungsverhältnis zur Kultur kann sicherlich nicht das gesamte Zerstörertum derartiger Täter hinreichend erklären; doch für ihre spezifisch die Semantiken von Literatur, Musik, Bildender Kunst, Wissenschaft, Philosophie, Religion und dergleichen betreffende Malignität dürfte es von kaum zu unterschätzender Bedeutung gewesen sein. Sie alle betrieben unter dem Erfahrungsdruck zwiespältiger Herkunftsverhältnisse und Zeitumstände die gewaltsame Transformation ihnen mißliebiger Bedeutungs- und Lebenswelten in angeblich akzeptablere Zustände, wollten sich dadurch von ihren unbewältigten Widerspruchsbindungen befreien, ohne daß ihnen dies je gelang. Ihr Scheitern im Scheitern trieb sie immer weiter in die Vernichtungsspirale hinein, spornte sie immer wieder zu neuen Untaten sporadisch entlastender Destruktionsbestätigung an.

Was an derartigen Extremfällen deutlich erkennbar zutagetritt, gilt auch für die weniger spektakulären Begebenheiten kleinformatigeren Zerstörertums. Das Zusammenwirken umgebungsgeprägter Fragmentierungen und mentaler Perspektivenverzerrungen stürzt den Menschen kulturell in einen Zustand mehrfachen Unvermitteltseins, der gleichermaßen seine Innensicht wie sein Außenverhältnis mit schweren Konflikten belastet. Ohne dekonstruktiv mäßigende Leitbilder und Hilfen, wird er diesem Dilemma zu entkommen versuchen, indem er seine schöpferischen Energien in die Bahnen seiner verderblichen Anlagen umleitet und diese dadurch verstärkt. Im Zuge solcher Vereinseitigungen bilden sich, zugleich naturbedingt und kulturgeformt, jene gesteigerten Potentiale heraus, die Erich Fromm mit der treffenden Bezeichnung der »Zerstörungsleidenschaften« versehen hat [12]. In jenem Maße, in dem sich diese Prozesse in Psyche, Verstand und Handeln inkorporieren, in dem sie sich mithin des Menschen strukturell, in toto oder beinahe gänzlich, bemächtigen, wäre von einem »destruktiven Charakter« zu sprechen [13]. Wie immer man dessen Zerstörungsträchtigkeit typologisch ausfächern mag, ob nach Arten und Graden der Grausamkeit und des Vernichtungsdrangs, wie es Fromm versuchte, oder nach Varianten der Brutalität und Aggressivität, wie es etwa Friedrich Hacker unternahm [14], stets kennzeichnet und lenkt diesen Sonderfall ein hohes Ausmaß verderbenschaffender Irreversibilität sowie die Unterwerfung konstruktiver Fähigkeiten unter destruktive Impulse. Der zum »reinen« Zerstörer mutierte Mensch hat den Dualismus seiner Handlungsenergien und den Binarismus seiner semantischen Imprägnierungen zu jener unitarischen Aktions- und Lebensform umorganisiert, die Rudolf Bilz als »identische Exekutive« bezeichnet hat [15]. Er legt sich nicht mehr zwei- oder mehrwertig aus, ist nicht an der Abwägung verschiedener Möglichkeiten der Lebensgestaltung interessiert. Seine Option ist durch Zweifel und Auswege negierende Entdifferenzierung unwiderruflich und extremistisch entschieden. Er agiert seinen Schaffensdrang allenfalls ruinös aus, hält kreative Anstöße gewissermaßen unter dem Verschluß seiner Schadensbegier. Als dermaßen selbst reduzierter Zerstörer zielt er durch sein Treiben auf eine ihm gemäße Vereinfachung ungeliebter Verhältnisse. »Ich kenne keine Parteien mehr, ich kenne nur noch Deutsche«, tönt es dann aus kaiserlichem Mund (gemeint waren damit zu Beginn des Ersten Weltkrieges tötungswillige und sterbensbereite Deutsche); oder es gibt im Meinungsstreit der Weltbilder und Ideologien nur noch »den« Kapitalismus oder »den« Kommunismus, mit zuweilen widerwärtigsten und inzwischen weltweit bedrohlichen Zerstörungsfolgen: »Ich habe an diesem Tag in My Lai keinen Menschen getötet, nicht ich als Person tat es«, rechtfertigte sich jener amerikanische Leutnant William Calley, der während des Vietnam-Krieges Hunderte unschuldiger Zivilisten, Frauen, Säuglinge, Kinder und Greise von seinen Untergebenen ermorden ließ und dutzendweise eigenhändig erschoß. »Ich tat es für die Vereinigten Staaten von Amerika, mein Land. Und wir waren nicht da, um menschliche Wesen zu töten. Wir waren da, um eine Ideologie zu töten. Um den Kommunismus zu zerstören.« [16]

Statt komplexe Verhältnisse offen zu durchleben, bringt sich der Zerstörer zu ihnen in eine überwiegend bis gänzlich restriktive Beziehung. Er fühlt sich der

Welt nicht gewachsen, tritt mithin problemhaltigen Vorgängen, wenn sie ihn zu überfordern drohen, offensiv entgegen, um störende Dinge, Bedeutungen, Personen zu ver- und zu zerkleinern. Was in seine monistisch vereinfachte Anschauung nicht paßt, will er aus der Welt schaffen, dem Sinn und der Sache nach, erforderlichenfalls auch personell. Kann er, was ihn derart in einen destrugenen Bann zieht, nicht direkt und sofort beeinträchtigen, so mag er seine Degradierungsgelüste zeitlich verschieben (wie es etwa Hitler und Konsorten taten) oder sie an Ersatzzielen befriedigen (wie es im täglichen Leben häufig geschieht: dann werden stellvertretend im Berufs- und Privatleben unschuldige Mitmenschen gequält, werden im Vorübergehen Fahrräder zertrümmert, werden Telefonzellen demoliert, Bilder in Museen oder Plastiken auf öffentlichen Plätzen beschädigt) [17]. Daß eine viele Menschen überfordernde, weil semantisch verwirrende, operativ entgrenzende und sozial unverbindliche Zivilisation derartige Prozesse begünstigt, steht außer Frage. Denn in den Hohlformen, die sie vermehrt anbietet, wird ja nicht nur konstruktive oder dekonstruktiv gebändigte Kreativität massenhaft ausgelebt, sondern sie stimulieren desgleichen die breite Erprobung und Einübung destruktiver Unternehmungen. Dies gleichermaßen ex negativo durch im Kulturprovisorium einen ruinösen Sog erzeugende Über-Toleranzen und Unter-Widerstände gegenüber destruktiven Experimenten und Ernstfällen, wie auch positiv in Gestalt frei flottierender Abbausemantiken, deren jeder sich bei Bedarf nach eigenem Schlechtdünken und Funktionskalkül bedienen kann. Die empirische Forschung hat inzwischen jeden Zweifel daran beseitigt, daß zerstörungseuphorische Literatur, gewaltverherrlichende Filme, die täglichen Schreckensberichte in den Massenmedien und dergleichen eine teils passiv bleibende, teils sich aktiv entladende Steigerungswirkung auf die defektiven Dispositionen von Individuen und Kollektiven ausüben [18]. Unter der Bedingung, daß der präsentierte Anreiz und der latente Aktionswunsch oder die wartende Reaktionsbereitschaft adaptiv, einander ergänzend zusammentreffen, kanalisieren solche Sinnangebote die bisher noch unentschiedene Selektivität und verweisen auf die erforderlichen Kulturtechniken der Schadenszufügung. Der potentielle Zerstörer weiß nun, worauf er achten muß, wie sich gegebenenfalls Ziele, Mittel, Begründungen etc. gegenseitig bedingen und wie sie strategisch optimiert werden sollten. Wissenschaftlichen Erkenntnissen zufolge kann beispielsweise ein im Fernsehen gezeigter Mord oder Selbstmord zum stimulierenden Modell arrivieren, können gar öffentlich angeprangerte Delikte (vom Einbruch bis zum politischen Terrorismus) Nachahmungsakte in Gang bringen, vermag eine publizitätsträchtige Wahnidee (wie etwa in Deutschland der Nationalsozialismus) sich exzessiv gestimmter Hirne zu bemächtigen, von diesen effektheischend weitergesponnen und in demolierenden Taten bestätigt zu werden. Derlei Anverwandlungen und Umsetzungen sind als »Werther-Syndrom«, »Hitler-Effekt« und ähnliches oft beobachtet und diskutiert worden. Gemeinsam ist ihnen eine doppelt negative Kultureinbettung, bei der Profit und Entlastung, die sich der Anbieter destrugener Sinnofferten verschaffen möchte, auf Kosten und mit der Belastung übernehmender Täter und Opfer erkauft werden. Indem sie einen solchen Zerstörungstausch massenkommunikationstechnisch und weitgehend ohne konstruktiv korrigierende Kontrollen etabliert hat, enthüllt die Zivilisation auch auf dieser Ebene ihren destruktiv einladenden Charakter.

Kultur als Scheinverwandlung

Wie weitgehend und tiefgreifend auch immer die Realität den Charakter einer Vernichtungswelt annehmen mag: kulturlos ist sie deswegen noch lange nicht. Zerstörungseskalation oder auch nur die Zunahme abbauträchtigen Innen- oder Außendrucks leiten für sie zumeist eine reduktive und restriktive Verwandlung dinglicher, sinnhafter und personeller Bestände sowie Modalitäten ein, die jedoch nur in Grenzfällen in eine völlige Abschaffung bzw. in ein unwiderrufliches Sterben mündet. Dementsprechend ist der kulturelle Tod ähnlich dem physischen Ableben und dem sozialen Mord oder Selbstmord ein Extrem, dem in der Regel vielerlei semantische und operative Eindämmungsbemühungen und Abwehranstrengungen vorausgehen. Jede kulturelle Transformation und zumal die Kreativität in Bedrohung wie Niedergang enthält ein Stück solcher Todesverweigerung. Daher hat allenfalls in äußersten Schocksituationen eine semantische Entzauberung, wie sie in großem Format mit der Ausfaltung der modernen Zivilisation einherging, wie sie jedoch auch einzelne und Gruppen im Zuge von Enttäuschungserlebnissen erfahren können, den sofortigen und gänzlichen Zusammenbruch von Sinnwelten zur Folge. Die Drohung einer derart totalen Implosion oder Explosion belebt vielmehr noch im Extrem jene schöpferischen Energien, die dem Schwinden der Bestände wenigstens eine Übergangsbedeutung, womöglich gar die Sicht auf neue Ufer abzuringen suchen. Wer, sei er einzelner, Gruppe, Nation oder die Menschheit insgesamt, der angestammten Kulturbedeutungen verlustig ging, der richtet sich nolens volens in semantischen Provisorien ein. Auch in dieser Defektlage bleibt indes der Mensch zu kompensatorischen Leistungen fähig und getrieben, die nach wie vor unter dem Zeichen seiner Doppelveranlagung zum homo creator und homo destructor stehen [19]. Nicht nur scheut er normalerweise das Abdriften in äußerste Tilgungen, weil er allzu starke Rückwirkungen auf das eigene Dasein fürchtet und meiden möchte; sondern es fehlten ihm bis an die Epochenschwelle des Technocids Mittel und Wille zum universellen Ruin. Doch auch jetzt noch, da ihm dieser möglich wird, da er das Ausmaß seiner Desillusionierung zu begreifen beginnt und sich am Scheideweg konstruktiver Besinnung oder destruktiven Abgleitens stehen sieht, scheint er mehrheitlich einem Verhalten und Handeln den Vorzug zu geben, das die tiefe Ratlosigkeit durch Oberflächenaktionismus zu überspielen, dem Wert- und Leitbild-Mangel mit Durchhalteparolen und modischen Revivals beizukommen sucht. Während auf dem Niveau makroweltlicher Generalisierung die vor der strukturellen Zerstörungseskalation verzagende Entscheidungslosigkeit fortbesteht, treiben die auf mikroweltliche Belange reduzierten Funktionssemantiken einer Kulturgestalt zu, die sich ehestens als Pseudomorphose kennzeichnen läßt. An die Stelle der vormaligen Sach- und Sinnhaushalte treten hier Ersatzbildungen, Scheinerrungenschaften, Behelfsentwicklungen, welche die eingetretenen Verluste nicht wettmachen, doch mithilfe industriell geförderter Betriebsamkeiten über sie hinwegtrösten, ja -täuschen können. In dem Vakuum, das der Geltungsabbau traditionaler Kultur bescherte, macht sich nun eine Vielzahl von Surrogaten breit, deren gemeinsames Wesensmerkmal die semantische Simulation, die bloße Vorspiegelung daseinsgerechter und problemadäquater Sinnhaltigkeit ist [20]. Überspitzt formuliert: in verdrängender Reaktion auf die äußerst unbehaglich gewordene, weil in historisch noch nie dagewesener Weise problematische Zivilisation regiert der Schein die so fragliche Wirklichkeit, anstatt daß diese die noch bestehenden Illusionen und Unwahrheiten hinwegfegt. Es sieht so aus, als ertrügen die Menschen die Fragen nicht, die sie durch ihre Kulturgeschichte doch selbst hervorgebracht haben. Also weichen viele aus in die Trugräume einer zumindest vorübergehend vergnüglichen Lebensfrist, und sei es auch um den Preis, den schon Francisco Goya so treffend ins Bild gerückt hat: während der abgehackte Kopf der Statue bereits am Boden liegt, schwingt der von blindem Wahn und Unwissenheit geleitete Empörer abermals die Picke gegen das Objekt seines Unmuts (vgl. Abb. 32).

Der Gefahr einer derartigen, wie auch immer durch Leidensdruck und Mißgunst geschürten, daher sozial verstehbaren Fehlentwicklung in Form exzessiver, zu weit gehender Destruktivität enträt indes die Zivilisation um so weniger, je mehr sie pseudologische Verhaltens- und Handlungsweisen als schleichende Prinzipien aushöhlender Lebensgestaltung um sich greifen läßt. Wo List, Verstellung, Tarnung und dergleichen mehr den Ton angeben, tritt an die Stelle der entzauberten Semantik nicht jene Diskursoffenheit mitmenschlicher Achtung und Lernbereitschaft, die allein einen Weg aus den eskalierenden Dilemmata der Epoche zu weisen vermöchte, sondern es gewinnen Strategien an Einfluß, die sich den bestehenden Defiziten abermals negativ hinzuaddieren und sie sinnschwächend steigern. Wie ein Sog auf solche Machenschaften in Zeiten verschärfter Bedeutungskrisen stets entstand und wirkt, so sind diese noch immer das Metier vor allem zerstörungsvereinseitigter Charaktere. Der in pejorativen bis malignen Leidenschaften Verstrickte wird sich von pseudomorphotischen Verhältnissen angezogen fühlen, läßt sich durch sie mobilisieren, um ihnen das Seine abzugewinnen bzw. hinzuzufügen. Wie auch umgekehrt Zeitläufte, in denen Täuschung, Betrug, Heuchelei etc. Konjunktur haben, das ungehemmtere Ausleben defektiver Begierden ermöglichen, ja geradezu fördern. Das Prinzip, das in alldem waltet, heißt: »Mundus vult decipi – ergo decipiatur«. Die Welt will hintergangen werden, also sei sie getäuscht. Es dient zur Legitimation all jener Verstellungskünste und Verdrehungsmanöver, deren große und kleine Zerstörer sich gerne bedienen, um ihre wahren Ziele zu verschleiern. Auf der semantischen Ebene, in der Dimension von Bedeutung und Sinn, agieren daher die meisten destruktiv veranlagten oder abdriftenden Menschen pseudologisch: vor sich selbst und vor anderen biegen sie die ungeliebte, mehr oder weniger verhaßte Wirklichkeit

Abb. 32 Francisco Goya, »Er weiß nicht, was er tut«
Zeichnung, undatiert, wahrscheinlich 1806/1812
Preuß. Kulturbesitz, Berlin

mental um, wobei die Gradation solcher Entstellungen von der simplen Lüge bis zur fanatischen Hetzkampagne à la Hitler und Goebbels reichen kann, sich klinisch von der »normalen« Pseudologie des täglichen Lebens bis zu extremen Auswüchsen einer krankhaften, weil nicht mehr unter Kontrolle befindlichen Pseudologia phantastica erstreckt [21]. Solche mentalen Umdefinitionen haben jedoch nicht nur eine theoretisch, etwa in »großen Worten«, »kühnen Behauptungen«, wüsten Drohungen und dergleichen Rhetorik ableitende Funktion, sondern sie dienen oft genug auch der praktischen Bahnung demolierender Leidenschaften. Denn merkt der Pseudologe, daß die Welt sich seinen erfundenen Bildern nicht fügt, daß die verfälschende Künstlichkeit seiner Behauptungen und Projektionen entdeckt zu werden droht, daß man ihm gar konterkarierend zu Leibe rückt, so wird sich seine Neigung verstärken, zuzuschlagen, mit ruinöser Gewalt jene Herrschaft über die verhaßte Wirklichkeit zu erlangen, die ihm bei harmloseren Mitteln versagt bleibt. Wenn die Umgebung der pseudogenetischen Kompensation psychischer Defekte oder geistiger Mängel die gewünschte Anerkennung sowie Gefolgschaft versagt, so muß sie dafür büßen. Ihre Verweigerung schürt bestehende Aggressionen, setzt latente Destruktivität akut frei. Solche plötzlichen Eruptionen, ins äußerst Verderbliche umschlagenden Exaltationen sind von vielen Zerstörungspolitikern bezeugt, denen die selbstgezimmerten, semantischen oder praktischen, Scheinwelten aus innerem oder äußerem Anlaß wie Kartenhäuser zusammenfielen und die bezeichnenderweise gerade in solchen Krisen-, oft auch Endlagen ihr vorgebliches »Künstlertum« mit suggestivem Drang beschworen. Ob Nero oder Napoleon, Wilhelm II. oder Hitler: sie und ihresgleichen entschlossen sich immer wieder, die Welt lieber in den Untergang zu führen, als Abstriche an ihren pathologischen Projektionen und kulturellen Größenphantasien hinzunehmen. In den Desastern, die dann folgten, entlarvten »Goldenes Zeitalter« und »Empire«, »Gründerjahre« und »Neo-Klassik« ihren renommiersüchtigen Kulturcharakter, der dazu beigetragen hatte, schwelende wie auch sich sektoral austobende Vernichtungsgelüste zu bemänteln.

Was dergestalt an politisch bankrottierendem Pseudo-Künstlertum sich großformatig ablesen läßt, hat mancherlei Entsprechung in den nicht so sensationellen Mittellagen des kulturellen Lebens. All jene, die weniger schöpferisch oder stärkend an der Substanz interessiert sind als daß sie mindernd von ihr und an ihr zehren: die zu allen Zeiten emsigen Parasiten und Geschäftemacher, die umtriebigen Modeproselyten und Trendsetter – sie betreiben mit vielerlei Aufwand und Lustgewinn das Werk pseudomorphotischer Kulturverwandlung [22]. Ihre Devise lautet: dabeisein und mitmachen; ihr Ziel heißt: Nutznießung und Vergnügen ohne eigene Anstrengung, möglichst auf Kosten anderer. Daß solche Einstellungen, Handlungsweisen, Verhaltenstypen in einer Zeit Auftrieb erhalten, da die Kultur von den Hochformen »gepflegter Semantik« bis zu ihren populistischen Massenerscheinungen zum Selbstbedienungsladen für jedermann verkommt, zur »Kultur für alle«, kann kaum verwundern [23]. Zudem förderte die quantitative Überbrückung qualitativer Unterschiede zwischen Kennerschaft und Banausentum, zwischen schöpferischen Minderheiten und vielzähligen Interessenten noch stets Übersetzungs- und Vermittlungsdienste nach dem Muster des ebenso schelmischen wie nie ganz uneigennützigen Hermes, der nicht zufällig zugleich als Götterbote, als kulturstiftender Erfinder der von ihm an Apoll »verkauften« Leier sowie als Patron von Kaufleuten und Dieben galt. Dergleichen ist mithin nicht neu, war auch kulturellem Leben kaum je völlig fremd. Doch deutet sich ein Unterschied der heutigen zu früheren Epochen in dem Ausmaß an, in dem der Trickster wenn nicht zur Leitfigur und zum Prototyp so doch zur Lenkgestalt des kulturellen Geschehens arriviert ist [24]. Er schiebt sich mit Geltungssucht und Händlergeist an die Schaltstellen zwischen Produktion und Rezeption, zwischen Urhebern und Publikum, er ist Steuermann, oft genug Manipulator, nicht selten Beherrscher jener institutionalisierten Distribution, die in der Ära kulturindustrieller Massenversorgung ständig an Boden gewinnt. Ein wendiger Fisch im trüben Gewässer provisorischer Pseudo-Semantiken, versteht er es listig, erfolgsträchtige Novitäten zu lancieren, weiß er zugleich, ihm mißliebige Kreationen zu blockieren. Er ist ein Verwandler neuen Typs, indem er die einträgliche Deformation kultureller Bestände und Neuerungen in mediengerechte Konsumgüter mit professionellem Geschick betreibt. Ob Sinn, ob Sache oder Person – in den Händen des Verteilungstricksters wird alles zur Ware, was Umsatz und Prestigegewinn verspricht, was der Unterhaltung dient, das vordergründige Freizeit-Spektakel in Gang hält [25]. Bei alldem mag er subjektiv Gutes wollen, hingegen objektiv Schlechtes bewirken. Nicht selten auch geriert er sich als Liebhaber der Künste; doch wenn er dies tatsächlich ist, so allenfalls ein schlechter – einer, der mehr nimmt als er gibt.

Indes: der Trickster, seine Adepten und Nebensassen betreiben nicht bloß kosmetisch-ästhetische Oberflächenverfärbung, sondern greifen auch in die Tiefenstruktur kultureller Systeme ein. Indem sie von der Semantik bis zu den Lebensformen alles mehr oder weniger merkantil umfunktionieren, erhöhen sie nochmals jene Disponibilität und Konturoffenheit, die seit jeher die meisten Kulturwelten kennzeichneten, die jedoch nun vom Epiphänomen zum zentralen Merkmal aufrücken. Produktiv äußert sich dieser Wandel darin, daß Imitate und Derivate, Kopien und Repliken aller Art Konjunktur haben, massenhaft hergestellt werden und eine Ersatzwirklichkeit zutagefördern, auch an den Mann bringen, die sowohl ehemals authentische Realitäten auffrißt, sie sich einverleibt, wie auch neue Originalleistungen eher erschwert als befördert. Neben dieser Umleitung schöpferischer Energien auf Surrogatbildungen, für welche etwa die sich beschleunigende Rotation künstlerischer »Neo-ismen« ein deutliches Anzeichen ist (die »alten« und die »jungen Wilden« etc.), vollzieht sich eine rezeptive Umorientierung, in deren Verlauf immer mehr Menschen sich über die neue Undurchdringlichkeit, den kulturindustriellen Dschungel-Charakter ihrer Umwelt dadurch hinwegtäuschen, daß sie sich in solchem Leben aus zweiter Hand angenehm einrichten. Denn gerade diese künstlich gesteigerte ideelle Inkonsistenz, die semantische Verschwommenheit der Kulturverhältnisse garantiert ihnen ja zugleich materiell, durch hohe Produktionsraten, einen gewissen Wohlstand. Anders ausgedrückt: man läßt sich gerne gängeln und täuschen, solange man sich dabei wohlbefinden darf; erst in Krisen- und Notzeiten steigt wieder die Nachfrage nach »echten« Kulturleistungen, wird von neuem nach authentischeren Sinnangeboten gesucht. Die Kultur als ein vagabundierendes System, als ein vages Gebilde weitgehender semantischer und operativer Nichtfestlegung, wird dann wieder hinsichtlich der stabileren Halterungen und Verstrebungen geprüft, die sie und die ihr ausgelieferten Menschen zum Überleben benötigen [26]. Was bedeutet: ihre kosmetischen Schichtbildungen werden nun ihrerseits angekratzt, beseitigt, verworfen, um den »wahren« Grund hinter und unter ihnen (wieder) zu entdecken, die Substanz in der Verpackung aufzuspüren. Bevor jedoch solche Skepsis sich regt, der allzeit mitschwingende Widerwille tätlich wird, bestimmen jene von Walter Benjamin so benannten »apollinischen Zerstörer« das Geschehen, die inzwischen vielerorts an die Stelle von Nietzsches dionysischem Zerstörertum getreten sind [27]. Sie fühlen sich wohl selbst im Vexierbetrieb einer mit technischen Zerstörungsmitteln abermals vulkanisch eruptionsbereiten Kultur, der die friedliche Neugeburt weniger angelegen zu sein scheint als eine frivole Gefahrenübertünchung. Diesen apollinischen Demonteuren kann man die allzeit gute Laune nicht verderben, sie lassen sich die persönliche Freude am Leben nicht nehmen, und sei dasjenige ihrer Mitmenschen noch so bedroht. Gelassen und beschwichtigend verkünden sie etwa auf politischer Bühne vollzogenes oder bevorstehendes Unheil, begründen mit pseudologischer Hebammenkunst kriegsschwangere Vorratshaltungen, die Vorbereitung zu Massensterben und Zivilisationsausrottung [28]. Ihre Vernebelungstaktik dient der Verschleierung wahrer Verhältnisse und Absichten, der Beschönigung qualitativer und quantitativer Differenzen zwischen Konstruktivität und Destruktivität: sie brauchen die zahlungswillige Ruhe der Bevölkerung, um gegen die Zukunft rüsten zu können. Manch einer lächelt gar zu seinen Worten. Ihr Habitus indes offenbart nicht minder als die weltweit gebräuchliche Sprache der politischen Pseudokultur die semantische Paradoxie, der die großen und kleinen Trickster vieler Couleur Vorschub leisten. In dieser Sprache werden Sinn und Gedanken eher verkleidet als enthüllt, steht der Aufwand an Worten in einem negativen Verhältnis zu deren Bedeutung [29]. Es wird viel geredet, doch eigentlich wenig gesagt: die Strategie der Exklusion, die Vorherrschaft der Ausschlußlogik, ist auch auf dieser sprachlichen Ebene anzutreffen. Der Betrieb läuft, wenn auch zumeist leer; Freund und Feind dürfen beruhigt sein, weil und solange sie abgelenkt sind. Zur diskrepanzübertünchenden Geschäftigkeit, dem trügerischen Gebaren, gesellt sich die Doppelzüngigkeit, die widersprüchliche Sprache, als ein in mehrfacher Hinsicht zweischneidiges, doch in semantisch entzauberten und real antagonistischen Epochen mannigfach anzutreffendes Verhaltenssyndrom, das zur Entstehung, Ausbreitung und Erhaltung pseudomorphotischer Kulturzustände maßgeblich beiträgt.

13.

DESTRUKTIVITÄT UND SOZIALES LEBEN

Animalistische Kollektivmetaphern

Wie im persönlichen Dasein bedienen sich Menschen auch im sozialen Leben semantischer Kunstgriffe, um destruktives Geschehen seelisch verarbeiten, geistig verstehen und handelnd beeinflussen zu können. Nicht minder als ihre konstruktiven Hervorbringungen belehnen sie zerstörerisches Tun und Erdulden mit Symbolen des Wortes wie des Bildes, mit Begründungsgleichnissen und Abwehrchiffren, auf daß es sich ihnen sinnhaft erschließe. Aus diesem Kreislauf einer mehr noch metaphorischen als begrifflichen Deutung kann das soziale Leben um so weniger ausgeschlossen werden, als in ihm und durch es Aufbau und Abbau am unmittelbarsten zutagetreten. Die Kollektivformen der Daseinsgestaltung bescheren den Menschen im Werden wie im Vergehen, in Freud' und Leid die intensivsten Erlebnisse, deren sie auf Erden teilhaftig werden können. Von der Zweierbeziehung über Familie und Gruppen verschiedenster Art bis hin zu kaum mehr überschaubaren Gesamtheiten wie Gesellschaft oder Nation: stets wird der in sie eingebundene Mensch derselben, unentrinnbaren Widerspruchsstruktur konfrontiert, die sich aus dem gleichzeitigen Zu- und Gegeneinander von Konstruktivität und Destruktivität, von Personalität und Sozialität, von Innenleben und Außenwelt, von Imagination und Realität ergibt. Die Labilität dieses sowohl kraftspendenden als auch zerstörungsträchtigen Gefüges, sein unablässiges Schwanken im Fluß der Zeit machen es für die ihm ausgesetzten Menschen in hohem Maße kommentarbedürftig.

Frühe Epochen der Menschheitsgeschichte trugen diesem Erfordernis dadurch Rechnung, daß sie die hortikulturelle Praxis als Ausgangspunkt der Sinnstiftung nutzten. Das Gärtner-Gleichnis läßt mannigfach Pflanzenmetaphern zur Entfaltung gelangen, die überwiegend der Freisetzung konstruktiver und produktiver Phantasien dienen. Wo in diesem floralen und vegetabilischen Rahmen Vergänglichkeit und Niedergang zum Ausdruck gelangen, werden sie als naturbewirkt oder doch wenigstens naturgewollt suggeriert. Der archaische Erdbewohner, der im Überlebenskampf mit den Elementen Natur in Kultur verwandelte und dabei auch zerstörerisch vorging, hielt auf langen Etappen seines Weges an einem

SIC CONTERIT AETAS

Abb. 33 Analogische Darstellung des Niedergangs von Natur und Gemeinwesen
Jacobus a Bruck, Emblemata Politica (1618)

organizistischen Weltbild und Selbstverständnis fest. Was immer er anrichtete: daß er den Rahmen der Natur kulturell würde sprengen können, kam dem Menschen jahrtausendelang kaum in den Sinn. Er hatte gelernt, zwischen gütiger und gefährdender Natur zu unterscheiden; er empfand sich als Kind der Natur, die er doch eindämmen wollte; er bemühte sich, ihr Walten auch dort zu respektieren, wo sie in das Geschick seiner Kulturwelt eingriff. Von solchem Bestreben zeugen totemistische Praktiken, die Menschen und Tiere symbolisch familiarisieren, ebenso wie die vielerlei Mahnbilder, in denen der Verfall politischer Gebilde mit floralem Sterben verglichen wird, in denen etwa ein Menschenreich wie ein verdorrender Baum zugrundegeht (vgl. Abb. 33).

Bedeutsamer, auch weiter ausdifferenziert als die Analogie zwischen pflanzlichem und gesellschaftlichem Leben sind im Rahmen der bio-sozialen Semantik jene Umschreibungen, in denen menschliches mit tierischem Gemeinschaftsverhalten symbolisch verknüpft wird. Solche animalistischen Kollektivmetaphern führen das Leben von Menschen untereinander nach Mustern tierischer Gesellung vor: als Herde und Schwarm, als Rudel oder Meute zumal. Ihr archaischer Ausgangspunkt war die Tätigkeit von Hirten und Jägern, mithin der konstruktiv-produktive ebenso wie der destruktiv-dezimierende Umgang mit Tieren. Hege und Zucht, Jagen und Töten boten die Erfahrungsmodelle, an denen sich von früh an auch der Blick auf menschliches Sozialverhalten zu schulen wußte. Dementsprechend entwickelt sich die zoo-soziale Semantik in zwei Bedeutungssträngen.

Deren einer führt friedliches Zusammenleben von Tieren auf unterschiedlichen Stufen der Domestizierung mehr oder weniger vorbildhaft vor Augen. Indem etwa die Schafherde zum symbolischen Prototyp der christlichen Gemeinde arriviert, wird biblisch auf die Chance der Menschen verwiesen, unter Anleitung eines gütigen Priester-Hirten, der seinerseits zum Muster politischen Herrschertums dienen soll, auf dem Wege gemeinschaftlicher Pazifizierung durch kontinuierliche Selbstkultivierung voranzuschreiten.

Derartigen Hoffnungschiffren stehen zum anderen all jene Paraphrasen gegenüber, in denen menschliche Zwietracht tierbildlich veranschaulicht wird. Viele dieser Gleichnisse warnen vor allzu ungehemmtem Ausleben zerstörerischer Veranlagungen und Begierden, da dies dem Zusammenleben schade, mahnen auch, die den Naturtrieben angelegten Zügel nicht allzu sehr zu lockern, weil damit der Pfad der Entdomestizierung, der Weg von der Kultur zurück in die Wildheit beschritten werde und der Mensch wieder zum tierischen Ungeheuer, zur Bestie abzusinken drohe. Schon älteste Texte beschwören mittels animalistischer Gesellschaftsmetaphern eine Vernichtungswelt, vor der nur Einigkeit, Schöpfergeist und Gottvertrauen die Menschen bewahren können. Im Alten Testament verkörpern Leviathan und Behemoth das dissoziative Chaos; Krokodile und Schlangen, Skorpione und Adler, Löwen und Bären vergegenwärtigen in vielen Epen der Welterstehung wie des Weltuntergangs teils bewunderte, teils gefürchtete Potenzen, deren menschliche Äquivalente dem sozialen Leben zum Nachteil zu gereichen drohen [1]. In solchen Fällen, besagen derlei Schilderungen etwa, verhalten Menschen sich wie Schweine, bekämpfen einander wie Raubtiere, umzingeln sich wie Natterngezücht [2]. Dann rangiert das Naturrecht physischer Stärke vor der kulturellen Errungenschaft der Rücksichtnahme auf die Schwächeren, zermalmen die Mächtigen die Machtlosen nach Art jener Fische, die ihresgleichen verschlingen (vgl. Abb. 34). Solchen, die Zerstörungszufügung thematisierenden Aktionsbildern treten ergänzend Passionsmetaphern zur Seite, in denen das Erdulden des Ruinösen veranschaulicht wird. Unter den animalistischen Gleichnissen der Zerstörbarkeit behauptet das zerbrechliche Bauen der Spinne einen zentralen Platz, verweist die Fragilität des Spinnennetzes symbolisch auf die jederzeitige Hinfälligkeit des menschlichen Lebens und seiner kulturellen Schutzgehäuse [3].

Unter den Aufbaumodellen der tierbildnerischen Sozialmetaphorik nimmt seit alters das Bienengleichnis einen besonderen Rang ein. Es ist konstruktiv und produktiv orientiert, zeugt von tektonischen Fertigkeiten ebenso wie von alimentärem Gewinn. Immenfleiß und Honig regten immer wieder dazu an, gerade in der Biene, wie Vergil formulierte, einen »Teil des göttlichen Weltgeistes« wirken zu sehen [4]. Als staatsbildendes und arbeitsteiliges Geschöpf galt sie bereits antiken Autoren für vorbildlich im Hinblick auf die Naturordnung menschlicher Geselligkeit, politischen Lebens, kultureller Bemühungen. Wie das Bienenvolk als Beispiel idealer Gemeinschaftsgestaltung wertgeschätzt wurde, so benutzten politische Machthaber bis hin zu Napoleon Ensembles von Bienen immer wieder als schöpferisches und herrscherliches Anspruchssymbol. Doch enthält das Bienengleichnis ebenfalls von früh an einen Hinweis auf die nachteili-

Abb. 34 Die großen (Fische) verschlingen die kleinen
Sebastián de Covarrubias Orozco, Emblemas Morales (1610)

gen Mächte, denen kein soziales Leben je ganz entrāt. Bereits Platon verweist auf die Störungen, welche parasitäre »Drohnen« im Bienenstock wie im menschlichen Staat bewirken. Solchen Mißhelligkeiten sei ehestens dadurch beizukommen, daß deren Urheber hier wie dort möglichst radikal »ausgeschnitten« würden [5]. Aus dieser Empfehlung spricht die Befürchtung, daß der schlimmste, schwierigst zu bekämpfende Feind des Zusammenlebens in dessen Innerem laure, daß man hinsichtlich der Erscheinungen sozio-internen Ruins nicht minder wachsam sein dürfe als gegenüber auswärtigen Angreifern. Auf dem gleichnisgeschichtlichen Höhepunkt der Parabel, in Bernard Mandeville's »Bienenfabel«, erfährt diese Einsicht eine Neubewertung, indem mit aufklärerischem Gestus der Nutzeffekt auch abträglicher Aktivitäten vor Augen geführt wird, die weniger der Unterdrükkung oder Ausmerzung als vielmehr zivilisatorischer Mäßigung bedürfen:

»So klagt denn nicht: für Tugend hat's
In großen Staaten nicht viel Platz.
...
Von Lastern frei zu sein, wird nie
Was andres sein als Utopie.
...
Genauso uns das Laster nutzt,
Wenn das Gesetz es kappt und stutzt...« [6]

In Mandevilles Fabel gelangt die Notwendigkeit künstlicher Dosierungen sowie Proportionierungen von förderlichen und mindernden Befähigungen zu plastisch-lehrhafter Anschauung. Die Menschen werden angehalten, ihr unabstreifbares

Naturerbe im Konstruktiven wie im Destruktiven ausgleichend zu gestalten und zu verantworten. Nicht Vereinseitigung oder Negierung lautet der Rat des Arztes und Philosophen, sondern sozio-kulturelle Moderation der Gesamtheit menschlicher Leidenschaften um eines besseren und verträglicheren Lebens willen.

Welche Anstrengungen auf diesem Wege unternommen werden müssen, wie schwer sich menschliche Sozietäten in seiner Verfolgung tun, lehrt das zentrale Tiergleichnis wechselseitiger Schädigung: die Wolfsmetapher. Ebenso alt wie weltweit verbreitet ist die Vorstellung vom Wolf als reißerischer, gieriger, grausamer Kreatur, die nichts und niemanden verschont. In unzähligen Abwandlungen setzte er Phantasien über Brutalität und Bösartigkeit, über Vernichtung und Tod in Gang, bis hin zu jener umfassenden Vision des Weltuntergangs, von dem etwa die Edda kündet:

»Schwertzeit, Beilzeit, Schilde bersten,
Windzeit, Wolfzeit, bis die Welt vergeht –
nicht einer will des andern schonen.« [7]

Sobald das hier beschworene Prinzip der Schonungslosigkeit im sozialen Leben um sich greift, breitet sich jene Wolfsmentalität aus, die nicht von ungefähr sprichwörtlich wurde: homo homini lupus, der Mensch dem Menschen ein Wolf (vgl. Abb. 35). Faszination und Angst begleiten die facettenreiche Karriere dieser Metapher, die suggeriert, die menschliche Gesellschaft sei ähnlich dem Wolfsrudel kaum mehr als eine kollektive Bestie. Auf der Scheidegrenze zwischen Natur und Kultur angesiedelt, lauten die Befürchtungen, welche die Wolfsmetapher weckt:

Abb. 35 Der in einen Wolf verwandelte Menschenfeind
Nicolas Reusner, Emblemata (1581)

ungehemmte Verwilderung, kompromißloser Überlebenskampf eines jeden gegen jeden; lauten die Hoffnungen, die sie anregt: Vormacht der physisch Stärkeren, mehr Beute für die Rücksichtsloseren. Die Semantik des Wolfsgleichnisses ist über weite Strecken von einer sozialen Ausschlußlogik durchtränkt, der entsprechend in vielen Gesellschaften die Mißliebigen mancher Couleur, die Abweichler, Flüchtlinge und Fremden, aber auch Besessene oder Wahnsinnige als »Wölfe« apostrophiert wurden [8]. »Coyote« (aztekisch: Prairiewolf) hieß bei den spanischen Eroberern ein Mischling aus Weißen und Indianern.

Dieser Abwehr- und Leidenschiffre korrespondiert als Aktionsbild die Verwandlungsmetapher des »We(h)rwolfs«, der einzeln oder in Gruppen als zwittergestaltiges Wesen für kriegerische Beunruhigung unter den Menschen sorgt und derart das Bewußtsein innerer und äußerer Zerstörungsdrohungen wachhält (vgl. Abb. 36). Darin Parallelerscheinungen wie dem »Berserker« oder dem »Skorpionmenschen« ähnlich, ist auch der »We(h)rwolf« ein änigmatisches Sinnbild, in dem sich dekulturative, transnaturale und entsozialisierende Aspekte paradox verbinden. Als Naturwesen sind derartige Geschöpfe falsche Tiere, als Kulturgestalten sind sie nur noch partiell erkennbar, aus der sozialen Normalität sind sie entlassen. Sie sind von allem etwas und nichts ganz, Vexierfiguren, welche die mehrfache Grenzfahrt des Menschen vergegenwärtigen [9].

All diese animalistischen Gleichnisse und Kollektivmetaphern sind sowohl Umschreibungen als auch Ausgleichsversuche menschlicher Unzulänglichkeit. Weitgehend in organizistische Weltbilder eingebettet, wünschen sie, die Geheimnisse der in menschlichen Sozietäten waltenden konstruktiven und destruktiven Vorgänge dadurch zu entschlüsseln, daß sie sie mit Prozessen der Tierwelt vergleichen und insofern als weitgehend naturgesetzlich ausweisen. Freilich rangiert in der zoo-sozialen Semantik vielfach die bloße Behauptung, auch die Wunschphantasie vor Erkenntnis und differenzierender Analyse. Doch macht gerade diese, oft mit lehrhaften Verallgemeinerungen einhergehende Ausrichtung sie geeignet für die Selbstkommentierung sinnbegehrender Sozialwelten, denen die Funktion destruktiver Geschehnisse rätselhaft ist. Die Benutzung animalistischer Kollektivmetaphern verschafft solchen Gesellschaften und Gruppen Entlastung von intellektuell überforderndem Erklärungsdruck und gewährt ihnen gleichwohl durch die Verfugung der Destruktionsbilder mit anrainenden Sinnbereichen die Chance zu kombinatorischem Fragen und Antworten.

Kulturelle Modulationen

Die in manchen Tiergleichnissen bereits anzutreffende Einsicht, daß Abbau, Einschränkung, Beseitigung und dergleichen mehr keineswegs eine pauschal verdammungswürdige Realität darstellen, sondern daß in ihnen unverzichtliche

Abb. 36 Aztekischer Krieger in Coyote-Verkleidung
Bernardino de Sahagun, Historia general de las cosas de Nueva España (16. Jahrhundert)

Lebensfunktionen zur Wirkung gelangen, wurde im 18. Jahrhundert weitgehend akzeptiert und zum Ausgangspunkt fernerer Überlegungen gemacht. Schon in Mandevilles vorwiegend ironischer Verwendung der Bienenparabel deutete sich die Distanz an, die fortan aufklärerische Theoretiker gegen naive Übertragungen von Naturanschauungen auf gesellschaftliche Prozesse mehr und mehr hielten. Daß Naturveranlagung und Rückfall in »tierische« Triebhaftigkeit, daß die vordergründige Analogisierung von Bestialität und Sozialität nicht mehr ausreichten zur Erklärung all jenes', das sich in der Menschenwelt ruinös zutrug: dessen wurden viele im Blick auf Geschichte und Gegenwart nunmehr rasch inne [10]. Statt der naturalen Herkunft begann man nun eingehender die Imprägnierungen zu erforschen, welche zerstörerische Leidenschaften durch soziale Umfelder erfuhren, verschob man das Augenmerk auf die kulturelle Plastifizierung individueller und kollektiver Vernichtungstaten. Kein Zweifel konnte mehr daran aufkommen, daß alle Äußerungen menschlicher Destruktivität eine sozio-kulturelle Modulation erfahren und daß sie nur durch die Unterscheidung solcher Einfärbungen, Abwandlungen und Kombinationen angemessen verstehbar werden. Diese sozio-kulturelle Modulation menschbewirkter Verderbnis ist mithin ein durchgängiges Thema der europäischen Aufklärung in Kunst und Wissenschaft. Ob Swifts Satiren, Lessings Dramen oder Mozarts Opern, ob politisches Schauspiel oder Intrigenroman, ob Seelenkunde à la Diderot oder Betrachtungen über den Niedergang von Reichen und Nationen nach Art des Franzosen Montesquieu, des Schotten Adam Ferguson oder des Briten Edward Gibbon: sie alle trugen zur protosoziologischen Ausfaltung der Semantik zwischenmenschlichen und kollektiven Zerstörertums wegweisend bei (11).

Der von den Aufklärern anerkannte Sachverhalt, daß die naturale Bestimmung tierischen Verhaltens beim Menschen weitgehend durch kulturelle Determination, Modulation und Limitation ersetzt wird, ist folgenreich auch für den sozietären Umgang mit Destruktionspotentialen: Es gibt keine Gesellschaft, die sich der Aufgabe entziehen kann, Wirklichkeit wie in konstruktiven und produktiven Hinsichten ebenfalls bezüglich kontraproduktiver bis destruktiver Vorgänge zu definieren. Quellen, aus denen Tilgungsenergien sprudeln dürfen oder sollen, müssen zeitlich und räumlich umschrieben werden; demontierende Denkhaltungen, Gefühlseinstellungen und Handlungsweisen bedürfen ebenso semantischer Einkleidungen wie das Anvisieren von Zielen und die Einschätzung möglicher oder erwünschter Folgen; mangels naturaler Barrieren ist das künstliche Abstecken von Grenzen der Dezimierung erforderlich. Durch solche Definitionsleistungen erhält Destruktivität jene situationellen Bedeutungszuweisungen und Dosierungen, die ihr im Menschenleben qua natura fehlen, ohne daß sie dabei selbst abgeschafft würde. Vielmehr verhindern gerade diese semantischen Verfahren, daß Defektenergien allzu rigide unterdrückt werden, fälschlich für abgeschafft oder versiegt gelten, womöglich unerwartet und übermäßig ausbrechen. Zugleich hemmen sie ein allzu freies Flottieren ruinöser Potentiale. Dank ihrer tritt an die Stelle ungeregelter und daher stets gefürchteter Beliebigkeit ein Szenario, in dem Abbau und Zerstörertum kulturtechnisch verfügbar gehalten, in ihrer Funktion auf spezifische Erfordernisse zugeschnitten, in sozial einigermaßen verträgliche Bahnen gelenkt werden.

Die kommunikative Wahrnehmung all dieser Aufgaben erfolgt in und zwischen Sozialwelten vermittels symbolischen Austauschs. In ihm wird nicht nur zerstörerisches Geschehen sinnhaft vorbereitet, begleitet und aufgearbeitet, werden nicht allein Steuerungsprobleme und Verteilungsfragen von Dekompositionen mehr oder weniger praxisnah erörtert. Sondern er bietet auch mannigfach Gelegenheit, über Anlässe, Verfahren, Zwecke etc. von Abbau zu verhandeln, Tilgungsprozessen diskursoffen zu begegnen. Zwar können solche Klärungen nicht täglich von neuem begonnen werden, drängt auch die Minderungswirklichkeit gerade wegen ihrer labilen Artifizialität auf definitorische bzw. praxeologische Fixierungen in Gewohnheiten und Riten, in Sprachregelungen, Bildangeboten und gestischen Usancen. Doch dürfen derlei Festlegungen nicht zu einengend geraten. Prozesse der Dekulturation ebenso wie der Destruktion benötigen eine gleichermaßen symbolische und operative Flexibilität. Mittels ihrer erhalten sie sich wandlungsfähig, bleiben anschlußbereit gegenüber umfassenderen Vorgängen, können in dekonstruktive Ausgleichsphasen eintreten, bewahren sich die Chance zu konstruktiver Selbst- oder Fremdkorrektur.

Im sozialen Leben dienen schwächende, nehmende oder ausmerzende Kulturtechniken der Herbeiführung und Austragung von Konflikten sowie der Herstellung oder Vertiefung von Unterschieden jeder Art. Dabei können einzelne und Gruppen aktiv sowie passiv beteiligt sein: stets werden der oder die Betroffenen zu Widersachern, Gegnern, Feinden oder ähnlichem umdefiniert, denen mit mehr oder weniger Recht Schaden zuzufügen sei. Entsprechend werden Kosten und Nutzen ungleich verteilt. Der Scherz, der zu Lasten eines anderen geht, ein Witz, der jenen treffen soll, Beleidigung und Drohung, einzelnen oder mehreren entgegengeschleudert: immer zielt solch symbolische Defekteinleitung auf soziale Ausdifferenzierung, auf die Ziehung von Grenzen, das Schaffen von Abständen, Über- und Unterordnungen. Tritt das gewünschte Resultat nicht ein oder stellt es den Urheber einer Zergliederung nicht zufrieden, genügt also der bloß symbolische Abbau von Gegenmenschen (durch Demoralisierung, Denunziation bei Dritten und dergleichen) nicht, so mögen tätlichere Maßnahmen ergriffen werden, die zu physischen bzw. materiellen Schäden führen. Gleichwohl kann auch in letzterem Fall der bedeutsamere Effekt im Symbolischen liegen. Selbst großformatig ruinöse Auseinandersetzungen zwischen Kollektiven wie Kriege, Bilderstürme und terroristische Fehden trugen sich oft genug eher um ideeller Geltung als um materieller Ressourcen willen zu und finden auch heute noch dieserhalb statt (Religionskriege; Kampf politischer Ideologien; Streit zwischen weltanschaulichen Gruppen, etwa jugendlichen »Punks«, »Rockern«, »Skinheads«) [12]. Wichtiger, weil spektakulärer als eine breitgestreute Offensive, können in solchen Händeln Angriff und Einnahme von Zentralsymbolen sein. So brachte man früher gegnerische Schlachtordnungen durch die gezielte Eroberung von Regimentsfahnen durcheinander; so gelangten häufig Revolutionäre durch die Okkupation politischer Schaltstellen, durch die Beseitigung scheinbar unersetzlicher Herrscher in raschen Machtbesitz; so richtete sich immer wieder der Unmut des aufbegehrenden Volkes gegen die imperialen Statuen auf der Pariser Place Vendôme.

Im Großen wie im Kleinen wird Beseitigung nicht nur spontan sondern

Abb. 37 Pierre Etienne LeSueur, Zerstörung der Bastille (am 14. Juli 1789)
Musée Carnavalet, Paris

ebenfalls zeremoniell ausgelebt. Einzelne und Kollektive verschaffen sich und anderen Befriedigung durch kultische Stilisierung pejorativer Akte. Dabei ist Delektierliches keineswegs ausgeschlossen. Mit dem Genuß der Selbstbestätigung ließ Michelangelo in der Sixtinischen Kapelle Fresken von Perugino abkratzen, um eigene Malereien an deren Stelle zu setzen. Im Göttinger Hain-Bund entzündete man an Klopstocks Geburtstag demonstrativ Zigarren mit Papierstreifen, die Büchern des abgelehnten Wieland entrissen wurden, verbrannte in gehobener Stimmung dessen Portrait. Beim Abbruch der verhaßten Bastille, suggerieren die Bildkommentare Le Sueurs, ging das Volk mit freudiger Genugtuung ans Werk (vgl. Abb. 37). Eine weitergehende Standardisierung weisen zerstörerische Kollektivrituale auf, die historisch vor- und eingelebt sind, zu eigenen Traditionsbildungen fanden, dadurch Modellcharakter erlangten und infolgedessen wie eine Verhaltensschablone reaktiviert werden können. Sie bieten insofern wenig Neues, als sie eher zur Wiederholung als zu Innovationen antreiben, doch gewähren sie gerade dadurch den ihrer sich Bedienenden Sicherheit bei verunsicherndem Tun. Zum Arsenal derartiger sozietärer Defektrituale gehören die schon von Aristophanes auf die Bühne gehobenen ehelichen und politischen Emanzipationskonflikte ebenso wie die seit alters eingeübten Scherbengerichte und Schauprozesse von Sokrates über Petrus und Giordano Bruno bis zu Bucharin und anderen. Wie auch die nicht abreißende Kette öffentlicher Bücherverbrennungen dem Bestand großformatiger Demolierungskulte zuzurechnen ist, ähnlich der Kontinuität demonstrativer Zerstörungskonkurrenzen zwischen Religionsgemeinschaften, Staaten oder gesellschaftlichen

Gruppierungen (missionarische Feldzüge, wirtschaftliche Marktrivalitäten, Wettrüsten, Maffiafehden, Fußballkriege etc.) [13].

Die für die derogative Ritualpraxis erforderlichen Kenntnisse und Fertigkeiten werden jedoch nicht erst vom Erwachsenen erworben oder lediglich auf alltagsentrückten Ebenen von Generation zu Generation weitergegeben. Vielmehr übt schon das Kind in Destruktionsspielen wie »Räuber und Gendarm«, trainiert neuerdings der Heranwachsende in kriegerischen Computerspielen, was ihn hernach zu einem kompetenten Mitstreiter in den einschränkungsträchtigen Wechselfällen des Lebens macht. Derartige Schulungsfelder sind unentbehrlich und nützlich, soweit sie zugleich Selbstkontrolle, Differenzierung und Grenzziehung im Umgang mit destruktiven Potenzen und Chancen zu erlernen gestatten. Auf ihren Wegen tut so mancher erste Schritte zu beruflichem Expertentum, zu professioneller Stellvertreterschaft bezüglich Abbau und Vernichtung mithin, auf welche komplexe Gesellschaften, je arbeitsteiliger sie sich organisieren desto weniger verzichten können und wollen. Den teilweisen oder gänzlichen Spezialisierungen auf derartige Erwerbstätigkeiten, wie sie Metzger und Abwracker, aber auch Spione oder Soldaten betreiben, ist jenseits aller Spartenunterschiede gemeinsam, daß sie ihre soziale Umgebung von als unangenehm geltenden Aufgaben entlasten, ohne dafür kompensatorisch belohnt zu werden. Zwar ist zumal die moderne, überproduktive und reibungsintensive Gesellschaft auf derlei Dienste angewiesen, drängt auch auf unauffällige und störungsfreie Aufgabenwahrnehmung, doch kargt sie nichtsdestotrotz vor allem mit symbolischer Anerkennung. Der Einsicht in die funktionale Notwendigkeit von Tilgungsarbeiten will sich emotionale Akzeptanz nicht recht beigesellen. Die uralte Berührungsangst gegenüber sozial niedrigstehenden Beseitigern wie Totengräbern, Henkern, Müllsammlern und ihresgleichen überträgt sich abstandhaltend und geltungsverweigernd noch heute auf die meisten Ausüber derartiger Berufe.

Solche Zwiespältigkeiten und Widersprüche verhindern jedoch nicht, sondern fördern eher noch die symbolische und operative Abkapselung dekulturativer sowie destruktiver Reviere bis hin zur Institutionalisierung. Letztere verstärkt in der Regel die für gemeinschaftliches Abbauhandeln unverzichtliche Tendenz, sich durch Symbole, Rituale, Ideenkonzepte und Verhaltenskodizes sozio-intern zu stabilisieren wie auch gegenüber anderen Gruppen abzugrenzen und abzusichern. Um den Preis größerer Augenfälligkeiten, daher leichterer Angreifbarkeit bietet sie den Vorteil, daß Zerstörungsprozesse sich besser auf Dauer stellen lassen, personell und taktisch (wie etwa beim Militär) eher ausdifferenziert und programmiert werden können, einen effizienteren Umgang mit zur Verfügung stehenden Ressourcen erlauben. Zwar sind dadurch Mißbräuche, Verschwendungen und Willkürakte nicht völlig ausgeschlossen, gehören im Gegenteil manchmal (z.B. in Geheimdiensten) zum kompensatorischen Privilegienrepertoire. Doch müssen selbst in diesen Rand- und Dunkelzonen Konvenienzen beachtet oder wenigstens vorgetäuscht werden, damit die Legitimation institutionell geschürten Unheils gegenüber der sozialen Umwelt erhalten bleibt. Aus diesem Grund haben allen eigenmächtigen Übergriffen und ungeregelten Einschüchterungen zum Trotz Zerstörungsorganisationen wie Inquisition, Zensurbehörden oder gar die natio-

Abb. 38 Die in der Mitte des 16. Jahrhunderts in Spanien gebräuchliche Standarte der katholischen Inquisition (nach einem Kupferstich von Bernard Picart, Anfang des 18. Jahrhunderts)
Kupferstichkabinett Dresden

nalsozialistische SS darauf geachtet, als Einrichtungen wenigstens zu erscheinen, die nach Ordnungsprinzipien gefügt sind, ihr Geschäft systematisch betreiben und dabei rationell vorgehen. Dieser Eindruck kann, wie etwa das Beispiel der katholischen Inquisitionsfahne zeigt, semantisch dadurch unterstrichen werden, daß dem Zeichen der Vernichtungsdrohung (Schwert), die zudem im Namen der höheren Macht Gottes kundgetan wird (Psalmtext), Symbole leidender Erlösungshoffnung (Kreuz) und schöpferischer Heilserringung (Olivenzweig) zur Seite treten, mithin Botschaften des Niedergangs und der Wiedererstehung einander in dekonstruktiver Sinnkombinatorik ergänzen (vgl. Abb. 38).

Der Gesellschaft erleichtert eine solche (konstruktive Praxis freilich oft nur vorgaukelnde) Verknüpfung die Akzeptanz minderungstätiger Institutionen. Diese bescheren ihr neben vielen Gefährdungen ja nicht nur die bereits bezeichnete Entlastung von abbauspezifischen Steuerungsaufgaben, sondern damit zugleich die kulturelle Konturierung und soziale Verortung dezimierenden

Geschehens. Manche Einrichtungen dieser Art (wie etwa die Fremdenlegion) bieten überdies den Vorteil, daß sie ruinös gesonnene Geister entführen, mithin von heimischen Untaten abhalten. Andere sind darauf aus, orientierungslos vagabundierende Zerstörungsaspiranten aufzufangen, zu bündeln und in Bahnen (scheinbar) sanktionierter Demontagen zu führen – ein Verfahren, das Hitlers SA und sein »Kampfbund für deutsche Kultur« zur Verstärkung der nationalsozialistischen »Bewegung« und zur Täuschung vieler Bürger schon in den zwanziger Jahren erfolgreich handhabten. Je raffinierter sie sich dabei tarnen, je rücksichtsloser sie gleichwohl agieren, desto weniger kann ihnen die durch ihr Treiben provozierte Gegenzerstörung (kriminelle Bandenkriege, politisch »rechte« gegen »linke« Schlägertrupps) oder Zerstörungsbehinderung (durch Polizei, Gerichte etc.) anhaben. Gerade deswegen wird jede Gesellschaft, auch mit staatlichen Mitteln, gegen allzu freien Wildwuchs schädigender Tendenzen symbolisch und praktisch vorgehen müssen – den Preis zu großer Toleranz hätte sie sonst in der Münze substanzverzehrender Aushöhlung und konstruktiver Ohnmacht zu entrichten.

Welchen Institutionalisierungsgrad und welches Ausmaß gesellschaftlicher bzw. staatlicher Subsistenz destrugene Gruppen und Organisationen im konkreten Fall auch immer erreichen mögen, in ihnen und mit ihrer Hilfe lassen sich Defekt-Karrieren absolvieren, die ansonsten wenig bereitstehen. Kaum je hätten Täter vom Typus Robespierre und Stalin, Himmler und Pol Pot ohne die stützenden Netzwerke, die sie zugleich geknüpft und durchmessen hatten, die negierende Macht erlangen können, durch die sie schließlich so furchtbar wirkten. Erst diese Laufbahn auch bescherte ihnen jenes allgemeine gesellschaftliche »Ansehen«, nach dem sie gierten. Ihresgleichen waren und sind soziopolitische Aufsteiger, die sich mangels konstruktiver Befähigungen und Chancen der Steigleiter der Destruktion bedienten, um im Leben zu etwas zu kommen. Ähnliches gilt für minderformatige Übeltäter, für einen Maffiaboß oder den Anführer eines Ringes von Autodieben, Kunsträubern, Drogenhändlern. Sie alle streben nach Erfolg auf Kosten anderer, die sie nicht nur materiell oder ideell schädigen, sondern häufig auch statussymbolisch übertreffen möchten. Im Motivationshaushalt solch emporkommen wollenden Zerstörertums können soziale Defizite höchst bedeutsam, gar entscheidend sein. Nero gab sein Konterfei als goldene Kolossalstatue in Auftrag, Napoleon nannte sich »Empereur« und wünschte die Herrscherhäuser Europas zu übertrumpfen, den Nazigrößen waren nach der Machteroberung repräsentative Villen und Staatskarossen samt Dienstpersonal äußerst wichtig. Die Zerstörer vieler Couleurs stehen zu ihrer Umgebung in einem nicht nur ökonomischen, instrumentellen oder ideellen Defektdrang, sondern in einer auch sozialen Geltungskonkurrenz.

Wo diese Strebung den Ausschlag gibt, geraten Menschen, die sie nur destruktiv bewältigen können oder wollen, in ein zusätzliches Dilemma. Der Sozialzerstörer braucht den Gegenmenschen, um ihm Nachteil und Leid zuzufügen. Bietet sich ihm ein solcher nicht unmittelbar an, so muß er ihn suchen oder erfinden. Kann er sich nicht am Veranlasser seiner tatsächlichen oder eingebildeten Beeinträchtigung abreagieren, so wird er nach Ersatz Ausschau halten, um sich durch Übertragung seiner negativen Erfahrungen oder Phantasien auf andere ein Aggressionsziel und womöglich Erleichterung zu verschaffen. Dafür kommen auch Unbeteiligte, Unschuldige in Betracht. Sie werden als stellvertretende Opfer, als Sündenböcke zum Ruin auserkoren, dienen als Objekt für Abneigung und Haß, das man zugleich benötigt und teilweise oder ganz abschaffen möchte. Je mehr emotionalen, geistigen und instrumentellen Aufwand der Zerstörer bei der Auswahl solcher Ersatzkandidaten betreibt, desto tiefer gerät er zu ihnen in eine Widerspruchsbindung: er pflegt und hegt, was oder wen er zur Beseitigung vorsieht. Nach diesem Muster verfahren einzelne und Gruppen, ja ganze Gesellschaften mit ihren, sei's einzelnen, sei's mehrzähligen, »Sündenböcken«. Durch das Anknüpfen solcher Beziehungen geraten überdies Destrukteure nicht selten in eine selbstgeschaffene Zerstörungsfalle. Angewiesen auf das ahnungslose, törichte oder ohnmächtige Mitspielen anvisierter Opfer, müssen sie diesen schließlich antun, womit sie sie insgeheim oder vernehmlich bedrohen. Dies teils aus Gründen der Glaubwürdigkeit vor sich selbst, den Betroffenen und Dritten, teils weil erst die Tat den überzeugenden Beweis der Vernichtungsmacht erbringt. Eine Bestätigung freilich, die nur partiell und vorübergehend befriedigt, da die Geschädigten nun an Demolierungseignung verloren haben. Neue Prügelknaben müssen die entstandene Lücke ausfüllen, bis auch sie abgenutzt, niedergeworfen, zerbrochen sind. Zumal der exzessive Menschenverächter kennt daher keine Ruhe in der Mehrung seiner Leidtragenden, es sei denn jene, die der eigene Ruin gewährt. So eilt Don Giovanni von Betrug zu Betrug, so überantwortete Robespierre einen Rivalen nach dem anderen der Guillotine, so hetzte Stalin angebliche Widersacher millionenfach zu Tode, so jagten Hitlers Häscher nach dem letzten Juden.

Unter den zerstörungsträchtigen Kulturtechniken, die in derartigen Prozessen Anwendung finden, sind zwei unverzichtlich: Die ausersehenen Opfer müssen sozial stigmatisiert und zugleich symbolisch kenntlich gemacht werden. Zu diesem Zwecke befrachtet man sie mit dem Odium von Andersartigkeit, Abweichung, Gegnerschaft und dergleichen, heftet ihnen diffamierende Etiketts an, grenzt sie sozial und kulturell aus. Mehr oder weniger nachdrücklich bekommen sie das Recht abgesprochen, vollwertige Mitglieder der Gruppe, der Gemeinschaft, der Gesellschaft zu sein. Man stempelt sie in Wort und Bild zum Außenseiter, zum Feind, zum Untermenschen (vgl. Abb. 39). Sie erfahren nun, daß es mehrere Sorten Menschen geben soll, deren eine, sie selbst, von den anderen und für diese zum Verbrauch bis hin zum gänzlichen Wegfall bestimmt ist: als Sklave, als Paria, als Kulak. Diese *Inferiorisierung* weist in der Regel mehrere Stufen auf. Sie reicht im sozialen Verkehr von symbolischer Degradierung (etwa durch das Aufzwingen von Deklassierungszeichen wie dem »Judenstern«) über materielle Schädigungen (Enteignung, Berufsverbot, Aufstiegsverweigerung, Beteiligungssperre) bis hin zu physischer Beeinträchtigung (Lagerhaft, Vertreibung, Verkauf) und Vernichtung (Lynchjustiz, Ausrottung von Minderheiten, Völkermord). Zur Rechtfertigung derartiger Praktiken vor sich selbst und anderen bedienen sich sozialzerstörerische Kollektive mit Vorliebe semantischer Strategien der Vereinfachung. Feinteilige Unterscheidungen werden durch plumpe Zurechnungen ersetzt: hier Deutsche – dort Juden, hier Weiße – dort Schwarze, hier Freund – dort Feind. Die ultima

Abb. 39 Antijüdische Propaganda der Nationalsozialisten in Deutschland (nach 1933)

ratio dieser sozialen Ausschlußlogik hieß fast immer: hier Mensch – dort Tier. In ihr treten an die Stelle kultureller Modulationen wieder naturale Definitionen, gelangt die zoo-soziale Semantik zu unheilvoller Auferstehung. Körperliche Merkmale und primäre Sinnesqualitäten haben dann Konjunktur; Menschen werden nach Hautfarben oder Nasenformen, nach Behaarung und Geruch nicht nur physiologisch unterschieden, sondern auch sozial eingestuft. Solcher Rückfall in metaphorischen Biologismus und in gleichnishafte Animalisierung war noch stets ein Indiz für die Zunahme sozialzerstörerischer Tendenzen. Wenn Klassengegner als »Schweine« tituliert werden, wenn Politiker Intellektuelle »Pinscher« nennen, wenn im Alltag einer als »Ratte« oder dergleichen beschimpft wird – dann kann dies ein Ventil für Vernichtungsängste oder ein Sprachmittel der Schadensabwehr, doch ebenso ein Symptom aufwallender Zerstörungsleidenschaften sein.

Technische Verwandlungen

Die Fortdauer, auch Wiederkehr von Tierbildern in der sozialen Zerstörungsmetaphorik noch dort, wo die dieser zugrundeliegende Realität sich bereits weit von ihren naturalen Anfängen entfernt und sich kulturell ausgefächert hat, verweist einmal mehr auf die sinnhafte und verfahrensmäßige Vielschichtigkeit destruktiver Prozesse. Wie im Konstruktiven und im Produktiven, so hält die Zivilisation ebenfalls in ihren diminutiven Verlaufsformen ständig eine Fülle semantischer und praktischer Bewältigungsmittel bereit. Zudem bringt sie unablässig neue hervor. Unter diesen errangen technische Innovationen immer größere Bedeutung, versahen auch das soziale Leben mit zusätzlichen Wachstums- und Defektimpulsen. Der Maler Hieronymus Bosch hat diese stetige Kombinatorik von Vollzugsdimensionen zeitüberdauernd und assoziationsreich verbildlicht. Die Menschenwelt, die er vor Augen führt, ist unter anderem in unermüdlicher Selbstzerfleischung verstrickt. Deren Intensität betont Bosch durch die gleichzeitige Verwendung naturentlehnter, sozialbezüglicher und technikbetonender Ausdrucksmittel (vgl. Abb. 40). Von allen Seiten greifen die Malträtierer ihr Opfer an. Stechend wie die Dornenkrone dringen ihre Blicke auf es ein, beutelüstern legen sie Hand an, ihre Körper verhindern ein Entrinnen. Aus ihren Mienen sprechen Entschlossenheit und Haß. Gleich gierigen Wölfen haben sie das Lamm Gottes umzingelt. Mit Eisenfaust, Pfeil und Stachelband wappnen sich die Folterer metallisch gegen einen Menschen, der sich Hohn und Tortur widerstandslos fügt, auf Replik und Waffe verzichtend. Ebenso leise wie beredt spricht das Bild, ein sich durch pflanzliche, animalische, soziale und technische Assoziationsergänzung äußernder Leidens- und Läsionskommentar.

Durch die Einbeziehung mannigfachen Geräts hat Bosch in seinen Bildern wie kein anderer Künstler vor ihm die historisch zunehmende Werkzeugbindung menschlicher Schadenstaten veranschaulicht. Sein an der Schwelle der Neuzeit entstandenes Œuvre offenbart, wie weitgehend der Mensch sich bereits in einer Werkzeugwelt bewegt, wie unnachsichtig er die technischen Hilfsmittel gegen seinesgleichen und damit auch gegen sich selbst wendet. Denn das Bestreben, die verlorene Naturbindung schöpferisch auszugleichen, hat den Menschen ja nicht nur eine apparative Ausdehnung ihrer konstruktiven Aktionsfelder beschert, sondern zugleich die instrumentelle Erweiterung von Abbauradien. Wie sie sich immer zweckmäßigerer technischer Aufbauhilfen bedienten, so wurden sie mehr und mehr auch zu Handhabern von Zerstörungsprothesen. Mit dem Anwachsen und der Verkomplizierung der Zivilisation mochte man auf solche Zerkleinerungshilfen und Tilgungsrequisiten kaum noch verzichten. Vermittels Mechanisierung und Maschinisierung traten sie einen Siegeszug an, der vom Faustkeil zu Preßlufthammer, Schlagbohrer und elektrischer Säge führte, vom einfachen Messer zu automatischem Schneidegerät und Abfallzerstücklern, vom steinernen Wurfgeschoß zu Gewehr und Rakete. Durch die industrielle Revolution erhielt diese allseitige Technifizierung der Destruktion einen weitgehend unwiderruf-

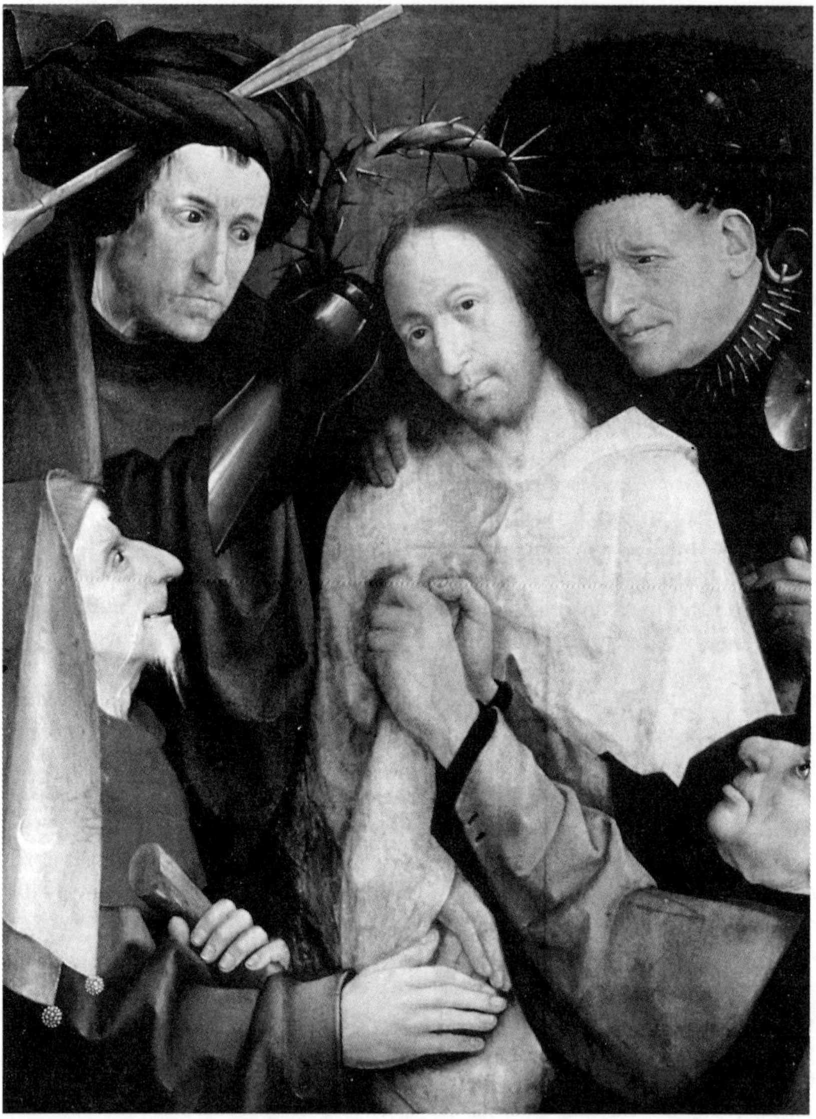

Abb. 40 Hieronymus Bosch, Dornenkrönung (Anfang des 16. Jahrhunderts)
National Gallery, London

lichen Charakter [14]. Unübersehbar ist ihre paradoxe Wirkung auf das soziale Leben: sie rückt die Menschen zerstörungstechnisch zugleich aufeinander zu und weiter auseinander, macht sie auf feindliche Weise füreinander erreichbarer. Der weltumspannende Kolonialismus des 19. und 20. Jahrhunderts hat diesen Widersinn großformatig und brutal ausgelebt, wäre ohne seine Technostruktur kaum möglich gewesen. Der Zerstörungstribut des Maschinenzeitalters wurde und wird in der Chance entrichtet, daß die Völker sich gegenseitig mit zunehmender Effizienz rational kalkulierten, ingenieursmäßig ausgeführten Schaden zufügen.

Doch auch dem täglichen Leben rücken Minderung und Vernichtung in zunehmend technischer Instrumentierung zu Leibe. Daß nicht nur Menschen, sondern auch Sachen, Geräte, Maschinen zivilisationsgeschichtlich Zerstörungskarrieren durchlaufen können, erweist sich besonders nachhaltig an vieler Zeitgenossen liebstem Objekt: dem Auto. Last- und Personenkraftwagen sind gleichermaßen zu Hätschelkindern wie zu Sorgenbringern der Epoche arriviert. Einst als Zentralsymbol, ja als Wegweiser des Fortschritts gepriesen, gilt das Auto seinen Kritikern inzwischen als bester Beweis für die Einsicht, daß technische Verbesserung und menschlich-soziale Entwicklung nicht identisch sind, unterschiedliche Richtungen nehmen, gar einander zuwiderlaufen können. Dieser Sachverhalt schlägt sich deutlich im Mißverhältnis zwischen Technikgebrauch und sozialer Rücksichtnahme nieder. In der Bundesrepublik lehnten die Autofahrer Mitte der achtziger Jahre mehrheitlich eine allgemeine Geschwindigkeitsbegrenzung auf Autobahnen und Landstraßen ab. Faktisch gaben sie dem Überholungskampf, dem Schnelligkeitsrausch, der Lebensgefährdung den Vorzug. Entsprechend zahlreich sind die Schadensfälle: Alle sechzehn Sekunden ereignet sich in der BRD ein Verkehrsunfall, in jeder Minute erleidet ein Mensch Verletzungen, jede Stunde kommt einer ums Leben. Radler und Fußgänger fühlen sich in solchen Verkehrsverhältnissen wie »ein flüchtiger Hund« (so Wilhelm Hausenstein schon 1957), gar unter der »Drohung des Todes« (so Theodor W. Adorno 1962) [15]. Sie verdanken dies dem verhaltensbestimmenden Primat, den die Maschine, insonderheit das Auto, vor dem Menschen erlangt hat. Einem technokratischen Planungswahn der fünfziger Jahre zufolge leben Kinder und Greise, Männer und Frauen heute in der »autogerechten Stadt«, zwischen Motorenlärm und Abgasen, Blechkarawanen und Ampelanlagen, die sie beim Überqueren der Straße nur allzu oft zum Dauerlauf zwingen. Indem sie mit allen Sinnen der Mechanik und den fäkalischen Nebenerscheinungen der industriellen Lebenswelt ausgesetzt sind, erfahren sie hier wie an vielen anderen öffentlichen, privaten und beruflichen Stellen, daß einer Überbetonung des Technischen eine Abwertung des Humanen korrespondiert.

Diese Gefährdung habitueller Maßstäbe und sozialer Verträglichkeiten wirkt sich indes nicht nur praktisch aus. Längst hat sie auch in der Sinnwelt ihre Spuren hinterlassen. Deren Wandel vollzog sich als ein Prozeß, in dem traditionelle Symbolbestände dadurch entwertet wurden, daß sie nach und nach einen neuen Orientierungsrahmen erhielten, der sich seinerseits aus veränderten Lebensproblemen herleitete. So traten an die Stelle von Naturanalogien im Zuge der europäischen Aufklärung soziopolitische Erkundungen und Ausprägungen. Seit der Mitte des 19. Jahrhunderts wurden diese wiederum mehr und mehr von technischen Ausdrucksmitteln durchsetzt und ergänzt. Ab etwa 1900 hat der Anteil technischer Metaphern in den Sinnhaushalten sämtlicher Lebensbereiche rapide zugenommen. Dabei sind Mischformen, semantische Verschmelzungen mit herkömmlichen Beständen und Orientierungen häufig, auch bis heute anzutreffen. Naturwüchsiges wurde unterstellt, wenn im Zweiten Weltkrieg von einem »Bomberstrom« die Rede war. Alimentäres klang makaber in der soldatischen Kennzeichnung von Mannschaften als »Kanonenfutter« an. Agrarisches suggerierte in den fünfziger Jahren ein amerikanisches Vorhaben namens »Pflugschar« (Plowshare), bei dem man atomare Sprengstoffe im Bergbau und bei Erdaushebungen großen Umfangs einsetzen wollte, bei dem also die Erde zu »friedlichen« Zwecken explosiv »umgepflügt« werden sollte: der Atomtechniker als Ackersmann des nuklearen Zeitalters! [16]

Auch Tierbilder werden der Maschinenwelt anverwandelt. So lebt beispielsweise die Wolfsmetapher in zahlreichen technischen Bezeichnungen fort, vom »Zupfwolf« der industriellen Garnbearbeitung über den zur Küche gehörenden »Fleischwolf« bis zum »Reißwolf« im modernen Büro. Kaum verwundern kann das militärische Überdauern derartiger Anspielungen: »Wolf« hieß während des Ersten Weltkrieges ein erfolgreicher deutscher Hilfskreuzer; »Wolfsschlucht«, »Werwolf«, »Wolfsschanze« nannte Hitler seine Wehrmachtquartiere; als »Wölfe« werden noch heute in der Marinesprache die Schnellboote geführt. Zumal diese animalistischen Übertragungen sind aktiv ausgerichtet; sie dienen zur symbolischen Verdeutlichung technischer Minderungsabsichten. Ihr historischer Hintergrund ist zoo-kulturell, ihre Aggressionssymbolik verdanken sie der Angst vor der wilden Bestie wie deren menschlichem Widerpart: dem Jäger. Dessen Tun erhält sich semantisch ebenfalls in der technoiden Konjunktur schießfreudiger Wortschöpfungen. Ihrzufolge werden mit Fotoapparaten Bilder »geschossen«, erhält ein Widerspenstiger in Alltag oder Beruf einen »Schuß vor den Bug«, erhofft der Warenhersteller sich von einem »Schnellschuß« konkurrenzübertreffenden Markterfolg. Bei derlei »Schüssen« wird freilich kein Tier, kein Wild mehr anvisiert. Sondern Ziel oder Beute sollen Menschen sein. Die »Waffen«, die man nun gegen andere richtet, sind technokultureller Art, wenn auch Beweggründe und Einstellungen archaisch anmuten. Aller Modernisierung zum Trotz bleibt das soziale Leben ein Jagdrevier.

Einen zentralen Platz errangen auf diesem Weg zu technisch inspirierter Zerstörungssemantik auch Praxis und Sinnsphäre des Schrotts. Ursprünglich als »Schrot« von auch wohlmeinendem Akzent, bei Münzbewertung, Viehmast und mancherlei Arten teilender Zurichtung gebräuchlich, verliert das Wort seinen positiven Klang in dem Maße, in dem es der Metallverarbeitung zufällt. »Schrott« gerät nun zum Synonym für Altmetall, für wertlose, unbrauchbare Eisenreste. Gerade diese Nutzungsverengung wird jedoch zum Ausgangspunkt der Bedeutungsübertragung auf Lebensbereiche, denen wenig Metallisches eignet, außer daß sie wie andere vom Maschinenzeitalter ideell und materiell vereinnahmt werden. Je mehr demnach zu verschrotten ist, desto mehr wird in diminutiver Erweiterung mit »Schrott«-Ausdrücken belehnt. So auch der Maschinenbauer und -nutzer, der

Mensch. Er sieht sich nicht nur genötigt, in zunehmendem Umfang seine technischen und sonstigen Produkte abzuwracken, ja spezielle Verschrottungsberufe und -branchen ins Leben zu rufen; sondern auch seinesgleichen gilt ihm als Schrott, als Abfall, geringwertig, vernichtungsreif. Das Wort arriviert zu einer Formel radikalen sozialen Ausschlusses, gegenmenschlicher Abgrenzung. In mancher Hinsicht löst es die vormals gebräuchlichere Müllmetapher ab. Sein pejorativer Wandel erfaßt bald weite Gesellschaftsbereiche. Wurde zunächst nur »verworfenes Gesindel« als sozialer Schrott diskreditiert, weil man es für liederlich, faul und nutzlos hielt, so schwand diese Arbeits- und Berufsorientierung später dahin. Ganz allgemein konnte dann, wer im Ruf stand, ungebildet oder minderklassig zu sein, im Geltungsschrott landen. Nach diesem Muster einer technisch erweiterten Schrottfähigkeit wurden und werden soziale Außenseiter und Minderheiten, Arbeitslose ebenso wie Hochschullehrer bezeichnet und behandelt [17]. Die Heraufkunft dieser Defektsemantik kündet zugleich eine neue Form des sozialen Egalitarismus an: unter den industriell gefertigten Schermessern der technischen Zivilisation werden in symbolischen wie realen Zweifelsfällen alle auf das gleiche Maß reduziert.

Abb. 41 Konrad Klapheck, Der Krieg (1965)
Konrad Klapheck, Düsseldorf

Welche Gefahren in dieser Tendenz zur Herrschaft der Maschine über den Menschen lauern, hat in der zweiten Hälfte des 20. Jahrhunderts der Maler Konrad Klapheck veranschaulicht. Mit eindringlicher Konsequenz zieht er den symbolischen Schluß aus der realgeschichtlichen Technifizierung der Lebenswelt, geht er den von Hieronymus Bosch eingeschlagenen Bildweg zu Ende. Kein Mensch scheint anwesend in einem Œuvre, das mittels eines Autoreifens die »Gewalt der Dinge« beschwört, in dem stilisierte Bohr- und Fräsmaschinen an den »Krieg« erinnern, eine Planierraupe dem »Triumph der Zerstörung« die Bahn bereitet (vgl. Abb. 41). Nähmaschinen, Rasierapparate, Motorräder und ähnliche Zivilisationsgeräte beherrschen die Szene. Requisiten wie Nadel und Messer, wie Säge und Bohrer lassen Verletzung und Schmerz, Zufügung und Hinnahme von Unbill ahnen. Doch bleibt in dieser technizistischen Metaphorik der Mensch durchaus präsent. Die Maschinen selbst verkörpern ihn, da er in sie eingegangen, in ihnen aufgegangen ist. Er hat ihr Technisches so sehr zu dem Seinen gemacht, daß sie sein Wesen ehestens ausdrücken. Bewegt sich die Welt nicht bereits auf einen Zustand zu, in dem sich das bisherige Verhältnis zwischen Mensch und Gerät umkehrt, weniger er sich der Instrumente bedient als daß diese ihn vereinnahmen? Von diesem epochalen Umschwung künden Klaphecks Bilder unter anderem [18]. In ihnen erscheint die Maschine als Verwandlungsmetapher für des Menschen technische Selbstauflösung. Durch Farbgebungen und apparative Gestik treten die bei alldem mitwirkenden Leidenschaften zutage. Deren abträglicher Eifer, ihre soziale Nachteiligkeit sind nicht zu übersehen. Indem es auch diese streitbaren Neigungen maschinell verbildlicht, gerät Klaphecks Werk zum warnenden Kommentar der einstweilen letzten Stufe menschheitlicher Unheilsgeschichte.

Schon setzt sich die Automatisierung des Lebens in einer Weise durch, welche der Gesellschaft insgesamt den Charakter einer Maschine verleiht. Mehr und mehr treten Menschen instrumentell, mittels Apparaten und deren Anschlüssen, per Draht, Schnur und Kabel zueinander in Kontakt. Wer an dieser Vernetzung nicht teilnimmt, mindert seine Gesellschaftsfähigkeit, baut sich selbst sozial ab. Über kein Telefon, kein Radio, kein Fernsehen, kein Auto zu verfügen, gilt als rückständig und abwegig. Die Technostruktur der Gesellschaft benötigt und fordert den eingeschalteten Menschen, die Medienmaschine kann nur von Teilnehmern in profitabler Bewegung gehalten werden [19]. Indessen treten Apparate nicht nur zwischen, sondern auch an die Stelle von Menschen. Mechanischer Menschenersatz begegnet in Betrieb und Büro, beim Einkauf, in der Bank, in öffentlichen Verkehrsmitteln. Durch automatische Produktionsanlagen, Geldspender, Kassen und dergleichen werden nicht bloß Arbeitsplätze vernichtet, mithin Erwerbstätige verdrängt. Vielmehr wird das Leben zugleich mitmenschlich leerer, kälter, von Anonymisierung und Entsozialisierung erfaßt. Nochmals, und grausamer, verkehrt sich das Verhältnis zwischen Mensch und Maschine. Indem Automaten die Positionen von Menschen einnehmen, bestreiten sie diesen die Daseinsberechtigung, erklären sie zum Abfall in einer Welt, die ohne sie störungsfreier zu funktionieren hofft als mit ihnen.

Diese Selektivität zuungunsten des Menschen wohnt in bedrohlichem Umfang vielen industriellen Errungenschaften der Gegenwart inne. Sie offenbart deren nicht ganz so friedlichen Charakter selbst dort, wo ihr Nutzen kaum von der Hand zu weisen ist. Die epochal veränderte Problemlage besteht darin, daß unkontrollierte Technikentwicklungen sich heutzutage leicht sozial zu kontraproduktiv auswirken. Die durch sie verursachten sozialen Kosten (z.B. die Alimentierung von Arbeitslosen, der Ausbau psycho-sozialer Gesundheitsdienste) übersteigen dann gesamtwirtschaftlich den erhofften Gewinn (etwa durch effizientere Güterherstellung, personalsparende Verwaltungen). Dieser Widerspruch ist einstweilen weder praktisch noch sinnhaft bewältigt. Welch extreme und gefährliche Gestalt er annehmen kann, bringen die Reaktorkatastrophen von Harrisburg, Tschernobyl und andernorts nicht minder an den Tag als neuere militärische Erfindungen wie die Neutronenbombe, Laserwaffen und bakterielle Kampfmittel [20]. Sie setzen Zerstörungsenergien frei, welche Menschen, Tiere und Pflanzen ganz oder teilweise vernichten, jedoch die sächliche Umwelt: Straßen, Häuser und Geräte nach Beseitigung der Verseuchung weiterhin zu benutzen erlauben. Das mit solchen Botschaften aufwartende Strahlenzeitalter könnte auch dem sozialen Leben noch mancherlei Schadensüberraschung und Linderungsaufgabe bescheren.

14.

ZERSTÖRUNG ZWISCHEN AKZEPTANZ UND ABWEHR

Zerstörungsgrenzen

Wo immer Menschen zerstörerisch agieren oder betroffen werden, drängt sich ihnen die Frage auf, wie weit das jeweilige Ungemach reichen darf oder soll. Gibt es Grenzen, an denen der Übeltäter in jedem Fall innehalten wird, an die der Verfolgte, wie sehr auch immer man ihm zusetzen mag, seine Überlebenshoffnungen heften kann? Die Destruktionsgeschichte der Menschheit lehrt, daß derartige Hemmschwellen weder festliegen noch, wo sie auf die eine oder andere Weise anzutreffen sind, allzu viel Vertrauen erwecken. Exzesse fanden und finden im Großen wie im Kleinen allenthalben statt, die Wege von Tätern und Opfern kreuzen sich ohne Unterlaß. Sämtlichen Rechtsregelungen und moralischen Appellen zum Trotz lebt der Mensch nach wie vor in einer ebenso konstruktionsmächtigen wie zerstörungsträchtigen Grenzungewißheit. Kein Domestikationsfortschritt, weder innere noch äußere Disziplinierung haben ihn je davon abhalten können, selbst zweifelhafteste Aufbauwege zu beschreiten oder sich in fragwürdigsten Minderungen zu ergehen. Die Natur lehrte ihn ihr Stirb und Werde, ließ ihn gewahr werden, daß das Vergehen ebenso unabwendbar zum Leben gehört wie das Entstehen. Folglich fühlte er sich als naturüberschreitender Erfinder und Experimentator befähigt, ja gedrängt, die Schranken seiner Gestaltungswelt weiter und weiter hinauszuschieben, sich dabei gleichermaßen als homo creator und als homo destructor zu betätigen. Alle Bemühungen, die durch die Naturentbindung aufgebürdeten Unsicherheiten kulturell auszugleichen, befreiten jedoch den Menschen nicht von seiner elementaren Grenzlabilität. Im Gegenteil: Fast jeder zivilisatorische Zugewinn verschärfte, insoweit er selbst durch Defekte angeregt wurde, mit Beeinträchtigungen einherging oder gar neue Tilgungschancen erschloß, die bereits vorhandene Limitierungsproblematik. Machte er doch den Menschen immer grenzbedürftiger, da dieser nun sich und seinesgleichen nicht nur gegenüber Naturbedrohungen sondern auch vor den kulturell vervielfachten Vernichtungsmitteln schützen mußte.

Diese mit dem zivilisatorischen Prozeß einhergehende Widerspruchssteigerung erschwert die Gratwanderung zwischen Akzeptanz und Abwehr ruinöser Ereignisse. Erweiterte Zerstörungsmöglichkeiten erfordern zusätzliche Grenzdefinitionen über defektiv Zumutbares und Erträgliches, über das Verhältnis zwischen notwendigen und zu vermeidenden Abbauformen. Die Zerstörbarkeit der Welt muß parallel zur sich wandelnden Praxis auch sinnhaft immer wieder neu ausgelotet werden. Zufügung und Erfahrung von Verderbnis erheischen eine orientierungstiftende Belehnung mit Bedeutungen, welche die Selbst- und Fremdlimitierung von einzelnen und Kollektiven erleichtern, mittels derer Zerstörungshemmungen, Hinnahmehürden und Abwehrbarrieren semantisch abgesteckt werden können. Zu keinem Zeitpunkt ist es jedoch gelungen, derartige Demarkationslinien absolut festzulegen und generell verbindlich zu machen. Wie die Maximen aktiven Zerstörertums, so konnten auch Akzeptanzbereitschaften und der Wille zur Gegenwehr stets nur relativ dargelegt und veranschaulicht werden: in Abhängigkeit vom ideellen und materiellen Entwicklungsstand konstruktiver sowie destruktiver Potenzen, beeinflußt von konkreten Versorgungslagen und Befriedigungsusancen, unter Bezugnahme auf die Daseinstechniken und Symbolhaushalte von Lebenswelten, im Hinblick auf soziale Zugehörigkeiten und Feindschaften.

Zerstörungsgrenzen sind mithin semantisch und technisch epochenbedingt. Bei den Aussagen über sie handelt es sich um kulturelle Definitionen mit Bezug auf soziale Geltungshorizonte. Was sie an Widerstand artikulieren, an Abwehr gegen ungebremste Schmälerungen mobilisieren, bringt einen Teil jener Konstruktivität zur Wirkung, die korrektiv in destruktive Verläufe eingreift, zu deren dekonstruktiver Milderung beiträgt. Dies ist um so notwendiger, als die Grenzvorgaben der Natur mit dem Voranschreiten des Zivilisationsprozesses mehr und mehr in Frage gestellt wurden. Wie die biologische Determination zog der kulturschöpferische Mensch auch die naturale Limitation seiner Zerstörungsbefähigung schon früh in Zweifel. Er verließ das Feld natureingebetteter und insofern gebändigter Vernichtung, trat so weit als möglich auf das Terrain zerstörungskultureller Willkür hinüber. Fortan sollte die Natur ihm nicht mehr als Richtschnur beim Ziehen von Zerstörungsgrenzen gelten, sollten deren Fäden vielmehr künstlich gesponnen werden. Warum denn sich Krankheiten fügen, das Datum des Todes einwandslos hinnehmen, der Unbill der Natur keinen Widerstand entgegensetzen? Mit diesem Grenzübertritt, der zugleich eine Vertrauensaufkündigung gegenüber der gesamten Natur bedeutete, handelte der Mensch sich jenes paradoxe Schrankenproblem ein, das er bis heute nur unvollkommen und unbefriedigend gelöst hat. Als aktiv und passiv umweltplastisches Wesen muß und will er grenzoffen sein, ohne doch auf Grenzbestimmungen je ganz verzichten zu können. Der in vielem verheerende Entgrenzer der Natur unterliegt dem Zwang zur kulturellen Begrenzung, auf daß er nicht selbst im ruinösen Überschwang versinke.

Diese kulturelle Konstruktion von Destruktionshindernissen erfolgt über weite Strecken der Geschichte dadurch, daß aus dem Meer des Untergangs, dem alles Menschliche irgendwann anheimfällt, Bereiche des Unzerstörbaren herausgehoben und mit oft pathetischem Nachdruck beschworen werden. Wie immer Paradies, Arkadien, Nirwana und dergleichen ausgemalt seien, wo sie auch lokalisiert sein mögen: stets stellen sie Inseln der Seligen vor, auf denen es sich heiter und glücklich, ohne irdische Vernichtungsangst sowie jenseits von Leid und Schmerz leben läßt. Weniger komplex schimmern derartige Hoffnungsbilder eines möglichen Entrinnens aus der Vernichtungswelt in einzelnen Chiffren auf, aus denen sich die Mythen der Unzerstörbarkeit zusammensetzen. Unter den pflanzlichen Natursymbolen nimmt die immergrüne Zeder des Libanon einen besonderen Rang ein, gilt sie doch urzeitlich als unverwüstlich, daher geeignet für Schiffs-, Tempel- und Palastbau, zur Anfertigung von Wiegen und Särgen, von Götter- und Herrscherbildern. Wer diese heilige Zeder in schnöder Absicht fällt, den wird Strafe ereilen so wie Gilgameschs Gefährten Enkidu der Tod [1]. Der Gerechte hingegen »wird wachsen wie eine Zeder auf dem Libanon« [2]. Auch durch Tierbilder wird diese Aura der Unbezwinglichkeit verbreitet. Im Alten Testament führt Gott dem zweifelnden Hiob Nilpferd und Krokodil als Gleichnisse einer durch keine Fährnis zu beeinträchtigenden Schicksalsstärke vor Augen [3].

In die durch Naturentbindung und Maßstabschwund zivilisationsgeschichtlich entstehende Lücke treten grenzsymbolisch vor allem die Götter ein. Marduk, Jahwe und Zeus, Jupiter, Odin und der christliche Gott: sie alle sind zugleich Weltenschöpfer und Weltvernichter, schrankenlose Zerstörer und Repräsentanten von Barrieren, jenseits derer Menschen nichts bewirken, mithin auch kein Unheil anrichten können. Dort wird die Entscheidung über Entstehen und Vergehen vom höchsten Wesen gefällt, das kosmischer Herrscher über Natur, Mensch und Götterwelt ist, allmächtig in der Zuteilung von Glück und Verderbnis. Folglich fungiert dieser oberste Gebieter vielen religiösen Vorstellungen zufolge auch auf Erden als unsichtbarer Grenzwächter, dem die Menschen Opferdienst und Gehorsam zu leisten haben. Seinem Ratschluß können sie sich nur um den Preis von Strafgerichten widersetzen, welche sie in ihre Grenzen zurückverweisen. Er ahndet jeden Grenzfrevel, ist unvergleichlicher Machtwalter über die Sphären des dem Menschen ruinös Erreichbaren wie des ihm Verbotenen, legimitiert durch seine Fähigkeit, aus dem Niedergang neues Leben zu schöpfen.

Dieser Idee nach sind in Gott sämtliche Grenzen zwischen Konstruktivität und Destruktivität gegenwärtig, doch zugleich aufgehoben. Er repräsentiert Grenze und Grenzenlosigkeit in einem, ist symbolische Projektion irdischer Grenzungewißheit und Grenzbedürftigkeit, mithin der menschlichen Grenzambivalenz, des Schwankens zwischen Grenzüberschreitung und Grenzbescheidung. Sehnsucht und Furcht treffen in dieser religiösen Limitationschiffre aufeinander, die dem Menschen durch Grenzsakralisierung Entlastung verschafft, ihn aber auch immer wieder zu teils barbarischen Übergriffen getrieben hat. In ihrem Bedeutungskern enthält solche Göttersymbolik wiederum eine Verwandlungsmetapher, an die sich menschliche Größenphantasien und Scheiternsängste knüpfen. Nur die Götter oder ihre Sendboten und Stellvertreter wie Christus sind ja imstande, Grenzen unbeschadet außer Kraft und wieder in Geltung zu setzen, ohne Versehrung zwischen Aufbau und Zerstörung hin und her zu wechseln. Doch kann der Mensch mittels ihrer wenigstens imaginativ die heilsame Verschmelzung seiner widerstreitenden Kräfte vollziehen, die ihm real so schwerfällt.

Noch die weitestreichenden Umwegtechniken der Grenzsymbolisierung zielen jedoch letztlich auf sozialweltliche Verhaltenssteuerung. Sie bieten Hinweise darauf, wie Menschen untereinander mit Grenzproblemen der Destruktivität umgehen können oder sollen. Aus ihnen lassen sich Entscheidungshilfen ableiten darüber, welche Arten der Zersetzung im zwischenmenschlichen Leben vermieden werden sollten, mit welchen Auflösungserscheinungen gerechnet werden muß, wie weit die Hinnahmebereitschaft reichen könnte, wo die Abwehr einsetzen mag. Daß derartige Codes häufig nur sehr allgemeine, wenn auch oft rigide formulierte Maximen enthalten (»Du sollst nicht morden. Du sollst nicht die Ehe brechen. Du sollst nicht stehlen. Du sollst nicht falsch gegen deinen Nächsten aussagen...« usw.), schmälert ihre Praxistauglichkeit keinesfalls. Vielmehr ermöglicht gerade diese Weite ihre flexible Umsetzung in die vielgestaltigen Wechselfälle des gesellschaftlichen Zerstörungslebens. Die Semantik der Grenzmoral, auf die keine Sozialwelt verzichten kann, bedarf der argumentativen Unschärfe und der zwischenmenschlichen Geltungsoffenheit. Nur so bleibt ihr disponibler Charakter gewährleistet, können ihre theoretischen Ansinnen praktisch unterlaufen werden, kann man ihre Leitideen im konkreten Vollzug modifizieren. Das Töten ist dann nicht völlig ausgeschlossen, der Ehebruch sucht sich seine Rechtfertigung, ein Diebstahl mag entschuldbar scheinen. Diese Verrückbarkeit von Grenzen ist eine Bedingung für die dauerhafte Beteiligung destruktiver Energien am Wandel menschlicher Lebenskultur. Zugleich stellt sie einen semantischen Reflex auf die psychosoziale Grenzparadoxie der Menschen dar: Sie benötigen Schranken, um untereinander in Frieden leben zu können; doch mögen sie kaum eine Barriere als unüberwindbar anerkennen. Dementsprechend bietet die Grenzsemantik nur eine unvollkommene Entlastung. Durch sie vermitteln Menschen einander zerstörungsbemessende Vororientierungen, ohne aus der Verantwortung für die Gestaltung konkreter Situationen tatsächlich entlassen zu sein.

Die soziale Grundfigur, aus der alle Zerstörungseinfriedung erwächst, besteht in mitmenschlicher Zuwendung. Daß man einander helfen möge, wo Schaden droht, gar das Leben gefährdet ist: diese Botschaft verkünden unzählige Mythen und Bilder der Leidabwehr. Sie lassen anstelle naturaler oder göttlicher Instanzen den Menschen als Linderer verderblicher Entwicklungen in Erscheinung treten, als barmherzigen Samariter in der Not [4]. Zumal dort, wo sie den Unheilbringer selbst wohltätig vorstellen, gewinnen sie an einprägsamer Kraft. Das Urbild solcher Paarung von Schadenshorizont und Mitmenschlichkeit bot bereits eine Schale des Töpfers Sosias in altgriechischer Zeit (vgl. Abb. 42). Indem hier Achilles seinem verwundeten Freund und Mitstreiter einen Verband anlegt, verkörpert er das Ineinander von Martialität und Hilfsbereitschaft, während aus Patroklos' Haltung das Vertrauen auf die Heilkundigkeit des Gefährten spricht. Achill, der tätige Schüler des weisen Chiron, mit der seine Unverwundbarkeit einschränkenden Ferse die Symbolgestalt unvollkommenen Kulturschutzes, fügt sich mit dem duldenden Patroklos zur gleichnishaften Einheit von Aktion und Passion, von Geben und Nehmen, von Freude und Leiden, welche das Leben insgesamt darstellt. Indem der zerstörungsfähige Krieger in der Doppelgestalt des

Abb. 42 Achilles verbindet seinen verwundeten Jugendfreund Patroklos Innenbild einer Schale des Töpfers Sosias, um 500 v. Chr.
Antikenmuseum, Berlin

schmerzlich Verwundeten (Patroklos) und des Heilung Einleitenden (Achill) vor Augen tritt, gibt sich der dekonstruktive Januskopf menschlicher Existenz zu erkennen. Freilich gehen hier Konstruktivität und Destruktivität eine bildliche Symbiose ein, deren soziale Grenzsymbolik nicht zu übersehen ist: Die heilsame Gegenseitigkeit während der Gefechtspause findet unter Freunden sowie Kampfgenossen statt, nicht jedoch zwischen Feinden.

Schadensabwehr

Kein einzelner, keine Gruppe kann auf Techniken der Zerstörungsbegrenzung verzichten. Beruf und Privatleben konfrontieren jeden unentwegt mit schadensträchtigen Situationen, die defektgemäßes Urteilen und Handeln erfordern. Dennoch beruhen die Kenntnisse über Möglichkeiten und Sinn der Eindämmung oder Vermeidung von Mißgeschicken zumeist eher auf Zufallswissen als auf gezieltem, gar systematischem Informationserwerb. Daß der Schutz vor allzu einschneidenden Beeinträchtigungen ebenso erlernt werden muß wie die Hinnahme unvermeidlicher Abstriche, steht außer Zweifel. Der zivilisatorische Fortschritt hat naturale Selbstverständlichkeiten in der Bemessung von Akzeptanz und Abwehr ruinösen Geschehens weitgehend außer Kraft gesetzt. Gleichwohl überlassen die meisten Kulturen die Aneignung diesbezüglicher Kompetenzen lieber der Schule des Lebens als daß sie besondere Trainingsfelder bereithalten oder gar aufzwingen. Das hat den Nachteil, daß Wissensstand und Handlungsfähigkeit der meisten Menschen in derlei Angelegenheiten gering bleiben, daß kaum einer den Feuerlöscher in Auto und Haus richtig bedienen kann, daß Katastrophenschutz nicht sehr geschätzt wird [5]. Berührungsangst und Bequemlichkeit verstellen den Zugang zu fachmännischer Sachkunde. Doch geht mit derlei Defiziten der Vorteil einher, daß Menschen, anstatt sich auf spezielle Abwehrmuster festzulegen und zu verlassen, wie in Abbau und Vernichtung auch in deren Bekämpfung anpassungsfähig und neugierig bleiben. Als umweltplastische Wesen ziehen sie für den akuten Abschirmungsfall der präokkupierenden Einengung eine situationsoffene Flexibilität vor. Mittels dieser korrespondieren sie mental jener argumentativen Unschärfe und Geltungsweite, welche die Grenzsemantik insgesamt kennzeichnet. Den latenten Schutzbedürfnissen trägt man derweil mit eher psychisch beruhigenden als handlungsbefähigenden Behelfsformen Rechnung: mit Minimalprogrammen wie dem Erste-Hilfe-Kurs für zukünftige Autofahrer etwa, der rasch vergessen ist; oder durch Abwehrzauber per Amulett, Bannspruch und dergleichen mehr.

Vielleicht ermöglicht gerade diese geringe Fixierung auf spezifische Abwehrtechniken die erstaunliche Vielfalt an Energien und Einfällen, welche Menschen in bedrängenden Lebenslagen mobilisieren können. Körpereigenstes Ausdrucksmittel, zugleich kulturell gelenktes Symbol der Leidenserfahrung ist die Träne. Sie verschafft Befreiung von Substanzen, die angesichts von Bedrohung und Schmerz den Stoffwechsel durcheinandergebracht haben. Jedoch unterliegt sie rituellen Erlaubnissen und Verboten, die überdies den Geschlechtern zugeordnet werden: »Ein tapferer Junge weint nicht«, der harte Mann schon gar nicht, während Mädchen und Frauen den Tränen freieren Lauf lassen dürfen, um den Preis allerdings, als »Heulsusen« verschrien zu werden [6]. Als Teil alltäglicher Zerstörungspädagogik entscheiden solche Regulierungen mit darüber, wie Akzeptanz und Abwehr praktiziert werden. Zwar können sie nach sozialer Schicht und Kulturwelt variieren. Doch läßt der Nachdruck, mit dem sie allerorten eintrainiert und zur gesellschaftlichen Maxime erhoben werden, keinen Zweifel daran aufkommen, daß ihre Grenzlinien nur in Ausnahmesituationen zu überschreiten sind. Dann darf selbst dem heldischen Krieger eine Träne entgleiten.

Jenseits derartiger sozio-somatischer Abwehrreaktionen ist der Mensch indes zu schöpferischem Widerstand befähigt. Er legt Gärten noch in bedrückendsten Umgebungen an wie die mittellosen Einwanderer in New Yorker Slumvierteln oder wie gleich anderen Internierten Rosa Luxemburg im Gefängnishof. Eingekerkerte zeichnen auf Zellenwände, Lagerinsassen kneten heimlich Figuren aus Brot, lassen selbst Verfaßtes kursieren, veranstalten Bildungskurse, Unterhaltungsabende, Spielkreise [7]. Noch die Blumenkästen in den Fenstern unwohnlicher Betonsilos stellen Zeugnisse einer Abwehrkreativität dar, die sich gegen äußere Schadenszumutungen jedweder Art richten kann. Sie signalisiert dem Heimsucher, daß er nicht alles zu zerrütten vermag, und stärkt den Lebenswillen von Leidtragenden. Die Grenzlinie, die sie zwischen beiden zieht, mag im einzelnen wenig Spektakuläres aufweisen. Gleichwohl ist sie erlebnissymbolisch zumeist höchst aufgeladen, daher oft Anlaß zähen Ringens zwischen Peinigern und Opfern. Im ungünstigsten Fall bleibt dem Bedrängten nurmehr sein leibseelisches Innenleben als Oppositionshorizont. So sicherte sich der von uruguayischen Tupamaros in ein »Volksgefängnis« entführte britische Botschafter Geoffrey Jackson gegen ein Nachlassen seiner Sinneskräfte dadurch ab, daß er, nachdem ihm alle Habseligkeiten und jede äußere Gestaltungsmöglichkeit genommen waren, imaginäre Geschichten erfand, im Geist rezitierte und zu einem verborgenen Gedächtnisschatz mehrte [8]. Derart kann selbst die kleinste »Oase in der Vernichtungswelt« zur Lebensrettung gereichen [9].

In massenhafteren Defektlagen freilich, sobald die Wohlfahrt zahlreicher Kulturbestände wie auch Menschen allzu heftig auf dem Spiele steht, genügt die individuelle Abwehr selten. Dann sind Menschen, die ruinöser Ausuferung Einhalt gebieten wollen, aufgerufen, sich zusammenzuschließen, über geeignete Maßnahmen zu befinden, widerstandsfähige Kollektive zu bilden. Spontane Abwehrgruppen entstehen aus diesem Erfordernis ebenso wie sich langsamer und umständlicher formierende Schutzorganisationen. Sie gab es zu allen Zeiten, mußte es immer geben, denn wann hätte der Mensch je aufgehört, sich als Schädling unter seinesgleichen zu betätigen, Beutechancen auf Kosten anderer auszunutzen oder sich zu verschaffen? Im Hinblick auf solche Übergriffsgefahren nehmen Abwehrkollektive jeder Art eine ebenso wichtige symbolische wie praktische Funktion wahr. Sie halten oder bringen die gesellschaftliche Diskussion über Zumutbarkeit bzw. Unverträglichkeit pejorativer Auswüchse in Gang, regen mithin zu entsprechender Bewußtseinsbildung an, sorgen dafür, daß das öffentliche Gedächtnis für die Unheilsgeschichte der Menschheit nicht sträflich schwindet. Und sie schreiten erforderlichenfalls vorbeugend oder bremsend gegen Frevler des Geistes, gegen Marodeure der Tat ein.

Derlei Dienste erbrachten Abwehrkollektive noch stets in großer Vielfalt. Neben namenlosen, teils geheimen Vereinigungen formierten sich vom Beginn des 18. Jahrhunderts an in ganz Europa immer mehr aufklärerische Sozietäten, die sowohl die Verbesserung von Lebensverhältnissen bezweckten als auch die

Abb. 43 Jacques-Louis David, Kopf des Abbé Grégoire (Studie 1791)
Musée des Beaux Arts, Besançon

Eindämmung von Ausschreitungen und Entgleisungen politisch, ökonomisch, kulturell bankrotter Regimes [10]. In dieser Tradition stehen nicht nur städtische und ländliche Genossenschaften des 19. Jahrhunderts, sondern desgleichen die Gründung des Roten Kreuzes (1863) oder der Heilsarmee (1878), Zusammenschlüsse wie amnesty international (1961) oder »Ärzte gegen den Atomkrieg« (1981), die Bildung von Selbsthilfegruppen und Friedensbewegungen der Gegenwart. Derartige Abwehrkollektive verdanken ihre Entstehung häufig zerstörerisch bereits eskalierenden Verhältnissen wie auch der Initiative und Tatkraft einzelner Persönlichkeiten. Henri Grégoire, der während der Französischen Revolution die Nationalversammlung aufrief, per Dekret die Plünderungen von Kirchen und Schlössern, von Bibliotheken und Gemäldesammlungen zu unterbinden, die er erstmals als »Vandalismus« brandmarkte (vgl. Abb. 43); Anatoli Lunatscharski, der die sowjetischen Revolutionäre zur Schonung von Kunst und Kultur in den eroberten Städten anhielt; Henri Dunant, der nach der Schlacht von Solferino mit Wort und Tat für die Überlebenschancen von Kriegsverwundeten stritt: Ohne sie und ihresgleichen wären Raub und Mord, wären Ausbeutung und Tortur vielerorts ohne Korrektur geblieben, hätten zahlreiche Menschen weniger leicht ein Zentrum gefunden, um das sie sich abwehrwillig scharen konnten und können.

Indes: Zur Sicherung längerfristiger Abwehrmöglichkeiten sind weitere Maßnahmen erforderlich. Private und spontane Unternehmungen reichen nicht für alle Fälle aus. In der sich in hohem Maße juristischer Legitimationen bedienenden modernen Gesellschaft erheischt auch die kulturelle Schadensbegrenzung gesetzliche Kodifizierungen. Vor allem wo künstlerische Bestände von geschichtlich identitätstiftendem Rang, gar nationaler Bedeutung in Frage stehen, bleiben Sicherungsversuche ohne rechtliche Grundlage wenig effizient. Mit ihnen tut sich wie andere Staaten auch die Bundesrepublik Deutschland schwer, weil sie neben gesetzlichen Maßnahmen gegen unerwünschte Abwanderung, illegale Ausfuhr und dergleichen verbindliche Wertaussagen darüber erfordern, welche beweglichen Güter historischer, wissenschaftlicher oder künstlerischer Provenienz zum Patrimonium gehören sollen, daher privater Willkür zu entziehen und gegen Übel zu feien sind. Weder gibt es bisher einen allgemein anerkannten Kanon zur Klassifizierung national schutzwürdiger Kulturwerke noch besteht Einmütigkeit über gesetzgeberische und administrative Maßnahmen. Einstweilen behilft man sich doppelgleisig mit dem 1955 beschlossenen »Gesetz zum Schutz deutschen Kulturgutes gegen Abwanderung« und mit dem 1984 herausgegebenen »Gesamtverzeichnis national wertvollen Kulturgutes und national wertvoller Archive«. Beide Wege haben sich als inhaltlich und verfahrenstechnisch holprig erwiesen. Kaum ein privater Eigentümer hochwertiger Kulturschätze deutscher Herkunft wird sich mit Vergnügen auf sie begeben, denn ihn erwarten mehr Nachteile als Vorteile. Auch stehen Verfügungseinschränkung und die meist als Ausgleich gewährte Befreiung von der Erbschafts- oder Vermögenssteuer in einem zwiespältigen Verhältnis zueinander, das den Vorrang ökonomischer Tauschaspekte vor Gesichtspunkten kultureller Gemeinschaftsverpflichtung allzu sehr festschreibt. Zu diesem einseitigen Geldanreiz müßten andere, wichtigere Ermunterungen hinzutreten, die den Rang der Kulturerhaltung öffentlich und prestigefördernd zum Ausdruck bringen. Mit keiner Anerkennung sollten die Deutschen in dieser Hinsicht geizen, da ihre exzessive Destruktionshistorie die Welt so vieler unwiederbringlicher Kostbarkeiten beraubt hat.

Doch erfreut sich die Wahrnehmung gesamtgesellschaftlich relevanter Abwehraufgaben keiner allzu großen Beliebtheit. Wie Gesetzgebung und Verwaltungspraxis bedürfen auch die Professionalisierung und die institutionelle Fundierung kultureller Schadensbewältigung mancher Verbesserung. Die bisherigen Anstrengungen reichen bei weitem nicht aus zur Rekultivierung einer Lebenswelt, die in zwei Kriegen, durch nationalsozialistische Niedertracht sowie infolge des anschließenden Modernisierungskahlschlags zwei Drittel ihrer historischen Substanz eingebüßt hat. Vierzig Jahre nach Beginn des Wiederaufbaus liegt die berufliche Spezialisierung auf Instandsetzungstätigkeiten vielerorts noch immer im argen. Die Ausbildung von Gemälderestauratoren und Buchkonservatoren, von Gebäudesanierern und Denkmalschützern blieb ein Stiefkind der Politik. Viele der vorhandenen Einrichtungen wären ohne privates Mäzenatentum, ohne finanzielle Zuschüsse und ideelle Ermutigungen kulturell engagierter Sponsoren kaum arbeitsfähig. Was in der Wiederherstellung und Bewahrung von Musikinstrumenten und Schriftwerken, von Bildern, Gerät und Zierrat an Gutem geleistet wurde, verdankt sich eher der passionierten Mühe einzelner Fachleute als staatlicher Expertenförderung. Damit jedoch dieses Berufsfeld nicht länger ein voraussetzungsloser Tummelplatz für jedermann bleibt, auf dem sich auch Amateure und Dilettanten nach Belieben ausbreiten dürfen, sind Schulungsstätten erforderlich, die handwerkliche Fertigkeiten, wissenschaftliche Kompetenz und künstlerisches Gespür gleichermaßen vermitteln. Erst die Einrichtung derartiger Ausbildungsgänge an geeigneten Hochschulen, die in den meisten europäischen Ländern bereits vollzogen wurde, gewährt der Sicherung des kulturellen Erbes jenes berufliche Niveau, dessen sie zumal in ruinös eskalierenden Epochen bedarf.

Bringt eine solche Anhebung die fachmännische Schadensabwehr zu symbolischer Geltung und besseren Handlungsaussichten, so darf sich der einzelne von ihr doch nicht Befreiung von seiner täglichen Pflicht zur Zerstörungsbegrenzung erhoffen. Keine Entlastung durch Experten sollte den Menschen je vergessen lassen, daß irdische Güter nur so viel Gedeihliches ausstrahlen, wie sie an Pflege erhalten haben. Dazu gehört auch, daß sorgsam mit ihnen umgegangen wird, daß man sie vor überflüssigen Verunstaltungen und Beseitigungen bewahrt, daß die unvermeidlichen Spuren von Verbrauch und Verschleiß womöglich gemildert, ästhetisch erträglich gemacht werden. Gerade durch diese Zuwendung erhalten ja die Dinge ihren Vergänglichkeitsreiz, jenen Erinnerungswert, in dem das Bedürfnis nach Schönheit und die Einsicht in den Verfall einander nicht ausschließen, sondern verschmelzen. Die Wegwerfgesellschaft hat freilich mit diesem Auge lange nicht sehen wollen. Sie bevorzugte das blanke Neue, das eine heile Zukunft zu versprechen schien, vor dem benutzten Alten, das an Vergänglichkeit und Geschichte gemahnte. Erst die nostalgischen Strömungen der siebziger Jahre haben einen Wechsel der Blickrichtung bewirkt. Zwar plätscherten sie manchmal modisch einher, rieselten in Seitenkanäle von Tand und Flitter, ließen flinke Geschäftemacher auf ihren Wogen mitschwimmen. Doch schmälern solche Begleiterscheinungen nicht das kulturkorrektive Verdienst, das der bis heute anhaltenden Nostalgie-Bewegung insgesamt zugutezuhalten ist. Denn diese brachte nicht nur Versunkenes ans Tageslicht, erweckte Trödel aus Speichern und Kellern zu neuem Leben, veranlaßte diesen und jenen, seine häuslichen Zierstücke aufzupolieren. Sondern sie machte überdies die eigentätige Verfallsabwehr sinnfällig und vergnüglich, ließ ein neues Wertempfinden für materiale Qualitäten entstehen, regte zur Wiederkehr aufgegebener Handwerke an. Die vorwiegend jüngeren Leute, die alldies in Gang setzten, artikulierten damit zugleich einen belebenden Protest gegen den übermäßigen Geschichts- und Kulturverlust, den ältere Generationen ihnen beschert hatten.

Auf dem Weg zur Totalzerstörung?

Solche Korrektive sind besonders unverzichtlich zu Zeiten, da die Zerstörungspotentiale allerorten ins Unermeßliche wachsen. Nichts scheint an der Schwelle zum dritten Jahrtausend mehr unantastbar, alles kann dem Ruin anheimfallen. Der Mensch scheint die Vision verwirklicht zu haben, seine Doppelveranlagung zu Aufbau und Abbau weitestmöglich voranzutreiben, sich zivilisationsgeschichtlich zum Alleskönner und Allesvernichter aufzuschwingen. Immer weiter voran und hinauf strebend, in schwindelerregende Höhen emporsteigend, hat er wie die Konstruktivität auch die Destruktivität zu einem allgegenwärtigen Prinzip seiner Weltgestaltung erhoben. In unermüdlicher Neugier und mit schier unerschöpflichem Einfallsreichtum, durch technisches und industrielles Produktionsvermögen im Guten wie im Schlechten gelang es ihm, sich zu einem Entgrenzer aufzuschwingen, der vor keinem Rätsel innehält, dem sich jede Kammer des Daseins öffnen soll. Im Kleinen greift er inzwischen die verborgensten Stellen von Organismen an, droht durch Genmanipulationen zum Mikrozerstörer auch menschlich-naturaler Identitätsbildung zu arrivieren. Im Großen verwandelt er als Makrozerstörer die Erde in einen Müllplaneten, bedroht sich mit militärischer Totalausrottung, füllt das Weltall zunehmend mit den Schrottresten von Satelliten, Raketen und Raumschiffen [11]. Unter dem schrankenlosen Zugriff des Menschen nimmt der Kosmos ängstigende Züge einer schwer kontrollierbaren Vernichtungswelt an.

Kaum je hat es an Warnungen vor den Folgen ruinösen Übermuts gefehlt. Zeitlos, bis heute gültig mutet die Mahnung an, die der Prophet Jesaja seinem leichtsinnigen Volk entgegenschleudert:

»Weh dir, der du immer zerstörst
und selbst nie zerstört worden bist.
Weh dir, du Empörer,
gegen den sich noch niemand empört hat.

Denn wenn du alles zerstört hast,
wirst du selbst zerstört.
Wenn du das Ziel deiner Empörung erreicht hast,
wirst du selbst zum Ziel einer Empörung.« [12]

Doch wann hinderten solche Warnrufe einzelne, Gruppen oder Völker, die gewillt waren, die Zerstörungsleiter bis zur obersten Sprosse emporzuklimmen? Immer wieder folgten Individuen Mephistos düsterer Devise, der zufolge »alles, was entsteht, ist wert, daß es zugrunde geht« [13], kannten blindwütige Horden kein Halten »... bis alles in Scherben fällt« [14]. Keine Anstrengung scheint derart Gesonnenen zu mühevoll, des Menschen Fähigkeit, die Welt in Schutt und Asche zu legen, tatkräftig unter Beweis zu stellen.

Gelänge dem Menschen dies, so träte er in Zonen ein, die einstmals Naturkräften und Göttern vorbehalten waren. Die Semantik der Totalzerstörung, die sich in Weltuntergangsmythen und apokalyptischen Schreckensvisionen kundtut, schreibt den Abbruch allen Lebens einerseits der Entfesselung von Elementargewalten zu, die mit Sturmfluten und Orkanen, mit Feuersbrünsten und terrestrischem Aufruhr den Erdkreis verwüsten. Durch dieses Inferno bringt sie zum anderen göttliche Strafgerichte über die Menschen, angesichts deren kein Zweifel an der Allmacht der zermalmenden Höchstinstanz mehr aufkommen soll. Ausschließlich Gott ist völliger, frei waltender Herr über Leben und Tod, der als einziger ungeahndet die heiligen Symbole der Unsterblichkeit niederreißen darf:

»Die Stimme des Herrn zerbricht die Zedern,
der Herr zerschmettert die Zedern des Libanon.« [15]

Mit diesem Monopol mochten Menschen sich um so weniger abfinden, je mehr Zerstörungsmacht ihnen zuwuchs. Ihr Trachten richtete sich auf Omnipotenz auch im Niedergang, die manch einer sich und anderen vorzuführen suchte, indem er göttergleich Hand an vorgeblich Ewiges legte [16]. Geistliche und weltliche Herrscher glaubten seit alters, ihre Macht erst dadurch beweisen und vollgültig festigen zu können, daß neben ihnen kein anderer oberste Vernichtungsgewalten innehatte. Mochten auch die tatsächlichen Mittel zu völliger Verheerung meist (noch) nicht ausreichen, so war doch deren symbolische Beanspruchung stets höchst bedeutsam. Denn erst die ungeteilte Chance, anderen nach Belieben die Daseinsgrundlage zu beschneiden oder zu entziehen, erzwingt deren Gefolgschaft. Dementsprechend vollzieht sich ein Strang des sozialen und politischen Lebens als Konkurrenzkampf um Zerstörungsvorteile, gleichgültig ob diese in die Tat umgesetzt oder als bedrohliche Handlungsmöglichkeiten lediglich in petto gehalten werden.

Augenfällige Indizien für die Ausweitung des Totalitätsanspruchs menschlicher Unbill liefert wie die Lebenspraxis die Zerstörungssemantik. Unter deren Vorstellungsbildern hat die Chiffre *kaputt* einen Bedeutungswandel durchlaufen, der sie zum meistgebräuchlichen Kennzeichnungsmittel der Verrottung erhob. Der historische Hintergrund des Wortes ist vielfältig; hebräische Glaubensvorstellungen über sühnenden Opferdienst werden ihm ebenso zugerechnet wie die schon im Lateinischen sich anbahnende Identifizierung menschlichen Daseins und Tuns mit dem Kopf (caput). Als Hirntäter bestimmt der Mensch, wo die Stirnseite der von ihm geschaffenen Gegenstände liegt, wer das soziale Haupt sein soll. Doch werden damit auch Untergangswege erschlossen. Auf mancherlei Weise kann man den Kopf verlieren, jemanden vor den Kopf stoßen, können Gruppen ihr Haupt verlieren, kann etwas kopfüber von Bord gehen, hinabstürzen, ins Unheil geraten. Wo dies geschieht, ist wenig zu retten. Was kaputtgeht, scheint verloren, irreparabel, unwiederbringlich dahin. Sein Verhängnis ist besiegelt.

Noch in den profansten Verwendungen dieser Schicksalsmetapher hallt Religiöses nach. Doch überwiegen in der Moderne Sinnelemente, die menschliche

Täterschaft bezeugen. Aus der französischen Seemannssprache (capoter: kopfüber gehen, kentern) gelangt das Bild über das Kartenspiel in den Soldatenjargon und mit diesem das Wort in fast alle Länder Europas. Aber nicht nur beim Spiel wollte der Landser andere ausstechen. Im Dreißigjährigen Krieg hieß *capot machen* bald: erschlagen, Menschen töten. Der ehemals passive Akzent der Metapher trat zugunsten maligner Aktion in den Hintergrund. Diese mochte sich nicht an Grenzen halten, vielmehr jede Defektchance wahrnehmen. In moderaten oder exzessiven Formen des Kaputtmachens sollte sich alles und jedes auf den Opferaltar der Vernichtungswelt legen lassen: Mensch und Tier, Pflanze und Gerät, Ideen und Kunstwerke. Die Deutschen, die im 20. Jahrhundert dem Zerstörungswahn freiesten Lauf ließen, wurden schließlich insgesamt mit dem Begriff identifiziert, waren sie doch ausgezogen, sich und die Welt »in ›Kaputt‹ zu verwandeln« [17].

Im sozialen Leben diente die Metapher schon früh zur Kennzeichnung niederen Volkes, Mißliebiger, Zurückgebliebener, Auszustoßender. Wer im politischen Schicksalsspiel die schlechteren Karten hatte wie zuzeiten der Französischen Revolution der Konservative gegenüber dem Reformer, der mag zu sich selbst gesagt haben: »... ich bin kaputt« (vgl. Abb. 44). Als soziale Abwehrmetapher, als symbolische Nötigung zu Selbstaufgabe oder Schadenshinnahme blieb die Formel bis heute gebräuchlich. »Kaputte Typen«: das sind im Alltag Leute, von denen nichts mehr zu erwarten ist, die man aufgeben will, sind etwa Intellektuelle, die nicht ins herrschende Schema passen, schöpferische Unruhestifter, die als Lohn Diffamierung erhalten [18]. Doch kann angesichts solcher Geltungsabrede die Metapher ihren Sinn verkehren, kann das Schmähetikett zum Ehrenzeichen gereichen: Man gehört dann zu jenen, denen es in der Erniedrigung nicht an Kraft und Lebensmut gebricht, die sich in Schadensverhältnissen einzurichten, abwehrbereit zu solidarisieren wissen. Wiewohl solche Defekt-Identität gegenwärtig manch gauklerische Schickeria-Varianten aufweist, die das »kaputt sein« in Mode brachten, sind ihre ernstzunehmenden Erscheinungen symptomatisch für die Epoche. Indem das Kaputte zu einer zentralen Metapher des Daseins aufrückt, entlarvt es dessen Tendenz zu universeller Selbstverneinung [19].

Der Widerstand gegen derartige Neigungen wird infolge der Verkomplizierung der industriellen Zivilisation zugleich schwieriger und einfacher. Leichter hat es der Abwehrbereite insofern, als ihm unzählige Wege der Verweigerung, des Protests, der aktiven Schadensminderung, der Gegenzerstörung offenstehen. Er kann ein umweltfreundliches Auto fahren, an Bürgerinitiativen teilnehmen, gegen Unterdrückung und Niedertracht angehen. Doch fällt ihm dies zur selben Zeit dem Sinn und der Sache nach schwerer, weil er angesichts allgegenwärtiger Quellen und Mittel des zivilisatorischen Ruins die Effizienz seiner Entscheidungen, seines Tuns kaum mehr nachzuprüfen vermag. Die zunehmende Zerstörungsträchtigkeit der industriellen Lebenswelt verweist Grenzbestimmungen über das Verhältnis zwischen zumutbaren und unerträglichen Schäden selbst für Experten häufig in den Bereich der Spekulation, zerreibt sie im Meinungsstreit, verleiht ihnen den Beigeschmack der Ohnmacht. Wer heute im Hochgefühl des Umweltschutzes einen Abgasreiniger für sein Auto erwirbt, zweifelt morgen in

Abb. 44 Propagandabild aus der Zeit der Französischen Revolution: Der konservative Vertreter der alten Ordnung (links) muß sich eingestehen, daß er im (politischen) Spiel schlechtere Karten (d.h. Zukunftsaussichten) hat als der Verfechter des Neuen, der Revolution. Er hat bereits verloren, er ist »kaputt«.

Anbetracht ungeminderten Industrieauswurfs an der Wirksamkeit seiner Bemühung. Da absolute Maßstäbe der Schadensbegrenzung nirgends zur Verfügung stehen, sondern diese stets aus den konkreten Defektlagen selbst abgeleitet werden müssen, möglichst relativ zu sich aufdrängender Einbuße und sich anbietendem Ausgleich, ist es unter den undurchschaubaren Zerstörungsverhältnissen der Industriegesellschaft zwar gefährlich, doch wenigstens bequemer, auf ungewisse Erfolgserlebnisse zu verzichten als sich in fragwürdigen Abwehranstrengungen zu verschleißen. Infolge ihrer Ratlosigkeit bleiben viele Bürger latente Zerstörungsteilnehmer, produzieren oder konsumieren gesundheitswidrige Speisen und Getränke, verbreiten oder benutzen zweifelhafte Industrieerzeugnisse, finanzieren durch Steuermittel Atombomben, nehmen Elend fernsehend hin, schauen dem Unrecht tatenlos zu. Die Ungewißheit über die Tauglichkeit von Abwehrwegen ermuntert paradoxerweise die Schadensduldung, gewährt der Ausbreitung abträglicher Tendenzen freieren Lauf. Erst unmittelbare, nachdrücklichste Betroffenheit erhöht diese Schwelle wieder, mobilisiert persönlichen und gemeinsamen Widerstand.

Dieser Zwiespalt ist eines der verbreitetsten Merkmale der Zerstörungsdemokratie. Jeder nimmt fast täglich direkt oder indirekt an irgendeiner Form der Vernichtung teil, doch kaum einer kann genau angeben, wo der wandlungsermögliche, unumgängliche Abbau endet, von wo an er Bestände und Erneuerungsaussichten zu sehr beeinträchtigt. Infolgedessen wird die sowohl strukturell, durch kleinteilige Mitwirkung vieler, als auch monopolistisch, durch weithin wirksame Einzelentscheidungen, wahrnehmbare Chance zur Totalzerstörung stetig offengehalten. Ob, wie und mit welchen Prioritäten diese Möglichkeit in die Tat umgesetzt wird, läßt sich gegenwärtig nicht absehen. Das Bestehen dieser Chance als solcher erscheint freilich bedrohlich genug. Der Blick in die Geschichte lehrt, daß der Mensch bisher beinahe jede Gelegenheit zur Zertrümmerung kleiner und großer Welten nutzte. Ihm fällt es zuweilen schwerer, eine Handlungsmöglichkeit zu meiden als sich ihrer zu bedienen. Überdies könnte es sein, daß die noch bestehenden Vorbehalte gegen exzessive Auslöschungen, wiewohl moralisch weiterhin geächtet, faktisch durch neue Techniken der Überlebenssicherung und Wiedererschaffung außer Kraft gesetzt werden. Dann könnten etwa interplanetarisch ausgewanderte Minderheiten aus der Ferne einen Weltenbrand entfesseln, um hernach die Erde nach ihrem Wunsch zu besiedeln [20].

Zwar war der Mensch bei dem Versuch, ruinöse Entwicklungen zu korrigieren, oft erfindungsreich und allen Opfern zum Trotz bisher vom Erfolg begünstigt. Als Gattungswesen hat er, wenn auch auf Bergen von Trümmern und Hingemordeten, überlebt. Doch stößt die Gegensteuerung im Zeitalter potentieller Totalvernichtung auf ein Dilemma. Ihr genügt nicht mehr wie früher ein Schadensausgleich durch verstärkte Konstruktions- und Produktionsanstrengungen. Steigende Geburtsraten im Gefolge von Kriegen werden die Fortdauer der Menschheit nicht verbürgen, sobald das unwiderruflich letzte Gefecht die Erde entvölkert hat. Auch nützen die vor Kriegen verstärkt zu beobachtenden Museumsgründungen und Archivierungsversuche nurmehr wenig. Sondern es werden präventive Maßnahmen erforderlich, die an den strukturellen und monopolisierten Potentialen der Globalausrottung selbst ansetzen. Solche *Zerstörungszerstörung* richtet sich gegen ausufernde Minderungen, um Überlebenschancen zu sichern. Ihr Beweggrund darf keinesfalls die Lust an der Zerstörung, darf nur der Wille zu anderweitig nicht möglicher Existenzerhaltung sein. Durch diese Qualifizierung wird sie sich zu rechtfertigen haben. In ihrer Dosierung müssen zeitlich und instrumentell konstruktive und produktive Gesichtspunkte die destruktiven sowie kontraproduktiven Entscheidungen überwiegen. Wer anders verfährt, läuft Gefahr, den Teufel als Belzebub auszutreiben, sich wie Michael Kohlhaas in den Fallstricken blindwütiger Ausmerzung zu verheddern [21]. Er stünde am Ende kaum besser da als der Anlaß seines Aufbegehrs. Seine Maßlosigkeit würde ihm selbst zum Nachteil gereichen. Statt Bescheidung hätte er abermals Entgrenzung vor Augen geführt. In der Zerstörungsspirale wäre er hinauf- statt hinuntergeschritten [22]. Nur eingedenk dieser Gefahr läßt sich die schwierige Aufgabe der Schadensproportionierung lebensdienlich meistern, kann im Zeitalter technokultureller Vernichtungsvielfalt der Zivilisationsprozeß als konstruktive und produktive Zerstörung ausgewogen vor sich gehen.

15.

AUSBLICK: WAS ZU TUN IST

Zukunftsaufgaben

Seit jeher vollzog sich die Geschichte der Menschheit in erheblichem Umfang als Zerstörung und Zerstörungsüberwindung. Der Zusammenhang der Natur wurde unterbrochen, indem der Mensch in seine zerebrale Sonderrolle eintrat. Die dadurch entstandenen Lücken mußten durch die Erfindungskraft des Kopfes und die Geschicklichkeit der Hand überbrückt werden. Destruktive Akte verlangten einen Ausgleich durch zivilisationstechnische Konstruktivität und Produktivität. Wie die Naturgeschichte ist mithin auch die Kulturhistorie des Menschen über weite Strecken als Geschichte seiner Destruktivität zu verstehen, als Wandlungsprozeß, der durch Abbau und Vernichtung mindestens ebenso in Bewegung gehalten wurde wie durch Aufbau und Neuschöpfung. Ein Großteil menschlicher Kulturveränderung verdankt sich im Wechsel von Epochen und Generationen tilgenden Maßnahmen, vollzieht sich historisch als individueller und kollektiver Umgang mit Zerstörungsenergien, bringt dabei wiederum ruinöse Potentiale hervor.

Schon dem Altertum war dieser Umstand vertraut. Es bannte die Einsicht, daß kein Wandel zu Neuem ohne Ablegen von Altem erfolgt, in Naturbilder der Regeneration. Neben dem aus dem Feuer der Prüfungen gestärkt, gar verjüngt hervorgehenden Salamander verkörpert vor allem der immerwährende Phoenix die Hoffnung auf ein veränderungsbegleitendes Zerstörungsüberleben. Doch nicht die Verneinung, sondern erst die Bejahung des Stirb und Werde durch die zeremonielle Selbstverbrennung auf dem Opferaltar zu Heliopolis verschafft im Mythos dem Vogel die Chance, aus seiner Asche wie aus dem Nichts strahlender denn zuvor emporzusteigen (vgl. Abb. 45). Dieses Sinnbild eines sich durch Zerstörungsgestaltung erhaltenden, erneuernden Daseins verwies nicht nur auf erdzeitliche Rhythmen, auf den Wechsel von Tag und Nacht, den Turnus der Jahreszeiten. Sondern es versprach auch das Überdauern des sterblichen Lebens durch die ebenso biologische wie kulturelle Aufeinanderfolge der Generationen, durch die Ablösung der Eltern seitens ihrer Kinder, durch die zeugende Versöhnung der widerstrebenden Geschlechter [1].

Allerdings scheint diese Chance zum Ausgleich im Wandel an eine Bedingung

Abb. 45 *Wandgemälde aus der Grabkammer des Inherkau in Theben, Ägypten Anbetung des heiligen Reihers Bennu (mit Opfergaben und Osiriskrone), des Urbildes des Phoenix, der in Heliopolis als Sonnengott Re verehrt wurde.*

geknüpft. Den Zuwachs an erneuernden Regungen erfährt nur, wer vorgesorgt hat. Wie Phoenix auf dem Flug nach Ägypten in den libanesischen Wäldern duftende Kräuter sammelt, um seinem Feuer Heilkraft zu verleihen, so muß sich der Mensch gegen zerstörerischen Überschwang kultivierend wappnen. Den Wandel wollend, muß er ihm das übermäßig Verzehrende nehmen. Nur in der gezähmten Zerstörung, in moderateren Formen der Minderung kann das Leben erhalten, gar zum Besseren gewendet werden. Darin liegt eine kontinuierliche Aufgabe für alle Epochen, alle Gemeinschaften, jeden einzelnen. Zerstörung kann weder völlig abgeschafft noch ganz unterdrückt werden. Ihre Drohung läßt sich ehestens dadurch ertragen, daß Übertreibungen vermieden werden, daß die Bereitschaft zur Schonung das Handeln lenkt, daß Anlässe vermindert und umgangen werden, daß Mittel zur Linderung der Folgen bereitstehen.

Solche Erfordernisse gelten zumal in Zeiten, in denen die Quellen der Zerstörungsanregung allerorten und vielfach munter sprudeln. Die Vernichtungskaskaden, in denen sich die industrielle Zivilisation über die vergangenen hundertfünfzig Jahre ergoß, haben zu einer Wandlungsdynamik beigetragen, der es weitgehend an kontinuierlichem Ausgleich zwischen Auf- und Abbau mangelte. Ob das Ausmaß der materiellen, ideellen und personellen Opfer diese Entwicklung rechtfertigt, darf zumindest als zweifelhaft gelten. Doch läßt sich aus der Vergangenheit lernen, wenn man nur will. Die Einsicht in die ruinösen Entgleisungen von gestern kann, ja sollte das heutige und morgige Handeln leiten. Auf diesem Weg in eine weniger vernichtungsträchtige Zukunft wird darauf zu achten sein, daß Defekt-Vereinseitigungen gedrosselt bzw. vermieden werden, daß Mißstände schwinden. Nur durch solche, freilich sattsam bekannten, Maßnahmen wird ein Fortgang zu unterbrechen sein, bei welchem die gefährliche Risikoproduktion den Schadensausgleich sowie den schöpferischen Zugewinn weiterhin überträfe [2].

Zu diesen Vorkehrungen gehört insbesondere, daß Zerstörungspotentiale nicht länger aus Profitgier, Gewohnheit, Nachlässigkeit, Unwissenheit gefördert oder hingenommen werden. Das gilt im Großen wie im Kleinen, im Hinblick auf den individuellen Waffenbesitz nicht minder als auf die Rüstungsindustrie. Die unscheinbaren Brutalitäten des täglichen Lebens bedürfen ebenso der Kontrolle wie die Gewaltdarstellung in Massenmedien, wie die Metaphorik der Eroberung in der Werbung. Die Massenarbeitslosigkeit muß beseitigt werden, denn sie ruiniert Existenzen von einzelnen und Familien, stärkt den politischen Extremismus, führt Alkohol und Drogen vermehrte Konsumenten zu. An die Stelle der Wegrationalisierung von Arbeitsplätzen, des verbreiteten Maschinenmißbrauchs sowie der allgemeinen Techniküberschätzung sollte die Orientierung auf das Wohl konkreter Menschen treten, die Berücksichtigung der Lebensbedürfnisse und Gestaltungsfähigkeiten von einzelnen und Gruppen. Die betonierte Unbehaglichkeit städtischer Wohnbezirke wie auch von Schulen, Hochschulen, Verwaltungsgebäuden und Arbeitsstätten bedarf einer Umwandlung, welche die demolierungsfordernde Monotonie durch entfaltungsfördernde Formenvielfalt und Farbigkeit ersetzt.

So manche dieser und zahlreicher weiterer Maßnahmen hätten längst eingeleitet werden können, stünde dem nicht der bequeme Irrglaube entgegen, die vorhandenen Rezepte und eingelebten Verhaltensmuster bräuchten nur geringfügig abgeändert zu werden, damit die Zerstörungsgefahren sinken. Doch nicht weniger Medizin von der schlechten, vielmehr eine andere, bessere Sorte braucht der Patient »Zivilisation«. Nicht nur müssen ideelle und finanzielle Fehlinvestitionen, wie sie bisher in gigantischem Ausmaß in unheilschwangere Technologien und explosive Großprojekte flossen, fortan unterbleiben. Sondern zur Vermeidung heikler Grenzgänge muß sich die Bereitschaft gesellen, die zivilisatorische Lebenswelt insgesamt, an allen möglichen Stellen, fälliger Abbauzwänge eingedenk, aufbaugünstiger umzugestalten. Damit die Menschen als umweltplastische Wesen sich nicht dem Sog halsbrecherischer Abdriften überlassen, benötigen sie vertrauenerweckende Anreize, die sie in schöpferische Strömungen locken. Die Welt muß ihnen die Chance bieten, sich nicht weniger denn als homo destructor als homo creator zu betätigen, beide Veranlagungen zu individuellem Gleichgewicht und sozialem Ausgleich zu bringen. Das gilt für Beruf und Freizeit, für den Alltag wie für den Feiertag. Überall brauchen Kinder und Erwachsene kreative Stimuli, um mit inneren Zerstörungsneigungen und äußeren Vernichtungsanlässen zurechtzukommen, ihnen zu widerstehen, sie in läßliche Formen der Minderung umzusetzen, sie als Antrieb zu verbessernder Daseinsgestaltung zu nutzen.

Diese schwierige Balance wird einzelnen und Gruppen ehestens in einer dekonstruktiv ausgewogenen Lebenswelt gelingen. Daß beide Dimensionen, die kleinen wie die großen Sphären, soziokultureller Modellierung unterliegen, mithin veränderbar sind, wie verschlechtert so auch verbessert werden können: darin liegt die Chance der Zivilisation, den von ihr hervorgebrachten Miseren wieder zu entkommen. Freilich ist dies alles in hohem Maße lernabhängig, daher ein Ausgleichserfolg angesichts der komplexen Probleme kaum vorhersagbar. Doch hat die Geschichte den Menschen bisher noch stets als lernfähiges, in Krisen erfindungsreich überlebendes Gattungswesen gezeigt. So er lernwillig ist, mag er auch die drohende Totalzerstörung zu vermeiden wissen. In dieser Hinsicht wie auch in weniger spektakulären Schadensangelegenheiten sich kundig zu machen, wird jedermann nützlich sein. Zum Aufbaulernen sollte ein Abbaulernen hinzutreten, das dekulturative Akte nicht pauschal negiert oder blind hinnimmt, sondern das die Menschen in die Lage versetzt, sich und anderen Rechenschaft abzulegen über Beurteilungskriterien in verunstaltenden Situationen, über Motive, Verfahren und Ziele von Minderungen, über die Dosierung von Defektzufügung oder Leidabwehr, über die Proportionierung einschränkender und gedeihlicher Taten. Erst wer solches Wissen umfassend erwirbt, findet im Denken, Fühlen und Handeln zu einer kompetenten Mitte, von der aus er sich den widerstreitenden Dynamismen der zivilisatorischen Welt verantwortlich abwägend zuwenden kann [3].

Als Intelligenzwesen hat der Mensch keine andere Befriedungschance, denn durch vorurteilsfreie Einsicht in seine Lebensverhältnisse, in die Zwänge und Freiheiten seiner individuellen und kollektiven Existenz einer sozial verträglichen, kulturell möglichst schadensarmen Daseinsgestaltung näherzukommen. Ehestens vermittels kontinuierlicher Aufklärung, indem er von seinem Vernunftvermögen tunlichsten Gebrauch macht, kann er Maßstäbe zur Schätzung der ideellen und materiellen Güter des irdischen Lebens entwickeln, die ihm erlauben, das Gute eingedenk des Schlechten zu erstreben, das noch dem Besten anhaftet, die Schönheit in Ahnung des Häßlichen zu genießen, das ihre Entstehung begleitete. Quantitativ und qualitativ erheischen Aufbau und Abbau immer wieder eine Erhellung, die vor ihrem nur vordergründig unvereinbaren Zusammenwirken nicht die Augen verschließt, auf daß sie aus vergangenen Mißverhältnissen die Bescheidungsregeln für eine versöhnlichere Zukunft gewinne.

Solche Maßstabentwicklung zugunsten eines moderierenden Umgangs mit schöpferischen Potentialen und zerstörerischen Energien kommt indes kaum ohne Wertorientierungen aus. Sie wird sich jedoch nicht länger einseitig auf bisherige Aufbauwerte, auf Maximen der Konstruktivität und Produktivität stützen dürfen, sondern sie wird gegenläufige Gesichtspunkte, Abbauwerte, Zerstörungsdevisen, Leitlinien der Schadensabwehr und der Vernichtungseindämmung stärker zu berücksichtigen haben. An der Debatte über diese Werte und die ihnen beigesellten Verhaltensmuster sollten sich Künstler und Philosophen, Psychologen, Soziologen und Theologen ebenso beteiligen wie Naturwissenschaftler, Techniker, Ökonomen und Politiker. Denn die zentralen Fragen, um welche diese Werterörterung kreisen wird, sind gesamtgesellschaftlich bedeutsam, ihre Beantwortung betrifft jedermann: Wieviel Destruktivität und Kontraproduktivität darf, ja muß eine Zivilisation zulassen, die weder an ihren Überschüssen ersticken noch in Unterforderungen erlahmen möchte, die schöpferische Auseinandersetzungen bejaht, doch bereits das Damoklesschwert eines Weltenbrandes über sich aufgehängt hat? Und welcher Werthaltungen, welcher Entscheidungen, welcher Taten bedarf es, um Fehlentwicklungen im Kleinen wie im Großen sinnvoll und effektiv zu zügeln?

Offene Fragen

Zur Klärung derartiger Fragen wird auch die Wissenschaft das Ihrige beitragen müssen. Doch kann erst eine empirisch fundierte Theorie der Dekulturation schlüssige Antworten bieten. Die empirische Zerstörungsforschung, die zukünftig weitaus intensiver als bisher betrieben werden muß, wird an keiner Lebensäußerung achtlos vorübergehen dürfen. Sie sollte sich nicht länger auf katastrophische Teilbereiche wie Rüstung, Militär und Krieg oder auf Kulturkonflikte zwischen unterschiedlich entwickelten Sozialwelten beschränken. Sondern sie hat im Bewußtsein, daß Zerstörung ein sozio-kulturelles Totalphänomen ist, noch deren verdecktesten Regungen nachzuspüren. Denn als eine jederzeit mehr oder weniger intensiv überall mitwirkende Energie ist Destruktivität noch in den unscheinbarsten Bekundungen des täglichen Lebens anzutreffen. Selbst Gerüche können sie veranlassen (der »arme Leute-Geruch« als soziale Abstandsdefinition), ihre gelegentlichen Eskalationen offenbaren (Krankheit, Verwesung, Abgase, Industriegifte) oder sie zu verschleiern helfen (Parfums, Essenzen bei der künstlichen Nahrungsmittelherstellung) [4]. Erst exaktere Kenntnis der quantitativen und qualitativen Eingriffe in kleine und große Lebensvorgänge führt zu einer angemessenen, umfassenden Sicht auf die Dekonstruktionsgestalt menschlicher Kultursphären.

Um diesem Ziel methodisch näherzukommen, wird wie andere Forschungszweige auch die Kultursoziologie gut daran tun, sich von überholten Perspektiven zu verabschieden. Die bisher vorherrschenden Interpretationsverfahren und Erklärungsmuster reichen zur Erkundung des prozessualen Ineinanders von Aufbau und Abbau nicht aus. Sie waren zu einseitig auf das Erfassen konstruktiver und produktiver Begebenheiten gerichtet, boten insofern oft unvollständige Geschichtsbilder, werden noch weniger der Gegenwart gerecht. Was mit ihrer Hilfe über die Komplexität sozialkulturellen Wandels gesagt werden konnte, blieb zumal in destruktionsanalytischer Hinsicht unbefriedigend. Um diesbezüglich zu besseren Forschungsergebnissen zu gelangen, ist eine Neuorientierung der Kultursoziologie vonnöten, bei der die Abkehr von einspurigen Konstruktions- und Produktionsparadigmen Hand in Hand geht mit einer mehrdimensionalen Hinwendung zu den Realitäten von Dekulturation, Kontraproduktivität und Destruktion [5]. Denn heutzutage gibt es kaum noch eine Verrichtung, ob berufliche Arbeit oder freizeitliche Tätigkeit, die nicht zugleich widrige Vollzugselemente enthielte, deren Anteil und Bedeutung von Fall zu Fall zu klären ist. Wer am Massentourismus teilnimmt, verschafft mit seinem Vergnügen anderen Erwerbschancen, doch trägt er ebenfalls zur Verunstaltung von Urlaubsländern bei. Wer die Güterproduktion billiger Löhne wegen nach Übersee verlegt, mag seinem Unternehmen Wettbewerbsvorteile und höhere Profitraten, seinen Kunden günstigere Angebote verschaffen, doch schadet er jenen, die dadurch ihren heimischen Arbeitsplatz verlieren. Wer sich neuen Techniken der Informationsverarbeitung und Kommunikation zuwendet, kann nicht umhin, von alten Verfahren Abstand zu nehmen. Der eifrige Fernseher wird wahrscheinlich seltener Bücher lesen, ins Kino gehen, Kunstausstellungen besuchen.

Zur systematischen Analyse derartiger Umschichtungen gehört nicht zuletzt eine detaillierte Ausleuchtung der Semantik dekonstruktiver Prozeßfiguren. Empirische Zerstörungsforschung wird stets auch Sinnergründung betreiben müssen, wird sich den Metaphern, Gleichnissen und Mythen, der Rhetorik wie den Riten zuzuwenden haben, welche Schwundvollzüge aller Art begleiten. Wie Instrumente und Attribute bedürfen die mannigfachen Vorstellungsbilder, Bewegungschiffren und Verwandlungsparolen des sozio-kulturellen Umbaus noch eingehenderer Deutungen, als sie hier vorgelegt werden konnten. Erst in ihrer hinlänglichen Berücksichtigung und Zusammenschau enthüllt sich die Phänomenologie der Kulturzerstörung als ganze, vervollständigt sich die Sinnklärung zivilisatorischen Wandels.

In solchen Studien kommen auch Praxisfragen zur Sprache. Denn nicht nur verweisen die semantischen Bestände der Dekomposition auf spezifische Geltungshorizonte und Handlungsareale. Sondern die Ausübung jedweder Drosselung selbst ist ebenso sinnhaft imprägniert wie tatgerichtet. Das praxeologische Wechselspiel, die Zusammenklänge und Widersprüche dieser Ebenen auszukundschaften, ist Aufgabe der Handlungsforschung innerhalb der Dekulturations- und Destruktionsanalytik. Bei der Skizzierung typischer Prozeduren des Ruins verdient besondere Beachtung, welche Transformationsregeln einzelne und Gruppen verwenden, um Schadensoperationen zu steigern oder zu mildern, wechselnden Situationen anzupassen, auf besondere Konfliktfälle von Zufügung und Abwehr einzustimmen. Die Kenntnis derartiger Verfahrensweisen, Handlungsraster und Duldungsmuster versetzt die empirische Zerstörungsforschung womöglich in die Lage, pragmatische Ratschläge zur Beschwichtigung unfüglicher Beeinträchtigungen zu erteilen.

Daß der einzelne in seinem Zerstörungslebenslauf umweltlich geprägt und gelenkt wird, bedarf kaum noch spezieller Nachweise. Die psychologischen Disziplinen haben diesbezüglich zu Einsichten geführt, die inzwischen allgemein anerkannt sind, denen viele Gefährdete Linderung verdanken. So weist die biographische Verlaufskurve beinahe jedes Menschen in der Industriegesellschaft neben kleineren Einschnitten vor allem drei zerstörungsträchtige Wendepunkte auf: die Pubertät, in der Wandlungserfahrungen auch umstürzlerische Reaktionen zeitigen (die »Flegeljahre«); die Lebensmitte, deren unbefriedigende Bilanz in manchem Erwachsenen Zweifel und Defektausbrüche schürt (die »Identitätskrise«); das altersbedingte Ende der Berufstätigkeit, deren Wirkungsverlust und Kontakteinschränkung kaum reibungslos ausgeglichen werden können (der »Pensionsschock«). All diese Phasen kennzeichnet vorrangig ihr Übergangscharakter: Alte Lebensformen geraten ins Schlingern, müssen teilweise oder gänzlich abgelegt werden, neue Konzeptionen und Programme sind nur mit Anstrengung erringbar. Die Umgestaltung nötigt, soll sie gelingen, zu einem ebenso schöpferischen wie ausgewogenen Einsatz von Abbaubereitschaft und Aufbaufähigkeit.

Aus dem Einblick in derartige Verlaufskurven ergibt sich für die kultursoziologische Forschung die Frage, welche Zerstörungsrhythmen Gruppen praktizieren und wie diese zu individuellen Vernichtungsfrequenzen in Beziehung stehen. Warum widersteht der eine einer kollektiven Schadensermunterung, während der andere ihr nachgibt? Welche notwendigen und überflüssigen Defektstimuli gehen periodisch von Familien und Schulklassen, von Arbeitsensembles oder Verkehrskreisen, schließlich von der Gesellschaft insgesamt aus? Genügen die zeitversetzt anhebenden, oft stockenden Abwehrdebatten, um gefährlichem Raubbau, drohender Ausrottung unersetzlicher Güter früh genug Einhalt zu gebieten? Der Blick in die ungeschützten Lebensräume der Erde lehrt, daß dieserhalb noch vieles zu klären und zu verbessern ist.

All solche Erkundungen laufen auf die zentrale Frage hinaus, wie jeder einzelne sich als Mitglied sozialer Gruppierungen den unausweichlichen Problemen kulturellen Umbruchs stellt. Zweifelsohne sind persönliche Gestaltungschancen in konstruktiver wie in destruktiver Hinsicht nach wie vor abhängig von den Einflüssen jeweiliger Milieus, vom Standort in der sozio-ökonomischen Hierarchie, von Bildung und Kompetenz, von der Verfügungsmacht über Sachwerte, ideelle Güter und Menschen. Den mannigfachen Lebenswelten, der Gesellschaft insgesamt obliegt es, dafür zu sorgen, daß jederzeit Wandlungsbeteiligung durch Abbau und Neubau ohne Mißbrauch möglich ist. Bei den unvermeidbaren Demontagen schadensarm zu verfahren, sich als Zerstörer schonend zu verhalten, sollte ethische Selbstverpflichtung eines jeden Zeitgenossen werden. Diese Haltung erfordert Kompromißbereitschaft und Verantwortungsoffenheit, die Fähigkeit und den Willen, im Umgang mit destruktiven Potentialen nicht nur auf eigene Vorteile zu sinnen, sondern desgleichen das Wohl anderer zu berücksichtigen.

Da Vernichtung nicht abschaffbar, vielmehr ein allgegenwärtiges Wandlungsprinzip des Daseins ist, gilt es, ihre kulturellen Exzesse zu dämpfen, sie großen und kleinen Vorgängen füglich einzupassen, sich ihrer umgestaltend anzunehmen. Für diese Aufgabe eines dekonstruktiven Ausgleichs liegen jedoch keine Rezepte bereit. Die Wissenschaft kann Aufklärung, doch wenig Sicherheiten bieten. Der Mensch muß sich einzeln und gemeinsam täglich von neuem um Mäßigung bemühen, um einen mittleren Weg zwischen Übertreibung und Unterschätzung der Widersprüche seiner irdischen Existenz. Findet er diesen Weg eines vermittelnden Maßes, weiß er ihm auch vernünftig zu folgen, so mag es ihm gelingen, im Bewußtsein von Abbau und Zerstörung sowie im Vertrauen auf sein schöpferisches Vermögen illusionslos zu leben.

ANMERKUNGEN

ZU KAPITEL 1

1 Einen Überblick über Verständnisformen und Definitionen von »Kultur« bieten *Alfred L. Kroeber/Clyde Kluckhohn*, Culture. A. Critical Review of Concepts and Definitions (zuerst Cambridge, Mass. 1952), New York 1967.

2 *Johann Christoph Adelung*, Versuch einer Geschichte der Cultur des menschlichen Geschlechts, Leipzig 1782, Vorrede, S. VII f.

3 *Johann Christoph Adelung*, Grammatisch-kritisches Wörterbuch der hochdeutschen Mundart. Zweyte vermehrte und verbesserte Ausgabe, Leipzig 1793, Erster Theil, Spalte 1354 f.

4 Zur Entwicklungsgeschichte europäischer und eurozentrischer Kultur-Theorien vgl. *Franz Steinbacher*, Kultur. Begriff – Theorie – Funktion, Stuttgart 1976; *Hans Peter Thurn*, Soziologie der Kultur, Stuttgart 1976; sowie *Marvin Harris*, The Rise of Anthropological Theory. A History of Theories of Culture, London 1969.

5 Mit der Frage einer zeitgenössischen »Kultur für Alle« setzt sich aus politischer Sicht auseinander *Hilmar Hoffmann*, Kultur für alle. Perspektiven und Modelle, Frankfurt am Main 1979.

6 Zur Entstehung dieses Kulturverständnisses vgl. neuerdings *Joachim Dalfen*. Einige Gedanken zum europäischen Kulturbegriff und zu seinen Wurzeln, in: Kultur. Begriff und Wort in China und Japan, hrsg. von *Sigrid Paul*, Berlin 1984 (Schriften zur Kultursoziologie, Band 3), S. 21–34. Zur weiteren typologischen Differenzierung des Kultur-Konzepts vgl. *Mohammed Rassem*, Facetten der Kulturtheorie, in: Stiftung und Leistung. Essais zur Kultursoziologie, Mittenwald 1979, S. 28–33.

7 *Johann Gottfried Herder*, Journal meiner Reise im Jahr 1769; hier zitiert nach: Herder's Werke. Nach den besten Quellen revidirte Ausgabe. Herausgegeben und mit Anmerkungen begleitet von *Heinrich Düntzer*. Vierundzwanzigster Theil. Berlin 1879, S. 400 f.

8 Unendlich zahlreich sind die literarischen Gestaltungen derartiger Wechselbezüge; vgl. etwa *Heinrich von Kleist*, Das Erdbeben in Chili, Berlin 1810, oder *Max Frisch*, Der Mensch erscheint im Holozän. Eine Erzählung, Frankfurt am Main 1979.

9 Vgl. hierzu die Untersuchung von *Hans Blumenberg*, Schiffbruch mit Zuschauer. Paradigma einer Daseinsmetapher, Frankfurt am Main 1979.

ZU KAPITEL 2

1 Vgl. *Mohammed Rassem*, Das Gärtner-Gleichnis. Similitudo ab agricultura, in: Stiftung und Leistung, a. a. O., S. 11 bis 27.

2 *Marcus Tullius Cicero*, Tusculanae disputationes (45 v. Chr.). Gespräche in Tusculum. Lateinisch-deutsch mit ausführlichen Anmerkungen neu herausgegeben von *Olof Gigon*, München 1951, S. 124/125.

3 Zur Sprach- und Bedeutungsgeschichte des europäischen Kulturbegriffs vgl. *Joseph Niedermann*, Kultur. Werden und Wandlungen des Begriffs und seiner Ersatzbegriffe von Cicero bis Herder. Biblioteca dell'»Archivum Romanicum«, Serie I: Storia-Letteratura-Paleografia, diretta da *Giulio Bertoni*, Firenze 1941. Ergänzenden Aufschluß bietet der Band III, »Kultur und Zivilisation« der Serie: Europäische Schlüsselwörter.

Wortvergleichende und wortgeschichtliche Studien, hrsg. vom Sprachwissenschaftlichen Colloquium (Bonn), München 1967. Zur französischen Begriffsgeschichte vgl. *Ernst Robert Curtius*, Die französische Kultur. Eine Einführung, zweite Auflage Bern und München 1975. Die englischsprachige Begriffsentwicklung schildert *Raymond Williams*, Gesellschaftstheorie als Begriffsgeschichte. Studien zur historischen Semantik von »Kultur«, München 1972.

4 *Lucius Annaeus Seneca*: Über die Milde (Ad Neronem Caesarem de clementia), verfaßt wahrscheinlich in den Jahren 54/55 n.Chr.; hier zitiert nach *Seneca*: Von der Seelenruhe. Philosophische Schriften und Briefe, hrsg. von *Heinz Berthold*, Leipzig 1980, S. 95–133, insbes. S. 133. Im lateinischen Originaltext empfiehlt *Seneca*, »agricolas bonos« zum Vorbild zu nehmen; die nachfolgende Tätigkeitsbeschreibung verdeutlicht dann, daß er den in der Antike komplexen Begriff des »agricola« hier im Sinne des »Gärtners« verstanden wissen will.

5 *Aisopos*, Die Erde als Mutter und Stiefmutter, in: Aesopische Fabeln. Urtext und Übertragung. Zusammengestellt und ins Deutsche übertragen von *August Hausrath*, München 1944, hier zitiert S. 9.

6 Schon *Vergil* findet es in seinen *Georgica* (37–29 v.Chr.) bedenklich, daß »man glüht zum mordenden Schwerte die Sichel« (I, 508). Nicht von ungefähr schließt der erste Teil seines Werkes mit einer Abmahnung von Krieg und Verbrechen, die dem Land keinen Segen bringen können. Vgl. *Publius Vergilius Maro*, Bucolica, Georgica, Catalepton. Landleben, lateinisch und deutsch hrsg. von *Johannes Götte*, München 1949, insbes. S. 86/87.

7 Zur realhistorischen Wurzel derartiger Symbolisierungen vgl. *V. Gordon Childe*, Stufen der Kultur, Stuttgart 1952, sowie Vorgeschichte der europäischen Kultur, Hamburg 1960.

8 So *Aurelius Augustinus* in den Sermones (871,1), zitiert nach der Übersetzung von *Erich Przywara*, Augustinus. Die Gestalt als Gefüge, Leipzig 1934, Nr. 773, S. 542 f.

9 Daß das Gärtner-Gleichnis in pädagogischer Hinsicht nicht nur die kindlichen und jugendlichen Zöglinge einbezieht, sondern auch deren Lehrer, führt z.B. *Christian Gotthilf Salzmann* vor Augen, der in seinem »Plan zur Erziehung der Erzieher« die Einrichtung einer »Pflanzschule für Erzieher« fordert. Vgl. *Chr. G. Salzmann*, Ameisenbüchlein oder Anweisung zu einer vernünftigen Erziehung der Erzieher (Schnepfenthal 1806). Mit Einleitung und Anmerkungen versehen von *Ernst Schreck*, Leipzig o.J., hier zitiert S. 87.

10 *Seneca*, Über die Milde, a.a.O., S. 114.

11 In der Bibel vgl. beispielsweise Jeremias 2,8; Epheser 4,11; sowie des Paulus Pastoralbriefe an Timotheus und Titus; mit Bezug auf Jesus Christus vgl. vor allem Johannes 10,11 ff.

12 Zur Verwendung animalistischer Gesellschaftsmetaphern vgl. die Ausführungen in Kapitel 13, S. 176 ff.

13 *Xenophon*, Oikonomikos (Die Hauswirtschaftslehre, ca. 360 v.Chr.), zitiert nach: Die Sokratischen Schriften. Memorabilien, Symposion, Oikonomikos, Apologie. Übertragen und hrsg. von *Ernst Bux*, Stuttgart 1956, S. 260 (7,13 f.).

14 In dieser Mahnung kulminiert die »Vorrede« von *Leon Battista Alberti*, Della Famiglia (entstanden 1434–1441). Über das Hauswesen, übersetzt von *Walther Kraus*, eingeleitet von *Fritz Schalk*, Zürich und Stuttgart 1962, S. 5. Nicht minder deutlich schließt das von familiärer und häuslicher Wirtschaftspraxis handelnde dritte Buch (»Oeconomicus«): »Darum tut so: euere Ausgaben seien gleich oder geringer als euere Einkünfte, und in allen Dingen, in euerem Tun und Treiben, eueren Worten und Gedanken seid gerecht, wahrhaft und haushälterisch. So werdet ihr glücklich sein, und Liebe und Ehre wird euch zuteil werden.« (S. 339)

15 Mit dem Hinweis auf die zentrale Bedeutung der *Sophrosyne* beendet *Xenophon* seinen »Oikonomikos« (21,12), a.a.O., S. 302.

16 *Xenophon*, a.a.O., S. 302 (21,7 ff.).

17 Neben den bereits genannten Schriften vgl. für diese Tradition *Erasmus von Rotterdam*, Institutio principis christiani (Die Erziehung des christlichen Fürsten, 1516); *Lodovico Cornaro*, Discorsi della vita sobria (Erörterungen über das mäßige Leben, 1558); *Adam Smith*, An Inquiry into the Nature and Causes of the Wealth of Nations (Eine Untersuchung über die Natur und die Ursachen des Wohlstandes der Nationen, 1776); große populäre Wirkung erzielte im 19. Jahrhundert der englische Arzt und Sozialreformer *Samuel Smiles* mit Werken wie: Thrift (Die Sparsamkeit, 1875), Character (Der Charakter, 1871) und vielen weiteren.

18 *Voltaire*, Candide ou l'optimisme (1759). Neu übertragen von *Hanns Studniczka*. Mit einem Essay zum Verständnis des Werkes und einer Bibliographie von *Hugo Friedrich*, Hamburg 1957.

19 *Voltaire*, Candide..., a.a.O., S. 112.

20 *Johann Carl Wezel*, Belphegor oder die wahrscheinlichste Geschichte unter der Sonne (1776), neu hrsg. von *Hubert Gersch*, Frankfurt am Main 1965, S. 245. In aktualisierter Form findet sich der Gärtner-Topos in der deutschen Literatur wieder bei *Siegfried Lenz*, Exerzierplatz. Roman, Hamburg 1985.

21 *Antoine de Saint-Exupéry*, Vol de Nuit (1931). Aus dem Französischen übertragen von *Hans Reisiger*: Nachtflug. Roman, mit einem Nachwort von *André Gide*, Berlin 1932 u. ö., hier zitiert S. 65.

22 *Saint-Exupéry*, a.a.O., S. 64.

23 Zur Entwicklungsgeschichte der Konstruktionsversuche einer menschlichen Maschine bzw. maschinengerechter Menschen vgl. *Helmut Swoboda*, Der künstliche Mensch, München 1967. Zur Metapherngeschichte vgl. *Herbert Heckmann*, die andere schöpfung. Geschichte der frühen Automaten in Wirklichkeit und Dichtung, Frankfurt am Main 1982.

ZU KAPITEL 3

1 *Immanuel Kant*, Idee zu einer allgemeinen Geschichte in weltbürgerlicher Absicht (1784), in: Werke in zwölf Bänden, hrsg. von *Wilhelm Weischedel*, Frankfurt am Main 1968, Band XI, S. 38 (Vierter Satz). Zum soziomorphen Charakter menschlicher Destruktivität vgl. in Auseinandersetzung mit Kants Thesen *Helmuth Plessner*, Ungesellige Geselligkeit. Anmerkungen zu einem Kantischen Begriff (1966), in: Die Frage nach der Conditio humana. Aufsätze zur philosophischen Anthropologie, Frankfurt am Main 1976, S. 100–110.

2 *I. Kant*, a.a.O., S. 38.

3 Vgl. Genesis 4,1-16.

4 Vgl. Kap. 2, Anm. 4 sowie die zugehörigen Ausführungen auf S. 13.

5 *Seneca*, a.a.O., S. 124.

6 *Seneca*, a.a.O., S. 122.

7 *Seneca*, a.a.O., S. 114.

8 *Seneca*, a.a.O., S. 121.

9 Daß maieutische Gesichtspunkte auch für Senecas Argumentation leitend sind, offenbart sich in deren formaler Anlage als indirekter Dialog.

10 Vgl. Ezechiel 39,12-16: »Sieben Monate wird das Haus Israel brauchen, um alle zu begraben, um das Land wieder rein zu machen. Das ganze Volk im Land wird helfen, sie zu begraben, und das wird ihm großes Ansehen verschaffen an dem Tag, an dem ich mich als herrlich erweise – Spruch Gottes, des Herrn. Man wird Männer auswählen, die ständig durch das Land ziehen und alle bestatten sollen, die im Land verstreut liegengeblieben sind. So soll man das Land wieder rein machen. Und am Ende der sieben Monate sollen sie das Land gründlich durchsuchen. Wenn diese Männer durch das Land ziehen und einer von ihnen einen Menschenknochen findet, soll er die Stelle kennzeichnen, bis die Totengräber ihn im Tal der Pracht Gogs begraben. So wird man das Land rein machen.«

11 Vgl. hierzu die Ausführungen in Kapitel 14, S. 198 ff.

12 *Abraham a Santa Clara*, Etwas für Alle, Würzburg 1699. Neuausgabe, hrsg. und mit einer Einleitung versehen von *Richard Zoozmann*, Dresden 1905 (»Der Todten-Gräber«), S. 467–474, hier zitiert S. 473 f.

13 Psalm 7,15-17.

14 Vgl. *Gaius Suetonius Tranquillus*: De Vita Caesarum, Liber VI (ca. 120 n. Chr.); deutsch: Caesarenleben, hrsg. von *Rudolf Till*, Stuttgart 1936, darin »Nero« S. 326–384, insbes. S. 378. Zur antiken Beurteilung Neros und Senecas vgl. auch *Publius Cornelius Tacitus*, Annales (verfaßt ab ca. 112 n. Chr.), Libri XI–XVI.

15 *Abraham a Santa Clara*, a. a. O., S. 471 f.

16 Vgl. *Friedrich Sieburg*, Robespierre, Frankfurt am Main 1935, S. 282.

17 Zitiert nach *F. Sieburg*, a. a. O., S. 229.

18 *William Shakespeare*: Hamlet, Prinz von Dänemark (ca. 1600). Übersetzt von *August Wilhelm von Schlegel*, in: Sämtliche Werke. Dritter Band, Heidelberg o. J., S. 475–583, hier S. 564 ff. (die sog. »Totengräber-Szene« zu Beginn des fünften Aktes).

19 *A. a Santa Clara*, a. a. O., S. 474.

20 In einer deutschen Tageszeitung war im Mai 1985 folgende Notiz zu lesen: »Wohnung als Anatomiesaal. Kairo, 16. Mai (dpa). Ein ägyptischer Arzt, der seine Wohnung als privaten Anatomie-Saal nutzte, ist in Kairo verhaftet worden. Die Polizei fand im Appartement des Mediziners zwanzig Leichen, die er in Metall-Behältern aufbewahrte. Wie Zeitungen am Donnerstag in Kairo berichteten, bot der Arzt Medizin-Studenten private Anatomie-Kurse für 1000 Mark an. Der Mediziner wurde wegen Verunglimpfung der Würde der Toten angeklagt. An medizinischen Fakultäten in Ägypten herrscht ein Mangel an Leichen, und deshalb hat sich ein regelrechter Schwarzmarkt gebildet. Professoren und Studenten versuchen durch Totengräber und andere Mittelsmänner, an geeignete Sezier-Objekte zu kommen. Für einen Leichnam werden häufig 1000 Mark gezahlt.«

21 *Ludwig Christoph Heinrich Hölty*, Todtengräberlied (1775), in: Sämtliche Werke, Erster Band, Weimar 1914, S. 195.

22 Vgl. *Maximilien Robespierre*, Ansprache »Über die Prinzipien der Revolutionsregierung« vom 25. Dezember 1793, in: Der Tod ist der Anfang der Unsterblichkeit. Reden aus den Jahren I und II der Republik (1793/94), Berlin 1984, S. 21–31, insbes. S. 23.

23 Vgl. die Ausführungen in Kapitel 6 dieses Buches, S. 78 ff.

24 *Karl Marx/Friedrich Engels*, Manifest der Kommunistischen Partei (1848), in: Werke (MEW), Band 4, Berlin 1974, S. 459–493, insbes. S. 474 (Verwendung der Totengräber-Metapher). Die Bedeutung dieser Metapher unterstreicht Friedrich Engels 1893 nochmals, indem er in seinem Vorwort zur italienischen Ausgabe des Manifests zitierend auf sie verweist; vgl. MEW, a. a. O., S. 490.

25 Vgl. *Leo Lania* (Pseudonym für Lazar Herrmann): Die Totengräber Deutschlands. Das Urteil im Hitlerprozeß, Berlin 1924; *Adolf Hitler*, Mein Kampf (1. Auflage 1925 u. 1927), Ausgabe in einem Band, München 1937, S. 259.

26 Die Langlebigkeit derartiger Etikettierungen erweist sich auch in ihrer (kritischen) Zitierfähigkeit. So erschien unter dem Stichwort »Zeitmosaik« in »DIE ZEIT«-Nr. 40–27. September 1985 die folgende Notiz: »Totengräber der Weimarer Republik für die einen – prophetischer Warner vor der braunen Katastrophe für die anderen: zu Ehren von Kurt Tucholsky, geboren in Berlin 1890, durch eigene Hand gestorben 1935 im schwedischen Exil, hat die Deutsche Bundespost jetzt die hier abgebildete Briefmarke aufgelegt.«

27 *Hans Erich Nossack*, Der Untergang (geschrieben 1943 nach der Zerstörung Hamburgs), Frankfurt am Main 1976, S. 52.

28 So *Joachim C. Fest*, Hitler. Eine Biographie, Frankfurt am Main–Berlin–Wien 1973 u. ö., S. 1023.

29 Vgl. *Ernest Borneman*, Sex im Volksmund. Der obszöne Wortschatz der Deutschen. Band 2: Wörterbuch nach Sachgruppen. Reinbek bei Hamburg 1974, Abschnitt 14.34.

30 *Jean Paul*, Literarischer Nachlaß, Berlin 1836–1838, Band 4 (= Sämmtliche Werke, Band 64), S. 156.

31 So DER SPIEGEL Nr. 15, 39. Jg. 1985, S. 192 in einer Reportage über die chronique scandaleuse »Hollywood Babylon« des Underground-Filmers Kenneth Anger.

32 *Ernst Jünger*, Aladins Problem, Stuttgart 1983, hier zitiert S. 104.

33 Vgl. *Samuel Beckett*, Le dépeupleur, Paris 1970, deutsch unter dem Titel: Der Verwaiser, Frankfurt am Main 1972. Eine weitere zeitgenössische Verwendung des Totengräber-Motivs findet sich bei *Angelika Mechtel*, Die feinen Totengräber. Erzählungen, München 1968, S. 7–15. Vorher schon erscheint der literarische Topos bei *Ludwig Franz von Bilderbeck*, Der Todtengräber (in vier Teilen), Leipzig 1802. In der Tradition Shakespeare's und Höltys steht das Dramolett von *Klabund* (Alfred Henschke), Der Totengräber, Kiel 1919.

ZU KAPITEL 4

1 Zur Semantik abendländischer Schöpfungsmythen und Untergangsvisionen vgl. *Alois Hahn*: Soziologie der Paradiesvorstellungen, Trier 1976, sowie *Richard Reitzenstein*: Die nordischen, persischen und christlichen Vorstellungen vom Weltuntergang, in: Antike und Christentum. Vier religionsgeschichtliche Aufsätze, Darmstadt 1963, S. 76–96.

2 *Novalis* (Friedrich von Hardenberg), Aus den Fragmenten von 1798, hier zitiert nach: Gedanken, Wuppertal 1947, S. 185.

3 Vgl. hierzu die Untersuchungen von *Alexander Mitscherlich*, Krankheit als Konflikt. Studien zur psychosomatischen Medizin, Band 1 Frankfurt am Main 1966, Band 2 Frankfurt am Main 1967; Freiheit und Unfreiheit in der Krankheit. Studien zur psychosomatischen Medizin 3 (zuerst Hamburg 1946), Frankfurt am Main 1977.

4 *C. Plinius Caecilius Secundus* (der Jüngere), Sämtliche Briefe. Eingeleitet, übersetzt und erläutert von *André Lambert*. Sechstes Buch, Brief 16; Zürich 1969, S. 228 ff.

5 So bereits die Schilderung des *Publius Cornelius Tacitus* über Recht und Strafe bei den Germanen; in: De origine et situ Germanorum liber (98 n. Chr.), cap. XII, hier zitiert nach der zweisprachigen Ausgabe: Germania. Übertragen und erläutert von *Arno Mauersberger*, Leipzig o. J., S. 48/49.

6 Vgl. *Richard Wrede*, Die Körperstrafen bei allen Völkern von den ältesten Zeiten bis Ende des neunzehnten Jahrhunderts, Kulturgeschichtliche Studien, o. J.; *Ludwig Barring*, Götterspruch und Henkerhand. Die Todesstrafen in der Geschichte der Menschheit, Essen 1980. Im Hinblick auf die Institutionalisierung des Strafvollzugs vgl. *Michel Foucault*, Überwachen und Strafen. Die Geburt des Gefängnisses, Frankfurt am Main 1976.

7 Vgl. hierzu *Michael Grant*, Die Gladiatoren, Frankfurt am Main/Berlin/Wien 1982.

8 Das Gilgamesch-Epos (akkadisch-ninevitische Fassung von Sinleqe-unnīni, um 1200 v. Chr.). Übersetzt und mit Anmerkungen versehen von *Albert Schott*. Neu hrsg. von *Wolfram von Soden*, Stuttgart 1958 und 1982; hier zitiert aus der Neunten Tafel, a. a. O., S. 75 f.

9 Zum babylonischen Weltschöpfungsmythos *Enuma Eliš* vgl. *A. Heidel*, The Babylonian Genesis: Enuma Elish, Chicago 1942, hier zitiert nach *Erich Fromm*, Anatomie der menschlichen Destruktivität, Stuttgart 1974, S. 146. Eine ausführliche Darstellung, Teilübersetzung und mythengeschichtliche Einordnung bietet *Volkert Haas*, Magie und Mythen in Babylonien. Von Dämonen, Hexen und Beschwörungspriestern, Gifkendorf 1986, insbes. S. 52 ff.

10 Zu Cheiron vgl. *Karl Kerényi*, Die Mythologie der Griechen. Die Götter- und Menschheitsgeschichten, Zürich 1951, passim und Abb. 53; sowie ders., Der göttliche Arzt. Studien über Asklepios und seine Kultstätte, Basel 1948, insbes. S. 103 ff.

11 Einen Überblick über Erscheinungsformen des Pfeils bieten *Anton Stankowski, Joachim Stankowski, Eugen Gomringer*, Der Pfeil. Spiel-Gleichnis-Kommunikation, Starn-

berg 1972. Wie alt die Identifikation des Menschen mit dem Pfeil ist, wird beispielsweise deutlich, wenn es von dem aus einem Traum aufschreckenden, Löwen und feindliche Krieger fürchtenden Gilgamesch heißt:
»Er nahm eine Axt an seine Seite,
Zog das Schwert aus dem Gürtel.
Unter sie stürzte er wie ein Pfeil,
Hieb auf sie drein und zerstreute sie.«
Vgl. Das Gilgamesch-Epos, a.a.O., S. 75.

12 Getreu seiner Ansicht, es würden »alle Dinge erstlich in die Zerstörung geführt, nachfolgend in den Tod«, hat Paracelsus (Theophrastus von Hohenheim) das Nachdenken über diese »Zerstörung« zu einem festen Bestandteil sowohl seiner Anthropologie als auch seiner Krankheitslehre gemacht, »denn die Zerstörung feiert keinen Augenblick«. Vgl. *Paracelsus*, Die Geheimnisse. Ein Lesebuch aus seinen Schriften, hrsg. von *Will-Erich Peuckert*, Leipzig 1941, S. 74, S. 126, S. 130 u.ö.

13 Vgl. etwa die Zerstörungsbeschwörungen des Propheten Jeremias, insbesondere seine Drohreden über die Völker (Jer. 46,1 ff.) sowie die Schilderung der Zerstörung Jerusalems (Jer. 52,1 ff.).

14 *William Shakespeare*, Hamlet, Prinz von Dänemark. Tragödie, 3. Aufzug, 1. Szene, a.a.O., S. 524.

15 »Schneller Brüter« ist die beschönigende Kurzbezeichnung für einen Typus des Atomreaktors, in dem durch Kernumwandlung in kurzer Zeit mehr spaltbares Material erzeugt als verbraucht wird; mit der Leistungssteigerung erhöhen sich jedoch die Gefahrenquellen und mithin die technischen Ansprüche an die Risikoeindämmung. – Zum atomaren »Pflugschar«-Programm vgl. die Ausführungen in Kapitel 13, S. 194.

ZU KAPITEL 5

1 So *Carl von Linné* in seiner Politia naturae (1760), hier zitiert nach *Knut Hagberg*, Carl Linnaeus. Ein großes Leben aus dem Barock, Hamburg 1946, S. 216.

2 Vgl. *Carl von Linné*, Nemesis Divina. Nach der schwedischen Ausgabe von *Elis Malmeström* und *Telemak Fredbärj* hrsg. von *Wolf Lepenies* und *Lars Gustafsson*, München 1981.

3 *Voltaire*, Candide. Vollständiger Text und Dokumentation, hrsg. von *Dieter Hildebrandt*, Berlin 1963, S. 42.

4 *Jean-Jacques Rousseau*, Brief an Voltaire vom 18. August 1756, zitiert nach *D. Hildebrandt*, a.a.O., S. 144.

5 *J.-J. Rousseau*, Discours sur l'origine de l'inégalité parmi les hommes (1754/55); deutsch: Über den Ursprung der Ungleichheit unter den Menschen, übersetzt von *Kurt Weigand*, Hamburg 1955, S. 257.

6 *J.-J. Rousseau*, a.a.O., S. 125 (Anmerkung).

7 *J.-J. Rousseau*, a.a.O., S. 206 f. Die hier geschilderten Zusammenhänge stellt ausführlich dar *Iring Fetscher*, Kulturbegriff und Fortschrittskritik bei Jean-Jacques Rousseau, in: *Helmut Brackert/Fritz Wefelmeyer* (Hrsg.), Naturplan und Verfallskritik. Zu Begriff und Geschichte der Kultur, Frankfurt am Main 1984, S. 46–68.

8 *Johann Gottfried Herder*, Ideen zur Philosophie der Geschichte der Menschheit (1787). Fünfzehntes Buch, Abschnitt II, in: Herder's Werke, a.a.O., Elfter Theil, S. 176 ff.

9 *J. G. Herder*, a.a.O., S. 182.

10 *J. G. Herder*, a.a.O., S. 179.

11 *Immanuel Kant*, Kritik der Urteilskraft (1790). Werke, hrsg. von *Wilhelm Weischedel*, Frankfurt am Main 1977, Bd. X, S. 391.

12 *I. Kant*, Mutmaßlicher Anfang der Menschengeschichte (1786). Werke, a.a.O., Bd. XI, S. 100.

13 *I. Kant*, Idee zu einer allgemeinen Geschichte in weltbürgerlicher Absicht (1784). Werke, a.a.O., Bd. XI, S. 38.

14 Nur in jenem »Ganzen«, betont Kant, »welches bürgerliche Gesellschaft heißt, ... kann die größte Entwicklung der Naturanlagen geschehen.« (In: op. cit. Anm. 11). Darüber hinaus gilt ihm als erforderlich »noch ein weltbürgerliches Ganze, d.i. ein System aller Staaten, die aufeinander nachteilig zu wirken in Gefahr sind...«

15 Vgl. Anm. 5.

16 Bericht vom 24. November 1755, abgedruckt in den »Berlinischen Nachrichten von Staats- und Gelehrten Sachen«, Januar 1756, Nr. 7; zit. nach *D. Hildebrandt*, Candide-Dokumentation, a.a.O., S. 118 ff.

17 *I. Kant*, Geschichte und Naturbeschreibung der merkwürdigsten Vorfälle des Erdbebens, welches an dem Ende des 1755sten Jahres einen großen Teil der Erde erschüttert hat (1756); zit. nach D. Hildebrandt, a.a.O., S. 128 f.

18 Bereits *Alexis de Tocqueville* hat den sozialen Antagonismus als genetischen Faktor der Französischen Revolution strukturell untersucht: L'Ancien Régime et la Révolution, Paris 1856; deutsch: Der alte Staat und die Revolution, München 1978.

19 So *Maximilien Robespierre* in seiner Ansprache vom 25. Dezember 1793 »Über die Prinzipien der Revolutionsregierung«; a.a.O., S. 23.

20 Zitiert nach: *Georges Pernoud* und *Sabine Flaissier*, Die Französische Revolution in Augenzeugenberichten, München 1976, S. 144 f.

21 Vgl. *Karsten Witte*, Reise in die Revolution. Gerhard Anton von Halem und Frankreich im Jahre 1790, Stuttgart 1971.

22 *Georg Forster*, Erinnerungen aus dem Jahre 1790 in historischen Gemälden und Bildnissen, Berlin 1793, S. 59.

23 Zum Gesamtkomplex vgl. die Dokumentensammlung von *Jost Hermand* (Hrsg.), Von deutscher Republik. 1775–1795, 2 Bände, Frankfurt am Main 1968.

24 Vgl. *Johann Peter Eckermann*, Gespräche mit Goethe in den letzten Jahren seines Lebens (4. Januar 1824), hrsg. von *Ernst Beutler*, München 1976, S. 547 ff. Vgl. auch *Johann Wolfgang von Goethe*, Die Aufgeregten. Politisches Drama in fünf Akten (Fragment 1791/92), in: Goethe's Werke. Vollständige Ausgabe letzter Hand, Stuttgart und Tübingen 1828, 15. Band, S. 1–77. Zu Goethes Einstellung gegenüber Gesellschaft, Revolution und Destruktivität vgl. *Dieter Borchmeyer*, Höfische Gesellschaft und französische Revolution bei Goethe. Adliges und bürgerliches Wertsystem im Urteil der Weimarer Klassik, Kronberg/Ts. 1977.

25 Vgl. *Herders Werke* in fünf Bänden, Berlin und Weimar 1964, Bd. 5, S. 188 ff.

26 *I. Kant*, Beantwortung der Frage: Was ist Aufklärung? (1784), in: Werke, a.a.O., Bd. XI, S. 55.

27 *I. Kant*, Die Religion innerhalb der Grenzen der bloßen Vernunft (1793), in: Werke, a.a.O., Bd. VIII, S. 786.

28 *J. G. Herder*, Ideen zur Philosophie der Geschichte der Menschheit, 15. Buch, a.a.O., S. 179.

29 Vgl. *Condorcet*, Esquisse d'un tableau historique des progrès de l'esprit humain (verfaßt 1793, veröffentlicht posthum 1795); deutsch: Entwurf einer historischen Darstellung der Fortschritte des menschlichen Geistes, hrsg. von *Wilhelm Alff*, Frankfurt am Main 1976.

30 *Georg Wilhelm Friedrich Hegel*, Grundlinien der Philosophie des Rechts oder Naturrecht und Staatswissenschaft im Grundrisse (1821), in: Werke in zwanzig Bänden, Frankfurt am Main 1970, Bd. 7, § 5, S. 49 ff.

31 A.a.O., »Zusatz«, S. 51.

32 A.a.O., S. 50.

33 *I. Kant*, Mutmaßlicher Anfang der Menschengeschichte, a.a.O., S. 99 f.

34 *J. G. Herder*, Ideen..., 20. Buch, a.a.O., Zwölfter Theil, S. 186 f.

35 *Carl von Clausewitz*, Vom Kriege (1832–34). Als Handbuch bearbeitet und hrsg. von *Wolfgang Pickert* und *Wilhelm Ritter von Schramm*, Reinbek bei Hamburg 1963, S. 22.

36 *Heinrich von Kleist*, Der zerbrochne Krug. Ein Lustspiel (uraufgeführt 1808, Erstveröffentlichung 1811), Neunter Auftritt, Vers 1265.

37 A.a.O., Siebenter Auftritt, V. 1060 f.
38 A.a.O., V. 1100, V. 1784 f.
39 In der doppelsinnigen Erzählung des Krug-Schicksals durch Marthe Rull, a.a.O., Siebenter Auftritt, V. 646 ff.
40 Die eigentliche Anregung bot Kleist der nach einem Ölgemälde von Louis Philibert Debucourt gefertigte Kupferstich von Jean Jacques Le Veau »Le Juge ou la Cruche cassée«. Vgl. auch Kleists (in den Details der Beschreibung nur teilweise zutreffende) »Vorrede« zu seinem Stück.
41 *Pierre-Augustin Caron de Beaumarchais*, Le mariage de Figaro (entstanden 1778–81, uraufgeführt 1784), Erster Aufzug, elfter Auftritt (Schlußworte). Der Witz dieser Formulierung liegt darin, daß im Französischen »Krug« weiblich ist (la cruche) und daher wortspielerische Assoziationen zum weiblichen Geschlecht leichter als im Deutschen geweckt werden können.
42 Auch ökonomisch spielte dieses Vorrecht eine Rolle, indem es gegen einen Geldbetrag außer Kraft gesetzt, gewissermaßen abgekauft werden konnte.
43 So etwa in der »Picta Poesis« des Anulus Barptolemaeus aus dem Jahre 1552, S. 88, wo es zu einer Abbildung von mit durchlöcherten Krügen Wasser schöpfenden Frauen kommentierend heißt: »Die Dirne ist ein durchlöchertes Gefäß mit klaffenden Spalten, es läuft hierhin und dorthin aus, nichts bleibt darin, ob man den Geist oder den Leib betrachtet... Sie trägt das Gefäß und ist es zugleich selbst.« Sowohl Greuze als auch Kleist machten sich mithin einen alten, zweideutigen Topos zunutze.
44 Diese Deutungsrichtung findet sich z.B. noch bei *Edmond* und *Jules de Goncourt*, Die Kunst des achtzehnten Jahrhunderts (1859–75), im Abschnitt »Greuze«; deutsche Neuausgabe der Übersetzung von 1909, München 1985, S. 215 ff. Eine persönliche Pointe erhält Greuze's 1785 fertiggestelltes Gemälde dadurch, daß der Maler im gleichen Jahr einen Scheidungsprozeß gegen seine ihn fortwährend betrügende Frau einleitete.
45 So Goethe am 18. Dezember 1811 an Johanna Schopenhauer.
46 Die Geschichte dieser Ablehnung skizziert *Franz Roh*, Der verkannte Künstler. Studien zur Geschichte und Theorie des kulturellen Mißverstehens, München 1948, S. 181–188 (»Kleist«).
47 *Friedrich Nietzsche*, Unzeitgemäße Betrachtungen (1873–76). Drittes Stück: Schopenhauer als Erzieher, in: Werke, hrsg. von *Karl Schlechta*, Bd. I, Frankfurt a.M. 1976, S. 302.
48 A.a.O., S. 303. Vgl. auch *Fr. Nietzsche*, Jenseits von Gut und Böse. Vorspiel einer Philosophie der Zukunft (1886); Werke, a.a.O., Bd. III, S. 189 (Abschnitt 269).
49 Zu dieser Problematik vgl. epochaltypisch *Oswald Spengler*, Der Untergang des Abendlandes. Umrisse einer Morphologie der Weltgeschichte, 1. Auflage München 1918 u. 1922. Das Krug-Motiv findet sich wieder bei *Ernst Bloch*, Geist der Utopie (geschrieben 1915/16, erschienen zuerst 1918, in teilweise veränderter Form 1923), Neudruck Frankfurt am Main 1964: »Ein alter Krug«. Vgl. dazu auch *Theodor W. Adorno*, Henkel, Krug und frühe Erfahrung, in: Noten zur Literatur IV, Frankfurt am Main 1974, S. 90–104.

ZU KAPITEL 6

1 *Karl Marx*, Das Kapital. Kritik der politischen Ökonomie. Dritter Band. Buch III: Der Gesamtprozeß der kapitalistischen Produktion. Herausgegeben von *Friedrich Engels*, Hamburg 1894; MEW Band 25, S. 827.
2 *Karl Marx*, Das Kapital. Kritik der politischen Ökonomie. Erster Band. Buch I: Der Produktionsprozeß des Kapitals, Hamburg 1867; MEW Band 23, S. 669.
3 *K. Marx*, Das Kapital. Dritter Band, a.a.O., S. 207.
4 *K. Marx*, Das Kapital. Erster Band, a.a.O., S. 459.
5 *K. Marx*, a.a.O., S. 674. Zum Jagannâth-Kult vgl. *Helmut von Glasenapp*, Heilige

Stätten Indiens. Die Wallfahrtsorte der Hindus, Jainas und Buddhisten, ihre Legenden und ihr Kultus, München 1928, S. 96–105 (»Purî«).

6 *Ferdinand Freiligrath*, Der weiße Elephant, in: Gesammelte Dichtungen. Neue, sehr vermehrte und vervollständigte Auflage. Erster Band, Stuttgart 1877, S. 228.

7 *Karl Marx/Friedrich Engels*, Manifest der Kommunistischen Partei, London 1848; MEW Band 4, S. 458–493, hier zitiert S. 464.

8 *Marx/Engels*, a.a.O., S. 478 u. S. 466.

9 *K. Marx*, Das Kapital. Erster Band. MEW Band 23, S. 246.

10 *Marx/Engels*, Manifest..., a.a.O., S. 467.

11 *Marx/Engels*, a.a.O., S. 468 u. S. 485.

12 Brief von *Karl Marx* an Vera Iwanowna Sassulitsch in Genf vom 8. März 1881; MEW Band 35, S. 166 f., hier zitiert S. 167.

13 *Karl Marx*, Der Bürgerkrieg in Frankreich. Adresse des Generalrats der Internationalen Arbeiter-Association (1871); MEW Band 17, S. 313–362, hier zitiert S. 360.

14 *K. Marx*, a.a.O., S. 360.

15 Brief von *Karl Marx* an Friedrich Adolph Sorge in Hoboken vom 4. August 1874; MEW Band 33, S. 634/635, hier zitiert S. 635.

16 Brief von *Karl Marx* an Ludwig Kugelmann in Hannover vom 6. April 1866; MEW Band 31, S. 514/515, hier zitiert S. 514.

17 *Karl Marx*, Erster Entwurf zum »Bürgerkrieg in Frankreich« (1871); MEW Band 17, S. 493–571, hier zitiert S. 559.

18 *Edmond de Goncourt*, Tagebuch der Belagerung von Paris 1870/1871. Auswahl und Übersetzung von *W. Fred* und *Karin Sanwald*, München 1969, S. 171.

19 *E. de Goncourt*, a.a.O., Fußnote S. 171.

20 *K. Marx*, Der Bürgerkrieg in Frankreich, a.a.O., S. 358 f.

21 *K. Marx*, a.a.O., S. 357.

22 *K. Marx/F. Engels*, Manifest..., a.a.O., S. 472.

23 Vgl. Kap. 3, S. 23 ff.

24 *K. Marx/F. Engels*, Manifest..., a.a.O., S. 472.

25 *K. Marx/F. Engels*, a.a.O., S. 470.

26 Vgl. *Rolf Taubert* und *Martin Henkel*, Maschinenstürmer. Ein Kapitel aus der Sozialgeschichte des technischen Fortschritts, Frankfurt am Main 1979.

27 Anonym: Mein Vaterland, ich biete dir (1844), in: *Lutz Kroneberg/Rolf Schloesser*, Weber-Revolte 1844. Der schlesische Weberaufstand im Spiegel der zeitgenössischen Publizistik und Literatur, Köln 1979, S. 478/479.

28 Bericht in der Weser-Zeitung vom 16. Juni 1844, zitiert nach *L. Kroneberg/R. Schloesser*, a.a.O., S. 170/171.

29 *K. Marx/F. Engels*, Manifest..., a.a.O., S. 472 f.

ZU KAPITEL 7

1 *Maximilien Robespierre*, Rede vor dem Konvent am 26. Juli 1794, in: Reden, a.a.O., S. 66–81, hier zit. S. 79.

2 Vgl. den Brief von *Karl Marx* an Vera Iwanowna Sassulitsch vom 8. März 1881; MEW Band 35, S. 166 f.

3 So *G. W. F. Hegel* in seiner Wissenschaft der Logik. Erster Teil: Die objektive Logik. Werke, a.a.O., Bd. 6, S. 221.

4 Nicht von ungefähr schließt *Charles Darwin* mit diesem Ausblick sein Werk »The Descent of Man« (1871); deutsch: Die Abstammung des Menschen, Stuttgart 1966, S. 274.

5 *Michail Bakunin*, Die Reaktion in Deutschland (1842, Schlußsatz), in: Philosophie der Tat. Auswahl aus seinem Werk, Köln 1968, S. 61–96, hier zit. S. 96.

6 »Ich aber bin es, der die Französische Revolution verkörpert!« äußerte Napoleon 1801

bei der Aufdeckung gegen ihn und sein Regime gerichteter Verschwörungen. Vgl. *Vincent Cronin*, Napoleon. Eine Biographie, Düsseldorf 1973, S. 316.

7 Vgl. hierzu *Ernst Engelberg*, Bismarck. Urpreuße und Reichsgründer, Berlin 1985; sowie *Lothar Gall*, Bismarck. Der weiße Revolutionär, Frankfurt am Main/Berlin/Wien 1980.

8 *Karl Marx*, Die Erfurterei im Jahre 1859 (1959); MEW Band 13, S. 414–416, hier zit. S. 414.

9 *Friedrich Nietzsche*, Menschliches, Allzumenschliches. Ein Buch für freie Geister (1878). Erster Band, Abschnitt 34: »Zur Beruhigung«; zit. nach: Werke, hrsg. von *Karl Schlechta*, a. a. O., Bd. I, S. 472 f.

10 *Fr. Nietzsche*, Götzen-Dämmerung oder wie man mit dem Hammer philosophiert (1889). Streifzüge eines Unzeitgemäßen, Abschnitt 48: »Fortschritt in meinem Sinne«, in: Werke, a. a. O., Bd. II, S. 1023 f.

11 Vgl. Anm. 9, a. a. O.

12 Vgl. Anm. 10, a. a. O., Abschnitt 40: »Die Arbeiter-Frage«, S. 1017.

13 Vgl. Anm. 10, a. a. O., Abschnitt 47: »Die Schönheit kein Zufall«, S. 1023.

14 Vgl. Anm. 9, a. a. O., Abschnitt 285: »Die moderne Unruhe«, S. 620 f.

15 So im Vorwort zur Götzen-Dämmerung, a. a. O., S. 941.

16 *Fr. Nietzsche*, Die fröhliche Wissenschaft (1882). Fünftes Buch: Wir Furchtlosen. Abschnitt 370: »Was ist Romantik?«; Werke, Bd. II, a. a. O., 244 ff., hier zit. S. 245 f. Die Argumentation findet sich ebenfalls in der Schrift: Nietzsche contra Wagner. Aktenstücke eines Psychologen. Abschnitt: »Wir Antipoden«; Werke, a. a. O., Bd. II, S. 1047 f.

17 Vgl. *Fr. Nietzsche*, Aus dem Nachlaß der Achtzigerjahre; Werke, a. a. O., Bd. III, S. 912.

18 Vgl. Anm. 16, a. a. O., S. 245.

19 Vgl. Anm. 17, a. a. O., S. 791.

20 Vgl. Anm. 16, a. a. O., S. 244 f.

21 Dieser Zuruf findet sich wörtlich im Nachlaß der Achtzigerjahre; vgl. Anm. 17, a. a. O.

22 Um diese Probleme kreist im Grunde genommen das gesamte Denken Georg Simmels, der unter solcher Aufstiegsabwehr auch persönlich zu leiden hatte, indem ihm, dem jüdischen Oberschichtangehörigen, im preußischen Berlin von deutschnationalen Widersachern die akademische Karriere erschwert wurde. Der Fall ist einer unter vielen und insofern kennzeichnend für die deutsche Tradition der Karrierevernichtung durch Chancenverweigerung, bei der sich Antisemitismus, Nationalismus und intellektuelle Mediokrität verbinden; Walter Benjamin erging es später nicht anders.

23 Dies ist auch das Thema des letzten epischen Werkes von *Theodor Fontane*, Der Stechlin. Roman, Berlin 1899.

24 *Ferdinand Tönnies*, Gemeinschaft und Gesellschaft. Grundbegriffe der reinen Soziologie (1887), Neuausgabe Darmstadt 1963, S. 3.

25 *F. Tönnies*, Die Entwicklung der sozialen Frage (1907), 2. durchgesehene Auflage Berlin und Leipzig 1913, S. 157.

26 Vgl. *Ernst Jünger*, In Stahlgewittern. Ein Kriegstagebuch, Selbstverlag Hannover 1920; Feuer und Blut. Ein kleiner Ausschnitt aus einer großen Schlacht, Magdeburg 1925.

27 *E. Jünger*, Der Kampf als inneres Erlebnis, Berlin 1922; hier zit. nach der 8. Auflage Berlin 1940, S. 68.

28 A. a. O., S. 30.

29 A. a. O., S. 49.

30 A. a. O., S. 2.

31 A. a. O., S. 30, S. 55, S. 108.

32 A. a. O., S. 38.

33 Briefliche Äußerung von Max Weber; zitiert nach *Marianne Weber*, Max Weber. Ein Lebensbild, Heidelberg 1950, S. 330 ff.

34 A. a. O., S. 332.

ZU KAPITEL 8

1 *Jacob Burckhardt*, Brief an Gottfried Kinkel vom 13. Juni 1842, in: J. B., Briefe, Leipzig 1935, S. 57.

2 Brief von *Karl Marx* an Ludwig Kugelmann vom 6. April 1866, MEW Band 31, S. 514.

3 *Max Stirner*, Ueber B. Bauer's Posaune des Jüngsten Gerichts (1842), in: Kleinere Schriften, hrsg. von *John Henry Mackay*, 2. Auflage Berlin 1914, S. 11–25, hier zit. S. 19.

4 *Jacob Burckhardt*, Brief an Friedrich von Preen vom 19. September 1875, in: Briefe, a. a. O., S. 384.

5 *Friedrich Nietzsche*, Unzeitgemäße Betrachtungen. Erstes Stück (1873), in: Werke I, a. a. O., S. 137.

6 Die Zitate ließen sich mehren. Vgl. *Wilhelm Mommsen*, Otto von Bismarck, Reinbek bei Hamburg 1966, S. 29, 33, 34, 44, 50, 63, 68 u. ö.

7 So Bismarck in einer Rede vor dem Deutschen Reichstag am 9. Oktober 1878.

8 Kritische Autobiographien der Zeit bieten mannigfach Beispiele für derartige Vorgänge. Vgl. etwa *Wilhelm Uhde*, Von Bismarck bis Picasso. Erinnerungen und Bekenntnisse, Zürich 1938.

9 Wilhelm II., Die wahre Kunst. Ansprache am 18. Dezember 1901 in Berlin, in: Reden des Kaisers, hrsg. von *Ernst Johann*, München 1966, S. 99–103.

10 *Carl Vinnen*, Ein Protest deutscher Künstler, Jena 1911. Eine Replik organisierte noch im gleichen Jahr *Alfred Walter Heymel* (Hrsg.), Deutsche und französische Kunst, München 1911. Zum Gesamtkomplex vgl. *Peter Paret*, Die Berliner Sezession. Moderne Kunst und ihre Feinde im Kaiserlichen Deutschland, Berlin 1981.

11 Belege bei *Herbert Frank*, Die das Neue nicht fürchten. Manager der Kunst, Düsseldorf und Wien 1964, S. 232.

12 Vgl. *Sieghart Ott*, Kunst und Staat. Der Künstler zwischen Freiheit und Zensur, München 1968, S. 99 ff.

13 Zitiert nach *Hans Norbert Fügen*, Max Weber, Reinbek bei Hamburg 1985, S. 105 u. 107.

14 Vgl. Kapitel 5, Anm. 11 und die zugehörige Textstelle S. 58.

15 Vgl. Kapitel 5, Anm. 32 und die zugehörige Textstelle S. 65.

16 Eine Übersicht über dieses Sektierertum bietet *Ulrich Linse*, Barfüßige Propheten. Erlöser der zwanziger Jahre, Berlin 1983.

17 So *Martin Heidegger* 1920 in einem Brief an Karl Löwith. Vgl. *Karl Löwith*, Mein Leben in Deutschland vor und nach 1933. Ein Bericht (1940), Stuttgart 1986, S. 28. Zu Heideggers Versuch einer positiven Absichtsbestimmung der philosophischen Destruktion vgl. *ders.*, Sein und Zeit, § 6, (1927), 10. Aufl. Tübingen 1963, S. 22 f.

18 In einem Artikel für Leopold Schwarzschilds Wochenzeitschrift »Das Tagebuch«, 10. Jg. 1929, S. 1552–1558: »Nationalismus« und Nationalismus; hier zit. S. 1555 u. 1556.

19 *Rosa Luxemburg*, Rede auf dem Gründungsparteitag der KPD im Dezember 1918, in: *R. L.*, Gesammelte Werke, Band 4, Berlin 1974, S. 481 ff., hier zitiert S. 485.

20 »Ebert der Erste« ist eine Karikatur unterschrieben, die Friedrich Ebert am 14. Dez. 1918 in der von Rosa Luxemburg redigierten »Roten Fahne« mit Königskrone zeigt.

21 Zu Max Webers Kampf-Befürwortung vgl. die Zitate bei *H. N. Fügen*, Max Weber, a. a. O., S. 58, S. 60.

22 So Kurt Schwitters 1930 in einem Rückblick; zitiert nach *Werner Schmalenbach*, Kurt Schwitters, Köln 1967, S. 32.

23 Reichhaltige Belege für das gesamte Spektrum der Kampf- und Ablehnungsmetaphorik bietet *Dietz Bering*, Die Intellektuellen. Geschichte eines Schimpfwortes, Stuttgart 1978.

24 Einer, der sich selbst verrannte, hat diese Situation geschildert: *Gottfried Benn*, Lebensweg eines Intellektualisten (1934), in: Autobiographische und vermischte Schriften. Gesammelte Werke, hrsg. von *Dieter Wellershoff*. Vierter Band, Wiesbaden 1961, S. 19 ff., hier zit. S. 58.

25 Die Wiedergeburtsmetapher wird nicht nur von Gelegenheitsclaqueuren wie Gottfried Benn oder NS-Ideologen vom Schlage Rosenberg, Goebbels usw. benutzt, sondern

schon 1924 auch von *Adolf Hitler*, Mein Kampf (1. Aufl. 1925 u. 1927), Ausgabe in einem Band, München 1937, S. 713 f. u. ö.

26 So Hermann Göring nach dem Reichstagsbrand in einer Rede am 3. März 1933. Vgl. *Erich Gritzbach*, Hermann Göring. Werk und Mensch, München 1942, S. 36.

27 So Joseph Goebbels im Mai 1933. Eine detaillierte Darstellung der kulturellen Gleichschaltungspolitik bietet *Helmut Heiber*, Joseph Goebbels, München 1965.

28 Dies betont bereits *Alfred Kerr*, Juden, Christen, Heiden im III. Reich, Prag 1935, S. 3.

29 *Adolf Hitler*, Mein Kampf, a. a. O., S. 61 u. S. 69.

30 Hitlers eindeutiges Resümee seiner Abneigung gegen den »Bolschewismus der Kunst«, gegen »Kubismus«, »Dadaismus«, »Futurismus« etc.: »... es ist Sache der Staatsleitung, zu verhindern, daß ein Volk dem geistigen Wahnsinn in die Arme getrieben wird.« Mein Kampf, a. a. O., S. 283. Zu Hitlers Verdrehungsargumentation (»Scheinkultur« und Intellekt der Juden könnten »niemals aufbauend wirken, sondern zerstörend und in ganz seltenen Fällen vielleicht höchstens aufpeitschend«) vgl. ebendort S. 331 f.

31 *Hitler*, Mein Kampf, S. 743: Der Jude »selbst ist kein Element der Organisation, sondern ein Ferment der Dekomposition.« Die zweite Phase der ab 1933 staatlichen Kulturvernichtung verkündete Hitler mit seiner Rede zur Eröffnung des Hauses der Deutschen Kunst in München am 19. Juli 1937: »Wir werden von jetzt ab einen unerbittlichen Säuberungskrieg führen gegen die letzten Elemente unserer Kulturzersetzung.« Vgl. *Joseph Wulf*: Die Bildenden Künste im Dritten Reich. Eine Dokumentation, Reinbek bei Hamburg 1966, S. 361.

32 Rede Heinrich Himmlers vor SS-Gruppenführern in Posen am 4. Oktober 1943, zitiert nach *Walther Hofer* (Hrsg.), Der Nationalsozialismus. Dokumente 1933–1945, Frankfurt am Main 1957, S. 113. Zum nachfolgenden Himmler-Zitat vom 3. August 1944 vgl. *Eberhard Aleff* (Hrsg.), Das Dritte Reich, Hannover 1970, S. 218 ff.

33 Vgl. *Heinz Höhne*, Der Orden unter dem Totenkopf. Die Geschichte der SS, München 1967.

34 Zitiert nach *Walther Hofer*, a. a. O., S. 88.

35 So *Bertolt Brecht* 1937/38 über die »Gefährlichkeit der Intelligenzbestie«; vgl. *B. B.*, Gesammelte Werke, Band 18, Frankfurt am Main 1967, S. 252.

36 Überliefert und kommentiert von *Erich Kästner*, Notabene 45. Ein Tagebuch, Frankfurt am Main 1965, S. 44 ff. (Eintragung vom 8. März 1945).

37 Eine erste Bilanz zog schon *Gustav Stolper*, Die deutsche Wirklichkeit. Ein Beitrag zum künftigen Frieden Europas, Hamburg 1949.

38 So Karl Jaspers 1945 in seiner ersten öffentlichen Stellungnahme zur NS-Zeit: »Erneuerung der Universität«; zit. nach *K. J.*, Rechenschaft und Ausblick. Reden und Aufsätze, München 1951, S. 138.

ZU KAPITEL 9

1 Zu diesen konzeptionsgeschichtlichen Zusammenhängen vgl. die Ausführungen in Kapitel 2 und 3 dieses Buches.

2 Mit dieser Schwierigkeit haben auch neuere Theoretiker, die sich der hier anstehenden Fragen annahmen, zu kämpfen. Vgl. etwa *Theodor W. Adorno*, Negative Dialektik, Frankfurt am Main 1966; *Herbert Marcuse*, Triebstruktur und Gesellschaft (Eros and Civilisation), Frankfurt am Main 1967.

3 »Es ist erstaunlich, wie wenig von den Schmerzen der Menschheit in ihre Philosophie übergegangen ist«, notiert *Georg Simmel* einmal in seinem Tagebuch (Fragmente und Aufsätze, hrsg. von *Gertrud Kantorowicz*, München 1923, S. 17). Seine Einschätzung diminutiver Prozesse wird besonders deutlich in der kleinen Studie: Die Ruine, in: Philosophische Kultur. Gesammelte Essais, Potsdam [3]1923, S. 135–143. Zu *Alfred Webers* Versuch, sich an Prozesse der, wie er sie nennt, »Rezession« und »Fixierungsauflösung« heranzutasten, vgl. insbes. dessen Schriften: Der dritte oder der vierte

Mensch. Vom Sinn des geschichtlichen Daseins, München 1953, sowie: Abschied von der bisherigen Geschichte. Überwindung des Nihilismus?, Hamburg 1946. *Norbert Elias* hat sich vor allem in seinem Spätwerk mit Deszendenzproblemen beschäftigt: Die Fischer im Mahlstrom, in: Engagement und Distanzierung. Arbeiten zur Wissenssoziologie I, Frankfurt am Main 1983, S. 73–183; Humana conditio. Beobachtungen zur Entwicklung der Menschheit am 40. Jahrestag eines Kriegsendes (8. Mai 1985), Frankfurt am Main 1985.

4 Einen frühen Differenzierungsversuch unternahm *Leopold von Wiese*, Allgemeine Soziologie als Lehre von den Beziehungen und Beziehungsgebilden der Menschen (Teil I: Beziehungslehre), München und Leipzig 1924, S. 255 ff. (»Zerstörende und umbildend-aufbauende Prozesse«).

5 Zum historischen Hintergrund dieses Vorgangs vgl. *Wolf Lepenies*, Die drei Kulturen. Soziologie zwischen Literatur und Wissenschaft, München 1985, S. 15 ff.

6 Zur Lebenshaltung der *désinvolture* vgl. *Ernst Jünger*, Das abenteuerliche Herz. Figuren und Capriccios (Zweite Fassung), Hamburg 1938, S. 124 ff.; Über die Linie, Frankfurt am Main 1950; Der Waldgang, Frankfurt am Main 1951. Eine kritische Auseinandersetzung mit *Ernst Jünger* aus kultursoziologischer Sicht bot schon früh *Alfred von Martin*, Der heroische Nihilismus und seine Überwindung. Ernst Jüngers Weg durch die Krise, Krefeld 1948.

7 Vgl. *Arnold van Gennep*, Les Rites de Passage, Paris 1909; sowie *Martha Nemes Fried and Morton H. Fried*, Transitions. Four Rituals in Eight Cultures, New York/London 1980.

8 Eine eindringliche Schilderung derartiger Prozesse und ihrer Folgen bietet *Eduardo Galeano*, Las venas abiertas de America Latina, Montevideo 1971.

9 Mémoires pour servir à la vie de M. de Voltaire, écrits par lui-même (1759), deutsch: *Voltaire*, Über den König von Preußen. Memoiren, hrsg. und übersetzt von *Anneliese Botond*, Frankfurt am Main 1967, insbes. S. 10.

10 Dies betont auch *Niklas Luhmann*, Soziale Systeme. Grundriß einer allgemeinen Theorie, Frankfurt am Main 1984, insbes. S. 78 f. u. S. 382 f.

11 Wir erweitern im Folgenden den figurationstheoretischen Ansatz von *Norbert Elias*, Was ist Soziologie?, München 1970, insbes. S. 139 ff. (»Der Begriff der Figuration«). Mehr als es hier möglich ist, wäre zwischen primären, sekundären usw. Figurationsbildungen und -prozessen zu unterscheiden, die durch Disproportionen auch der Kulturation und Dekulturation gekennzeichnet sein können. Zur Ausdifferenzierung von *Elias'* Ansatz vgl. *Hans Peter Thurn*, Der Mensch im Alltag, Stuttgart 1980, insbes. S. 74 ff.

12 Zu dieser Thematik vgl. *Arnold J. Toynbee*, Krieg und Kultur. Der Militarismus im Leben der Völker, Stuttgart 1951; *Raymond Aron*, Frieden und Krieg. Eine Theorie der Staatenwelt, Frankfurt am Main 1963 (Neuausgabe 1986).

13 Vgl. *Irene Woll-Schumacher*, Desozialisation im Alter, Stuttgart 1980, insbes. S. 64 ff. (»Desozialisation im Lebenszyklus«).

14 Die Geschichte derartiger Bestrebungen schildert *Michel Foucault*, Wahnsinn und Gesellschaft. Eine Geschichte des Wahns im Zeitalter der Vernunft, Frankfurt am Main 1969; Überwachen und Strafen. Die Geburt des Gefängnisses, Frankfurt am Main 1976.

15 Zu dieser Fallgeschichte vgl. *Eva Hesse*, Ezra Pound. Von Sinn und Wahnsinn, München 1978.

16 *Erwin Panofsky* hat nachweisen können, daß auch diese Verzahnung von Sedimentierung und Reaktivierung historisch mehrdimensional und konvulsivisch verläuft; *E. P.*, Die Renaissancen der europäischen Kunst, Frankfurt am Main 1979.

17 Noch immer unübertroffen ist *Henry Charles Lea*, History of the Inquisition of the Middle Ages, New York 1887, deutsch: Geschichte der Inquisition im Mittelalter, 3 Bände, Bonn 1905, 1909, 1913, in gekürzter Fassung neu hrsg. von *Joseph Hansen*: Die Inquisition, Nördlingen 1985. Zum Fortleben inquisitorischer Traditionen in der (nicht nur stalinistischen) politischen Praxis vgl. *Klaus-Georg Riegel*, Konfessionsrituale im Marxismus-Leninismus, Graz/Wien/Köln 1985.

18 Für die Erörterung dieser Zusammenhänge noch immer (bzw. schon wieder) aktuell ist *Emil Lederer*, Technischer Fortschritt und Arbeitslosigkeit. Eine Untersuchung der Hindernisse des ökonomischen Wachstums, Genf 1938 (Neuausgabe Frankfurt am Main 1981).

19 In der Fachterminologie der Sozialisations- und Enkulturationsforschung könnte dieser Vorgang des verlernenden Umlernens als »En-dekulturation« bezeichnet werden. Zum Gesamtkomplex der Kulturaneignung vgl. *Dieter Claessens*, Familie und Wertsystem. Eine Studie zur »zweiten, sozio-kulturellen Geburt« des Menschen und der Belastbarkeit der »Kernfamilie«. Dritte, überarbeitete und erweiterte Auflage Berlin 1972.

20 Zum Zusammenhang von Codierung und Differenzierung vgl. *Niklas Luhmann*, »Distinctions directrices«: Über Codierung von Semantiken und Systemen, in: *Friedhelm Neidhardt, M. Rainer Lepsius, Johannes Weiß* (Hrsg.), Kultur und Gesellschaft, Opladen 1986, S. 145–161.

21 *Niklas Luhmann*, Liebe als Passion. Zur Codierung von Intimität, Frankfurt am Main 1982.

22 *René König*, Menschheit auf dem Laufsteg. Die Mode im Zivilisationsprozeß, München 1985, S. 81 ff. (»Akkumulation, Wiederholung und Löschungsprozesse in der Entwicklung der Mode«).

23 Dies gilt natürlich mutatis mutandis auch für den »Wissenschaft« genannten Erkenntnisprozeß und seine Akkumulationsformen, die ohne verlernendes Umlernen gar nicht möglich wären. Vgl. hierzu *Thomas S. Kuhn*, Die Struktur wissenschaftlicher Revolutionen, Frankfurt am Main 1967, sowie *ders.*, Die Entstehung des Neuen, Frankfurt am Main 1978.

24 Diese Verdrängungsproblematik offenbart sich überdeutlich in der gegenwärtigen öffentlichen Diskussion über die sog. »Sterbehilfe«. Vgl. *Norbert Elias*, Über die Einsamkeit der Sterbenden in unseren Tagen, Frankfurt am Main 1982.

25 Daß und wie solche Dekulturationsdispute auch Spaß machen, ja sogar zum »Gesellschaftsspiel« arrivieren können, zeigt (auch durch seinen Publikumserfolg) *Eric Berne*, Spiele der Erwachsenen. Psychologie der menschlichen Beziehungen, Reinbek bei Hamburg 1967.

26 Ein Prozeßmodell der Kultur, das diese Sachverhalte angemessen berücksichtigt, steht auch von seiten der Ökonomie bis heute aus. Um ein Zirkulationsschema massenmedial gesteuerter Kultur bemüht sich jedoch *Abraham A. Moles*, Sociodynamique de la Culture, Paris 1967, auszugsweise deutsch: Soziodynamik der Kultur, Stuttgart 1976.

27 Für die kultursoziologische Erörterung dieser Probleme ist immer noch gültig *Richard F. Behrendt*, Soziale Strategie für Entwicklungsländer. Entwurf einer Entwicklungssoziologie, Frankfurt am Main 1965.

28 Über Künstlergruppen vgl. *Hans Peter Thurn*, Die Sozialität der Solitären. Gruppen und Netzwerke in der Bildenden Kunst, in: *Friedhelm Neidhardt* (Hrsg.), Gruppensoziologie. Perspektiven und Materialien. Sonderheft 25 der Kölner Zeitschrift für Soziologie und Sozialpsychologie, Opladen 1983, S. 287–318.

29 Diese Notwendigkeit wird besonders deutlich vor Augen geführt in der Fallstudie von *Friedhelm Kröll*, Gruppenzerfall. Versuch über die Gruppe 47, in: *F. Neidhardt* (Hrsg.), Gruppensoziologie, a. a. O., S. 319–342.

30 Vgl. *Friedhelm Neidhardt*, Über Zufall, Eigendynamik und Institutionalisierbarkeit absurder Prozesse. Notizen am Beispiel einer terroristischen Gruppe, in: *Heine von Alemann/Hans Peter Thurn* (Hrsg.), Soziologie in weltbürgerlicher Absicht. Festschrift für René König, Opladen 1981, S. 243–257, insbes. S. 252 ff.

ZU KAPITEL 10

1 Zu dieser Problematik vgl. *Max Weber*, Politik als Beruf (1919), in: Gesammelte Politische Schriften, 3. Auflage Tübingen 1971, S. 505–560.

2 Dies ist bereits das Thema von *Jacob Burckhardt*, Weltgeschichtliche Betrachtungen (ab 1868). Erläuterte Ausgabe hrsg. von *Rudolf Marx*, Stuttgart 1978.

3 Vgl. *Max Weber*, Die ›Objektivität‹ sozialwissenschaftlicher und sozialpolitischer Erkenntnis (1904), in: Gesammelte Aufsätze zur Wissenschaftslehre, 4. Auflage Tübingen 1973, S. 146–214.

4 Zu diesem Komplex vgl. *Wilhelm Treue*, Kunstraub. Über die Schicksale von Kunstwerken in Krieg, Revolution und Frieden, Düsseldorf 1957; *Martin Warnke* (Hrsg.), Bildersturm. Die Zerstörung des Kunstwerks, München 1973; *Horst Bredekamp*, Kunst als Medium sozialer Konflikte. Bilderkämpfe von der Spätantike bis zur Hussitenrevolution, Frankfurt am Main 1975.

5 *Hilmar Hoffmann*, Kultur für alle. Perspektiven und Modelle, Frankfurt am Main 1979.

6 In Zeiten ökonomischer Rezession, beispielsweise zu Beginn der achtziger Jahre, war dieses Argumentationsmuster (Kulturaufschwung durch Waffenabbau) häufig in Presse, Rundfunk und Fernsehen zu vernehmen. Es setzt voraus, was niemand weiß bzw. nachweisen konnte: daß diejenigen, die auf Rüstung verzichten wollen, auch höhere Kultur- (und nicht etwa Sport-)Investitionen wünschen. Zum wesentlich komplexeren Zusammenhang von Rüstungsausgaben und Zivilisationsbewegung vgl. *William F. Ogburn*, Sind unsere Kriege gute Zeiten? (1948), in: Kultur und sozialer Wandel. Ausgewählte Schriften, hrsg. und eingeleitet von *Otis Dudley Duncan*, Neuwied und Berlin 1969, S. 352–371.

7 Zur Gesamtproblematik vgl. *Hilmar Hoffmann*, Die Kulturpolitik und die Kulturzerstörung, in: »Kultur-Zerstörung?« 10. Römerberggespräche in Frankfurt am Main, Königstein 1983, S. 7–27.

8 Historische Details finden sich bei *Heinrich Loth*, Sklaverei. Die Geschichte des Sklavenhandels zwischen Afrika und Amerika, Wuppertal 1981.

9 Vgl. *Gert von Paczensky/Herbert Ganslmayr*, Nofretete will nach Hause. Europa-Schatzhaus der »Dritten Welt«, München 1984.

10 *Francis Bacon*, Essays oder praktische und moralische Ratschläge (1597 u. ö.), hrsg. von *Levin L. Schücking*, Stuttgart 1970, S. 116 (»Über Kolonien«).

11 Vgl. Kap. 2, S. 13 f.

12 *Plinius Secundus d. Ä.*, Naturkunde, Buch VIII (Zoologie: Landtiere), Neuausgabe München 1976, S. 83 u. 163.

13 *W. Shakespeare*, Hamlet I, 5.

14 *M. Bakunin*, Die Reaktion in Deutschland (1842), a. a. O., S. 94. Literarisch taucht das Motiv auf bei *Günter Eich*, Maulwürfe. Prosa, Frankfurt am Main 1968, mit einer »Huldigung für Bakunin« auf S. 35.

15 *Jacob Burckhardt*, Brief an Gottfried Kinkel vom 13. Juni 1842, hier zit. nach *J. B.*, Briefe, hrsg. von *Fritz Kaphahn*, Leipzig 1935, S. 58. Zu Burckhardts Krisendiagnostik und Lebenshaltung (»Man wird immer offener, immer ehrlicher werden müssen, und auf den Trümmern der alten Staaten wird die Liebe vielleicht ein neues Reich gründen.«) vgl. insbesondere *Karl Löwith*, Jacob Burckhardt. Der Mensch inmitten der Geschichte, Luzern 1936 u. Stuttgart 1966.

16 *Sebastian Brant*, Das Narrenschiff (1494), hier: Vom Verfall des Glaubens und des Reiches, München 1944, S. 171.

17 Vgl. Kap. 6, S. 79.

18 Vgl. *Wanda von Baeyer-Katte*, Das Zerstörende in der Politik. Eine Psychologie der politischen Grundeinstellung, Heidelberg 1958.

19 Eine detaillierte Schilderung der Ereignisse bietet *Arnulf Baring* (in Zusammenarbeit mit *Manfred Görtemaker*), Machtwechsel. Die Ära Brandt-Scheel, Stuttgart 1982, hier zit. S. 730.

20 So wohl zutreffend der Politikwissenschaftler Theodor Eschenburg, zit. nach *Baring*, a.a.O., S. 727.

21 *Arno Schmidt*, Am Zaun (1956), neu abgedruckt in A.S., Deutsches Elend. 13 Erklärungen zur Lage der Nationen, Zürich 1984, S. 15–21, hier zit. S. 20.

ZU KAPITEL 11

1 Tagebucheintragung Willy Brandts mit Bezug auf den 26. April 1974, zitiert nach *A. Baring*, Machtwechsel, a.a.O., S. 733.

2 Bezeichnenderweise gehört dieses Bewegungsgleichnis schon seit der Antike zum festen Bestand europäischer Redensarten.

3 So etwa bei *Max Frisch*, Der Mensch erscheint im Holozän. Eine Erzählung, Frankfurt am Main 1979.

4 Vgl. *Theophrast*, Charaktere (nach 319 v. Chr.). Übersetzt und hrsg. von *Dietrich Klose*, Stuttgart 1970; *Elias Canetti*, Der Ohrenzeuge. Fünfzig Charaktere, München 1974.

5 Zur Neidproblematik vgl. *Helmut Schoeck*, Der Neid. Eine Theorie der Gesellschaft, Freiburg 1966.

6 *Bernard Mandeville*, Die Bienenfabel oder Private Laster, öffentliche Vorteile (1705), Frankfurt am Main 1980, S. 83 f.

7 *Gustave Flaubert*, Wörterbuch der Gemeinplätze (ab 1850), München 1968, S. 52.

8 Zitiert nach *J. Jürgen Jeske*, Prost Mahlzeit! Frankfurter Allgemeine Zeitung vom 28. 8. 1985.

9 Zur Skandal-Tradition bundesdeutscher Lebensmittelfälschungen vgl. *Wolf Middendorff*, Soziologie des Verbrechens, a.a.O., S. 76 ff.

10 *Jean-Jacques Rousseau*, Discours sur les Sciences et les Arts (1750), zitiert nach: Über Kunst und Wissenschaft. Über den Ursprung der Ungleichheit unter den Menschen, übersetzt von *Kurt Weigand*, Hamburg 1955, S. 112.

ZU KAPITEL 12

1 *Max Weber*, Wissenschaft als Beruf (Vortrag 1919), in: Gesammelte Aufsätze zur Wissenschaftslehre, 4. Auflage Tübingen 1973, S. 582–613, hier zitiert S. 593 f.

2 Zu diesem mehrschichtigen Wandel vgl. *Niklas Luhmann*, Gesellschaftliche Struktur und semantische Tradition, in: Gesellschaftsstruktur und Semantik. Studien zur Wissenssoziologie der modernen Gesellschaft. Band 1, Frankfurt am Main 1980, S. 9–71.

3 Vgl. hierzu die Ausführungen zur animalisierenden Tieferwendung semantischer Bestände in früheren Epochen, Kap. 5, Abschnitt 2, S. 43 f.

4 Beispiele für solche (stets künstlichen!) Zuordnungen bietet etwa *Mircea Eliade*, Die Sehnsucht nach dem Ursprung. Von den Quellen der Humanität, Frankfurt am Main 1976. Vgl. als Detailstudie auch *Vilma Fritsch*, Links und Rechts in Wissenschaft und Leben, Stuttgart 1964.

5 Hierzu vgl. *Niklas Luhmann*, Selbstreferenz und binäre Schematisierung, in: Gesellschaftsstruktur und Semantik, a.a.O., S. 301–313.

6 Siehe hierzu *Jürgen Habermas*, Theorie des kommunikativen Handelns, 2 Bände, Frankfurt am Main 1981.

7 Dies betont bereits *Niklas Luhmann*, Gesellschaftliche Struktur und semantische Tradition, a.a.O., S. 33.

8 Vgl. *Sigmund Freud*, Das Unbehagen in der Kultur (1930), zitiert nach: Freud-Studienausgabe, Band IX, Frankfurt am Main 1974, S. 191–270, insbes. S. 258.

9 Mit dem Wandel dieser psychagogischen Leistungen der Kultur setzt sich auseinander *Alexander Mitscherlich*, Die Idee des Friedens und die menschliche Aggressivität. Vier Versuche, Frankfurt am Main 1969.

10 Zu diesem maieutischen Argumentationsmuster vgl. die Ausführungen in Kap. 7 (»Der Zerstörer als Hebamme«), S. 85 ff.

11 Zum Konzept der *Widerspruchsbindung* vgl. *Gregory Bateson*, Ökologie des Geistes. Anthropologische, psychologische, biologische und epistemologische Perspektiven, Frankfurt am Main 1981, insbes. S. 276 ff. (»Der double bind«) und S. 353 ff. (»Double bind, 1969«). Einen Versuch, Bateson's analytischen Entwurf der »Beziehungsfalle« auf *soziale* Groß-Prozesse anzuwenden, unternahm *Norbert Elias*, Die Fischer im Mahlstrom, in: Engagement und Distanzierung. Arbeiten zur Wissenssoziologie I, Frankfurt am Main 1983, S. 73–183. In der Argumentation des vorliegenden Textes steht jedoch die Betrachtung *kultureller* Realitäten im Vordergrund.

12 Vgl. das wie für jede so auch für die hier erfolgende Untersuchung zerstörerischer Prozesse grundlegende Werk von *Erich Fromm*, Anatomie der menschlichen Destruktivität, Stuttgart 1974. Fromm verzichtete jedoch auf eine explizite Durchleuchtung kulturell-semantischer Gegebenheiten.

13 Zu diesem Begriff vgl. *Fromm*, a. a. O., insbes. S. 196 ff.

14 *Friedrich Hacker*, Aggression. Die Brutalisierung der modernen Welt, Wien–München–Zürich 1971.

15 *Rudolf Bilz*, Pars pro toto. Ein Beitrag zur Pathologie menschlicher Affekte und Organfunktionen, Leipzig 1940; sowie *ders.*, Paläoanthropologie. Der neue Mensch in der Sicht einer Verhaltensforschung. Erster Band, Frankfurt am Main 1971, insbes. S. 465 ff.

16 Zum Fall William Calley's vgl. *F. Hacker*, Aggression, a. a. O., S. 254–268. Wie manifest diese Haltung blieb, dokumentierte Jahre später der Bericht von *Cordt Schnibben*, My Lai – die Karriere eines Kriegsverbrechens, in: DIE ZEIT Nr. 38 vom 12. September 1986, S. 33–36.

17 Soweit es sich statistischen Erhebungen entnehmen läßt, sind dies die in der BRD häufigsten Zerstörungshandlungen.

18 Vgl. aus der Fülle diesbezüglicher Forschungen und Thesen die immer noch gültigen Ausführungen von *Kurt Lüscher*, Gewalt im Fernsehen – Gewalt des Fernsehens, in: *Friedhelm Neidhardt* u. a., Aggressivität und Gewalt in unserer Gesellschaft, München 1973, S. 83–104.

19 Vgl. die Ausführungen in Kap. 1, S. 2.

20 Soweit ersichtlich, spricht erstmals Jacob Burckhardt von der Entstehung und der hier geschilderten Funktion kultureller, wirtschaftlicher und politischer »Pseudoorganismen«; wie auch von deren Zusammenhang mit »Kulturzerstörung« und gesellschaftlichen Krisenlagen. Vgl. *Jacob Burckhardt*, Weltgeschichtliche Betrachtungen (verfaßt ab 1868). Erläuterte Ausgabe hrsg. von *Rudolf Marx*, Stuttgart 1978, beispielsweise S. 95, S. 188 f. In einem anderen, eher naturparaphrastischen Sinn, der mit den hier im Text erörterten binnenstrukturellen Wandlungen nicht identisch ist, diskutiert *Oswald Spengler* »historische Pseudomorphosen«, in: Der Untergang des Abendlandes. Umrisse einer Morphologie der Weltgeschichte (1918–1922), München 1979, S. 784 ff.

21 Zum klinischen Bild und zur Kasuistik dieser Dispositionen vgl. *P. J. van der Schaar*, Dynamik der Pseudologie. Der pseudologische Betrüger versus den großen Täuscher Thomas Mann, München 1964. Als prominentester Fall einer Pseudologia phantastica darf wohl Adolf Hitler gelten; vgl. hierzu insbes. *Helm Stierlin*, Adolf Hitler. Familienperspektiven, Frankfurt am Main 1975. Weniger politische Fallgeschichten sind zu finden bei *Egon Larsen*, Hochstapler. Die Elite der Gaunerwelt, Hamburg 1984. Auf literaturhistorischer und kunsttheoretischer Ebene geht dem Zusammenhang von Wahrhaftigkeit und Authentizität nach: *Lionel Trilling*, Das Ende der Aufrichtigkeit, München 1980.

22 Aus der reichhaltigen Literatur über derlei Akteure und Charaktere sei nur verwiesen auf *Michel Serres*, Der Parasit, Frankfurt am Main 1981.

23 Diese Unterscheidung ist nicht hierarchisch gemeint, sondern funktional im Sinne von *N. Luhmann*, Gesellschaftliche Struktur und semantische Tradition, a. a. O., insbes. S. 19 f.

24 Zur Gestalt des Tricksters vgl. *Mircea Eliade*, Die Sehnsucht nach dem Ursprung, a. a. O., S. 207 ff. sowie die dortigen Literaturangaben. Zur Mythologie des Hermes, den man als archaische Leitfigur aller Trickster, als semantischen Ahnvater der hier geschilderten Haltungen und Vorgänge bezeichnen könnte, vgl. *Karl Kerényi*, Die Mythologie der Griechen. Die Götter- und Menschheitsgeschichten, Zürich 1951, S. 159 ff.

25 Einsichten in diese Zusammenhänge bietet *Wolfgang Fritz Haug*, Kritik der Warenästhetik, Frankfurt am Main 1971. Zum Begriff der »Pseudokultur« vgl. auch *Lucien Goldmann*, Kultur in der Mediengesellschaft, Frankfurt am Main 1973, insbes. S. 19 f.

26 Zur Kultur als »fuzzy system« vgl. *Walter L. Bühl*, Kultur als System, in: *Friedhelm Neidhardt, M. Rainer Lepsius, Johannes Weiß* (Hrsg.), Kultur und Gesellschaft, Opladen 1986, S. 118–144, insbes. S. 125 ff. (»Kultur als variabel gekoppeltes System«) sowie die dortigen Literaturhinweise.

27 *Walter Benjamin*, Der destruktive Charakter, in: Illuminationen. Ausgewählte Schriften, hrsg. von *Siegfried Unseld*, Frankfurt am Main 1961, S. 310–312.

28 Zu dieser Haltung vgl. die Ausführungen in Kap. 7, Abschnitt 1 (»Die Grundformel der Legitimation«), S. 85 ff. Natürlich ist, zumal in der politischen Kultur, dies alles keineswegs neu, hat sich jedoch den Epochenbedingungen eskalierender Destrugenität entsprechend verschärft, ist dadurch gefährlicher, zugleich aber durch die Massenmedien evidenter gemacht und infolgedessen (hoffentlich) besser kontrollierbar. Schon *Jonathan Swift* hat die hier beschriebenen Trugelemente der politischen Kultur kritisch herausgearbeitet in seinem Essay: Über die Kunst der politischen Lüge (1710), in: Satiren, Frankfurt am Main 1965, S. 135–141. Mit den modernen Techniken und Folgen der täuschenden Verdrehung sowie Fingierung politischer Wirklichkeiten befaßt sich dezidiert *Hannah Arendt*, Wahrheit und Politik, in: Philosophische Perspektiven. Ein Jahrbuch, hrsg. von *Rudolph Berlinger* und *Eugen Fink*. Band 1, Frankfurt am Main 1969, S. 9–51, insbes. S. 33 ff.

29 Wie schon *Ludwig Wittgenstein* betont hat: Tractatus logico-philosophicus. Logisch-philosophische Abhandlung (1921), 4.002. Frankfurt am Main 1963, S. 32. Zur pseudologischen Problematik der Sprache vgl. insbes. *Harald Weinrich*, Linguistik der Lüge. Kann Sprache die Gedanken verbergen? Heidelberg 1966. Eine Sammlung zum entsprechenden Mode-Vokabular heutiger Alltagssprachen bietet: Dummdeutsch. Ein satirisch-polemisches Wörterbuch, hrsg. von *Eckhard Henscheid, Carl Lierow, Elsemarie Maletzke*, Frankfurt am Main 1985.

ZU KAPITEL 13

1 Vgl. etwa Altes Testament, Hiob 40/41, Jesaja 27,1 u. ö.

2 Die Langlebigkeit derartiger Gleichnisse bekundet sich in modernen Varianten wie *George Orwell*'s Animal Farm, London 1945.

3 Vgl. Koran, 29. Sure (Satz 40); AT, Hiob 8,13-15, Jesaja 59,5.

4 *Vergil*, Georgica IV, Vers 220, a. a. O., S. 190. Vgl. auch Koran, 16. Sure, Satz 70 ff.

5 *Platon*, Politeia, Achtes Buch, Kapitel 15 (Stephanus-Ausgabe 564 c).

6 *Bernard Mandeville*, Die Bienenfabel oder Private Laster, öffentliche Vorteile (engl. 1705), Schlußabschnitt »Moral«, Frankfurt am Main 1980, hier zit. S. 92. Vgl. auch *Jean de La Fontaine*'s Fabel »Die Hornisse und die Bienen« (1668).

7 Ältere Edda, Götterdichtung, Völuspâ (Weissagung der Seherin), übertragen von *Felix Genzmer*, Jena 1933, S. 38.

8 Beispiele bietet *Mircea Eliade*, Von Zalmoxis zu Dschingis-Khan, Köln 1982.

9 Die literarisch bekannteste Verwendung dieses Motivs stammt von *Hermann Löns*, Der Wehrwolf. Eine Bauernchronik, Jena 1910. Noch die Nationalsozialisten protegierten am Ende des Zweiten Weltkriegs Kampfgruppen, die diesem Muster folgten; vgl. *Arno Rose*, Werwolf 1944–1945. Eine Dokumentation, Stuttgart 1980.

10 Was nicht bedeuten muß, daß derartige semantische Verfahren je ganz verschwinden; man denke an zeitgenössische Varianten wie »Baulöwe«; »Kredithai« etc.

11 Vgl. insbesondere *Adam Ferguson*, Versuch über die Geschichte der bürgerlichen Gesellschaft (engl. 1767), deutsche Neuausgabe Frankfurt am Main 1986. Das historische Modell, an dem im 18. Jahrhundert Prozesse sozio-politischer Zerstörung vorzugsweise aufgewiesen wurden, bot das Römische Reich; vgl. *Montesquieu*, Betrachtungen über die Ursachen von Größe und Niedergang der Römer (französ. 1734), Frankfurt am Main 1980; *Edward Gibbon*, Verfall und Untergang des Römischen Reiches (engl. 1776–1788), deutsche Auswahlausgabe Nördlingen 1987.

12 Auf diesen besonderen Stellenwert von symbolisch verhandelten Geltungsfragen auch für Abbauprozesse verwies *Friedhelm Neidhardt*, Große Wirkungen kleiner Reize – symbolisch vermittelt. Zur Soziologie des Terrorismus, in: *Burkart Lutz* (Hrsg.), Soziologie und gesellschaftliche Entwicklung. Verhandlungen des 22. Deutschen Soziologentages in Dortmund 1984, Frankfurt am Main/New York 1985, S. 322–333.

13 Vgl. auch die Schilderungen des Zerstörungspotlatsch bei *Marcel Mauss*, Die Gabe. Form und Funktion des Austauschs in archaischen Gesellschaften (französ. 1925), in: *M. M.*, Soziologie und Anthropologie, Band 2, München, Wien 1975; sowie *Ruth Benedict*, Urformen der Kultur (amerik. 1934), Hamburg 1955.

14 Eine komplexe Darstellung dieses hier nur andeutbaren Vorgangs bietet *Sigfried Giedion*, Die Herrschaft der Mechanisierung. Ein Beitrag zur anonymen Geschichte, Frankfurt am Main 1982.

15 *Wilhelm Hausenstein*, Impressionen und Analysen. Letzte Aufzeichnungen (Eintragung vom 10. Mai 1957), München 1969, S. 216 f. *Theodor W. Adorno*, Leserbrief an die Frankfurter Allgemeine Zeitung am 18. Juli 1962, wieder abgedruckt in Gesammelte Schriften Band 20/2, Frankfurt am Main 1986, S. 740 f.

16 Vgl. *Herman Kahn, Anthony J. Wiener*, Ihr werdet es erleben. Voraussagen der Wissenschaft bis zum Jahre 2000, Wien–München–Zürich 1968, insbes. S. 88/89.

17 Auch Wissen und »Bildung« halten von der Verwendung derartiger Schmähmetaphern nicht ab: Während der Reform-Diskussion der siebziger Jahre diffamierte der Rektor einer westdeutschen Universität seine Professoren-Kollegen von anderen (ihm mißliebigen) Hochschulen pauschal als »Schrott«.

18 Zum Œuvre des Malers und Zeichners vgl. die Dokumentation und Interpretationssammlung: Konrad Klapheck. Retrospektive 1955–1985, hrsg. von *Werner Hofmann*, München 1985.

19 Vgl. *Günter Ropohl*, Die unvollkommene Technik, Frankfurt am Main 1985.

20 Einen Erlebniseinblick in derartige Entwicklungen bietet *Sterling Seagrave*, Gelber Regen. Der Terror chemischer Kriegsführung, München 1983.

ZU KAPITEL 14

1 In Wirklichkeit fällt Gilgamesch selbst, durch Enkidu angestiftet, die heilige Zeder. Vgl. Gilgamesch-Epos. Fünfte Tafel, a. a. O., S. 46 ff.

2 So Psalm 92,13.

3 Vgl. etwa Altes Testament, Hiob 40, 15 ff.

4 Vgl. Lukas-Evangelium 10, 30–37.

5 Statt Eigenkompetenz erwirbt man dann freilich die Abhängigkeit von Experten. Zu diesem Gesamtkomplex vgl. *Lars Clausen, Wolf R. Dombrowsky* u. a., Einführung in die Soziologie der Katastrophen (Zivilschutz-Forschung, Band 14), Bonn 1983.

6 Näheres bei *Gisela Berkenbusch*, Zum Heulen – Kulturgeschichte unserer Tränen, Berlin 1985.

7 Vgl. etwa die Dokumentation von *Mary S. Costanza*, Bilder der Apokalypse. Kunst in Konzentrationslagern und Ghettos, München 1983.

8 *Geoffrey Jackson*, Entführt von den Tupamaros. 244 Tage im Volksgefängnis von Montevideo, Freiburg–Basel–Wien 1974.

9 So bezeichnete *Ernst Jünger* die erste Phase seiner Pariser Besatzungstätigkeit, in: Strahlungen, Tübingen 1949, S. 191 (Eintragung vom 22. Oktober 1942).

10 Man könne stolz darauf sein, beschwor am Neujahrstag 1793 Georg Forster diese Haltung defensiven Zerstörertums vor der »Gesellschaft der Freunde der Freiheit und Gleichheit« in Mainz, »daß unsere Brüder zuerst die Denkmäler der Tyrannei eines barbarischen Zeitalters stürzten, zuerst unser tief gedemütigtes Volk gewöhnten, das Haupt emporzuheben und sich als Menschen und Freigewordene zu fühlen.«

11 Zu Details dieser Fäkalisierung vgl. *Hans Reimer*, Müllplanet Erde, Hamburg 1971; *Wilfried Scharnagl*, Der Dreck in dem wir leben oder ein Nachruf auf unsere Umwelt, München 1971.

12 AT, Jesaja 33, 1.

13 *J. W. Goethe*, Faust. Erster Teil, V. 1339 f.

14 Mit diesem Drohgesang zogen SA-Kolonnen durch deutsche Städte:
»Es zittern die morschen Knochen der Welt vor dem großen Krieg.
Wir haben die Knechtschaft gebrochen, für uns war's ein großer Sieg.
Wir werden weitermarschieren, bis alles in Scherben fällt,
Denn heute gehört uns Deutschland und morgen die ganze Welt.«

15 Psalm 29, 5.

16 Vgl. etwa AT, Zweites Buch der Könige 19, 23.

17 So *Curzio Malaparte* in seinem Kriegsroman KAPUTT (italienische Erstausgabe 1944), Karlsruhe 1961, S. 269.

18 Vgl. etwa die Fallschilderung von *Joachim Seyppel*, Ich bin ein kaputter Typ. Bericht über Autoren in der DDR, Wiesbaden und München 1982. Auch in den Geschlechterkampf hielt die Formel Einzug: »Mann sein heißt, kaputt sein ...«, behauptete etwa die Warhol-Attentäterin *Valerie Solanas* in ihrem »Manifest der Gesellschaft zur Vernichtung der Männer« (1968), Darmstadt 1969, S. 25 f. Zu neueren Sprachschöpfungen gehören Worte wie: kaputtpflegen (eines Autos beim Militär), kaputtsparen (der Volkswirtschaft durch restriktive staatliche Ausgabenpolitik), sich kaputtlachen, sich kaputtmachen, kaputtgehen (d. h. völlig zugrundegehen, sterben).

19 Dies hat *Pablo Neruda* mit der Chiffre »el roto« insbesondere in seinen frühen Gedichten ausgedrückt. Vgl. *P. N.*, Die Raserei und die Qual. Gedichte. Spanisch und deutsch. Auswahl, Übertragung und Nachwort von *Hans Magnus Enzensberger*, Frankfurt am Main 1986.

20 Wie sich mit derartigen kosmischen Perspektiven mythische Überlebenshoffnungen verbinden, zeigt *Sergius Golowin*, Götter der Atom-Zeit. Moderne Sagenbildung um Raumschiffe und Sternenmenschen, Bern 1980.

21 Die literarische Parabel einer solchen Eskalation ohne Gewinner bietet *Heinrich von Kleist*, Michael Kohlhaas (Aus einer alten Chronik) (1810). Zur literarisch-biographischen Gestaltung katastrophischer Verlaufsformen bei Kleist u. a. vgl. *Karl Heinz Bohrer*, Der romantische Brief. Die Entstehung ästhetischer Subjektivität, München/Wien 1987, insbes. S. 218 ff.

22 Dieser Verwechslung fielen Ende der sechziger Jahre diejenigen Teile der Studentenbewegung anheim, die mit pauschalisierenden Aktionsparolen wie »Macht kaputt was euch kaputt macht!« zwar viel Aufsehen und Gegengewalt erzeugten, doch wenig Zustimmung und Veränderung ernteten. Der argumentativen Entdifferenzierung entsprach hier wie oft in zerstörerisch abdriftenden Prozessen die schöpferische Uneffizienz.

ZU KAPITEL 15

1 Etwas einseitiger, als vaterrechtlichen Sieg über mutterrechtliche Ordnungen, interpretiert den Mythos *Johann Jakob Bachofen*, Das Mutterrecht. Eine Untersuchung über die Gynaikokratie der alten Welt nach ihrer religiösen und rechtlichen Natur, Stuttgart 1861.

2 Vgl. *Ulrich Beck*, Risikogesellschaft. Auf dem Weg in eine andere Moderne, Frankfurt am Main 1986.

3 Aktuell hierzu *Hans Jonas*, Das Prinzip Verantwortung. Versuch einer Ethik für die technologische Zivilisation, Frankfurt am Main 1979; sowie *ders.*, Technik, Medizin und Ethik. Zur Praxis des Prinzips Verantwortung, Frankfurt am Main 1985.

4 Beispielhaft dazu *Alain Corbin*, Pesthauch und Blütenduft. Eine Geschichte des Geruchs, Berlin 1984.

5 Dies betont auch *Jürgen Habermas*, Der philosophische Diskurs der Moderne. Zwölf Vorlesungen, Frankfurt am Main 1985, S. 95 ff. (»Exkurs zum Veralten des Produktionsparadigmas«).

LITERATUR

Adorno, Theodor W.: Negative Dialektik, Frankfurt am Main 1966.
Anders, Günther: Die Antiquiertheit des Menschen, Bd. 1 München 1956; 2. Bd.: Über die Zerstörung des Lebens im Zeitalter der dritten industriellen Revolution, München 1980.
Andreski, Stanislav: Die Hexenmeister der Sozialwissenschaften. Mißbrauch, Mode und Manipulation einer Wissenschaft, München 1977.
Antelme, Robert: Das Menschengeschlecht, München/Wien 1987.
Arendt, Hannah: Wahrheit und Politik, in: Philosophische Perspektiven. Ein Jahrbuch, hrsg. von *Rudolph Berlinger* und *Eugen Fink*, Bd. 1, Frankfurt am Main 1969, S. 9–51.
Ariés, Philippe: Geschichte des Todes, München 1982.
Arnheim, Rudolf: Entropie und Kunst. Ein Versuch über Ordnung und Unordnung, Köln 1979.
Aron, Raymond: Frieden und Krieg. Eine Theorie der Staatenwelt, Frankfurt am Main 1963, Neuausgabe 1986.
Avé-Lallemant, Friedrich Christian Benedict: Das deutsche Gaunertum in seiner sozialpolitischen, literarischen und linguistischen Ausbildung zu seinem heutigen Bestande, Lübeck 1858.

Bachelard, Gaston: Psychoanalyse des Feuers, Stuttgart 1959.
Baeyer-Katte, Wanda von: Das Zerstörende in der Politik. Eine Psychologie der politischen Grundeinstellung, Heidelberg 1958.
Barret, Pierre und *Jean-Noël Gurgand*: Der König der letzten Tage. Die grauenvolle und exemplarische Geschichte der Wiedertäufer zu Münster 1534–1535, Hamburg 1982.
Barring, Ludwig: Geheimagenten und Spione, Bayreuth 1968.
Barring, Ludwig: Götterspruch und Henkerhand. Die Todesstrafen in der Geschichte der Menschheit, Essen 1980.
Bastian, Till: Ärzte gegen den Atomkrieg. Wir werden Euch nicht helfen können, Rastatt 1987.
Bateson, Gregory: Ökologie des Geistes. Anthropologische, psychologische, biologische und epistemologische Perspektiven, Frankfurt am Main 1981.
Baudrillard, Jean: Agonie des Realen, Berlin 1978.
Baudrillard, Jean: Kool Killer oder Der Aufstand der Zeichen, Berlin 1978.
Beck, Ulrich: Risikogesellschaft. Auf dem Weg in eine andere Moderne, Frankfurt am Main 1986.
Becker, Jillian: Hitlers Kinder? Der Baader-Meinhof-Terrorismus, Frankfurt am Main 1978.
Bell, Daniel: Die Zukunft der westlichen Welt. Kultur und Technologie im Widerstreit, Frankfurt am Main 1976.
Benjamin, Walter: Der destruktive Charakter, in: Illuminationen. Ausgewählte Schriften, Frankfurt am Main 1961, S. 310–312.
Benseler, Frank: Sozialer Tod. Der Übergang vom Feudalismus zum bürgerlichen Zeitalter, in: paderborner studien 1981, Heft 3/4, S. 151–156.
Bering, Dietz: Die Intellektuellen. Geschichte eines Schimpfwortes, Stuttgart 1978.
Bilderbeck, Ludwig Franz von: Der Todtengräber (in 4 Teilen), Leipzig 1802.
Blumenberg, Hans: Schiffbruch mit Zuschauer. Paradigma einer Daseinsmetapher, Frankfurt am Main 1979.
Blumenberg, Hans: Die Sorge geht über den Fluß, Frankfurt am Main 1987.
Boveri, Margret: Der Verrat im 20. Jahrhundert, 4 Bde., Reinbek bei Hamburg 1956 ff.

Bracher, Karl Dietrich: Zeit der Ideologien. Eine Geschichte politischen Denkens im 20. Jahrhundert, Stuttgart 1982.
Brackert, Helmut und *Fritz Wefelmeyer* (Hrsg.): Naturplan und Verfallskritik. Zu Begriff und Geschichte der Kultur, Frankfurt am Main 1984.
Bredekamp, Horst: Kunst als Medium sozialer Konflikte. Bilderkämpfe von der Spätantike bis zur Hussitenrevolution, Frankfurt am Main 1975.
Brenner, Hildegard: Die Kunstpolitik des Nationalsozialismus, Reinbek bei Hamburg 1963.
Bühl, Walter L.: Kulturwandel. Für eine dynamische Kultursoziologie, Darmstadt 1987.
Burckhardt, Jacob: Weltgeschichtliche Betrachtungen, hrsg. von *Rudolf Marx*, Stuttgart 1978.

Canetti, Elias: Masse und Macht, Hamburg 1960.
Canetti, Elias: Die gespaltene Zukunft. Aufsätze und Gespräche, München 1972.
Caudwell, Christopher: Studien zu einer sterbenden Kultur, München 1974.
Chotjewitz, Peter O.: Malavita. Mafia zwischen gestern und morgen, Köln 1973.
Cioran, E. M.: Lehre vom Zerfall, Stuttgart, 2. Aufl. 1979.
Clausen, Lars: Produktive Arbeit, destruktive Arbeit. Soziologische Grundlagen, Berlin, New York 1988.
Cohen, Albert K.: Kriminelle Jugend. Zur Soziologie jugendlichen Bandenwesens, Reinbek bei Hamburg 1961.
Corbin, Alain: Pesthauch und Blütenduft. Eine Geschichte des Geruchs, Berlin 1984.
Cortes, Ferdinand: Die Eroberung von Mexico. Mit den eigenhändigen Berichten des Feldherrn an Kaiser Karl V. von 1520 und 1522, Leipzig 1918.
Costanza, Mary S.: Bilder der Apokalypse. Kunst in Konzentrationslagern und Ghettos, München 1983.

Deutsch, Morton: Konfliktregelung. Konstruktive und destruktive Prozesse, München 1976.
Díaz del Castillo, Bernal: Wahrhaftige Geschichte der Entdeckung und Eroberung von Mexiko, Frankfurt am Main 1981.

Eibl-Eibesfeldt, Irenäus: Liebe und Haß. Zur Naturgeschichte elementarer Verhaltensweisen, München 1970.
Eibl-Eibesfeldt, Irenäus: Krieg und Frieden aus der Sicht der Verhaltensforschung, München 1975.
Eliade, Mircea: Die Religionen und das Heilige. Elemente der Religionsgeschichte, Salzburg 1954.
Eliade, Mircea: Ewige Bilder und Sinnbilder. Vom unvergänglichen menschlichen Seelenraum, Olten/Freiburg im Breisgau 1958.
Eliade, Mircea, u. a.: Die Schöpfungsmythen. Ägypter, Sumerer, Hurriter, Hethiter, Kanaaniten und Israeliten, Zürich/Köln 1964.
Eliade, Mircea: Die Sehnsucht nach dem Ursprung. Von den Quellen der Humanität, Frankfurt am Main 1976.
Eliade, Mircea: Schmiede und Alchemisten, Stuttgart 1980.
Eliade, Mircea: Von Zalmoxis zu Dschingis-Khan. Religion und Volkskultur in Südosteuropa, Köln-Lövenich 1982.
Eliade, Mircea: Kosmos und Geschichte. Der Mythos der ewigen Wiederkehr, Frankfurt am Main 1984.
Elias, Norbert: Über den Prozeß der Zivilisation. Soziogenetische und psychogenetische Untersuchungen, Bern, 2. Aufl. 1969.
Elias, Norbert: Über die Einsamkeit der Sterbenden in unseren Tagen, Frankfurt am Main 1982.
Elias, Norbert: Engagement und Distanzierung. Arbeiten zur Wissenssoziologie I, Frankfurt am Main 1983.

Fest, Joachim C.: Hitler. Eine Biographie, Frankfurt am Main/Berlin/Wien 1973.
Foucault, Michel: Wahnsinn und Gesellschaft. Eine Geschichte des Wahns im Zeitalter der Vernunft, Frankfurt am Main 1969.
Foucault, Michel: Überwachen und Strafen. Die Geburt des Gefängnisses, Frankfurt am Main 1976.
Freud, Sigmund: Das Unbehagen in der Kultur, Leipzig/Wien/Zürich 1930.
Friedrich, Heinz: Kulturverfall und Umweltkrise. Plädoyers für eine Denkwende, München 1982.
Fromm, Erich: Anatomie der menschlichen Destruktivität, Stuttgart 1974.
Fürstenberg, Friedrich: Social Regression, in: Thought. A Review of Culture and Idea. Fordham University Quarterly Vol. 64, No. 252 (1989), S. 83–93.

Galeano, Eduardo: Die offenen Adern Lateinamerikas. Die Geschichte eines Kontinents von der Entdeckung bis zur Gegenwart, Wuppertal, 2. erweiterte Aufl. 1981.
Gibbon, Edward: Verfall und Untergang des Römischen Reiches (1776–1788), Nördlingen, deutsche Auswahlausgabe 1987.
Giedion, Sigfried: Die Herrschaft der Mechanisierung. Ein Beitrag zur anonymen Geschichte, Frankfurt am Main 1982.
Goffman, Erving: Stigma. Über Techniken der Bewältigung beschädigter Identität, Frankfurt am Main 1967.
Goldmann, Lucien: Kultur in der Mediengesellschaft, Frankfurt am Main 1973.
Goncourt, Edmond de: Tagebuch der Belagerung von Paris 1870/1871, München 1969.
Gorsen, Peter: Sexualästhetik. Grenzformen der Sinnlichkeit im 20. Jahrhundert, Reinbek bei Hamburg 1987.
Grant, Michael: Die Gladiatoren, Stuttgart 1982.
Greffrath, Mathias: Die Zerstörung einer Zukunft. Gespräche mit emigrierten Sozialwissenschaftlern, Reinbek bei Hamburg 1979.
Gregorovius, Ferdinand: Geschichte der Stadt Rom im Mittelalter, München 1978.

Habermas, Jürgen: Der philosophische Diskurs der Moderne. Zwölf Vorlesungen, Frankfurt am Main 1985.
Hacker, Friedrich: Aggression. Die Brutalisierung der modernen Welt, Wien/München/Zürich 1971.
Hacker, Friedrich: Terror. Mythos–Realität–Analyse, Wien/München/Zürich 1973.
Haken, Hermann: Erfolgsgeheimnisse der Natur. Synergetik: Die Lehre vom Zusammenwirken, Stuttgart 1981.
Hammer, Karl: Weltmission und Kolonialismus. Sendungsideen des 19. Jahrhunderts im Konflikt, München 1978.
Heckmann, Herbert: die andere schöpfung. Geschichte der frühen Automaten in Wirklichkeit und Dichtung, Frankfurt am Main 1982.
Hentig, Hans von: Der jugendliche Vandalismus. Vorboten und Varianten der Gewalt, Düsseldorf/Köln 1967.
Hoffer, Eric: Der Fanatiker. Eine Pathologie des Parteigängers, Reinbek bei Hamburg 1965.
Hoffmann, Friedrich Wilhelm: Die Zerstörung Magdeburgs 1631, Köln o. J.
Hoffmann, Hilmar (Hrsg.): »Kultur-Zerstörung?«. 10. Römerberggespräche, Königstein/Ts. 1983.
Hofmann, Werner: Experiment Weltuntergang. Wien um 1900, München 1981.
Höhne, Heinz: Der Orden unter dem Totenkopf. Die Geschichte der SS, München 1967.
Hollstein, Walter: Die Gegengesellschaft. Alternative Lebensformen, Bonn 1979.
Horkheimer, Max und *Theodor W. Adorno*: Dialektik der Aufklärung. Philosophische Fragmente, Frankfurt am Main 1969.
Huizinga, Johan: Homo Ludens. Vom Ursprung der Kultur im Spiel, Reinbek bei Hamburg 1956.

Huizinga, Johan: Wenn die Waffen schweigen. Die Aussichten auf Genesung unserer Kultur, Basel 1945.

Irving, David: Der Untergang Dresdens, München 1964.

Jäger, Wieland: Katastrophe und Gesellschaft. Grundlegungen und Kritik von Modellen der Katastrophensoziologie, Darmstadt/Neuwied 1977.

Jonas, Hans: Technik, Medizin und Ethik. Zur Praxis des Prinzips Verantwortung, Frankfurt am Main 1985.

Jünger, Ernst: Der Kampf als inneres Erlebnis, Berlin 1922.

Jünger, Ernst: Der Arbeiter. Herrschaft und Gestalt, Hamburg 1932.

Jünger, Ernst: Über den Schmerz, in: Blätter und Steine, Hamburg 1934, S. 154–213.

Jünger, Ernst: Maxima-Minima. Adnoten zum »Arbeiter« (1964), Stuttgart 1983.

Kahn, Herman: Nachdenken über den Atomkrieg. Konflikt-Szenarios mit simulierten Situationen im Dienst der Friedensstrategie, Bern/München 1984.

Kapp, Friedrich: Der Soldatenhandel deutscher Fürsten nach Amerika, Berlin 1864.

Karbe, Klaus G. und *Manfred Müller-Küppers* (Hrsg.): Destruktive Kulte. Gesellschaftliche und gesundheitliche Folgen totalitärer pseudoreligiöser Bewegungen, Göttingen 1983.

König, René: Menschheit auf dem Laufsteg. Die Mode im Zivilisationsprozeß, München/Wien 1985.

Krockow, Christian Graf von: Scheiterhaufen. Größe und Elend des deutschen Geistes. Berlin 1983.

Laqueur, Walter: Terrorismus, Kronberg/Ts. 1977.

Larsen, Egon: Hochstapler. Die Elite der Gaunerwelt, Hamburg 1984.

Las Casas, Bartolomé de: Kurzgefaßter Bericht von der Verwüstung der Westindischen Länder (1541/42), Frankfurt am Main 1966.

Lea, Henry Charles: Geschichte der Inquisition im Mittelalter, Bonn 1905 (Bd. 1), 1909 (Bd. 2), 1913 (Bd. 3).

Lederer, Emil: Technischer Fortschritt und Arbeitslosigkeit. Eine Untersuchung der Hindernisse des ökonomischen Wachstums, 1938, Neuausgabe Frankfurt am Main 1981.

Lehmann, Johannes: Die Kreuzfahrer. Abenteurer Gottes, München 1976.

Lepenies, Wolf: Das Ende der Naturgeschichte. Wandel kultureller Selbstverständlichkeiten in den Wissenschaften des 18. und 19. Jahrhunderts, München 1976.

Lepenies, Wolf: Die drei Kulturen. Soziologie zwischen Literatur und Wissenschaft, München 1985.

Lessing, Theodor: Die verfluchte Kultur. Gedanken über den Gegensatz von Leben und Geist, 1921, Neudruck München 1981.

Linné, Carl von: Nemesis Divina, hrsg. von *Wolf Lepenies* und *Lars Gustafsson*, München 1981.

Lorenz, Konrad: Die acht Todsünden der zivilisierten Menschheit, München 1973.

Lorenz, Konrad: Das sogenannte Böse. Zur Naturgeschichte der Aggression, München 1974.

Loth, Heinrich: Sklaverei. Die Geschichte des Sklavenhandels zwischen Afrika und Amerika, Wuppertal 1981.

Löwenthal, Richard: Gesellschaftswandel und Kulturkrise. Zukunftsprobleme der westlichen Demokratien, Frankfurt am Main 1979.

Löwith, Karl: Weltgeschichte und Heilsgeschehen. Die theologischen Voraussetzungen der Geschichtsphilosophie (1953). Sämtliche Schriften 2, Stuttgart 1983, S. 7–239.

Löwith, Karl: Mein Leben in Deutschland vor und nach 1933. Ein Bericht, Stuttgart 1986.

Luhmann, Niklas: Gesellschaftsstruktur und Semantik. Studien zur Wissenssoziologie der modernen Gesellschaft, Frankfurt am Main 1980 (Bd. 1), 1981 (Bd. 2), 1989 (Bd. 3).

Lukács, Georg: Die Zerstörung der Vernunft. Der Weg des Irrationalismus von Schelling zu Hitler, Berlin/Weimar, 3. Aufl. 1984.

Malinowski, Bronislaw: Die Dynamik des Kulturwandels, Wien 1951.
Malinowski, Bronislaw: Kultur und Freiheit, Wien 1951.
Man, Hendrik de: Vermassung und Kulturverfall. Eine Diagnose unserer Zeit, Bern 1951.
Mann, Ulrich: Schöpfungsmythen. Vom Ursprung und Sinn der Welt, Stuttgart 1982.
Marcuse, Herbert: Triebstruktur und Gesellschaft. Ein philosophischer Beitrag zu Sigmund Freud, Frankfurt am Main 1967.
Martin, Gerhard Marcel: Weltuntergang. Gefahr und Sinn apokalyptischer Visionen, Stuttgart 1984.
Merchant, Carolyn: Der Tod der Natur. Ökologie, Frauen und neuzeitliche Naturwissenschaft, München 1987.
Meyer, Karl E.: Geplünderte Vergangenheit. Der illegale Kunsthandel – Fälscher, Diebe und Bewahrer, Zug 1977.
Middendorff, Wolf: Soziologie des Verbrechens. Erscheinungen und Wandlungen des asozialen Verhaltens, Düsseldorf/Köln 1959.
Middlebrook, Martin: Hamburg Juli '43. Alliierte Luftstreitkräfte gegen eine deutsche Stadt, Berlin 1983.
Mitscherlich, Alexander: Die Unwirtlichkeit unserer Städte. Anstiftung zum Unfrieden, Frankfurt am Main 1965.
Mitscherlich, Alexander: Die Unfähigkeit zu trauern. Grundlagen kollektiven Verhaltens, München 1967.
Mitscherlich, Alexander: Die Idee des Friedens und die menschliche Aggressivität. Vier Versuche, Frankfurt am Main 1969.
Montesquieu, Ch.S. de: Größe und Niedergang Roms (1734), Frankfurt am Main 1980.
Mühlmann, Wilhelm E.: Chiliasmus und Nativismus. Studien zur Psychologie, Soziologie und historischen Kasuistik der Umsturzbewegungen, Berlin 1961.
Mumford, Lewis: Mythos der Maschine. Kultur, Technik und Macht, Frankfurt am Main 1977.

Neidhardt, Friedhelm (Hrsg.): Aggressivität und Gewalt in unserer Gesellschaft, München 1973.
Neidhardt, Friedhelm: Über Zufall, Eigendynamik und Institutionalisierbarkeit absurder Prozesse, in: *Heine von Alemann* und *Hans Peter Thurn* (Hrsg.): Soziologie in weltbürgerlicher Absicht. Festschrift für René König, Opladen 1981, S. 243–257.
Neidhardt, Friedhelm: Gewalt. Soziale Bedeutungen und sozialwissenschaftliche Bestimmungen des Begriffs, in: Was ist Gewalt? Auseinandersetzungen mit einem Begriff, hrsg. vom Bundeskriminalamt, Bd. 1, Wiesbaden 1986, S. 109–147.
Nicolai, Georg Friedrich: Die Biologie des Krieges. Betrachtungen eines Naturforschers den Deutschen zur Besinnung, Zürich 1919.
Nossack, Hans Erich: Der Untergang (1943), Frankfurt am Main 1976.

Ogburn, William F.: Kultur und sozialer Wandel. Ausgewählte Schriften, Neuwied/Berlin 1969.
Olrik, Axel: Ragnarök. Die Sagen vom Weltuntergang, Berlin/Leipzig 1922.

Paczensky, Gert von und *Herbert Ganslmayr*: Nofretete will nach Hause. Europa – Schatzhaus der »Dritten Welt«, München 1984.
Panofsky, Erwin: Die Renaissancen der europäischen Kunst, Frankfurt am Main 1979.
Paret, Peter: Die Berliner Secession. Moderne Kunst und ihre Feinde im Kaiserlichen Deutschland, Berlin 1981.
Parsons, Talcott: Gesellschaften. Evolutionäre und komparative Perspektiven, Frankfurt am Main 1975.
Pasolini, Pier Paolo: Freibeuterschriften. Die Zerstörung der Kultur des Einzelnen durch die Konsumgesellschaft, Berlin 1978.
Picard, Max: Hitler in uns selbst, Erlenbach/Zürich 1946.

Picard, Max: Zerstörte und unzerstörbare Welt, Zürich 1951.
Pickshaus, Peter Moritz: Kunstzerstörer. Fallstudien: Tatmotive und Psychogramme, Reinbek bei Hamburg 1988.
Piper, Ernst: Savonarola. Umtriebe eines Politikers und Puritaners im Florenz der Medici, Berlin 1979.
Plack, Arno: Die Gesellschaft und das Böse. Eine Kritik der herrschenden Moral, München 1967.
Plat, Wolfgang: Attentate. Eine Sozialgeschichte des politischen Mordes, Düsseldorf/Wien 1982.
Plessner, Helmuth: Die verspätete Nation. Über die politische Verführbarkeit bürgerlichen Geistes, Stuttgart 1959.

Randa, Alexander: Dämonie der Zerstörung, Zürich 1948.
Rassem, Mohammed: Stiftung und Leistung. Essais zur Kultursoziologie, Mittenwald 1979.
Raulff, Ulrich (Hrsg.): Mentalitäten-Geschichte. Zur historischen Rekonstruktion geistiger Prozesse, Berlin 1987.
Reimer, Hans: Müllplanet Erde, Hamburg 1971.
Reitzenstein, Richard: Die nordischen, persischen und christlichen Vorstellungen vom Weltuntergang, in: Antike und Christentum. Vier religionsgeschichtliche Aufsätze, Darmstadt 1963, S. 76–96.
Ricœur, Paul: Symbolik des Bösen. Phänomenologie der Schuld II, Freiburg/München 1971.
Ricœur, Paul: Die lebendige Metapher, München 1986.

Salentiny, Fernand: Santiago! Die Zerstörung Altamerikas, Frankfurt am Main 1980.
Sauder, Gerhard (Hrsg.): Die Bücherverbrennung. Zum 10. Mai 1933, München/Wien 1983.
Schaar, P. J. van der: Dynamik der Pseudologie, München 1964.
Schaefer, Hans (Hrsg.): Folgen der Zivilisation. Therapie oder Untergang?, Frankfurt am Main 1974.
Scharnagl, Wilfried: Der Dreck in dem wir leben oder ein Nachruf auf unsere Umwelt, München 1971.
Schivelbusch, Wolfgang: Die Bibliothek von Löwen. Eine Episode aus der Zeit der Weltkriege, München/Wien 1988.
Schweitzer, Albert: Verfall und Wiederaufbau der Kultur, in: Kultur und Ethik, München 1960, S. 11–78.
Serres, Michel: Der Parasit, Frankfurt am Main 1981.
Shawcross, William: Schattenkrieg. Kissinger, Nixon und die Zerstörung Kambodschas, Berlin 1980.
Simmel, Georg: Die Ruine, in: Philosophische Kultur. Gesammelte Essais, Potsdam 1923, S. 135–143.
Simmen, Jeannot: Ruinen-Faszination in der Graphik vom 16. Jahrhundert bis in die Gegenwart, Dortmund 1980.
Snow, C. P.: Die zwei Kulturen. Literarische und naturwissenschaftliche Intelligenz, Stuttgart 1967.
Sorokin, Pitirim A.: Kulturkrise und Gesellschaftsphilosophie. Moderne Theorien über das Werden und Vergehen von Kulturen und das Wesen ihrer Krisen, Wien 1953.
Spengler, Oswald: Der Untergang des Abendlandes. Umrisse einer Morphologie der Weltgeschichte, München 1923.
Spielrein, Sabina: Die Destruktion als Ursache des Werdens, Leipzig/Wien 1912, Neuausgabe Tübingen 1986.

Spranger, Eduard: Die Kulturzyklentheorie und das Problem des Kulturverfalls, in: Kulturfragen der Gegenwart, Heidelberg 1953, S. 11–41.
Starobinski, Jean: Die Erfindung der Freiheit. 1700–1789, Genf 1964.
Starobinski, Jean: Besessenheit und Exorzismus. Drei Figuren der Umnachtung, Frankfurt am Main/Berlin/Wien 1978.
Starobinski, Jean: 1789. Die Embleme der Vernunft, Paderborn 1981.
Starobinski, Jean: Kleine Geschichte des Körpergefühls, Konstanz 1987.
Stern, Fritz: Kulturpessimismus als politische Gefahr. Eine Analyse nationaler Ideologie in Deutschland, München 1986.
Stierlin, Helm: Adolf Hitler. Familienperspektiven, Frankfurt am Main 1975.
Stolper, Gustav: Die deutsche Wirklichkeit. Ein Beitrag zum künftigen Frieden Europas, Hamburg 1949.

Taubert, Rolf und *Martin Henkel*: Maschinenstürmer. Ein Kapitel aus der Sozialgeschichte des technischen Fortschritts, Frankfurt am Main 1979.
Taylor, Gordon Rattray: Das Selbstmordprogramm. Zukunft oder Untergang der Menschheit, Frankfurt am Main 1971.
Taylor, John Russell: Fremde im Paradies. Emigranten in Hollywood 1933–1950, Berlin 1984.
Tenbruck, Friedrich H.: Die kulturellen Grundlagen der Gesellschaft. Der Fall der Moderne, Opladen 1989.
Thompson, Michael: Die Theorie des Abfalls. Über die Schaffung und Vernichtung von Werten, Stuttgart 1981.
Toynbee, Arnold J.: Krieg und Kultur. Der Militarismus im Leben der Völker, Stuttgart 1951.
Treue, Wilhelm: Kunstraub. Über die Schicksale von Kunstwerken in Krieg, Revolution und Frieden, Düsseldorf 1957.
Trilling, Lionel: Das Ende der Aufrichtigkeit, München/Wien 1980.

Velikovsky, Imanuel: Welten im Zusammenstoß. Als die Sonne still stand, Zürich 1952.

Warnke, Martin (Hrsg.): Bildersturm. Die Zerstörung des Kunstwerks, München 1973.
Weber, Alfred: Abschied von der bisherigen Geschichte. Überwindung des Nihilismus?, Hamburg 1946.
Weber, Alfred: Haben wir Deutschen nach 1945 versagt? Ein Lesebuch, München 1979.
Weinrich, Harald: Linguistik der Lüge, Heidelberg 1966.
Wiese, Leopold von: Zerstörende und umbildend-aufbauende Prozesse, in: Allgemeine Soziologie als Lehre von den Beziehungen und Beziehungsgebilden der Menschen. Teil I: Beziehungslehre, München/Leipzig 1924, S. 255–297.
Willems, Emilio: Der preußisch-deutsche Militarismus. Ein Kulturkomplex im sozialen Wandel, Köln 1984.
Woll-Schumacher, Irene: Desozialisation im Alter, Stuttgart 1980.
Wrede, Richard: Die Körperstrafen bei allen Völkern von den ältesten Zeiten bis Ende des 19. Jahrhunderts. Kulturgeschichtliche Studien, Neudruck Frankfurt am Main o. J.

Zwingmann, Charles (Hrsg.): Selbstvernichtung, Frankfurt am Main 1965.

PERSONENREGISTER